U0749240

"十二五"普通高等教育本科国家级规划教材

国家级精品课程配套教材
国家级精品资源共享课程配套教材
全国普通高等学校优秀教材二等奖
高等教育面向21世纪教学内容和课程体系改革项目

高等院校信息技术规划教材

微型计算机控制技术
（第3版）

于海生 丁军航 潘松峰 吴贺荣 于金鹏 编著

清华大学出版社
北京

内 容 简 介

本书是普通高等教育"十二五"国家级规划教材、国家级精品课程教材、国家级精品资源共享课程教材、高等院校信息技术规划教材。本书以主流机型 ISA/PCI/PCI-E 总线工业控制机为控制工具,系统地阐述了计算机控制系统的设计技术与工程实现方法。全书分 9 章,内容包括计算机控制系统及其组成、计算机控制系统的典型形式、工业控制机的组成结构及特点、计算机控制系统的发展概况和趋势、计算机控制系统的输入输出接口与过程通道,数字控制技术,常规及复杂控制技术,现代控制技术,应用程序设计与实现技术,HMI/SCADA 技术与监控组态软件,分布式测控网络技术,计算机控制系统设计与实现。全书内容丰富,体系新颖,理论联系实际,实践性、工程性、系统性、集成性强。

本书可作为高等院校自动化类、电气类、电子信息类、计算机类、机械类、仪器类等专业高年级本科生的教材,也可作为相关学科专业低年级研究生的教材,还可供有关科技人员参考。

本书配有电子教案,欢迎选用本书作教材的老师索取,索取邮箱:dingjunhang@163.com,也可以在清华大学出版社网站下载。

图书在版编目(CIP)数据

微型计算机控制技术/于海生等编著. —3 版. —北京:清华大学出版社,2017(2023.1重印)
(高等院校信息技术规划教材)
ISBN 978-7-302-44901-0

Ⅰ. ①微… Ⅱ. ①于… Ⅲ. ①微型计算机－计算机控制－高等学校－教材 Ⅳ. ①TP273

中国版本图书馆 CIP 数据核字(2016)第 201738 号

责任编辑:袁勤勇 徐跃进
封面设计:常雪影
责任校对:李建庄
责任印制:朱雨萌

出版发行:清华大学出版社
        网   址:http://www.tup.com.cn,http://www.wqbook.com
        地   址:北京清华大学学研大厦 A 座   邮   编:100084
        社 总 机:010-83470000   邮   购:010-62786544
        投稿与读者服务:010-62776969,c-service@tup.tsinghua.edu.cn
        质量反馈:010-62772015,zhiliang@tup.tsinghua.edu.cn
        课件下载:http://www.tup.com.cn,010-83470236
印 装 者:三河市天利华印刷装订有限公司
经   销:全国新华书店
开   本:185mm×260mm   印   张:24   字   数:580 千字
版   次:1999 年 3 月第 1 版   2017 年 5 月第 3 版   印   次:2023 年 1 月第14次印刷
定   价:68.00元

产品编号:037505-04

　　工业控制是计算机的一个重要应用领域,计算机控制正是为了适应这一领域的需要而发展起来的一门专业技术。它主要研究如何将计算机技术、通信技术和自动控制理论应用于工业生产过程,并设计出所需要的计算机控制系统。微型计算机控制技术是我国高等学校自动化类、电气类、电子信息类、计算机类、机械类、仪器类等专业的主干专业课程。

　　本书是普通高等教育"十二五"国家级规划教材、国家级精品课程教材、国家级精品资源共享课程教材、高等院校信息技术规划教材。本版主要是基于计算机控制技术的发展,利用工业界、科技界和教育界所取得的经验对第2版进行了修订。第1版曾获全国普通高等学校优秀教材二等奖(2002年),高等教育面向21世纪教学内容和课程体系改革计划立项教材。教材以主流机型 ISA/PCI/PCI-E 总线工业控制机为控制工具,系统地阐述了计算机控制系统的设计技术与工程实现方法。教材第3版共分9章。第1章是绪论,介绍计算机控制系统及其组成、计算机控制系统的典型形式、工业控制机的组成结构及特点、计算机控制系统的发展概况和趋势;第2章讨论计算机控制系统的输入输出接口与过程通道;第3章讨论数字控制技术,重点介绍逐点比较法插补原理、多轴步进驱动控制技术和多轴伺服驱动控制技术;第4章讨论常规及复杂控制技术,主要介绍数字控制器的各种控制算法;第5章讨论现代控制技术,主要介绍采用状态空间的输出反馈设计法、极点配置设计法、最优化设计法;第6章讨论应用程序设计与实现技术;第7章讨论 HMI/SCADA 技术与监控组态软件;第8章讨论分布式测控网络技术;第9章讨论计算机控制系统的设计原则、步骤和工程实现,并给出了设计实例。书中配有习题可供选用,本书内容丰富,体系新颖,理论联系实际,实践性、工程性、系统性、集成性强。

　　全书的编写工作由于海生教授主持,于海生和丁军航统稿;第1、第3至第6、第8、第9章内容由于海生编写,丁军航提供部分素材;第2章第1节内容由潘松峰、于金鹏编写;第2章第2至第5节内容由于海生编写;第3章第1、第2节内容由于海生编写;第3至第5节由于海生和吴贺荣编写;第7章内容由于海生、丁军航、吴贺荣编写。

　　本书得到了清华大学出版社的大力支持,在此表示衷心的感谢。由于编著者水平有限,书中难免有许多欠妥之处,诚请读者批评指正。

于海生

2017年1月

目录

第1章

绪　论

随着科学技术的进步,人们越来越多地用计算机实现控制系统,因此,充分理解计算机控制系统是十分重要的。可以把计算机控制系统看作是模拟控制系统的一种近似,但这种看法是相当贫乏的,因为它没有充分发挥计算机控制的潜力,最多只能获得与采用模拟控制时一样的控制效果。近年来,自动控制技术、计算机技术、网络与通信技术、检测与传感器技术、显示技术、电子技术的高速发展,给计算机控制技术带来了巨大的变革。人们利用这种技术可以完成常规控制技术无法完成的任务,达到常规控制技术无法达到的性能指标。

本章主要介绍计算机控制系统概述、计算机控制系统的分类以及计算机控制系统的发展概况和趋势。

1.1　计算机控制系统概述

在工程和科学技术领域,自动控制担负着重要角色。自动控制理论和技术的不断发展,为人们提供了获得动态系统最佳性能的方法,提高了生产率,并使人们从繁重的体力劳动和大量重复性的手工操作中解放出来。所谓自动控制,就是在没有人直接参与的情况下,通过控制器使生产过程自动地按照预定的程序运行。图 1-1 为自动控制系统原理框图。

图 1-1　自动控制系统

典型的工业生产过程可分为 3 种：连续过程(continuous process)、离散过程(discrete process)和批量过程(batch process)。连续过程也称为流程工业,其产品一般都是流体,如液体、气体等。离散过程也称为制造业,其产品是"固态"、按件计量的,过程的输入输出变量为时间离散和幅度离散的量,如产品的数量、开关的状态等。批量过程是指间歇性多品种生产过程,其特点是连续过程和离散过程交替进行,配方的切换和生产工艺的改变是离散过程,而在确定了配方和生产工艺后的生产过程又是一个连续过程。

1.1.1　计算机控制系统

计算机控制系统就是利用计算机(通常称为工业控制计算机,简称工业控制机)来实现生产过程自动控制的系统。近年来,计算机已成为自动控制技术不可分割的重要组成部分,并为自动控制技术的发展和应用开辟了广阔的新天地。

1. 计算机控制系统的工作原理

为了简单和形象地说明计算机控制系统的工作原理,图 1-2 给出了典型的计算机控制系统原理框图。在计算机控制系统中,由于工业控制机的输入和输出是数字信号,因此需要有 A/D 和 D/A 转换器。从本质上看,计算机控制系统的工作原理可归纳为以下 3 个步骤。

图 1-2　计算机控制系统原理图

(1) 实时数据采集:对来自测量变送装置的被控量的瞬时值进行检测和输入。

(2) 实时控制决策:对采集到的被控量进行分析和处理,并按已定的控制规律,决定将要采取的控制行为。

(3) 实时控制输出:根据控制决策,适时地对执行机构发出控制信号,完成控制任务。

上述过程不断重复,使整个系统按照一定的品质指标进行工作,并对被控量和设备本身的异常现象及时做出处理。

2. 在线方式和离线方式

在计算机控制系统中,生产过程和计算机直接连接,并受计算机控制的方式称为在线方式或联机方式;生产过程不和计算机相连,且不受计算机控制,而是靠人进行联系并做相应操作的方式称为离线方式或脱机方式。

3. 实时的含义

所谓实时,是指信号的输入、计算和输出都要在一定的时间范围内完成,亦即计算机对输入信息,以足够快的速度进行控制,超出了这个时间,就失去了控制的时机,控制也就失去了意义。实时的概念不能脱离具体过程，一个在线的系统不一定是一个实时系统，但一个实时控制系统必定是在线系统。

1.1.2 计算机控制系统的组成

计算机控制系统由计算机(工业控制机)和生产过程两大部分组成。图 1-3 给出了计算机控制系统的组成框图。工业控制机是指按生产过程控制的特点和要求而设计的计算机，它包括硬件和软件两个组成部分。

图 1-3 计算机控制系统的组成框图

生产过程包括被控对象和测量变送、执行机构、电气开关等装置，这些装置都有各种类型的标准产品，在设计计算机控制系统时，根据需要合理地选型即可。

1.1.3 常用的计算机控制系统主机

在计算机控制系统中，可编程序控制器、工控机、单片机、DSP、智能调节器等，都是常用的控制器，适应不同的应用要求。在工程实际中，选择何种控制器，应根据控制规模、工艺要求、控制特点和所完成的工作来确定。

1. 可编程序控制器(programmable controller, PC)

国际电工委员会(IEC)于 1982 年(第 1 版)和 1985 年(修订版)对 PC(也称 PLC)做了定义，其中修订版的定义为：PC 是一种数字运算操作的电子系统，专为在工业环境下应用而设。它采用可编程序的存储器，用来在其内部存储执行逻辑运算、顺序控制、定时、计数和算术运算等操作指令，并通过数字式或模拟式的输入与输出，控制各种类型的机械或生产过程。可编程控制器及其有关外部设备，都按易于与工业控制系统联成一个整体，易于扩充其功能的原则设计。

由于 PLC 是一种专为工业环境下设计的计算机控制器，具有可靠性高、编程容易、功能完善、扩展灵活、安装调试简单方便的特点。国内外生产 PLC 的厂家有很多，如德国西门子的 S 系列，日本的 OMRON 的 C 系列，日本三菱的 F、F1、F3、FX 系列。

2. 工控机（industrial personal computer，IPC）

工业控制机（简称工控机），是一种面向工业控制、采用标准总线技术和开放式体系结构的计算机，配有丰富的外围接口产品，如模拟量输入输出模版、数字量输入输出模版等。广为流行的工控机总线有 PC 总线、ISA 总线、PCI 总线、STD 总线、VME 总线等。工控机具有可靠性高、可维修性好、环境适应性强、控制实时性强、输入输出通道完善、软件丰富等特点。

3. 嵌入式系统

根据国际电气与电子工程师协会（IEEE）的定义，嵌入式系统是"控制、监视或者辅助装置、机器和设备运行的设备"（原文为 devices used to control，monitor，or assist the operation of equipment，machinery or plants）。嵌入式系统是软件和硬件的综合体，其中嵌入式系统的核心是嵌入式微处理器。嵌入式处理器可以分成下面几类：

1）嵌入式微处理器

嵌入式微处理器（micro processor unit，MPU）是具有 32 位以上的处理器，具有较高的性能。与计算机处理器不同的是，在实际嵌入式应用中，只保留和嵌入式应用紧密相关的功能硬件，去除其他冗余功能部分，这样就以最低的功耗和资源实现嵌入式应用的特殊要求。与工业控制计算机相比，嵌入式微处理器具有体积小、重量轻、成本低、可靠性高的优点。目前主要的嵌入式处理器类型有 Am186/88、386EX、SC-400、Power PC、68000、MIPS、ARM/Strong ARM 系列等。

2）嵌入式微控制器

嵌入式微控制器（micro controller unit，MCU）的典型代表是单片机。微控制器的最大特点是单片化，体积大幅减小，从而使功耗和成本下降、可靠性提高。微控制器是目前嵌入式系统工业的主流。微控制器的片上外设资源一般比较丰富，适合于控制。比较有代表性的包括 8051、MCS-251、MCS-96、P51XA、C166/167、68K 系列以及 MCU 8XC930/931、C540、C541，并且有支持 I2C、CAN-Bus、LCD 及众多专用 MCU 和兼容系列。

3）数字信号处理器

数字信号处理器（digital signal processor，DSP）是专门用于信号处理方面的处理器，其在系统结构和指令算法方面进行了特殊设计，具有很高的编译效率和指令的执行速度。在数字滤波、FFT、谱分析等各种仪器上 DSP 获得了大规模的应用。

目前最为广泛应用的是 TI 的 TMS320C2000/C5000 系列，另外如 Intel 的 MCS-296 和 Siemens 的 TriCore 也有各自的应用范围。

4）嵌入式片上系统（system on chip，SoC）

SoC 最大的特点是成功实现了软硬件无缝结合，直接在处理器片内嵌入操作系统的代码模块。而且 SoC 具有极高的综合性，在一个硅片内部运用 VHDL 等硬件描述语言，实现一个复杂的系统。

由于 SoC 往往是专用的，所以大部分都不为用户所知，比较典型的 SoC 产品是 Philips 的 Smart XA。少数通用系列如 Siemens 的 TriCore，Motorola 的 M-Core，某些

ARM 系列器件,Echelon 和 Motorola 联合研制的 Neuron 芯片等。

4. 智能调节器

智能调节器是一种数字化的过程控制仪表,以微处理器或单片微型计算机为核心,具有数据通信功能,能完成生产过程 1～4 个回路直接数字控制任务,在 DCS 的分散过程控制级中得到了广泛的应用。智能调节器不仅可接受 4～20mA DC 电流信号输入的设定值,还具有异步通信接口 RS-422/485、RS-232 等,可与上位机连成主从式通信网络,发送接收各种过程参数和控制参数。

智能调节器在我国的工业控制领域得到了广泛的应用,市场中常用的智能调节器国外的品牌有 SHIMADEN(日本岛电)、YAKOGAWA(日本横河)、HONEWELL(美国霍尼韦尔)、OMRON(日本欧姆龙)以及 RKC(日本理化)等;国内的品牌有厦门宇电自动化科技有限公司(厦门宇光)的 AI 系列等。

1.2　计算机控制系统的典型形式

计算机控制系统所采用的形式,与生产过程的复杂程度密切相关,不同的被控对象和不同的要求,应有不同的控制方案。计算机控制系统大致可分为以下几种典型的形式。

1.2.1　操作指导控制系统

操作指导控制系统的构成如图 1-4 所示。该系统不仅具有数据采集和处理的功能,而且能够为操作人员提供反映生产过程工况的各种数据,并相应地给出操作指导信息,供操作人员参考。

图 1-4　操作指导控制系统

该控制系统属于开环控制结构。计算机根据一定的控制算法(数学模型),依赖测量元件测得的信号数据,计算出供操作人员选择的最优操作条件及操作方案。操作人员根据计算机的输出信息,如 CRT 显示图形或数据、打印机输出等去改变调节器的给定值或直接操作执行机构。

操作指导控制系统的优点是结构简单,控制灵活和安全。缺点是要由人工操作,速度受到限制,不能控制多个对象。

1.2.2 直接数字控制系统

直接数字控制(direct digital control,DDC)系统的构成如图 1-5 所示。计算机首先通过模拟量输入通道(analog input,AI)和开关量输入通道(digital input,DI)实时采集数据,然后按照一定的控制规律进行计算,最后发出控制信息,并通过模拟量输出道(analog output,AO)和开关量输出通道(digital output,DO)直接控制生产过程。DDC 系统属于计算机闭环控制系统,是计算机在工业生产过程中最普遍的一种应用方式。

图 1-5 直接数字控制系统

由于 DDC 系统中的计算机直接承担控制任务,所以要求实时性好、可靠性高和适应性强。为了充分发挥计算机的利用率,一台计算机通常要控制几个或几十个回路,那就要合理地设计应用软件,使之不失时机地完成所有功能。

1.2.3 监督控制系统

监督控制(supervisory computer control,SCC)中,计算机根据原始工艺信息和其他参数,按照描述生产过程的数学模型或其他方法,自动地改变模拟调节器或以直接数字控制方式工作的微型机中的给定值,从而使生产过程始终处于最优工况(如保持高质量、高效率、低消耗、低成本等)。从这个角度上说,它的作用是改变给定值,所以又称设定值控制(set point control,SPC)。监督控制系统有两种不同的结构形式,如图 1-6 所示。

1. SCC+模拟调节器的控制系统

该系统是由微型机系统对各物理量进行巡回检测,并按一定的数学模型对生产工况进行分析,计算后得出控制对象各参数最优给定值送给调节器,使工况保持在最优状态。当 SCC 微型机出现故障时,可由模拟调节器独立完成操作。

2. SCC+DDC 的分级控制系统

这实际上是一个二级控制系统,SCC 可采用高档微型机,它与 DDC 之间通过接口进行信息联系。SCC 微型机可完成工段、车间高一级的最优化分析和计算,并给出最优给定值,送给 DDC 级执行过程控制。当 DDC 级微型机出现故障时,可由 SCC 微型机完成DDC 的控制功能,这种系统提高了可靠性。

(a) SCC+模拟调节器系统

(b) SCC+DDC系统

图 1-6 监督控制系统

1.2.4 集散控制系统

集散控制系统(distributed control system,DCS),也称为分布式控制系统,采用分散控制、集中操作、分级管理、分而自治和综合协调的方法,把系统从上到下分为现场设备级、分散控制级、集中监控级、综合管理级,形成分级分布式控制,其结构如图 1-7 所示。

图 1-7 DCS 结构示意图

1.2.5　现场总线控制系统

现场总线控制系统(fieldbus control system,FCS)是新一代分布式控制系统,如图 1-8 所示。DCS 的结构模式为:"操作站-控制站-现场仪表"三层结构,系统成本较高,而且各厂商的 DCS 有各自的标准,不能互连。FCS 与 DCS 不同,它的结构模式为:"工作站-现场总线智能仪表"二层结构,FCS 用二层结构完成了 DCS 中的三层结构功能,降低了成本,提高了可靠性,可实现真正的开放式互连系统结构。

图 1-8　FCS 结构示意图

1.2.6　综合自动化系统

在现代工业生产中,综合自动化系统不仅包括各种简单和复杂的自动调节系统、顺序逻辑控制系统、自动批处理控制系统、连锁保护系统等,也包括各生产装置先进控制、企业实时生产数据集成、生产过程流程模拟与优化、生产设备故障诊断和维护、根据市场和生产设备状态进行生产计划和排产调度系统、以产品质量和成本为中心的生产管理系统、营销管理系统和财务管理系统等,涉及产品物流增值链和产品生命周期的所有过程,为企业提供全面的解决方案。

目前,由企业资源信息管理系统(enterprise resources planning,ERP)、生产执行系统(manufacturing execution system,MES)和生产过程控制系统(process control system,PCS)构成的三层结构,已成为综合自动化系统的整体解决方案,如图 1-9 所示。综合自动化系统主要包括制造业的计算机集成制造系统和流程工业的计算机集成过程系统。

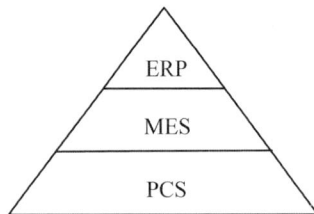

图 1-9　综合自动化系统三层结构

1. CIMS

计算机集成制造系统(computer integrated manufacture system,CIMS),借助于计算机的硬件、软件技术,综合运用现代管理技术、制造技术、信息技术、自动化技术、系统工程技术,将企业生产全部过程中有关人、技术、经营管理三要素及其信息流、物流有机地集成并优化运行,以使产品上市快、质量好、成本低、服务优,达到提高企业市场竞争能力的目的。

2. CIPS

CIMS 应用到流程工业又称计算机集成过程系统(computer integrated process system,CIPS),也称为流程工业综合自动化系统,在石油、化工、能源、食品、制药、炼钢和造纸等行业得到了广泛的实施和应用。CIPS 充分利用企业内、外部的各种信息量,将经营管理与生产控制有机地结合起来,可以为流程工业带来更大的经济效益。

3. CPS

无论是中国制造 2025 的两化深度融合战略,还是德国工业 4.0、美国工业互联网战略,其共同点和核心均是信息物理系统(cyber-physical systems,CPS)。CPS 是计算机技术、通信技术、控制技术有机融合的产物,能对任何工程系统与信息交互系统进行实时感知与动态控制,并提供相应的信息服务。CPS 的意义在于,把不同的物理设备接入一个互联网体系当中。经过信息通信技术改造的物理设备,获得了数据计算、实时通信、精确控制、远程协调与自我管理五个功能。从根本上说,CPS 就是一种具备控制系统功能的互联网体系,比普通的控制系统多了开放、共享、信息交换功能。

1.3　工业控制机的组成结构及特点

工业控制是计算机的一个很重要的应用领域,也是一种不同于一般计算机应用的特殊领域,工业控制机正是为满足这一特点的工业应用领域而发展起来的。有了工业控制机,就能将工业生产的过程控制与管理调度相结合,从而使工业自动化从就地控制、集中控制的基础上,向综合自动化方向发展。下面对工业控制机的组成、总线标准和特点进行简要介绍。

1.3.1　工业控制机的组成

工业控制机包括硬件和软件两部分。硬件包括主机(CPU、RAM、ROM)板、内部总线和外部总线、人机接口、系统支持板、磁盘系统、通信接口、输入输出通道。软件包括系统软件、支持软件和应用软件。

1. 工业控制机的硬件组成

工业控制机的硬件组成结构如图 1-10 所示,下面分别介绍各个组成部分。

1) 主机板

由中央处理器(CPU)、内存储器(RAM、ROM)等部件组成的主机是工业控制机的核心。在控制系统中,主机主要进行必要的数值计算、逻辑判断、数据处理等工作。

图 1-10　工业控制机的硬件组成结构

2）内部总线和外部总线

内部总线是工业控制机内部各组成部分进行信息传送的公共通道,它是一组信号线的集合。常用的内部总线有 ISA 总线和 PCI 总线。

外部总线是工业控制机与其他计算机和智能设备进行信息传送的公共通道,常用外部总线有 RS-232C 和 USB。

3）人机接口

人机接口是一种标准结构,即由标准的 PC 键盘、显示器和打印机组成。

4）系统支持功能

工业控制机的系统支持功能主要包括如下部分。

① 监控定时器:俗称"看门狗"(watchdog)。其主要作用是当系统因干扰或软故障等原因出现异常时,如"飞程序"或程序进入死循环,watchdog 可以使系统自动恢复运行,从而提高系统的可靠性。

② 电源掉电检测:工业控制机在工业现场运行过程中如出现电源掉电故障,应及时发现并保护当时的重要数据和计算机各寄存器的状态,一旦上电后,工业控制机能从断电处继续运行。电源掉电检测的目的,正是为了在检测交流电源掉电时,能够及时地保护现场。

③ 保护重要数据的后备存储器体:watchdog 和掉电检测功能均要有能保存重要数据的后备存储器。后备存储器通常容量不大,它能在系统掉电后保证所存数据不丢失,故通常采用后备电池的 SRAM、NOVRAM、E^2PROM。为了保护数据不丢失,在系统的存储器工作期间,后备存储器应处于上锁状态。

④ 实时日历时钟:在实际控制系统中往往要有事件驱动和时间驱动的能力。一种情况是在某时刻设置某些控制功能,届时工业控制机应自动执行;另一种情况是工业控制机应能自动记录某个动作是在何时发生的。所有这些,都必须配备实时时钟,且能在掉电后仍然不停地正常工作。常用的实时日历时钟芯片有 DS1216、DS1287 等。

5）磁盘系统

磁盘系统可以用半导体虚拟磁盘,也可以配通用的软磁盘和硬磁盘。

6）通信接口

通信接口是工业控制机和其他计算机或智能外设通信的接口,常用 RS-232C 和 USB

接口。

7) 输入输出通道

输入输出通道是工业控制机和生产过程之间设置的信号传递和变换的连接通道。它包括模拟量输入(AI)通道、模拟量输出(AO)通道、数字量(或开关量)输入(DI)通道、数字量(或开关量)输出(DO)通道,它的作用有两个,其一是将生产过程的信号变换成主机能够接受和识别的代码;其二是将主机输出的控制命令和数据,经变换后作为执行机构或电气开关的控制信号。

2. 工业控制机的软件组成

工业控制机的硬件只能构成裸机,它只为计算机控制系统提供了物质基础。裸机只是系统的躯干,既无思维,又无知识和智能,因此必须为裸机提供或研制软件,才能把人的知识和思维用于对生产过程的控制。软件是工业控制机的程序系统,它可分为系统软件、支持软件、应用软件 3 部分。

1) 系统软件

系统软件包括实时多任务操作系统、引导程序、调度执行程序,如美国 Intel 公司推出的 iRMX86 实时多任务操作系统,美国 Ready System 公司推出的嵌入式实时多任务操作系统 VRTX/OS。除了实时多任务操作系统以外,也常常使用 MS-DOS 和 Windows 等系统软件。

2) 支持软件

支持软件包括汇编语言、高级语言、编译程序、编辑程序、调试程序、诊断程序等。

3) 应用软件

应用软件是系统设计人员针对某个生产过程而编制的控制和管理程序。它包括过程输入程序、过程控制程序、过程输出程序、人机接口程序、打印显示程序和公共子程序等。

计算机控制系统随着硬件技术高速发展,对软件也提出了更高的要求。只有软件和硬件相互配合,才能发挥计算机的优势,研制出具有更高性能价格比的计算机控制系统。

1.3.2 工业控制机的总线结构

总线就是一组信号线的集合,它定义了各引线的信号、电气、机械特性,使计算机内部各组成部分之间以及不同的计算机之间建立信号联系,进行信息传送和通信。按照总线标准设计和生产出来的计算机模板,经过不同的组合,可以配置成各种用途的计算机系统。由图 1-11 可知,总线是工业控制机的重要组成部分,它包括内部总线和外部总线。

1. 内部总线

所谓内部总线,就是计算机内部功能模板之间进行通信的总线,它是构成完整的计算机系统的内部信息枢纽。尽管各种内部总线数目不同,但按功能仍要分为数据总线 DB、地址总线 AB、控制总线 CB、电源总线 PB 四部分。采用内部总线母板结构,母板上各插槽的同号引脚都连接在一起,组成计算机系统的各功能模板插入槽内,由总线完成

B_1	GND		$\overline{IOCHCHK}$	A_1
B_2	RESDRV		D_7	A_2
B_3	+5V		D_6	A_3
B_4	IRQ_9		D_5	A_4
B_5	−5V		D_4	A_5
B_6	$DREQ_2$		D_3	A_6
B_7	−12V		D_2	A_7
B_8	$\overline{0WS}$		D_1	A_8
B_9	+12V		D_0	A_9
B_{10}	GND		IOCHRDY	A_{10}
B_{11}	$\overline{SMEMW}$		AEN	A_{11}
B_{12}	$\overline{SMEMR}$		A_{19}	A_{12}
B_{13}	$\overline{IOW}$		A_{18}	A_{13}
B_{14}	$\overline{IOR}$		A_{17}	A_{14}
B_{15}	$\overline{DACK_3}$		A_{16}	A_{15}
B_{16}	$DREQ_3$		A_{15}	A_{16}
B_{17}	$\overline{DACK_1}$		A_{14}	A_{17}
B_{18}	$DREQ_1$		A_{13}	A_{18}
B_{19}	$\overline{REFSH}$		A_{12}	A_{19}
B_{20}	CLK		A_{11}	A_{20}
B_{21}	IRQ_7		A_{10}	A_{21}
B_{22}	IRQ_6		A_9	A_{22}
B_{23}	IRQ_5		A_8	A_{23}
B_{24}	IRQ_4		A_7	A_{24}
B_{25}	IRQ_3		A_6	A_{25}
B_{26}	$\overline{DACK_2}$		A_5	A_{26}
B_{27}	TC		A_4	A_{27}
B_{28}	ALE		A_3	A_{28}
B_{29}	+5V		A_2	A_{29}
B_{30}	14.3MHz		A_1	A_{30}
B_{31}	GND		A_0	A_{31}

19	MEMCS16		$\overline{SBHE}$	1
20	$\overline{IOCS16}$		SA_{23}	2
21	IRQ_{10}		SA_{22}	3
22	IRQ_{11}		SA_{21}	4
23	IRQ_{12}		SA_{20}	5
24	IRQ_{15}		SA_{19}	6
25	IRQ_{14}		SA_{18}	7
26	$\overline{DACK_0}$		SA_{17}	8
27	$DREQ_0$		$\overline{MEMR}$	9
28	$\overline{DACK_5}$		$\overline{MEMW}$	10
29	$DREQ_5$		SD_8	11
30	$\overline{DACK_6}$		SD_9	12
31	$DREQ_6$		SD_{10}	13
32	$\overline{DACK_7}$		SD_{11}	14
33	$DREQ_7$		SD_{12}	15
34	+5V		SD_{13}	16
35	MASTER		SD_{14}	17
36	GND		SD_{15}	18

图 1-11   ISA 总线插槽引脚

系统内各模板之间的信息传送,从而构成完整的计算机系统。

内部总线又可分为片级总线和系统总线。片级总线包括数据总线、地址总线、控制总线、I^2C 总线、SPI 总线、SCI 总线等;系统总线包括 ISA 总线、EISA 总线、VESA 总线、PCI 总线等;外部总线包括 RS-232C、RS-485、IEEE-488、USB 等总线。另外,在工业控制中,还定义了其他总线,如 VME、STD、PC-104、Compact PCI 等。

1) PC/ISA 总线及其信号线定义

1981 年,伴随以 Intel 8088 为 CPU 的 IBM PC(PC/XT)机的问世,62 线的 IBM PC 总线诞生了,是 ISA 总线的前身。1984 年,PC/AT 问世,提出 PC/AT 总线,这是一种 16 位总线。而为了开发与 IBM PC 兼容的外围设备,行业内便逐渐确立了以 IBM PC 总线规范为基础的(industry standard architecture,ISA)总线。1987 年 IEEE 正式制定了 ISA 总线标准。

16 位的 ISA 总线规范要求与 8 位 PC 向下兼容。总线插槽由两部分组成:8 位基本插槽和 16 位扩充插槽,如图 1-11 所示。8 位基本插槽有 62 芯,16 扩充插槽有 36 芯。基本插槽可以独立使用,但只能有 8 位的数据宽度和 20 位的地址。如果需要 16 位的数据或者需要 20 位以上的地址,则需要采用 8 位基本地址加 16 位扩充的方式。但是 16 位扩充插槽不能独立工作。16 位扩充部分除了增加数据宽度和地址宽度以外，还扩充了中断和 DMA 请求信号。

ISA 共有 98 根信号线，数据线宽度为 16 位，地址线宽度为 24 位，总线时钟为 8MHz，中断源为边沿触发，尤其是硬件配置技术性强，欠灵活。ISA 总线主要用于基于 Intel 处理器 80x86（或兼容产品）的 PC，它的信号组与 Intel 系列处理器和控制器的信号组非常相似。下面对 ISA 信号进行简要说明。

- $A_0 \sim A_{19}$ 输出，地址信号线。
- $SA_{17} \sim SA_{23}$ 输出，扩展地址信号线，为基于 386CPU 以上的系统输出高位地址 $A_{17} \sim A_{23}$。地址线 $A_0 \sim A_{19}$ 可以访问 ISA 的 1MB 地址空间。而扩展地址信号线 $SA_{17} \sim SA_{23}$ 用于确定 16MB 地址空间的高位。$A_0 \sim A_{19}$ 是经过锁存的地址信号，在整个 ISA 总线访问周期内一直保持有效。$SA_{17} \sim SA_{23}$ 为非锁存信号，但它比 $A_0 \sim A_{19}$ 提前有效，可以使地址译码电路提前开始译码。
- $D_0 \sim D_{17}$、$SD_8 \sim SD_{15}$ 输入输出，数据信号线。
- $\overline{SBHE}$ 输出，高位字节选择信号。高 8 位数据总线 $SD_8 \sim SD_{15}$ 是 16 位 ISA 扩充插槽的信号。$\overline{SBHE}$ 为高位数据选择信号，$\overline{SBHE}$ 有效时高 8 位数据通过 $SD_8 \sim SD_{15}$ 传送，这样可同时进行 16 位的操作。
- ALE 输出，地址锁存信号。其作用同 8086 的 ALE。
- AEN 输出，DMA 地址使用信号，高电平有效。ANE 信号用来指出当前是 DMA 工作周期还是 CPU 工作周期。当 AEN 为高电平时，DMA 控制器控制总线，实现 DMA 传送，即系统由 DMA 提供读写、地址等总线信号；当 AEN 为低电平时，CPU 控制总线。通常 AEN 用于连接地址译码器的输入功能，用来选择 DMA 要访问的设备或者选择 CPU 将要访问的设备。
- $\overline{SMEMR}$、$\overline{SMEMW}$、$\overline{IOR}$、$\overline{IOW}$、$\overline{MEMR}$、$\overline{MEMW}$：输出，存储器读写和 I/O 读写信号。其中，$\overline{SMEMR}$、$\overline{SMEMW}$ 为访问 1MB 以上存储空间的读写信号。$\overline{MEMR}$、$\overline{MEMW}$ 有效时，$\overline{SMEMR}$、$\overline{SMEMW}$ 信号无效。
- $\overline{IOCHRDY}$ 输入，I/O 通到准备好，输入为低电平表示请求插入等待周期。
- $\overline{0WS}$ 输入，零等待信号，计算机主板一般设计成在总线操作过程中自动插入一个等待周期。如果对某个 ISA 扩展卡的访问不需要插入这个等待周期，可使该板的 $\overline{0WS}$ 信号输出低电平。总线控制逻辑接收到 $\overline{0WS}$ 的低电平信号后，便按照典型的 ISA 访问周期进行操作。因此，当 ISA 上扩展的设备速度较慢，达不到 ISA 的正常工作速度时，就可以请求插入等待周期，使 $\overline{IOCHRDY}$ 输入低电平，直到设备准备好。如果 ISA 设备足够快而不必插入等待周期时，就可以发出令 $\overline{0WS}$ 有效的低电平，除去自动插入的等待周期。
- $\overline{IOCHCHK}$ 输入，I/O 通道校验错信号。$\overline{IOCHCHK}$ 用于 I/O 通道设备的逻辑校验。注意，该信号在 PC 内部连接了非屏蔽中断，使用时要谨慎。
- CLK 输出，系统时钟信号。早期的 ISA 总线为了保持与 CPU 同步，其时钟频率通常在 $4.77 \sim 8.33$MHz 之间变化。但目前 ISA 通常作为系统低速的扩充总线，没必要保持与 CPU 一致的时钟频率，因而大多是固定的频率 8MHz。

- DRQ$_0$～DRQ$_3$、DRQ$_5$～DRQ$_7$ 输入,DMA 应答信号。
- TC 输出,所有 DMA 通道的计数结束信号。
- IRQ$_3$～IRQ$_7$,IRQ$_9$,IRQ$_{10}$～IRQ$_{15}$ 输入,中断请求信号。直接由 2 片 8259 引出,总线上的外部设备利用这些信号向 CPU 提出中断请求。信号的上升沿有效,并要求其保持高电平一直到 CPU 响应为止。其余的 IRQ$_0$～IRQ$_2$、IRQ$_8$ 和 IRQ$_{13}$ 由 PC 主板所占用。
- $\overline{M16}$、$\overline{IO16}$输入,16 位存储器传送请求、16 位 I/O 传送请求。ISA 可以进行 8 位数据传送,也可以进行 16 位数据传送。当 ISA 扩展设备希望进行 16 位数据传送时,可以令$\overline{M16}$或$\overline{IO16}$为有效的低电平,向总线控制器发出 16 位数据传送请求。否则 ISA 以 8 位形式进行传送。
- $\overline{MASTER}$输入,总线主设备确认。ISA 设备一般工作在从模块方式,接受 CPU 访问。即使 DMA 取得了总线控制权,ISA 扩展卡仍以从模块方式响应。只有在$\overline{MASTER}$信号与 DMA 控制器配合使用时,ISA 设备才真正体现主模块功能。

2) PCI/Compact PCI 总线简介

PCI(peripheral component interconnect)是美国 SIG(special interest group of association for computer machinery)集团推出的 64 位总线。该总线的最高总线频率为 33MHz,数据传输率为 80Mb/s(峰值传输率为 133Mb/s)。20 世纪 90 年代,随着图形处理技术和多媒体技术的广泛应用,在以 Windows 为代表的图形用户接口(graphical user interface,GUI)进入 PC 之后,要求有高速的图形描绘能力和 I/O 处理能力。这不仅要求图形适配卡要改善其性能,也对总线的速度提出了挑战。实际上当时外设的速度已有了很大的提高,如硬磁盘与控制器之间的数据传输率已达 10MB/s 以上,图形控制器和显示器之间的数据传输率也达到 69MB/s。通常认为 I/O 总线的速度应为外设速度的 3～5 倍。因此原有的 ISA、EISA 已远远不能适应要求,而成为整个系统的主要瓶颈。因此对总线提出了更高的性能要求,从而促使了总线技术进一步发展。1991 年下半年,Intel 公司首先提出了 PCI 的概念,并联合 IBM、Compaq、AST、HP、DEC 等 100 多家公司成立了 PCI 集团,其英文全称为:Peripheral Component Interconnect Special Interest Group(外围部件互连专业组),简称 PCISIG。PCI 是一种先进的局部总线,已成为局部总线的新标准。PCI 总线是一种不依附于某个具体处理器的局部总线。从结构上看,PCI 是在 CPU 和原来的系统总线之间插入的一级总线,具体由一个桥接电路实现对这一层的管理,并实现上下之间的接口以协调数据的传送。管理器提供了信号缓冲,使之能支持 10 种外设,并能在高时钟频率下保持高性能。PCI 总线也支持总线主控技术,允许智能设备在需要时取得总线控制权,以加速数据传送。

(1) PCI 总线的主要性能
- 支持 10 台外设。
- 总线时钟频率 33.3MHz/66MHz。
- 最大数据传输速率 133MB/s。
- 时钟同步方式。
- 与 CPU 及时钟频率无关。

- 总线宽度 32 位(5V)/64 位(3.3V)。
- 能自动识别外设。
- 特别适合与 Intel 的 CPU 协同工作。

(2) 其他性能

- 具有与处理器和存储器子系统完全并行操作的能力。
- 具有隐含的中央仲裁系统。
- 采用多路复用方式(地址线和数据线)减少了引脚数。
- 支持 64 位寻址。
- 完全的多总线主控能力。
- 提供地址和数据的奇偶校验。
- 可以转换 5V 和 3.3V 的信号环境。

(3) PCI 总线信号定义

主要引脚:图 1-12 给出了 PCI 总线引脚,主控设备 49 条,目标设备 47 条,可选引脚 51 条(主要用于 64 位扩展、中断请求、高速缓存支持等),总引脚数 120 条(包含电源、地、保留引脚等)。

PCI 总线结构连接方式:CPU 总线和 PCI 总线由桥接电路(习惯上称为北桥芯片)相连。芯片中除了含有桥接电路外,还有 Cache 控制器和 DRAM 控制器等其他控制电路。PCI 总线上挂接高速设备,如图形控制器、IDE 设备或 SCSI 设备、网络控制器等。

PCI 总线和 ISA/EISA 总线之间也通过桥接电路(习惯上称为南桥芯片)相连,ISA/EISA 上挂接传统的慢速设备,继承原有的资源。

此外,PCI 总线还有其他一些连接方式,如双 PCI 总线方式、PCI TO PCI 方式、多处理器服务器方式等。鉴于篇幅关系不再详细介绍。

PCI 总线的 2.1 版,虽然在理论上达到 66MHz 的时钟频率,但对于新型的 CPU(如 Xeon、Katmai 等)和高总线频率主板是完全不能适应的。

3) PCI-E 总线

PCI-E(PCI Express)是第三代总线接口传输技术。PCI-E 保持与传统 PCI 的软件兼容性,但是将物理总线代替成为一个高速(2.5Gb/s)的串行总线。因为这种体系结构发生了改变,所以插槽本身并不兼容。但是,在 PCI 向 PCI Express 的过渡过程中,大部分计算机主板将既提供 PCI 插槽又提供 PCI Express 插槽。具有较少信道插槽的设备可以"向上插入"至主板上具有较多信道的插槽,从而提高硬件的兼容性和灵活性。但是,"向下插入"至较少信道的插槽是不支持的。

(1) PCI-E 总线与 PCI 总线相比具有的主要技术优势

① 采用串行总线,进行点对点传输,每个传输通道独享带宽。

② PCI-E 总线支持双向传输模式和数据分通道传输模式,其中数据分通道传输模式即 PCI-E 总线的×1、×2、×4、×8、×12、×16 与×32 多通道连接,×1 单向传输带宽即可达到 250MB/s,双向传输带宽更能够达到 500MB/s,这已不是 PCI 总线所能相比的。

③ PCI-E 总线充分利用先进的点对点互连、基于交换的技术、基于包的协议来实现新的总线性能和特征。电源管理、服务质量、热插拔支持、数据完整性、错误处理机制等

	B	A	
−12V	B_{01}	A_{01}	TRST#
TCK	B_{02}	A_{02}	+12V
GND	B_{03}	A_{03}	TMS
TDO	B_{04}	A_{04}	TDI
+5V	B_{05}	A_{05}	+5V
+5V	B_{06}	A_{06}	INTA#
INTB#	B_{07}	A_{07}	INTC#
INTD#	B_{08}	A_{08}	+5V
PRSNT1#	B_{09}	A_{09}	Reserved
Reserved	B_{10}	A_{10}	+5V
PRSNT2	B_{11}	A_{11}	Reserved
GND	B_{12}	A_{12}	GND
GND	B_{13}	A_{13}	GND
Reserved	B_{14}	A_{14}	3.3Vaux
GND	B_{15}	A_{15}	RST#
CLK	B_{16}	A_{16}	+5V(I/O)
GND	B_{17}	A_{17}	GNT#
REQ#	B_{18}	A_{18}	GND
+5V(I/O)	B_{19}	A_{19}	PME#
AD_{31}	B_{20}	A_{20}	AD_{30}
AD_{29}	B_{21}	A_{21}	3.3V
GND	B_{22}	A_{22}	AD_{28}
AD_{27}	B_{23}	A_{23}	AD_{26}
AD_{25}	B_{24}	A_{24}	GND
+3.3V	B_{25}	A_{25}	AD_{24}
C/BE3#	B_{26}	A_{26}	IDSEL
AD_{23}	B_{27}	A_{27}	+3.3V
GND	B_{28}	A_{28}	AD_{22}
AD_{21}	B_{29}	A_{29}	AD_{20}
AD_{19}	B_{30}	A_{30}	GND
+3.3V	B_{31}	A_{31}	AD_{18}
AD_{17}	B_{32}	A_{32}	AD_{16}
C/BE2#	B_{33}	A_{33}	+3.3V
GND	B_{34}	A_{34}	FRAME#
IRDY#	B_{35}	A_{35}	GND
+3.3V	B_{36}	A_{36}	TRDY#
DEVSEL#	B_{37}	A_{37}	GND
GND	B_{38}	A_{38}	STOP#
LOCK#	B_{39}	A_{39}	+3.3V
PERR#	B_{40}	A_{40}	Reserved
+3.3V	B_{41}	A_{41}	Reserved
SERR#	B_{42}	A_{42}	GND
+3.3V	B_{43}	A_{43}	PAR
C/BE1#	B_{44}	A_{44}	AD_{15}
AD_{14}	B_{45}	A_{45}	+3.3V
GND	B_{46}	A_{46}	AD_{13}
AD_{12}	B_{47}	A_{47}	AD_{11}
AD_{10}	B_{48}	A_{48}	GND

	B	A	
GND	B_{49}	A_{49}	AD_{09}
KEYWAY	B_{50}	A_{50}	KEYWAY
KEYWAY	B_{51}	A_{51}	KEYWAY
AD_{08}	B_{52}	A_{52}	C/BE0#
AD_{07}	B_{53}	A_{53}	+3.3V
+3.3V	B_{54}	A_{54}	AD_{06}
AD_{05}	B_{55}	A_{55}	AD_{04}
AD_{03}	B_{56}	A_{56}	GND
GND	B_{57}	A_{57}	AD_{02}
AD_{01}	B_{58}	A_{58}	AD_{00}
+5V(I/O)	B_{59}	A_{59}	+5V
ACK64#	B_{60}	A_{60}	REO64#
+5V	B_{61}	A_{61}	+5V
+5V	B_{62}	A_{62}	+5V
Reserved	B_{63}	A_{63}	GND
GND	B_{64}	A_{64}	C/BE7#
C/BE6#	B_{65}	A_{65}	C/BE5#
C/BE4#	B_{66}	A_{66}	+5V(I/O)
GND	B_{67}	A_{67}	PAR64
AD_{63}	B_{68}	A_{68}	AD_{62}
AD_{61}	B_{69}	A_{69}	GND
+5V(I/O)	B_{70}	A_{70}	AD_{60}
AD_{59}	B_{71}	A_{71}	AD_{58}
AD_{57}	B_{72}	A_{72}	GND
GND	B_{73}	A_{73}	AD_{56}
AD_{55}	B_{74}	A_{74}	AD_{54}
AD_{53}	B_{75}	A_{75}	+5V
GND	B_{76}	A_{76}	AD_{52}
AD_{51}	B_{77}	A_{77}	AD_{50}
AD_{49}	B_{78}	A_{78}	GND
+5V(I/O)	B_{79}	A_{79}	AD_{48}
AD_{47}	B_{80}	A_{80}	AD_{46}
AD_{45}	B_{81}	A_{81}	GND
GND	B_{82}	A_{82}	AD_{44}
AD_{43}	B_{83}	A_{83}	AD_{42}
AD_{41}	B_{84}	A_{84}	+5V
GND	B_{85}	A_{85}	AD_{40}
AD_{39}	B_{86}	A_{86}	AD_{38}
AD_{37}	B_{87}	A_{87}	GND
+5V(I/O)	B_{88}	A_{88}	AD_{36}
AD_{35}	B_{89}	A_{89}	AD_{34}
AD_{33}	B_{90}	A_{90}	AD_{32}
GND	B_{91}	A_{91}	Reserved
Reserved	B_{92}	A_{92}	Reserved
Reserved	B_{93}	A_{93}	GND
GND	B_{94}	A_{94}	Reserved

图 1-12　PCI 总线引脚

也是 PCI-E 总线所支持的高级特征。

④ 与 PCI 总线良好的继承性,可以保持软件的继承和可靠性。PCI-E 总线关键的 PCI 特征,例如应用模型、存储结构、软件接口等与传统 PCI 总线保持一致,但是并行的 PCI 总线被一种具有高度扩展性的、完全串行的总线所替代。

⑤ PCI-E 总线充分利用先进的点对点互连,降低了系统硬件平台设计的复杂性和难度,从而大幅降低系统的开发制造设计成本,极大地提高系统的性价比和健壮性。系统总线带宽提高同时,减少了硬件 PIN 的数量,硬件的成本直接下降。

（2）PCI-E 总线硬件协议

PCI-E 的连接是建立在一个双向的序列的(1 比特)点对点连接基础之上,这称之为

"传输通道"。与 PCI 连接形成鲜明对比的是 PCI 是基于总线控制,所有设备共同分享的单向 32 位并行总线。PCI-E 是一个多层协议,由一个交换层、一个数据链接层和一个物理传输层构成。物理层又可进一步分为逻辑子层和电气子层。逻辑子层又可分为物理代码子层(PCS)和介质访问控制子层(MAC)。

① PCI-E 的物理传输层。

图 1-13 给出了 PCI-E 总线的物理传输层示意图。对于使用电气方面,每组流水线使用两个单向的低电压微分信号(LVDS)合计达到 2.5 兆波特。传送及接收不同数据会使用不同的传输通道,每一通道可运作四项资料。两个 PCI-E 设备之间的连接成为"链接",这形成了 1 组或更多的传输通道。各个设备最少支持 1 个传输通道(×1)的链接,也可以有 2、4、8、16、32 个通道的链接。PCI-E 卡能使用在至少与之传输通道相当的插槽上(例如 ×1 接口的卡也能工作在 ×4 或 ×16 的插槽上)。一个支持较多传输通道的插槽可以建立较少的传输通道(例如 8 个通道的插槽

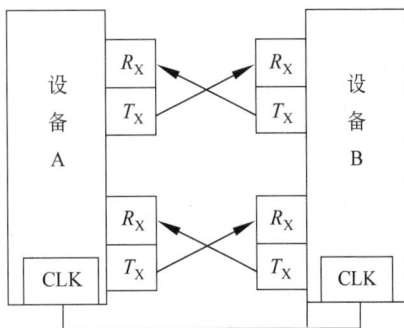

图 1-13　PCI-E 总线

能支持 1 个通道)。PCI-E 设备之间的链接将使用两设备中较少通道数的作为标准。一个支持较多通道的设备不能在支持较少通道的插槽上正常工作,例如 ×4 接口的卡不能在 ×1 的插槽上正常工作,但它能在 ×4 的插槽上只建立 1 个传输通道(×1)。PCI-E 卡能在同一数据传输通道内传输包括中断在内的全部控制信息。这也方便了与 PCI 的兼容。多传输通道上的数据传输采取交叉存取,这意味着连续字节交叉存取在不同的通道上。这一特性称之为"数据条纹",需要非常复杂的硬件支持连续数据的同步存取,也对链接的数据吞吐量要求极高。由于数据填充的需求,数据交叉存取不需要缩小数据包。与其他高速数传输协议一样,时钟信息必须嵌入信号中。

在物理层上,PCI-E 采用常见的 8B/10B 代码方式来确保连续的 1 和 0 字符串长度符合标准,这样保证接收端不会误读。编码方案用 10 位编码比特替代 8 个未编码比特来传输数据,占用 20% 的总带宽。有些协议(如 SONET)使用另外的编码结构如"不规则"在数据流中嵌入时钟信息。PCI-E 的特性也定义了一种"不规则化"的运算方法,但这种方法与 SONET 完全不同,它的方法主要用来避免数据传输过程中的数据重复而出现数据散射。第一代 PCI-E 采用 2.5 兆位单信号传输率,PCI-SIG 计划在未来版本中增强到 5~10 兆位。

② PCI-E 的数据链接层。

数据链接层采用按序的交换层信息包(transaction layer packets,TLPs),是由交换层生成,按 32 位循环冗余校验码(CRC,本文中用 LCRC)进行数据保护,采用著名的协议(ack and nak signaling)的信息包。TLPs 能通过 LCRC 校验和连续性校验的称为 Ack(命令正确应答);没有通过校验的称为 Nak(没有应答)。没有应答的 TLPs 或者等待超时的 TLPs 会被重新传输。这些内容存储在数据链接层的缓存内。这样可以确保 TLPs 的传输不受电子噪音干扰。

Ack 和 Nak 信号由低层的信息包传送,这些包被称为数据链接层信息包(data link layer packet,DLLP)。DLLP 也用来传送两个互连设备的交换层之间的流控制信息和实现电源管理功能。

③ PCI-E 的交换层。

PCI-E 采用分离交换(数据提交和应答在时间上分离),可保证传输通道在目标端设备等待发送回应信息传送其他数据信息。它采用了可信性流控制。这一模式下,一个设备广播它可接收缓存的初始可信信号量。链接另一方的设备会在发送数据时统计每一发送的 TLP 所占用的可信信号量,直至达到接收端初始可信信号最高值。接收端在处理完毕缓存中的 TLP 后,它会回送发送端一个比初始值更大的可信信号量。可信信号统计是定制的标准计数器,这一算法的优势,相对于其他算法,如握手传输协议等,在于可信信号的回传反应时间不会影响系统性能,因为如果双方设备的缓存足够大的话,是不会出现达到可信信号最高值的情况,这样发送数据不会停顿。第一代 PCI-E 标称可支持每传输通道单向每秒 250MB 的数据传输率。这一数字是根据物理信号率 2500 兆波特除以编码率(10 位/每字节)计算而得。这意味着一个 16 通道(×16)的 PCI-E 卡理论上可以达到单向 $250×16=4000$MB/s。实际的传输率要根据数据有效载荷率,即依赖于数据的本身特性,这是由更高层(软件)应用程序和中间协议层决定。PCI-E 与其他高速序列连接系统相似,它依赖于传输的鲁棒性(CRC 校验和 Ack 算法)。长时间连续的单向数据传输(如高速存储设备)会造成>95% 的 PCI-E 通道数据占用率。这样的传输受益于增加的传输通道,但大多数应用程序如 USB 或以太网络控制器会把传输内容拆成小的数据包,同时还会强制加上确认信号。这类数据传输由于增加了数据包的解析和强制中断,降低了传输通道的效率。这种效率的降低并非只出现在 PCI-E 上。

4) 其他总线

(1) PC/104 总线

简单地讲,PC/104(PC104)是一种嵌入式的总线规范,与 ISA 总线有着天然的联系。PC/104(PC104)是 ISA(IEEE-996)标准的延伸。1992 年 PC/104(PC104)作为基本文件被采纳,称为 IEEE-P996.1 兼容 PC 嵌入式模块标准。PC/104(PC104)是一种专门为嵌入式控制而定义的工业控制总线。IEEE-P996 是 ISA 工业总线规范,IEEE 协会将它定义 IEEE-P996.1,PC/104(PC104)实质上就是一种紧凑型的 IEEE-P996,其信号定义和 PC/AT 基本一致,但电气和机械规范却完全不同,是一种优化的、小型、堆栈式结构的嵌入式控制系统。其小型化的尺寸(90×96mm),极低的功耗(典型模块为 1~2W)和堆栈的总线形式(决定了其高可靠性),受到了众多从事嵌入式产品生产厂商的欢迎,在嵌入式系统领域逐渐流行开来。截至目前,全世界已有 200 多家厂商在生产和销售符合 PC/104(PC104)规范的嵌入式板卡。

(2) PC/104 plus 总线

PC/104 plus 为单列三排 120 个总线管脚,有效信号线和控制线和 PCI 总线完全兼容。与我们的计算机一样,一个计算机主板可以同时拥有 PC/AT 和 PCI 总线,一个 PC/104 CPU 模块则可以同时拥有 PC/104 和 PC/104 plus 总线。

（3）STD 总线

STD 总线是国际上流行的一种用于工业控制的标准微机总线,于 1987 年被批准为 IEEE-961 标准。STD 总线采用公共母板结构,即其总线布置在一块母板(底板)上,板上安装若干个插座,插座对应引脚都是连到同一根总线信号线上。系统采用模块式结构,各种功能模块(如 CPU 模块、存储器模块、图形显示模块、A/D 模块、D/A 模块、开关量 I/O 模块等)都按标准的插件尺寸制造。各功能模块可插入任意插座,只要模块的信号、引脚都符合 STD 规范,就可以在 STD 总线上运行。因此可以根据需要组成不同规模的微机系统。STD 总线采用 56 线双列插座,插件尺寸为 165.1mm×114.3mm,是 8/16 位微处理器总线标准(可使用各种型号的 CPU)。

2. 外部总线

所谓外部总线,就是计算机与计算机之间或计算机与其他智能设备之间进行通信的连线,常用的外部总线有 RS-232C、USB 串行总线。

1）RS-232C 串行通信总线

RS-232C 是一种串行外部总线,是由美国电子工业协会(EIA)制定的一种串行接口标准。RS"推荐标准"的缩写,232 为标识号,C 表示修改次数。RS-232C 的机械特性要求,使用 25 芯标准连接插头或 9 芯标准连接插头,每个引脚有固定的定义。

RS-232C 的电气特性要求总线信号采用负逻辑,如表 1-1 所示。逻辑 1 状态电平为 $-15\sim-5\text{V}$,逻辑 0 状态电平为 $+5\sim+15\text{V}$,其中 $-5\sim+5\text{V}$ 用作信号状态的变迁区。在串行通信中还把逻辑 1 称为传号(MARK)或 OFF 状态,把逻辑 0 称为空号(SPACE)或 ON 状态。

表 1-1　RS-232C 信号状态

状　　态	$-15\text{V}<V_1<-5\text{V}$	$+5\text{V}<V_1<+15\text{V}$
逻辑状态	1	0
信号条件	传号(MARK)	空号(SPACE)
功　　能	OFF	ON

一般的 RS-232C 串行接口采用 TTL 输入输出电平,为了满足 RS-232C 信号电平,采用集成电路 MC1488 发送器和 MC1489 接收器,进行 TTL 电平与 RS-232C 电平的相互转换及接口,如图 1-14 所示。

RS-232C 总线规定了其通信距离不大于 15m,传送信号的速率不大于 20kb/s,每个信号使用一根导线,并公用一根信号地线。由于采用单端输入和公共信号地线,所以容易引进干扰。

2）USB 串行通信总线

USB(universal serial bus)称为通用串行总线,是由 Compaq、DEC、IBM、Intel、Microsoft、NEC 和 NT(北方电讯)七大公司共同推出的新一代接口标准。它是一种连接外围设备的机外总线。USB 的主要性能特点如下。

图 1-14　RS-232C 电平转换及接口电路

（1）具有热插拔功能

USB 提供机箱外的热插拔连接,连接外设不必再打开机箱,也不必关闭主机电源。这个特点为用户提供了很大的方便。

（2）USB 采用"级联"方式连接各个外部设备

每个 USB 设备用一个 USB 插头连接到前一个外设的 USB 插座上,而其本身又提供一个 USB 插座供下一个 USB 外设连接用。通过这种类似菊花链式的连接,一个 USB 控制器可以连接多达 127 个外设,而两个外设间的距离(线缆长度)可达 5m。

USB 统一的 4 针圆形插头将取代机箱后部众多的串/并口(鼠标、modem)、键盘等插头。USB 能智能识别 USB 链上外围设备的插入或拆卸,扩充卡、DIP 开关、跳线、IRQ、DMA 通道、I/O 地址都将成为过去。

（3）适用于低速外设连接

根据 USB 规范,USB 传送速度可达 12Mb/s(每秒 12 兆位),除了可以与键盘、鼠标、modem 等常见外设连接外,还可以与 ISDN、电话系统、数字音响、打印机/扫描仪等低速外设连接。

尽管 USB 被设计为也可以连接数码相机一类的较高速外设,但由于 USB 总线技术推出太迟,IEEE 1394 接口总线已经在数码相机、数字摄影及视频播放等高速、高带宽领域(100Mb/s 或以上)取得应用。

1.3.3　工业控制机的特点

1. 可靠性高和可维修性好

可靠性和可维修性是两个非常重要的因素,它们决定着系统在控制上的可用程度。可靠性的简单含义是指设备在规定的时间内运行不发生故障,为此采用可靠性技术来解决;可维修性是指工业控制机发生故障时,维修快速、简单方便。

2. 环境适应性强

工业环境恶劣,这就要求工业控制机适应高温、高湿、腐蚀、振动冲击、灰尘等环境。工业环境电磁干扰严重,供电条件不良,工业控制机必须要有极高的电磁兼容性。

3. 控制的实时性

工业控制机应具有时间驱动和事件驱动能力,要能对生产过程工况变化实时地进行监视和控制。为此,需要配有实时操作系统和中断系统。

4. 完善的输入输出通道

为了对生产过程进行控制,需给工业控制机配备完善的输入输出通道,如模拟量输入输出、开关量输入输出、人机通信设备等。

5. 丰富的软件

工业控制机应配备较完整的操作系统、适合生产过程控制的应用程序。工业控制软件正向结构化、组态化方向发展。

6. 适当的计算机精度和运算速度

一般生产过程,对于精度和运算速度要求并不苛刻。通常字长为 8～32 位,速度在每秒几万次至几百万次。但随着自动化程度的提高,对于精度和运算速度的要求也在不断提高,应根据具体的应用对象及使用方式,选择合适的机型。

1.4 计算机控制系统的发展概况和趋势

1946 年世界上第一台电子计算机 ENICA 正式使用以来,电子计算机在世界各国得到了极大的重视和迅速的发展。计算机控制技术是自动控制理论与计算机技术相结合的产物,它的发展同样也离不开自动控制理论和计算机技术的发展,本节回顾一下计算机控制系统的发展概况,并讨论计算机控制系统的发展趋势。

1.4.1 计算机控制系统的发展概况

1. 计算机技术的发展过程

在生产过程控制中采用数字计算机的思想出现在 20 世纪 50 年代中期。最重要的工作开始于 1956 年 3 月,当时美国德克萨斯州的一个炼油厂与美国的 TRW 航空工业公司合作进行计算机控制研究,经过三年的努力,设计出了一个采用 RW-300 计算机控制的聚合装置的系统,该系统控制 26 个流量,72 个温度,3 个压力,3 个成分,控制的目的是使反应器的压力最小,确定对 5 个反应器供料的最佳分配,根据催化剂活性测量结果来控制热水的流量以及确定最优循环。TRW 公司的这项开创性工作,为计算机控制技术的发展奠定了基础,从此,计算机控制技术获得了迅速的发展。

为了讨论这种急剧的发展,可按以下 4 个阶段描述其发展过程:

1) 开创时期(1955—1962)

早期的计算机使用电子管,体积庞大,价格昂贵,可靠性差,所以它只能从事一些操作指导和设定值控制。过程控制向计算机提出了许多特殊的要求,需要它对各种过程命令做出迅速响应,从而导致中断技术的发明,使计算机能够对更紧迫的过程任务及时做出反映。

2) 直接数字控制时期(1962—1967)

早期的计算机控制按照监督方式运行,属于操作指导或设定值控制,仍需要常规的模拟控制装置。1962 年,英国帝国化学工业公司利用计算机完全代替了原来的模拟控制。该计算机控制 224 个变量和 129 个阀门。由于计算机直接控制过程变量,完全取代了原来的模拟控制,因而称这样的控制为直接数字控制(direct digital control,DDC)。

采用 DDC 系统一次投资较大,而增加一个控制回路并不需要增加很多费用。灵活性是 DDC 系统的又一个优点,改变模拟控制系统需要改变线路,而改变计算机控制系统只需要改变程序即可。DDC 是计算机控制技术发展方向上的重大变革,为以后的发展奠定了基础。

3) 小型计算机时期(1967—1972)

整个 20 世纪 60 年代计算机技术有了很大的发展,主要特点是它的体积更小,速度更快,工作可靠,价格更便宜。到了 20 世纪 60 年代后半期,出现了各种类型的适合工业控制的小型计算机,从而使得计算机控制系统不再是大型企业的工程项目,对于较小的工程问题也能利用计算机来控制。由于小型机的出现,过程控制计算机的台数迅速增长。

4) 微型计算机时期(1972 年至今)

在 1972 年之后,由于微型计算机的出现和发展,计算机控制技术进入了崭新的阶段。在 20 世纪 80 年代,微电子学出现了超大规模集成电路技术而获得急剧发展,出现了各种类型的计算机和计算机控制系统。目前多媒体计算机的出现也将推动计算机控制技术的发展。

采用微型计算机,已经制造出大量的分级递阶控制系统、分散型控制系统、专用控制器等,对工业的发展起到了巨大促进作用。

与计算机的硬件相比,计算机软件的发展则要慢得多,在整个 20 世纪 50 年代至 70 年代,软件生产的改进很有限。到 20 世纪 70 年代末,许多计算机控制系统仍采用汇编语言编程。现在已采用了高级语言进行实时控制,如 Forth、Basic、Fortran、C、Pascal 等语言,这是今后的发展方向。

2. 计算机控制理论的发展过程

虽然采样系统理论目前主要用在计算机控制方面,并已取得重要成果,但仍然在发展之中,为了获得这个领域的全面知识,有必要回顾一下其发展过程。

1) 采样定理

既然所有的计算机控制系统,都只根据离散的过程变量值来工作,那么就要弄清楚信号在什么条件下,才能只根据它在离散点上的值重现出来。此关键性的问题是由奈奎斯特(Nyquist)解决的,他证明,要把正弦信号从它的采样值中复现出来,每周期至少必须采样两次。香农(Shannon)于 1949 年在他的重要论文中完全解决了这个问题。

2）差分方程

采样系统理论的最初起源与某些特殊控制系统的分析有关。奥尔登伯格
(Oldenburg)和萨托里厄斯(Sartorius)于 1948 年对落弓式检流汁的特性做了研究,这项
研究对采样系统理论做出了最早的贡献。业已证明,许多特征都可以通过分析一个线性
时不变的差分方程理解,即用差分方程代替了微分方程。例如,稳定性研究可以采用舒
尔-科恩(Schur-Cohn)法,它相当于连续时间系统的劳斯-霍尔维兹判据(Routh-Hurwitz
criterion)。

3）Z 变换法

由于拉氏变换理论已经成功地应用于连续时间系统中,人们自然想到为采样系统建
立一种类似的变换理论。霍尔维兹于 1947 年对序列$\{f(kT)\}$引进了一个变换为

$$Z\left[f(kT)\right] = \sum_{k=0}^{\infty} z^{-k} f(kT)$$

后来,这种变换由拉格兹尼(Ragazzini)和扎德(Zadeh)于 1952 年定义为 Z 变换。建
立采样理论的许多工作都是由美国哥伦比亚大学的拉格兹尼领导的研究小组来完成的,
即朱里(Jury)、卡尔曼(Kalman)、比特伦(Bertram)、扎德(Zadeh)、富兰克林(Franklin)、
弗里德兰德(Friedland)、克兰克(Kranc)、弗里曼(Freeman)、萨拉奇克(Sarachik)和斯克
兰斯凯(Sklansky)等人在拉格兹尼指导下做博士论文时完成的。

4）状态空间理论

状态空间理论的建立,来自许多数学家的共同努力,例如,莱夫谢兹(Lefchetz)、庞特
里亚金(Pontryagin)、贝尔曼(Bellman)。卡尔曼把状态空间法应用于控制理论,享有较
高的声誉,他建立了许多概念并解决了许多重要问题。

5）最优控制与随机控制

20 世纪 50 年代后期,贝尔曼(1957 年)与庞特里亚金等人(1962 年)证明了许多设计
问题都可以形式化为最优化问题。20 世纪 60 年代初,随机控制理论的发展,引出所谓线
性二次型高斯(LQG)理论。

6）代数系统理论

代数系统理论对线性系统理论有了更好的理解,并应用多项式方法解决特殊问题。

7）系统辨识与自适应控制

奥斯特隆姆(Åström)和威顿马克(Wittenmark)等人在系统辨识与自适应控制方面
做出了重要贡献。应当承认,在理论联系实际方面,奥斯特隆姆教授处于领先地位,他提
出的自校正调节器便是一个突出的例子。

8）先进控制技术

先进控制技术主要包括模糊控制技术、神经网络控制技术、专家控制技术、预测控制
技术、内模控制技术、分层递阶控制技术、鲁棒控制技术、学习控制技术、非线性控制技
术、网络化控制技术等。先进控制技术主要解决传统的、经典的控制技术所难以解决的
控制问题,代表着控制技术最新的发展方向,并且与多种智能控制算法是相互交融、相互
促进发展的。目前先进控制技术仍处于不断发展和完善阶段。

1.4.2　计算机控制系统的应用现状和发展趋势

根据计算机控制技术的发展情况,展望未来,前景诱人。要发展计算机控制技术,必须对生产过程知识、测量技术、计算机技术和控制理论等领域进行广泛深入的研究。

1. 推广应用成熟的先进技术

1) 普及应用可编程序控制器(PLC)

近年来,由于开发了具有智能I/O模块的PLC,它可以将顺序控制和过程控制结合起来,实现对生产过程的控制,并具有高可靠性。

2) 广泛使用智能调节器

智能调节器不仅可以接收4~20mA电流信号,还具有RS-232、RS-422/485或现场总线通信接口,可与上位机连成主从式测控网络。

3) 采用新型的DCS和FCS

发展以现场总线技术等先进网络通信技术为基础的DCS和FCS控制结构,并采用先进的控制策略,向低成本综合自动化系统的方向发展,实现计算机集成制造/过程系统(CIMS/CIPS)。

2. 大力研究和发展先进控制技术

先进过程控制(advanced process control,APC)技术以多变量解耦、推断控制和估计、多变量约束控制、各种预测控制、人工神经元网络控制和估计等技术为代表。模糊控制技术、神经网络控制技术、专家控制技术、预测控制技术、内模控制技术、分层递阶控制技术、鲁棒控制技术、学习控制技术已成为先进控制的重要研究内容。在此基础上,又将生产调度、计划优化、经营管理与决策等内容加入APC之中,使APC的发展体现了计算机集成制造/过程系统的基本思想。由于先进控制算法的复杂性,先进控制的实现需要足够的计算能力作为支持平台。构建各种控制算法的先进控制软件包,形成工程化软件产品,也是先进控制技术发展的一个重要研究方向。

3. 计算机控制系统的发展趋势

1) 控制系统的网络化

随着计算机技术和网络技术的迅猛发展,各种层次的计算机网络在控制系统中的应用越来越广泛,规模也越来越大,从而使传统意义上的回路控制系统所具有的特点在系统网络化过程中发生了根本变化,并最终逐步实现了控制系统的网络化。

2) 控制系统的扁平化

随着企业网技术的发展,网络通信能力和网络连接规模得到了极大的提高。现场级网络技术使得控制系统的底层也可以通过网络相互连接起来。现场网络的连接能力逐步提高,使得现场网络能够接入更多的设备。新一代计算机控制系统的结构发生了明显变化,逐步形成两层网络的系统结构,使得整体系统出现了扁平化趋势,简化了系统的结构和层次。

3）控制系统的智能化

人工智能的出现和发展，促进自动控制向更高的层次发展，即智能控制。智能控制是一类无须人的干扰就能够自主地驱动智能机器实现其目标的过程，也是用机器模拟人类智能的又一重要领域。随着多媒体计算机和人工智能计算机的发展，应用自动控制理论和智能控制技术来实现先进的计算机控制系统，必将极大地推动科学技术的进步和工业自动化系统的水平。

4）控制系统的综合化

随着现代管理技术、制造技术、信息技术、自动化技术、系统工程技术的发展，综合自动化技术（ERP＋MES＋PCS）广泛地应用到工业过程，借助于计算机的硬件、软件技术，将企业生产全部过程中有关人、技术、经营管理三要素及其信息流、物流有机地集成并优化运行，为工业生产带来更大的经济效益。

习　　题

1. 什么是计算机控制系统？其工作原理是怎样的？
2. 计算机控制系统由哪几部分组成？请画出计算机控制系统的组成框图。
3. 计算机控制系统的典型形式有哪些？各有什么优缺点？
4. 实时、在线方式和离线方式的含义是什么？
5. 工业控制机由哪几部分组成？各部分的主要作用是什么？工业控制机的特点有哪些？
6. 简述计算机控制系统的发展概况。
7. 讨论计算机控制系统的发展趋势。

第 2 章

输入输出接口与过程通道

在计算机控制系统中,工业控制机必须经过输入输出接口和过程通道与生产过程相连,因此输入输出接口和过程通道是计算机控制系统的重要组成部分。

接口是计算机与外部设备交换信息的桥梁,它包括输入接口和输出接口。接口技术是研究计算机与外部设备之间如何交换信息的技术。外部设备的各种信息通过输入接口送到计算机,而计算机的各种信息通过输出接口送到外部设备。系统运行过程中,信息的交换是频繁发生的。

过程通道是在计算机和生产过程之间设置的信息传送和转换的连接通道,它包括模拟量输入通道、模拟量输出通道、数字量(开关量)输入通道、数字量(开关量)输出通道。生产过程的各种参数通过模拟量输入通道或数字量输入通道送到计算机,计算机经过计算和处理后的结果通过模拟量输出通道或数字量输出通道送到生产过程,从而实现对生产过程的控制。

2.1 总线接口扩展技术

2.1.1 系统总线接口扩展技术

1. I/O 端口及 I/O 操作

接口电路内部一般设置若干寄存器,用以暂存 CPU 和外设之间传输的数据、状态和控制信息。相应的寄存器分别称为数据寄存器、状态寄存器和控制寄存器。这些能够被 CPU 直接访问的寄存器统称为端口(port),分别称为数据端口、状态端口和控制端口。每个端口具有一个独立的地址,作为 CPU 区分各个端口的依据。接口功能不同,内部包含的端口数目也不尽相同。

1) 数据端口

数据端口(data port)用以存放外设送往 CPU 的数据以及 CPU 输出到外设去的数据。这些数据是主机和外设之间交换的最基本信息,长度一般为 1～2 字节。数据端口主要起数据缓冲作用。

2）状态端口

状态端口(state port)主要用来指示外设的当前状态。每种状态用一个二进制位表示,每个外设可以有几个状态位,它们可被 CPU 读取,以测试或检查外设的状态,决定程序的流程。

一般接口电路中常见的状态位有准备就绪位(ready)、外设忙位(busy)、错误位(error)等。

3）命令端口

命令端口(command port)也称控制端口(control port),用来存放 CPU 向接口发出的各种命令和控制字,以便控制接口或设备的动作。接口功能不同,接口芯片的结构也就不同,控制字的格式和内容自然各不相同。一般可编程接口芯片往往具有工作方式命令字、操作命令字等。

CPU 可以对端口进行读写操作。归根到底,CPU 和外设的数据交换实质就是 CPU 的内部寄存器和接口内部的端口之间的数据交换。CPU 对数据端口进行一次读或写操作也就是与该接口连接的外设进行一次数据传送;CPU 对状态端口进行一次读操作,就可以获得外设或接口自身的状态代码;CPU 把若干位控制代码写入控制端口,则意味着对该接口或外设发出一个控制命令,要求该接口或外设按规定的要求工作。

可见,CPU 与外设之间的数据输入输出、联络、控制等操作,都是通过对相应端口的读写操作完成的。通常所说的外设地址就是外设接口各端口的地址。一个外设接口可能包含多个端口,相应就有多个端口地址。

2. I/O 端口编址方式

类似于 CPU 读写存储器需要通过存储器地址区分内存单元,CPU 通过端口地址实现对多个端口的读写选择。给 I/O 端口编址时,一种方式是把端口看作特殊的内存单元,和存储器统一编址,称为存储器映射方式;另一种是把 I/O 端口和存储单位分开,独立编址,称为 I/O 映射方式。

1）统一编址

把系统中的每一个 I/O 端口看作一个存储单元,与存储单元一样统一编址,访问存储器的所有指令均可用来访问 I/O 端口,不用设置专门的 I/O 指令,所以称为存储器映射 I/O(memory mapped I/O)编址方式。该方式实质上是把 I/O 地址映射到存储空间,作为整个存储空间的一小部分。换言之,系统把存储空间的一小部分划归外设使用,大部分仍归存储单元所有。Motorola 的 MC6800 及 68HC05 等处理器采用这种方式访问 I/O 设备。

统一编址方式的优点是系统指令集中不必包含专门的 I/O 指令,简化指令系统设计;可以使用种类多、功能强的存储器指令访问外设端口;I/O 地址空间可大可小,灵活性强。缺点是 I/O 地址具有与存储器地址相同的长度,增大了译码复杂程度,延长了译码时间,降低了输入输出效率。

2）独立编址

对系统中的 I/O 端口单独编址,构成独立的 I/O 地址空间,采用专门的 I/O 指令来访问具有独立空间的 I/O 端口,称为 I/O 映射方式。Intel 的 80x86 系列机采用单独编址方式访问外设。

独立编址方式的优点是将输入输出指令和访问存储器指令明显区分开,使程序清晰,可读性好;I/O 地址较短,I/O 指令长度短,译码电路简单,指令执行速度快。不足之处是指令系统必须设置专门的 I/O 指令,其功能不如存储器指令强大。

以上两种 I/O 编址方式各有利弊,不同类型的 CPU 根据外设特点可以采用不同的编址方式。

3. I/O 端口地址译码技术

微机系统中有多个接口存在,接口内部往往包含多个端口,I/O 操作就是 CPU 对端口寄存器的读写操作。CPU 是通过地址对不同的接口或端口加以区分的。把 CPU 送出的地址转变为芯片选择和端口区分依据的就是地址译码电路。每当 CPU 执行输入输出指令时,就进入 I/O 端口读写周期。

1）I/O 端口地址译码电路信号

在译码过程中,译码电路不仅与地址信号有关,而且与控制信号有关。它把地址和控制信号进行组合,产生对芯片或端口的选择信号。以 ISA 总线为例,I/O 译码电路除了受 $A_0 \sim A_9$ 这 10 根地址线所确定的地址范围的限制之外,还要用到其他一些控制信号,如利用 $\overline{IOR}$ 或 $\overline{IOW}$ 信号控制对端口的读写、利用 AEN 信号控制非 DMA 传送、用 $\overline{IO16}$ 控制对 8 位还是 16 位端口操作、用信号 $\overline{SBHE}$ 控制端口的奇偶地址。

可见,在设计地址译码电路时,不仅要选择地址范围,还要根据 CPU 与 I/O 端口交换数据时的流向(读写)、数据宽度(8 位/16 位),以及是否采用奇偶地址等要求来引入相应的控制信号,从而形成端口地址译码电路。

2）I/O 端口地址译码方法及电路形式

基于 ISA 总线的工控机系统由主板和系列工业过程通道板卡组成。ISA 总线底板的每个插槽的总线信号是互连互通的,可以将多块过程通道板卡插在机箱内的总线底板的各个插槽。为避免多块板卡出现总线争用情况,必须为每块过程通道板卡和外设接口板卡设置不同的 I/O 地址空间。在设计通道板卡时,一般使用地址空间 I/O 端口的译码电路实现这一要求。

I/O 端口地址译码的方法灵活多样,通常可由地址信号和控制信号的不同组合来选择端口地址。与存储器的地址单元类似,一般是把地址信号分为两部分:一部分是高位地址线与 CPU 或总线的控制信号组合,经过译码电路产生一个片选信号去选择某个 I/O 接口芯片,从而实现接口芯片的片间选择;另一部分是低位地址线直接连到 I/O 接口芯片,经过接口芯片内部的地址译码电路选择该接口电路的某个寄存器端口,实现接口芯片的片内寻址。

I/O 端口的译码一般有两种,即固定地址译码和开关选择译码。

（1）固定地址译码

固定地址译码是目前 PC 系统板卡译码常用的方法,它是根据确定的地址字段来设译码电路,图 2-1 给出一个典型的固定地址 I/O 端口译码电路,该电路译码出 8 个端口地址。

图 2-1　固定地址译码

- 据要求选译码器：3A0H～3A7H 共 8 个,故采用 3-8 译码器。
- 据地址限定确定逻辑电路与译码器接法。
- 3A0H～3A7H 中仅 A_2～A_0 变化(接译码器三个输入端)。
- 不变的 A_9～A_3＝1110100B,这是确定高地址与译码器控制端连接的关键。

AEN 是 ISA 总线上的 DMA 周期的地址使能信号。CPU 控制总线时,AEN 输出逻辑 0;DMA 控制总线时,AEN 输出逻辑 1。把 AEN 连接在译码器的低电平使能低端上,就保证了该数据采集卡是在 CPU 控制下工作的。在 CPU 工作周期该扩展卡是可以被访问的,而在 DMA 控制周期数据采集系统是无效的。

(2) 开关选择译码

固定译码方法的一个缺点是,它可能会与将来加入系统的同类板卡地址译码冲突。ISA 板卡的地址一般设计成用户可以设置的,通常采用数据比较器和一组逻辑开关来实现 ISA 板卡高位地址的设定。

常用的数据比较器如 74LS688,将比较器的一组数据输入端连接逻辑选择开关,另一组数据输入端连接到 ISA 总线的高位地址线上。逻辑选择开关可以设定成任意一组二进制编码,作为给该 ISA 板卡分配的高位地址。当 ISA 地址总线上发出地址时,数据比较器将它和开关设定的地址值相比较,如果相等,比较器的输出端(P＝Q)输出有效的低电平,表示该板卡被选中。再将(P＝Q)端连接板内的低位地址译码器,作为板内地址译码器的使能。图 2-2 中地址线 A_{15}～A_{10} 和 A_9～A_4 确定了板卡的基地址,A_3～A_1 确定了板卡内各端口的地址。如果把连接 Q_5～Q_0 的逻辑开关全部设置为闭合状态,则该板卡的高 12 位地址为 03ExH。因此,由译码器 Y_0 端连接的端口地址为 03E0H,由 Y_1 连接的端口地址为 03E2H。

图 2-2 开关式译码电路

应该指出,除了上述两种地址译码方法外,可编程逻辑器件(PLD)也被广泛地应用于译码电路,如通用阵列逻辑(GAL)、可编程阵列逻辑(PAL)器件、可擦除可编程门阵列EPLD、现场可编程门阵列 FPLD、复杂可编程门阵列 CPLD 等。

4. 总线端口扩展

基于 ISA 总线扩展 8 位数据传送的数字量输入输出模板线路原理如图 2-3 所示。

1) 板选译码与板内译码

板选译码采用开关式全译码电路,主要选用 74HCT688,$P_2 \sim P_7$ 接开关 W,$Q_2 \sim Q_7$ 接地址线 $A_9 \sim A_4$,AEN 接 74HCT688 的有效控制端 $\overline{G}$,对模板操作时,AEN 为低电平,$A_9 \sim A_4$ 的输出信息与开关状态须一致,即 $P=Q$,74HCT688 的输出为低电平,控制板内译码电路 74HCT138 和数据总线驱动器 74HCT245。此时,可对模板进行读写操作。因此,开关状态决定模板的基地址。

板内译码电路采用 74HCT138,板选译码输出控制 74HCT138 的使能控制端,ABC 译码输入信号接地址线 $A_0 A_1 A_2$,译码器 74HCT138 的输出选通各输入输出端口。其中 $\overline{Y}_0$ 通端口 1(端口地址=基地址+0),$\overline{Y}_1$ 选通端口 21(端口地址=基地址+1),$\overline{Y}_2$ 选通端口 3(端口地址=基地址+1),$\overline{Y}_3$ 选通端口 3(端口地址=基地址+2)。

2) 总线驱动及逻辑控制

数据总线缓冲器采用 74HCT245,其有效控制端 $\overline{G}$ 由板选译码 74HCT688 输出控制,其方向控制端 $\overline{DIR}$ 由 $\overline{IOR}$ 控制。

地址总线因板上只接一个负载,省去了地址总线驱动器。

控制总线,$\overline{IOR}$、$\overline{IOW}$ 通过 74HCT125 驱动控制板内有关信号。

图 2-3 ISA 总线模板线路原理图

3）端口及其读写控制

输入输出端口的读写控制,由$\overline{Y}_0$、$\overline{Y}_1$、$\overline{Y}_2$、$\overline{Y}_3$等译码输出信号与$\overline{IOR}$、$\overline{IOW}$组合控制端口的读写操作。

2.1.2 外部总线接口扩展技术

1. 平衡和不平衡传输方式

串行数据传输的线路通常有两种方式,即平衡方式和不平衡方式。不平衡方式是用单线传输信号,以地线作为信号的回路,接收器是用单线输入信号的;平衡方式是用双绞线传输信号,信号在双绞线中自成回路不通过地线,接收器是用双端差动方式输入信号的。在不平衡方式中,信号线上所感应到的干扰和地线上的干扰将迭加后影响到接收信号;而在平衡方式中,双绞线上所感应的干扰相互抵消,地线上的干扰又不影响接收端。因此平衡传输方式在抗干扰方面有较良好的性能,并适合较远距离的数据传输。

RS-232C 的电气接口是单端双极性电源供电电路,其原理如图 2-4(a)所示。每个信号只有一根导线,两个传输方向仅有一个信号地线;接口使用不平衡的发送器和接收器,可能在各信号成分间产生干扰。

(a) 不平衡驱动非差分接收电路

(b) 平衡驱动差分接收电路

图 2-4 电气接口电路

RS-232C 所采用的电路是单端驱动单端接收电路。这种电路的特点是:传送一种信号只用一根信号线,对于多根信号线,它们的地线是公共的。无疑这种电路是传送数据的最简单办法。其缺点是它不能区分由驱动电路产生的有用信号和外部引入的干扰信号。例如,发送设备和接收设备位于同一座建筑内,但使用不同的配电系统,假设发送端的地平比接收端的地平高 5V,在发送数据时,发送端发生逻辑 1,假设所建立的 1 电平相对于地为 $-5 \sim -7.9V$,而接收端所接收的电平为 $0 \sim -2.9V$。RS-232C 的信号电平规定 1 为 $< -3V$,0 为 $> 3V$。这样,发送端以为发送了 1,而接收端却收了一个不确定的电压信号。因此,两地之间的 5V 电压差成为故障的根源。

RS-232C 所采用的单端电气接口,其电平与 TTL 和 CMOS 电平有很大不同。它的逻辑 0 至少是 3V 和 3V 以上,逻辑 1 为 −3V 或更低(在标准中有时用 Mark 和 Space 分别表示逻辑 1 和 0)。实际上,电源电压为 ±15V 或 ±12V,这样逻辑 1 和 0 之间的电压摆幅可能是 20V 或更高,采用简单的转换器件即可完成电平转换。MC1488 驱动器接受 TTL 输入电平并产生 RS-232C 的信号电平,而用 MC1489 来接收 RS-232C 的信号电平,其输出为 TTL 电平。

由于发送器和接收器之间有公共的信号地线,因此,共模干扰信号不可避免地要进入信号传送系统,这就是 RS-232C 为什么要采用大幅度的电压摆动来避开干扰信号的原因。TTL 电平对干扰十分敏感以致无法在远距离上工作,因为 TTL 的逻辑 1($\geqslant 2.0$V)和逻辑 0($\leqslant 0.8$V)电平之间至多只有 1.2V 的摆幅,而电动机等的动作又很容易使地线电平波动几伏,所以,公共信号地线的存在迫使 RS-232C 要采用高电压供电。

另外,在许多应用场合常常有电气干扰,当信号线穿过电气干扰环境时,发送的信号将会受到影响,若干扰足够大,发送的 0 很可能变成 1,1 也会变成 0。因此,这种电路有较大的局限性,其速度和距离均受到限制。所以 RS-232C 规定其最高速率为 19.2kb/s,最大距离为 15m。

2. RS-422A/RS-485

为了解决上述地电平的电位差问题,RS-422A 采用平衡驱动和差分接收方法,从根本上消除信号地线。这种驱动器相当于两个单端驱动器,它们的输入是同一个信号,而一驱动器的输出正好与另一个反相。当干扰信号作为共模信号出现时,接收器则接收差分输入电压。只要接收器具有足够的抗共模电压工作范围,它就能识别这两种信号而正确接收传送信息。

RS-422A 标准规定了差分平衡的电气接口,如图 2-4(b)所示。它能够在较长距离内明显地提高数据速率,它能够在 1200m 距离内把速率提高到 100 千波特,或在较短距离内提高到 10 兆波特。这种性能的改善是由于平衡结构的优点而产生的,这种差分平衡结构能从地线的干扰中分离出有效信号。实际上,差分接收器可以区分 0.20V 以上的电位差,因此,可不受对地参考系统之地电位的波动和共模电路电磁干扰的影响。采用 RS-422A,实现两点之间远程通信时,其连接方式如图 2-5(a)所示,需要两对平衡差分电路形成全双工传输电路。

RS-485 是 RS-422A 的变形,它与 RS-422A 都是采用平衡差分电路,区别在于按照上述的工作要求,RS-485 为半双工工作方式,因而可以采用一对平衡差分信号线来连接。采用 RS-485 进行两点之间远程通信时的连接电路如图 2-5(b)所示。由于任何时候只能有一点处于发送状态,因此发送电路必须由使能信号加以控制。

由于传统的 RS-232C 应用十分广泛,为了在实际应用中把处于远距离的两台或多台带有 RS-232C 接口的系统连接起来,进行通信或组成分布式系统,这时不能直接应用 RS-232C 连接,但可用 RS-232C/422A 转换环节来解决。在原有的 RS-232C 接口上,附加一个转换装置,两个转换装置之间采用 RS-422A 方式连接,其结构示意如图 2-6 所

(a) RS-422A两点传输电路

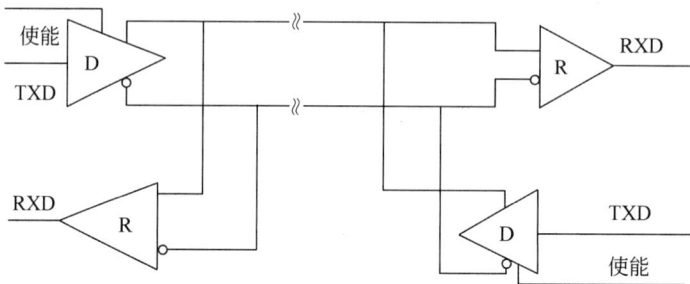

(b) RS-485两点传输电路

图 2-5　RS-422A 与 RS-485 传输电路

示。转换装置的原理是通过光电隔离器件将 RS-232C 的 1489 与 RS-422A 的 75174 相连,而 RS-232C 电路中的 1488 则与 RS-422A 中的 75175 相连,从而完成电气接口标准的转换。

图 2-6　RS-232C/422A 转换传输示意图

3. RS-485 多点互连

在许多工业控制及通信联络系统中,往往有多点互连而不是两点直连,而且大多数情况下,在任一时刻只有一个主控模块(点)发送数据,其他模块(点)处在接收数据的状态,于是便产生了主从结构形式的 RS-485 标准。RS-485 用于多点互连时非常方便,可以省掉许多信号线。应用 RS-485 可以联网构成分布式系统。其联网示意图如图 2-7 所示。

RS-422A 和 RS-485 的驱动/接收电路没有多大区别,在许多情况下,RS-422A 可以

图 2-7 RS-485 联网示意图

和 RS-485 互连。RS-485 标准允许最多并联 32 台驱动器和 32 台接收器。几种通信接口比较如表 2-1 所示。

表 2-1 RS-232C、RS-422A 以及 RS-485 的比较

接口	RS-232C	RS-422A	RS-485
连接台数	1 台驱动器 1 台接收器	1 台驱动器 10 台接收器	32 台驱动器 32 台接收器
传送距离与速率	15m,20kb/s	12m,10Mb/s 120m,1Mb/s 1200m,100kb/s	12m,10Mb/s 120m,1Mb/s 1200m,100kb/s

2.2 输入输出接口与过程通道设计原理

2.2.1 数字量输入接口与过程通道

工业控制机用于生产过程的自动控制,需要处理一类最基本的输入输出信号,即数字量(开关量)信号,这些信号包括开关的闭合与断开、指示灯的亮与灭、继电器或接触器的吸合与释放、马达的启动与停止、阀门的打开与关闭等,这些信号的共同特征是以二进制的逻辑 1 和 0 出现的。在计算机控制系统中,对应的二进制数码的每一位都可以代表

生产过程的一个状态,这些状态作为控制的依据。

1. 数字量输入接口与过程通道的结构

数字量输入接口与通道主要由输入调理电路、输入接口、输入口地址译码电路等组成,如图 2-8 所示。

图 2-8　数字量输入接口与过程通道结构

2. 输入调理电路

数字量(开关量)输入通道的基本功能就是接收外部装置或生产过程的状态信号。这些状态信号的形式可能是电压、电流、开关的触点,因此引起瞬时高压、过电压、接触抖动等现象。为了将外部开关量信号输入计算机,必须将现场输入的状态信号经转换、保护、滤波、隔离等措施转换成计算机能够接收的逻辑信号,这些功能称为信号调理。下面针对不同情况分别介绍相应的信号调理技术。

1) 小功率输入调理电路

图 2-9 为从开关、继电器等接点输入信号的电路。它将接点的接通和断开动作,转换成 TTL 电平信号与计算机相连。为了清除由于接点的机械抖动而产生的振荡信号,一般都应加入有较长时间常数的积分电路来消除这种振荡。图 2-9(a)为一种简单的、采用积分电路消除开关抖动的方法。图 2-9(b)为 R-S 触发器消除开关两次反跳的方法。

(a) 采用积分电路　　　　　　　(b) 采用R-S触发器

图 2-9　小功率输入调理电路

2) 大功率输入调理电路

在大功率系统中,需要从电磁离合等大功率器件的接点输入信号。这种情况下,为了使接点工作可靠,接点两端至少要加 24V 以上的直流电压。因为直流电平的响应快,不易产生干扰,电路又简单,因而被广泛采用。

但是这种电路,由于所带电压高,所以高压与低压之间,用光电耦合器进行隔离,如图 2-10 所示。

图 2-10　大功率输入调理电路

3. 数字量输入接口

对生产过程进行控制,往往要收集生产过程的状态信息,根据状态信息,再给出控制量,因此,可用三态门缓冲器 74LS244 取得状态信息,如图 2-11 所示。经过端口地址译码,得到片选信号 $\overline{CS}$,当在执行 IN 指令周期时,产生 $\overline{IOR}$ 信号,则被测的状态信息可通过三态门送到 PC 总线工业控制机的数据总线,然后装入 AL 寄存器,设片选端口地址为 port,可用如下指令来完成取数

```
MOV  DX, port
IN   AL, DX
```

三态门缓冲器 74LS244 用来隔离输入和输出线路,在两者之间起缓冲作用。另外,74LS244 有 8 个通道可输入 8 个开关状态。

图 2-11　数字量输入接口

2.2.2　数字量输出接口与过程通道

1. 数字量输出接口与过程通道的结构

数字量输出通道主要由输出锁存器、输出驱动器、输出口地址译码器等组成,如图 2-12 所示。

图 2-12　数字量输出接口与过程通道结构

2. 输出驱动电路

1) 小功率直流驱动电路

(1) 功率晶体管输出驱动继电器电路

采用功率晶体管输出驱动继电器的电路如图 2-13 所示。因负载呈电感性,所以输出必须加装克服反电势的保护二极管 D、J 为继电器的线圈。

(2) 达林顿阵列输出驱动继电器电路

MC1416 是达林顿阵列驱动器,它内含 7 个达林顿复合管,每个复合管的电流都在 500mA 以上,截止时承受 100V 电压。为了防止 MC1416 组件反向击穿,可使用内部保护二极管。图 2-14 给出了 MC1416 内部电路原理图和使用方法。

图 2-13　功率晶体管输出驱动继电器

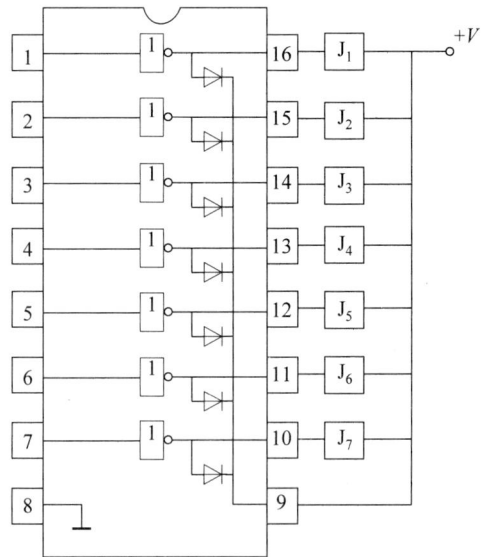

图 2-14　MC1416 驱动 7 个继电器

2）大功率交流驱动电路

固态继电器(SSR)是一种四端有源器件,图 2-15 为固态继电器的结构和使用方法。输入输出之间采用光电耦合器进行隔离。零交叉电路可使交流电压变化到 0 伏附近时让电路接通,从而减少干扰。电路接通以后,由触发电路给出晶闸管器件的触发信号。

图 2-15　固态继电器及用法

3. 数字量输出接口

当对生产过程进行控制时,一般控制状态需要进行保持,直到下次给出新的值为止,这时输出就要锁存。因此,可用 74LS273 作 8 位输出锁存口,对状态输出信号进行锁存,如图 2-16 所示。由于 PC 总线工业控制机的 I/O 端口写总线周期时序关系中,总线数据 $D_0 \sim D_7$ 比 $\overline{\text{IOW}}$ 前沿(下降沿)稍晚,因此在图 2-16 的电路中,利用 $\overline{\text{IOW}}$ 的后沿产生的上升沿锁存数据。经过端口地址译码,得到片选信号 $\overline{\text{CS}}$,当在执行 OUT 指令周期时,产生 $\overline{\text{IOW}}$ 信号,设片选端口地址为 port,可用以下指令完成数据输出控制。

图 2-16　数字量输出接口

```
MOV  AL, DATA
MOV  DX, port
OUT  DX, AL
```

74LS273 有 8 个通道,可输出 8 个开关状态,并可驱动 8 个输出装置。

2.2.3　模拟量输入接口与过程通道

在计算机控制系统中,模拟量输入通道的任务是把从系统中检测到的模拟信号,变成二进制数字信号,经接口送往计算机。传感器是将生产过程工艺参数转换为电参数的装置,大多数传感器的输出是直流电压(或电流)信号,也有一些传感器把电阻值、电容值、电感值的变化作为输出量。为了避免低电平模拟信号传输带来的麻烦,经常要将测量元件的输出信号经变送器变送,如温度变送器、压力变送器、流量变送器等,将温度、压力、流量的电信号变成 0~10mA 或 4~20mA 的统一信号,然后经过模拟量输入通道来处理。

1. 模拟量输入接口与过程通道的组成

模拟量输入接口与过程通道的一般结构如图 2-17 所示。过程参数由传感元件和变送器测量并转换为电流(或电压)形式后,再送至多路开关;在微机的控制下,由多路开关将各个过程参数依次地切换到后级,进行采样和 A/D 转换,实现过程参数的巡回检测。

图 2-17　模拟量输入接口与过程通道的一般结构通道结构

由图 2-17 可知,模拟量输入通道一般由 I/V 变换,多路转换器、采样保持器、A/D 转换器、接口及控制逻辑等组成。

2. 信号调理和 I/V 变换

1) 信号调理电路

信号调理电路主要通过非电量的转换、信号的变换、放大、滤波、线性化、共模抑制及隔离等方法,将非电量和非标准的电信号转换成标准的电信号。信号调理电路是传感器和 A/D 之间以及 D/A 和执行机构之间的桥梁,也是测控系统中重要的组成部分。

(1) 非电信号的检测-不平衡电桥

电桥是将电阻、电感、电容等参数的变化变换为电压或电流输出的一种测量电路。

由于电桥电路具有灵敏度高、测量范围宽、容易实现温度补偿等优点,因此被广泛采用。图 2-18 为一个热电阻测量电桥,由 3 个精密电阻 R_1、R_2、R_3 和热电阻 R_{pt} 构成。激励源(电压或电流)接到 E 端,A、B 两端接到测量放大电路。

一般情况下 $R_2 = R_3$,$R_1 = 100\Omega$,当测量温度为 0℃时,R_{pt} 为 100Ω(铂热电阻分度号为 Pt100),此时电桥平衡,输出电压 $V_{OUT} = 0$。当温度变化时,R_{pt} 的阻值是温度的函数

$$R_{pt}(t) = R_0 + \alpha(t) \cdot t = R_0 + \Delta R$$

式中,R_0 为零度时的电阻值,$\alpha(t)$ 是电阻温度系数,t 为被测量温度。在某温度情况下,即要产生不平衡电压 ΔV,由 ΔV 即可推算出温度值。

用热电阻测温时,工业设备距离计算机很远,引线将很长,若采用两线制连接,由于导线电阻容易产生误差,为此,热电阻采用三线制与调理电路相连(见图 2-19)。引线 A 和引线 B 分别接在两个可抵消的桥臂上,引线的常值误差及随温度变化引起的误差一起被补偿掉,这种方法简单、价廉,实践中可用于百米以上距离。

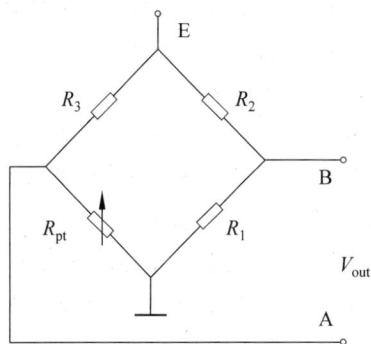

图 2-18　热电阻测量电桥电路　　　　图 2-19　热电阻三线制接线图

(2) 信号放大电路

信号放大电路是最常用的电路,例如上述电桥输出电压一般达不到要求的电平,需要运算放大器放大。运算放大器的选择主要考虑精度要求(失调及失调温漂)、速度要求(带宽、上升率)、幅度要求(工作电压范围及增益)及共模抑制要求。常用于前置放大器的有 uA741、LF347(低精度);OP-07、OP-27(中等精度);ICL7650(高精度)等。

① 基于 ILC7650 的前置放大电路。

基于 ILC7650 的前置放大电路如图 2-20 所示。第一级差分放大电路采用了性能优良的自校零放大器(ILC7650),该放大器失调电压(V_{os})为 $0.7\mu V$,失调电压平均温度系数($\Delta V_{OS}/\Delta T$)为 $0.01\mu V/℃$,输入电流(I_0)为 $35\mu A$,输入电阻(R_i)为 $10^{12}\Omega$,输出电压摆幅为 $-4.85 \sim +4.95V$,共模抑制比(CMRR)为 130dB,单位增益带宽为 2MHz,放大器增益可以设置为 $K = 1 \sim 500$ 倍,输出电压精度≤0.2%,输出噪声≤5mV。

对于热电偶信号调理可用前述信号放大电路。

② AD526 可编程仪用放大器。

AD526 是可通过软件对增益进行编程的单端输入的仪用放大器,器件本身所提供的增益是 x1、x2、x4、x8、x16 等 5 挡。它是一个完整的包括放大器、电阻网络和 TTL 数字

图 2-20   ILC7650 的前置放大电路

逻辑电路的器件,使用时无须外加任何元件就可工作。器件经激光修正后的电路,具有很低的增益误差和很低的非线性。在增益 Au＝16 时,小信号带宽为 35kHz,输入偏置电流小于 50pA,输入失调电压小于 0.5mV。在增益 Au 为 1,2,4 时,增益误差仅为 0.01％:这些性能使得 AD526 可广泛应用于需要软件编程的任何放大电路中。

AD526 可以在透明与锁存两种模式下工作。透明模式是 13 脚 CLK 端接地。锁存模式是 CLK 由逻辑信号提供。在透明模式下,如果 B 为高电平,当 CS 或 CLK 为逻辑 0 时,输入模拟信号在 A_2、A_1、A_0 逻辑电平到来时,增益立即响应。在锁存模式下,当 CS 或 CLK 变为逻辑 1 时,增益码(A_2、A_1、A_0、B)被锁存到内部寄存器中,直到 CS 和 CLK 全部回到 0 电平时才解除锁存。通常 A_0、A_1、A_2、CLK、CS 和 B 由 CPU 提供。表 2-2 列出了透明、锁存与增益的关系。

表 2-2   增益控制状态表

增	益	码		控 制	状	态	增	益	码		控 制	状	态
A_2	A_1	A_0	B	CLK(CS＝0)	增益	模式	x	x	x	0	0	1	透明
x	x	x	x	1	前状态	锁存	x	x	x	0	1	1	锁存
0	0	0	1	0	1	透明	0	0	0	1	1	1	锁存
0	0	1	1	0	2	透明	0	0	1	1	1	2	锁存
0	1	0	1	0	4	透明	0	1	0	1	1	4	锁存
0	1	1	1	0	8	透明	0	1	1	1	1	8	锁存
1	x	x	1	0	16	透明	1	x	x	1	1	16	锁存

注:x 表示为任意状态。

利用 AD526 进行放大器的设计既可采用透明模式,也可以采用锁存模式。若采用透明模式,用户必须另行解决 A_2、A_1、A_0 的锁存问题,例如利用 I/O 口中的锁存器 74LS174、74LS74 等,否则增益的大小将会随 A_2、A_1、A_0 的变化而变化。图 2-21(a)是内部结构图,图 2-21(b)是其基本接法。

图 2-21　AD526 内部结构和基本接法

2) I/V 变换

变送器输出的信号为 0~10mA 或 4~20mA 的统一信号,需要经过 I/V 变换变成电压信号后才能处理。对于电动单元组合仪表,DDZ-Ⅱ型的输出信号标准为 0~10mA,而DDZ-Ⅲ型和 DDZ-S 系列的输出信号标准为 4~20mA,因此,针对以上情况我们来讨论I/V 变换的实现方法。

(1) 无源 I/V 变换

无源 I/V 变换主要是利用无源器件电阻来实现,并加滤波和输出限幅等保护措施,如图 2-22 所示。

图 2-22　无源 I/V 变换电路

对于 0~10mA 输入信号,可取 $R_1 = 100\Omega$, $R_2 = 500\Omega$,且 R_2 为精密电阻,这样当输入的 I 为 0~10mA 电流时,输出的 V 为 0~5V。对于 4~20mA 输入信号,可取 $R_1 = 100\Omega$, $R_2 = 250\Omega$,且 R_2 为精密电阻,这样当输入的 I 为 4~20mA 时,输出的 V 为1~5V。

(2) 有源 I/V 变换

有源 I/V 变换主要是利用有源器件运算放大器、电阻组成,如图 2-23 所示。

图 2-23　有源 I/V 变换电路

R_2 为精密电阻,阻值为 250Ω,通过取样电阻 R_2,将电流信号转换为电压信号。取 $R_3=1\text{k}\Omega$,R_4 设定为 $4.7\text{k}\Omega$ 电位器,通过调整 R_f 的值,可使 $0\sim10\text{mA}$ 输入对应于 $0\sim5\text{V}$ 的电压输出,$4\sim20\text{mA}$ 输入对应于 $1\sim5\text{V}$ 的电压输出。

3. 多路转换器

多路转换器又称多路开关,它是用来切换模拟电压信号的关键元件。利用多路开关可将各个输入信号依次地或随机地连接到公用放大器或 A/D 转换器上。为了提高过程参数的测量精度,对多路开关提出了较高的要求。理想的多路开关其开路电阻为无穷大,其接通时的导通电阻为 0。此外,还希望切换速度快、噪音小、寿命长、工作可靠。

常用的多路开关有 CD4051(或 MC14051)、AD7501、LF13508 等。CD4051 的原理如图 2-24 所示,它是单端的 8 通道开关,它有 3 根二进制的控制输入端和一根禁止输入端 INH(高电平禁止)。片上有二进制译码器,可由 A、B、C 3 个二进制信号在 8 个通道中选择一个,使输入和输出接通。而当 INH 为高电平时,不论 A、B、C 为何值,8 个通道均不通。通道选择如表 2-3 所示。

图 2-24　CD4051 原理图

CD4051 有较宽的数字和模拟信号电平,数字信号为 $3\sim15\text{V}$,模拟信号峰-峰值为 $15V_{\text{P-P}}$;当 $V_{\text{DD}}-V_{\text{EE}}=15\text{V}$,输入幅值为 $15V_{\text{P-P}}$ 时,其导通电阻为 80Ω;当 $V_{\text{DD}}-V_{\text{EE}}=10\text{V}$ 时,其断开时的漏电流为 $\pm10\text{pA}$;静态功耗为 $1\mu\text{W}$。

表 2-3　CD4051 通道选择表

地　址　输　入				S_m 接通
$\overline{INH}$	C	B	A	
1	×	×	×	禁止
0	0	0	0	S_0
0	0	0	1	S_1
0	0	1	0	S_2
0	0	1	1	S_3
0	1	0	0	S_4
0	1	0	1	S_5
0	1	1	0	S_6
0	1	1	1	S_7

4. 采样、量化及采样/保持器

1) 信号的采样

采样过程如图 2-25 所示。按一定的时间间隔 T,把时间上连续和幅值上也连续的模拟信号,转变成在时刻 0、T、$2T$……kT 的一连串脉冲输出信号的过程称为采样过程。执行采样动作的开关 K 称为采样开关或采样器。τ 称为采样宽度,代表采样开关闭合的时间。采样后的脉冲序列 $y^*(t)$ 称为采样信号,采样器的输入信号 $y(t)$ 称为原信号,采样开关每次通断的时间间隔 T 称为采样周期。采样信号 $y(t)$ 在时间上是离散的,但在幅值上仍是连续的,所以采样信号是一个离散的模拟信号。

图 2-25　信号的采样过程

从信号的采样过程可知,经过采样,不是取全部时间上的信号值,而是取某些时间上的值。这样处理后会不会造成信号的丢失呢? 香农(Shannon)采样定理指出: 如果模拟信号(包括噪声干扰在内)频谱的最高频率为 f_{max},只要按照采样频率 $f \geqslant 2f_{max}$ 进行采样,那么采样信号 $y^*(t)$ 就能唯一地复现 $y(t)$。采样定理给出了 $y^*(t)$ 唯一地复现 $y(t)$ 所必需的最低采样频率。实际应用中,常取 $f \geqslant (5\sim10)f_{max}$,甚至更高。

2) 量化

所谓量化,就是采用一组数码(如二进制码)来逼近离散模拟信号的幅值,将其转换为数字信号。将采样信号转换为数字信号的过程称为量化过程,执行量化动作的装置是 A/D 转换器。字长为 n 的 A/D 转换器把 $y_{min} \sim y_{max}$ 范围内变化的采样信号,变换为数字 $0 \sim 2^n - 1$,其最低有效位(least significant bit,LSB)所对应的模拟量 q 称为量化单位。

$$q = \frac{y_{max} - y_{min}}{2^n - 1}$$

量化过程实际上是一个用 q 去度量采样值幅值高低的小数归整过程,如同人们用单位长度(毫米或其他)去度量人的身高一样。由于量化过程是一个小数归整过程,因而存在量化误差,量化误差为 $(\pm 1/2) q$。例如,$q = 20mV$ 时,量化误差为 $\pm 10mV$,$0.990 \sim 1.009V$ 范围内的采样值,其量化结果是相同的,都是数字 50。

在 A/D 转换器的字长 n 足够长时,整量化误差足够小,可以认为数字信号近似于采样信号。在这种假设下,数字系统便可沿用采样系统理论分析、设计。

3) 采样保持器

(1) 孔径时间和孔径误差的消除

在模拟量输入通道中,A/D 转换器将模拟信号转换成数字量总需要一定的时间,完成一次 A/D 转换所需的时间称之为孔径时间。对于随时间变化的模拟信号来说,孔径时间决定了每一个采样时刻的最大转换误差,即为孔径误差。例如图 2-26 所示的正弦模拟信号,如果从 t_0 时刻开始进行 A/D 转换,但转换结束时已为 t_1,模拟信号已发生 Δu 的变化。因此,对于一定的转换时间,最大的误差可能发生在信号过 0 的时刻。因为此时 du/dt 最大,孔径时间 $t_{A/D}$ 一定,所以此时 Δu 为最大。

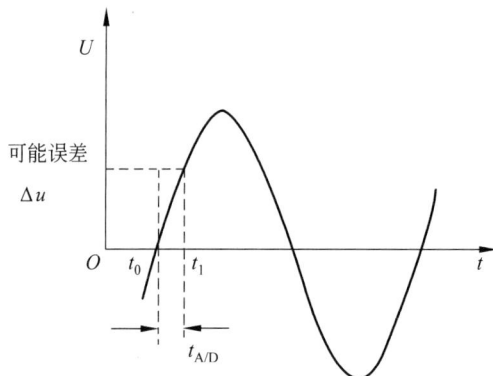

图 2-26 由 $t_{A/D}$ 引起的误差

令 $u = U_m \sin \omega t$,则

$$\frac{du}{dt} = U_m \omega \cos \omega t = U_m 2\pi f \cos \omega t$$

式中,U_m 为正弦模拟信号的幅值;f 为信号频率。

在坐标的原点上

$$\frac{\Delta u}{\Delta t} = U_m 2\pi f$$

取 $\Delta t = t_{A/D}$，则得原点处转换的不确定电压误差为

$$\Delta u = U_m 2\pi f t_{A/D}$$

误差的百分数

$$\sigma = \frac{\Delta u \cdot 100}{U_m} = 2\pi f t_{A/D} \times 100$$

由此可知，对于一定的转换时间 $t_{A/D}$，误差的百分数和信号频率成正比。为了确保 A/D 转换的精度，使它不低于 0.1%，不得不限制信号的频率范围。

一个 10 位的 A/D 转换器（量化精度 0.1%），孔径时间 $10\mu s$，如果要求转换误差在转换精度内，则允许转换的正弦波模拟信号的最大频率为

$$f = \frac{0.1}{2\pi \times 10 \times 10^{-6} \times 10^2 S} \approx 16\mathrm{Hz}$$

为了提高模拟量输入信号的频率范围，以适应某些随时间变化较快的信号的要求，可采用带有保持电路的采样器，即采样保持器。

(2) 采样保持原理

A/D 转换过程（即采样信号的量化过程）需要时间，这个时间称为 A/D 转换时间。在 A/D 转换期间，如果输入信号变化较大，就会引起转换误差。所以，一般情况下采样信号都不直接送至 A/D 转换器转换，还需加保持器作信号保持。保持器把 $t = kT$ 时刻的采样值保持到 A/D 转换结束。T 为采样周期，$k = 0, 1, 2, \cdots$ 为采样序号。

采样保持器的基本组成电路如图 2-27 所示，由输入输出缓冲器 A_1、A_2 和采样开关 K、保持电容 C_H 等组成。采样时，K 闭合，V_{IN} 通过 A_1 对 C_H 快速充电，V_{OUT} 跟随 V_{IN}；保持期间，K 断开，由于 A_2 的输入阻抗很高，理想情况下 $V_{OUT} = V_C$ 保持不变，采样保持器一旦进入保持期，便应立即启动 A/D 转换器，保证 A/D 转换期间输入恒定。

图 2-27　采样保持器的组成

(3) 常用的采样保持器

常用的集成采样保持器有 AD582（原理结构如图 2-28(a) 所示）、LF398（原理结构如图 2-28(b) 所示）。采用 TTL 逻辑电平控制采样和保持。LF398 的采样控制电平为 1，保持电平为 0，AD582 相反。OFFSET 用于零位调整。保持电容 C_H 通常是外接的，其取值与采样频率和精度有关，常选 510～1000PF。减小 C_H 可提高采样频率，但会降低精度。一般选用聚苯乙烯、聚四氟乙烯等高质量电容器作 C_H。

选择采样保持器的主要因素有获取时间、电压下降率等。LF398 的 C_H 为 $0.01\mu F$ 时，信号达到 0.01% 精度所需的获取时间（采样时间）为 $25\mu s$，保持期间的输出电压下降

(a) AD582原理结构

(b) LF398原理结构

图 2-28　常用采样保持器

率为每秒 3mV。若 A/D 转换器的转换时间为 $100\mu s$,转换期间,保持器输出电压下降约 $0.3\mu V$。当被测信号变化缓慢时,若 A/D 转换器转换时间足够短,可以不加采样保持器。

5. A/D 转换器及其接口技术

1) 8 位 A/D 转换器 ADC0809

ADC0809 是一种带有 8 通道模拟开关的 8 位逐次逼近式 A/D 转换器,转换时间为 $100\mu s$ 左右,线性误差为($\pm 1/2$)LSB,采用 28 脚双立直插式封装,其逻辑结构如图 2-29 所示。ADC0809 由 8 通道模拟开关、通道选择逻辑(地址锁存与译码)、8 位 A/D 转换器及三态输出锁存缓冲器组成。

(1) 8 通道模拟开关及通道选择逻辑

该部分的功能是实现 8 选 1 操作,通道选择信号 C、B、A 与所选通道之间的关系如表 2-4 所示。

图 2-29　ADC0808/0809 原理图

表 2-4　通道选择逻辑

C	B	A	所选通道
0	0	0	V_{IN0}
0	0	1	V_{IN1}
⋮	⋮	⋮	⋮
1	1	1	V_{IN7}

　　地址锁存允许信号(ALE、正脉冲)用于通道选择信号 C、B、A 的锁存。C、B、A 上的通道选择信号在 ALE 的作用下送入通道选择逻辑后,通道 $i(V_{INi}, i=0,1,\cdots,7)$ 上的模拟输入被送至 A/D 转换器转换。

　　(2) 8 位 A/D 转换器

　　8 位 A/D 转换器对选送至输入端的信号 V_1 进行转换,转换结果 $D(D=0\sim 2^8-1)$ 存入三态输出锁存缓冲器。它在 START 上收到一个启动转换命令(正脉冲)后开始转换,$100\mu s$ 左右(64 个时钟周期)后转换结束(相应的时钟频率为 640kHz)。转换结束时,EOC 信号由低电平变为高电平,通知 CPU 读结果。启动后,CPU 可用查询方式(将转换结束信号接至一条 I/O 线上)或中断方式(EOC 作为中断请求信号引入中断逻辑)了解 A/D 转换过程是否结束。

　　(3) 三态输出锁存缓冲器

　　用于存放转换结果 D,输出允许信号 OE 为高电平时,D 由 $DO_7\sim DO_0$ 上输出;OE 为低电平输入时,数据输出线 $DO_7\sim DO_0$ 为高阻态。

　　ADC0809 的量化单位:

$$q = \frac{V_{REF(+)} - V_{REF(-)}}{2^8}$$

通常基准电压 $V_{REF(+)}=5.12V$，$V_{REF(-)}=0V$，此时 $q=20mV$，则转换结果：

$$D = \frac{V_{IN}(mV)}{q(mV)}$$

如 $V_{IN}=2.5V$ 时，$D=125$。

$V_{CC}(+5V)$、GND(0V)分别为 ADC0809 的工作电源和电源地。

2）12 位 A/D 转换器 AD574A

AD574A/1674 是一种高性能的 12 位逐次逼近式 A/D 转换器，转换时间约为 $25\mu s/10\mu s$，AD1674 自带采样保持器，线性误差为 $\pm 1/2$LSB，内部有时钟脉冲源和基准电压源，单通道单极性或双极性电压输入，采用 28 脚双立直插式封装，其原理结构如图 2-30 所示。

图 2-30 AD574/1674 原理图

AD574A/1674 由 12 位 A/D 转换器、控制逻辑、三态输出锁存缓冲器、10V 参考电压源四部分构成。

（1）12 位 A/D 转换器

这个 12 位的 A/D 转换器的模拟输入，可以是单极性的，也可以是双极性的。单极性应用时，将 BIPOFF 接 0V，双极性时接 10V。量程可以是 10V，也可以是 20V。输入信号在 10V 范围内变化时，将输入信号接至 $10V_{IN}$；在 20V 范围内变化时，接至 $20V_{IN}$。量程为 10V 和 20V 时，AD574A/1674 的量化单位分别为 $10V/2^{12}$ 和 $20V/2^{12}$。

图 2-31 是 AD574A/1674 的单、双极性应用时的线路连接方法以及零点和满度调整方法。

（2）三态输出锁存缓冲器

该缓冲器用于存放 12 位转换结果 $D(D=0\sim 2^{12}-1)$。D 的输出方式有两种，引脚 $12/\overline{8}=1$ 时，D 的 $D_{11}\sim D_0$ 并行输出；$12/\overline{8}=0$ 时，D 的高 8 位 $D_{11}\sim D_4$ 与低 4 位 $D_3\sim D_0$ 分时输出。

(a) 单极性　　　　　　　　　　　　　　　　　　(b) 双极性

图 2-31　AD574A 的输入信号连接方法

（3）控制逻辑

控制逻辑的任务包含启动转换、控制转换过程和控制转换结果 D 的输出。控制信号的作用如表 2-5 所示。CE、$\overline{CS}$ 均为片选信号，R/$\overline{C}$ 为读/启动控制信号。STS 为 AD574A 的状态输出信号。启动后，STS 为高电平表示正在转换；25μs 后转换结束，STS 为低电平。CPU 可用查询或中断方式了解转换过程是否结束。

表 2-5　AD574A/1674 控制信号真值表

CE	$\overline{CS}$	R/$\overline{C}$	12/$\overline{8}$	A_0	工 作 状 态
0	×	×	×	×	禁止
×	1	×	×	×	禁止
1	0	0	×	0	启动 12 位转换
1	0	0	×	1	启动 8 位转换
1	0	1	接 1 脚（+5V）	×	12 位并行输出有效
1	0	1	接 15 脚（地）	0	高 8 位并行输出有效
1	0	1	接 15 脚（地）	1	低 4 位加上尾随 4 个 0 有效

V_{LOGIC} 为逻辑电源端（+5V），V_{CC}（+12～+15V）、V_{EE}（-12～-15V）分别为工作电源正、负端。

3）AD574A/1674 与 PC 总线工业控制机接口

12 位 A/D 转换器 AD574A/AD1674 接口电路如图 2-32 所示。模拟输入信号接 V_{in0} 或 V_{in1}，A/D 数据输出线接数据总线 SD$_0$～SD$_7$，8 位输出方式。转换结束信号 STS 经反相后接 IRQ$_{10}$。

若片选信号有效时，高位地址为 BASE，则 12 位 A/D 启动控制端口地址为 BASE+0，A/D 数据输出高 8 位端口地址为 BASE+2，低 4 位端口地址为 BASE+3。

图 2-32　AD574/1674 接口电路原理图

A/D 转换的子程序段如下：

（1）启动子程序

```
ADSTART:   MOV   DX, BASE+0
           OUT   DX, AL
           NOP
           RET
```

（2）读数子程序

```
ADREAD:    MOV   DX, BASE+2
           IN    AL, DX
           MOV   AH, AL
           MOV   DX, BASE+2
           IN    AL, DX
           RET
```

2.2.4　模拟量输出接口与过程通道

模拟量输出接口与过程通道是计算机控制系统实现控制输出的关键，它的任务是把计算机输出的数字量转换成模拟电压或电流信号，以便驱动相应的执行机构，达到控制的目的。模拟量输出通道一般由接口电路、D/A 转换器、V/I 变换等组成。

1. 模拟量输出接口与过程通道的结构形式

模拟量输出接口与过程通道的结构形式，主要取决于输出保持器的构成方式。输出保持器的作用主要是在新的控制信号来到之前，使本次控制信号维持不变。保持器一般有数字保持方案和模拟保持方案两种,这就决定了模拟量输出通道的两种基本结构形式。

1) 一个通道设置一个数/模转换器的形式

图 2-33 给出了一个通道设置一个数/模转换器的形式,微处理器和通道之间通过独立的接口缓冲器传送信息,这是一种数字保持的方案。它的优点是转换速度快、工作可靠,即使某一路 D/A 转换器有故障,也不会影响其他通道的工作。缺点是使用了较多的 D/A 转换器。但随着大规模集成电路技术的发展,这个缺点正在逐步得到克服,这种方案较易实现。

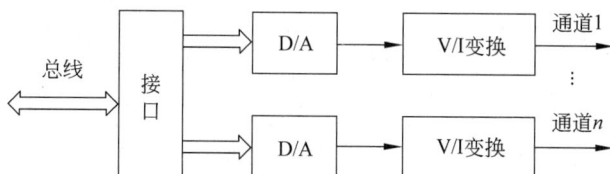

图 2-33　一个通道一个 D/A 转换器的结构

2) 多个通道共用一个数/模转换器的形式

参见图 2-34,因为共用一个数/模转换,故它必须在微型机控制下分时工作。即依次把 D/A 转换器转换成的模拟电压(或电流),通过多路模拟开关传送给输出采样保持器。这种结构形式的优点是节省了数/模转换器,但因为分时工作,只适用于通道数量多且速度要求不高的场合。它还要用多路开关,且要求输出采样保持器的保持时间与采样时间之比较大。这种方案的可靠性较差。

图 2-34　共用 D/A 转换器的结构

2. D/A 转换器及其接口技术

1) 8 位 D/A 转换器接口

该电路由 8 位 D/A 转换芯片 DAC0832、运算放大器组成。整个电路逻辑如图 2-35 所示,DAC0832 工作在单缓冲寄存器方式,即当 $\overline{CS}$ 信号来时,$D_0 \sim D_7$ 数据线送来的数据直通进行 D/A 转换,当 $\overline{IOW}$ 变高时,则此数据便被锁存在输入寄存器中,因此 D/A 转换的输出也保持不变。

DAC0832 将输入的数字量转换成差动的电流输出(I_{OUT1} 和 I_{OUT2}),为了使其能变成电压输出,所以又经过运算放大器 A,将形成单极性电压输出 $0 \sim +5V(V_{REF}$ 为 $-5V)$ 或 $0 \sim +10V(V_{REF}$ 为 $-10V)$。若要形成负电压输出,则 V_{REF} 需接正的基准电压。为了保证输出电流的线性度,两个电流输出端 I_{OUT1} 和 I_{OUT2} 的电位应尽可能地接近 0 电位,只有这

图 2-35　8 位 D/A 转换器接口

样,将数字量转换后得到的输出电流将通过内部的反馈电阻 R_{fb}($=15k\Omega$)流到放大器的输出端,否则运放两输入端微小的电位差,将导致很大的线性误差。

若 DAC0832 $\overline{CS}$ 的口地址为 BASE,则 7FH 转换为模拟电压的接口程序为:

```
DAOUT:   MOV   DX, BASE
         MOV   AL, 7FH
         OUT   DX, AL
         RET
```

2) 12 位 D/A 转换器接口

该电路采用 12 位 D/A 转换芯片 DAC1210、输出放大器组成。整个电路逻辑如图 2-36 所示。端口地址译码器译出 $\overline{Y}_0$ 地址为基地址 BASE,则 D/A 高 8 位地址为 BASE+1,低 8 位地址为 BASE+0。

该电路的转换过程是:当 $\overline{Y}_0$ 信号有效且 $A_0=1$,则 BYTE$_1$/$\overline{BYTE_2}$ 为高电平,同时当 $\overline{IOW}$ 信号来时,高 8 位数据被写入 DAC1210 的高 8 位输入寄存器和低 4 位输入寄存器。当又一次 $\overline{IOW}$ 信号来,$A_0=0$,由于 BYTE$_1$/$\overline{BYTE_2}$ 为低电平,则高 8 位输入数据被锁存,低 4 位数据写入低 4 位输入寄存器,原先写入的内容被冲掉,同时 DAC1210 内的 12 位 DAC 寄存器和高 8 位及低 4 位输入第二级寄存器直通,因而这一新的数据由片内的 12 位 D/A 转换器开始转换。

则接口程序为:

```
DA12OUT:  MOV    DX, BASE+1
```

```
MOV     AL, dataH          ;送高 8 位数据
OUT     DX, AL
MOV     DX, BASE+0
MOV     AL, dataL          ;送低 4 位数据
OUT     DX, AL             ;12 位数据进行转换
RET
```

图 2-36　12 位 D/A 转换器接口

3. 单极性与双极性电压输出电路

在实际应用中,通常采用 D/A 转换器外加运算放大器的方法,把 D/A 转换器的电流输出转换为电压输出。图 2-37 给出了 D/A 转换器的单极性与双极性输出电路。

图 2-37　D/A 转换器的单极性与双极性输出

V_{OUT1} 为单极性输出,若 D 为输入数字量,V_{REF} 为基准参考电压,且为 n 位 D/A 转换

器,则有

$$V_{\text{OUT1}} = -V_{\text{REF}} \cdot \frac{D}{2^n}$$

V_{OUT2} 为双极性输出,且可推导得到

$$V_{\text{OUT2}} = -\left(\frac{R_3}{R_1}V_{\text{REF}} + \frac{R_3}{R_2}V_{\text{OUT1}}\right) = V_{\text{REF}}\left(\frac{D}{2^{n-1}} - 1\right)$$

4. V/I 变换

在实现 0~5V、0~10V、1~5V 直流电压信号到 0~10mA、4~20mA 转换时,可直接采用集成 V/I 转换电路来完成,下面以高精度 V/I 变换器 ZF2B20 和 AD694 为例来分析其使用方法。

1) 集成 V/I 转换器 ZF2B20

ZF2B20 是通过 V/I 变换的方式产生一个与输入电压成比例的输出电流。它的输入电压范围是 0~10V,输出电流是 4~20mA(加接地负载),采用单正电源供电,电源电压范围为 10~32V,它的特点是低漂移,在工作温度为 -25~85℃ 范围内,最大漂移为 0.005%/℃,可用于控制和遥测系统,作为子系统之间的信息传送和连接。图 2-38 是 ZF2B20 的引脚图。ZF2B20 的输入电阻为 10kΩ,动态响应时间小于 25μs,非线性小于 ±0.025%。

图 2-38 ZF2B20 引脚图

利用 ZF2B20 实现 V/I 转换极为方便,图 2-39(a)所示电路是一种带初值校准的 0~10V 到 4~20mA 转换电路;图 2-39(b)则是一种带满度校准的 0~10V 到 0~10mA 转换电路。

(a) 0~10V/4~20mA转换　　　　　(b) 0~10V/0~10mA转换

图 2-39 V/I 转换电路

2) 集成 V/I 转换器 AD694

AD694 是一种 4~20mA 转换器,适当接线也可使其输出范围为 0~20mA。AD694 的主要特点如下。

- 输出范围：4～20mA,0～20mA。
- 输入范围：0～2V 或 0～10V。
- 电源范围：＋4.5～36V。
- 可与电流输出型 D/A 转换器直接配合使用,实现程控电流输出。
- 具有开路或超限报警功能。

图 2-40 为 AD694 的引脚图,对于不同的电源电压、输入和输出范围,其引脚接线也各不相同。表 2-6 为不同场合使用时的接线表。

表 2-6   AD694 引脚接线表

输入电压/V	输出电流/mA	参考电压/V	V_s/V	Pin9	Pin4	Pin8
0～2	4～20	2	4.5	Pin5	Pin5	Pin7
0～10	4～20	2	12.5	Pin5	open	Pin7
0～2.5	0～20	2	5.0	≥3V	Pin5	Pin7
0～12	0～20	2	15.0	≥3V	open	Pin7
0～2	4～20	10	12.5	Pin5	Pin5	open
0～10	4～20	10	12.5	Pin5	open	open
0～2.5	0～20	10	12.5	≥3V	Pin5	open
0～12.5	0～20	10	15.0	≥3V	open	open

FB — 1	16 — VOS ADJ
−SIG — 2	15 — VOS ADJ
+SIG — 3	14 — BM ADJ
2V FS — 4	13 — V_S
COM — 5	12 — BOOST
4mA ADJ — 6	11 — I_{OUT}
10V FORCE — 7	10 — ALARM
2V SENCE — 8	9 — 4mA ON/OFF

图 2-40   AD694 引脚图

AD694 的使用也较为简单,对于 0～10V 输入,4～20mA 输出,电源电压大于 12.5V 的情况,可参考图 2-41 的基本接法,在这种情况下,输出能驱动的最大负载为

$$R_L = (V_s - 2)/20mA$$

当电源电压为 12.5V 时,其最大为负载电阻为 525Ω。

AD694 还可与 8 位、10 位、12 位等电流型 D/A 转换器直接配合使用,如利用 12 位 D/A 转换器 DAC1210 时,可参考图 2-42 的接法。其中 DAC1210 用单电源供电,AD694 输出范围为 4～20mA。AD694 还设有调零端和满度调整端,具体调整方法可参考其使用手册,这里不再讨论。

图 2-41 AD694 的基本应用

图 2-42 DAC1210 与 AD694 的接口

2.3 基于系统总线的计算机控制系统硬件设计

2.3.1 基于系统总线的硬件设计方案

计算机控制系统的硬件大多是基于系统总线(ISA、PCI 或 PCI-E 总线)板卡进行设计,如图 2-43 所示。

2.3.2 系统总线板卡

以研华 PCI 总线板卡为例介绍数字量输入输出板卡、模拟量输入输出板卡。

2.3.2.1 数字(开关)量输入输出通道模板举例

PCL-730 是研华公司推出的 32 通道隔离型 I/O 板卡,提供 16 路开关量隔离输入通道和 16 路开关量隔离输出通道,组成框图如图 2-44 所示,由总线接口、地址译码及控制

图 2-43   基于系统总线的输入输出接口与过程通道设计原理框图

电路、光电隔离电路、输出锁存器和输入缓冲器及连接器等部分组成。

图 2-44 中的 $D_7 \sim D_0$（对应 ISA 总线的 $SD_7 \sim SD_0$）为数据线，$A_9 \sim A_0$（对应 ISA 总线的 $SA_9 \sim SA_0$）为地址线，$\overline{IOR}$、$\overline{IOW}$ 和 RESET 分别为 I/O 读、I/O 写和复位信号，$\overline{CS_1}$ 用来选通隔离开关量输入低 8 位寄存器，$\overline{CS_2}$ 选通隔离开关量输入高 8 位寄存器，$IDI_0 \sim IDI_{15}$ 为 16 路隔离开关量输入通道，$IDO_0 \sim IDO_{15}$ 为 16 路隔离开关量输出通道。

图 2-44   PCL-730 板卡组成框图

1. 寄存器地址

寄存器地址分配如表 2-7 所示。

表 2-7　PCL-730 寄存器地址分配

地址	W/R	寄存器名称	地址	W/R	寄存器名称
基地址+00	R	隔离开关量输入低 8 位	基地址+00	W	隔离开关量输出低 8 位
基地址+01	R	隔离开关量输入高 8 位	基地址+01	W	隔离开关量输出高 8 位

2. 程序设计举例(基地址设为 220H)

PCL-730 板卡的开关量输入输出都只需要两条指令就可以完成。下面的程序段实现了隔离开关量输出的奇数通道输出低电平并读入 16 路隔离开关量输入通道的输入电平的功能。

C 语言程序如下:

```
outportb(0x220, 0x55)         //隔离开关量输出的奇数通道输出低电平
outportb(0x221, 0x55)
inportb(0x220)                //读入隔离开关量输入通道 0~7 的输入电平
inportb(0x221)                //读入隔离开关量输入通道 8~15 的输入电平
```

汇编语言程序如下:

```
MOV    DX, 220H    ;隔离开关量输出的奇数通道输出低电平
MOV    AL, 55H
OUT    DX, AL
MOV    DX, 221H
OUT    DX, AL
MOV    DX, 220H    ;读入隔离开关量输入通道 0~7 的输入电平
IN     AL, DX
MOV    AH, AL
MOV    DX, 221H    ;读入隔离开关量输入通道 8~15 的输入电平
IN     AL, DX      ;读入 16 路隔离开关量输入通道的输入电平存在 AX 中
```

2.3.2.2　模拟量输入通道模板举例

PCL-813B 是研华公司推出的基于 ISA 总线的数据采集卡,分辨率为 12 位,A/D 转换器为 AD574A/1674,转换时间为 $25/10\mu s$;提供 32 路单端隔离模拟量输入通道。通过软件编程双极性可选择 $\pm 5V$、$\pm 2.5V$、$\pm 1.25V$、$\pm 0.625V$ 电压;单极性可选择 $0\sim 10V$、$0\sim 5V$、$0\sim 2.5V$、$0\sim 1.25V$ 电压。

基于 ISA 总线的 A/D 板卡的组成如图 2-45 所示,由总线接口、地址译码及控制电路、光电隔离电路、A/D 转换器、放大器、控制字寄存器、多路开关、滤波电路及连接器等部分组成。图 2-45 中的 $D_7 \sim D_0$(对应 ISA 总线的 $SD_7 \sim SD_0$)为数据线,$A_9 \sim A_0$(对应 ISA 总线的 $SA_9 \sim SA_0$)为地址线,IOW、IOR 和 RESET 分别为 I/O 读、I/O 写和复位信号,IRQ 为中断请求输入,CHS 为通道选择线(多条),RDL(RDH)控制读 A/D 转换数据的低(高)字节,GC、SC、MC 分别为增益控制信号、采样控制信号和夺路开关控制信号,

ADS 表示隔离后的 A/D 转换状态,RL(RH)\ST 和 EOC 分别表示隔离后的低(高)字节
读控制、启动控制信号和隔离前的 A/D 转换状态。

图 2-45　PCL-813B 数据采集卡组成框图

1. PCL-813B 的寄存器地址

1) 寄存器地址分配

基地址＋04：A/D 转换结果的低字节(只读)。

基地址＋05：A/D 转换结果的高字节(只读,包括 A/D 转换准备位)。

基地址＋09：增益控制(只写)。

基地址＋10：多路转换控制(只写)。

基地址＋12：A/D 转换软件触发。

2) 寄存器格式

PCL-813B 的寄存器格式如表 2-8 所示。在表 2-8 中,DRDY 为数据准备位(A/D 转换
状态位),0 表示准备好,可以读取结果;$D_{11} \sim D_0$ 为 A/D 转换结果的数据位;G_1、G_0 为增

表 2-8　PCL-813B 寄存器格式

基地址＋04(base＋04)								基地址＋05(base＋05)							
位	7	6	5	4	3	2	1	0	位	7	6	5	4	3	2	1	0
定义	D_7	D_6	D_5	D_4	D_3	D_2	D_1	0	定义	×	×	×	DRDY	D_{11}	D_{10}	D_9	D_8

基地址＋09(base＋09)								基地址＋10(base＋10)							
位	7	6	5	4	3	2	1	0	位	7	6	5	4	3	2	1	0
定义	×	×	×	×	×	×	G_1	G_0	定义	×	×	×	C_4	C_3	C_2	C_1	C_0

基地址＋12(base＋12)															
位	7	6	5	4	3	2	1	0	位	7	6	5	4	3	2	1	0
定义	×	×	×	×	×	×	×	×	定义							

益控制位,其组合用于选择增益及输入范围(见表 2-9);$C_4 \sim C_0$ 为通道选择位,C_4 为高位,C_0 为低位,其二进制组合与通道号相对应,全 0 时选择通道 0(CH00),全 1 时选择通道 31(CH31)。

表 2-9 PCL-813B 增益控制

G_1	G_0	增益	双极性输入范围	单极性输入范围
0	0	$\times 1$	$\pm 5V$	$0 \sim 10V$
0	1	$\times 2$	$\pm 2.5V$	$0 \sim 5V$
1	0	$\times 4$	$\pm 1.25V$	$0 \sim 2.5V$
1	1	$\times 8$	$\pm 0.625V$	$0 \sim 1.25V$

启动 A/D 转换只需向基地址＋12 单元进行一次写操作,与写入的内容无关。

3) 程序设计举例

PCL-813B A/D 转换基于查询方式,由软件触发。A/D 转换器被触发后,利用程序检查 A/D 状态寄存器的数据准备位(DRDY)。如果检测到该位为 1,则 A/D 转换正在进行。当 A/D 转换完成后,该位变为低电平,此时转换数据可由程序读出。其编程的基本步骤如下:

(1) 设置增益寄存器(base＋09),选择输入范围。

(2) 设置多路扫描寄存器,选择通道,并延时 $5\mu s$ 以上。

(3) 向触发寄存器 Base＋12 写入任意值,触发 A/D 转换,并延时 $20\mu s$ 以上。

(4) 等待 A/D 转换完成,直到数据准备好信号变为低电平。

(5) 读 A/D 数据寄存器(Base＋5 和 Base＋4)得到二进制数据。先读高字节,再读低字节,并将二进制转换成整数。

C 语言参考程序段如下(基地址为 220H,单极性输入):

```
int i, adch, adcl;
outportb(0x229, 0x01);              //置增益地址、选择 0~5V 输入范围
for(i=0; i<20; i++);                //延时
outportb(0x22a, chno);              //写入通道号
for(i=0; i<50; i++);                //延时
outportb(0x22c, 0);                 //启动 A/D 转换
do{
    adch=inportb(0x225);            //读 A/D 转换器状态
    } while((adch & 0x10)==0x10);
adch=inportb(0x225);                //读高字节
adcl=inportb(0x224);                //读低字节
i=(adch&0x0f) * 256+adcl;           //拼装成整数
```

汇编语言参考程序段如下(基地址为 220H,单极性输入):

```
        MOV     DX, 0229H           ;置增益地址
        MOV     AL, 01H             ;选择 0~5V 输入范围
```

```
            OUT     DX, AL
            CALL    L1                      ;L1 为延时 5us 子程序
            MOV     DX, 022AH               ;写入通道号
            MOV     AL, 00H
            OUT     DX, AL
            CALL    L2                      ;L2 为延时 20us 子程序
            MOV     DX, 022CH               ;写入通道号
            MOV     AL, 00H                 ;启动 A/D 转换
            OUT     DX, AL
            MOV     DX, 0225H               ;置状态口地址
POLLING:    IN      AL, DX                  ;读 A/D 转换器状态
            TEST    AL, 00010000B           ;检测 DRDY 是否为 1
            JNZ     POLLING
            MOV     DX, 0225H               ;读高字节,存于 BH 中
            IN      AL, DX
            AND     AL, 0FH
            MOV     BH, AL
            MOV     DX, 0224H               ;读低字节,存于 BL 中
            IN      AL, DX
            MOV     BL, AL
```

2.3.2.3　模拟量输出通道模板举例

PCL-726 是研华公司推出的 D/A 板卡,分辨率为 12 位;线性度为 ±1/2 位,提供 6 通道模拟量输出,每个通道可以设置成 0~5V、0~10V、±5V、±10V 和 4~20mA 输出。另外,PCL-726 还提供与 TTL 兼容的 16 通道数字量输出和 16 通道数字量输入。板卡组成框图如图 2-46 所示。

图 2-46　PCL-726 板卡组成框图

1. 寄存器格式

寄存器的地址分配如表 2-10 所示。

表 2-10　PCL-726 寄存器地址分配

地　址	W/R	寄存器名称	地　址	W/R	寄存器名称
基地址＋00	W	D/A 通道 1♯高 4 位寄存器	基地址＋06	W	D/A 通道 4♯高 4 位寄存器
基地址＋01	W	D/A 通道 1♯低 8 位寄存器	基地址＋07	W	D/A 通道 4♯低 8 位寄存器
基地址＋02	W	D/A 通道 2♯高 4 位寄存器	基地址＋08	W	D/A 通道 5♯高 4 位寄存器
基地址＋03	W	D/A 通道 2♯低 8 位寄存器	基地址＋09	W	D/A 通道 5♯低 8 位寄存器
基地址＋04	W	D/A 通道 3♯高 4 位寄存器	基地址＋10	W	D/A 通道 6♯高 4 位寄存器
基地址＋05	W	D/A 通道 3♯低 8 位寄存器	基地址＋11	W	D/A 通道 6♯低 8 位寄存器

2. D/A 转换程序流程

D/A 转换程序流程如下(以通道 1 为例)：
(1) 选择通道地址 $n=1(n=1\sim6)$。
(2) 确定 D/A 高 4 位数据地址(基地址＋00)。
(3) 置 D/A 高 4 位数据($D_3\sim D_0$ 有效)。
(4) 确定 D/A 低 8 位数据地址(基地址＋01)。
(5) 置 D/A 低 8 位数据并启动转换。

3. 程序设计举例

PCL-726 的 D/A 输出、数字量输入等操作均不需要状态查询,分辨率为 12 位,000H～0FFFH 分别对应输出 0%～100%,若输出 50%,则对应的输出数字量为 7FFH,设基地址为 220H,D/A 通道 1 输出 50% 的程序如下：

汇编语言参考程序如下(基地址为 220H)：

```
MOV  AL, 07H              ;D/A 通道 1 输出 50%
MOV  DX, 0220H
OUT  DX, AL
MOV  DX, 0221H
MOV  AL, 0FFH
```

2.4　基于外部总线的计算机控制系统硬件设计

前面介绍了基于系统总线的计算机控制系统硬件设计技术,本节主要介绍基于外部总线的计算机控制系统硬件技术。计算机控制系统硬件设计常用外部总线 RS-232C、

USB 或外部扩展总线 RS-485、RS-422。在工业控制方面,RS-485 总线由于平衡差分传输特性具有的干扰性好、传输距离远、互联方便等特点,非常适合于组成工业级的多机通信系统并得到了广泛的应用。

2.4.1　基于外部总线的硬件设计方案

基于外部总线 RS-485 可构成主从分布式测控系统。IPC 作为测控系统主站,并配有 RS-232/485 转换器,实现对系统的监控与管理。可编程控制器(PLC)、智能调节器、智能远程 I/O 模块等装置大都具有 RS-485 总线,可作为测控系统的从站,实现控制功能。

1. 基于 IPC＋RS-232/RS-485 转换模块的硬件设计

基于 IPC＋RS-232/RS-485 转换模块的硬件设计方案如图 2-47 所示。

图 2-47　基于 RS-232/RS-485 转换模块的硬件设计

2. 基于 IPC＋ISA/PCI/PCI-E 总线 RS-485 卡的硬件设计

基于 IPC＋ISA/PCI/PCI-E 总线 RS-485 卡的硬件设计方案如图 2-48 所示。

图 2-48　基于 RS-485 总线扩展卡的硬件设计方案

2.4.2　远程 I/O 模块

智能远程 I/O 模块是传感器和执行机构到计算机的多功能远程 I/O 单元,专为恶劣环境下的可靠操作而设计,具有内置的微处理器,严格的工业级塑料外壳,使其可以独立提供智能信号调理、I/O 隔离、模拟量 I/O、数字量 I/O、数据显示和串行数字通信接口。远程 I/O 模块可以安装在现场,就地完成 A/D、D/A 转换、I/O 操作及脉冲量的计数、累计等操作,以通信方式和计算机交换信息,构成数据采集控制系统。通过采用 RS-485 中继器,可以将多达 256 个远程模块连接到 RS-485 网络上,或者将最大通信距离延伸到 10km。

典型的远程 I/O 模块有研华公司的 ADAM-4000 系列和 ADAM-5000 系列、研发公司的 DAC-8000 系列、研祥公司的 Ark-14000 系列以及威达公司的牛顿-7000 系列。下面主要以研华公司的 ADAM-4000 系列模块为例进行介绍。

1. ADAM-4000 系列模块

ADAM 4000 系列模块的功能特点如下。

1) 远端可编程输入范围

ADAM 4000 在存取多类型和范围的模拟量输入方面具有出色的能力,通过执行主机的命令,可以远端选择类型和范围,对不同的信号类型可使用同一种模块,极大地简化了设计和维护工作,可以使用一种模块处理整个工厂的测量数据。所有模块完全由主机在远端进行配置,因此无须任何物理性调节。

2) 内置看门狗

看门狗也称为看门狗定时器或警戒定时器,它是工控机系统中常用的自恢复技术。其基本原理是将看门狗定时器的输出作为微处理器的复位信号,迫使系统重新启动。ADAM-4000 的看门狗计时器管理功能可以自动复位 ADAM-4000 系列模块,减少维护需求,提高了系统的可靠性和自恢复能力。

3) 网络配置灵活

ADAM-4000 通过 RS-485 总线与主站连接成一个主从式测控系统,可以实现点对点通信和广播通信(仅有的模块允许广播通信)。一条 RS-485 通信链路所连接的模块数是有限的,当需要配置更多的模块数时,可以使用 ADAM-4510 中继器,每个 ADAM-4510 中继器可再增加 32 个模块或将网络再延伸 1200m,一条 RS-485 通信链路最多可以连接 256 个 ADAM-4000 系列模块。

4) 可选的独立控制策略

如果 ADAM-4000 系列模块由基于 PC 的 ADAM-4500 通信控制器所控制,即可组成一个独立控制策略,把用户用高级语言所编写的程序放到 ADAM-4500 的 FLASH ROM 中,就可根据用户的需要定做自己的应用环境。

5) 模块化的工业设计

可以轻易地将模块安装在面板上、DIN 导轨上和或重叠安装在一起,通过插入式螺丝端子可以进行信号连接,确保了模块易安装、易更改、易维护。

6) 满足工业环境的需要

ADAM-4000 系列模块可使用 10VDC-30VDC 范围之内的非调节电源,具有电源反相保护功能,并在不影响运行网络的情况下安全地接线或拆线。

2. ADAM-5000 系列

ADAM-5000 系列分布式数据采集控制系统,体积紧凑,符合现场总线的发展趋势,对诸如基于 RS-485 和 CAN 的流行现场总线架构,ADAM-5000 系列提供三种不同的数据采集及控制(DA&C)系统,使现场 I/O 设备容易地构成 PC 应用网络。

ADAM-5000 系列具有以下功能特点。

1)系统设计灵活

ADAM-5000 模块允许用户根据需求架构适合自己的方案,内建可编程 I/O 范围及报警输出,提高了系统设计的灵活性,同时支持双绞线、无线 modem 及光纤等通信媒介。

2)系统维护及故障处理

ADAM-5000 系列产品使用硬件自检及软件诊断来监测系统可能出现的问题,同时有看门狗定时器,若系统崩溃,看门狗会自动对系统复位。

3)易于安装及组网

ADAM-5000 系列非常易于安装在导轨或面板上。信号连接、网络修改及维护简单而快捷,构建一个多点网络只需带屏蔽双绞线即可。网络地址用 DIP 开关很容易地设定。现场信号线可以接好端子后再插入模块上。

4)数据采集及控制

ADAM-5000 系列通过多通道 I/O 模块进行数据采集和控制,系统由两部分组成:基座和 I/O 模块,基座可装 4 个模块(可达 64 个 I/O 点),根据 I/O 类型,可做出适合应用需要的配置。

5)三端隔离

由于噪声能通过 I/O 模块,电源以及通信进入系统。ADAM-5000 系列提供了 I/O 模块(3000VDC)、电源(3000VDC)及通信(2500VDC)的隔离,三端隔离避免了接地环流,减少了噪声对系统的影响,并提供对系统在浪涌及尖峰电压下的保护。

6)看门狗定时器

看门狗对微处理器进行监视并自动复位系统,减少了现场的维护工作。

7)内置诊断器

ADAM-5000 系统提供两种方式的诊断:硬件自诊断和软件诊断,这有助于用户检测及辨识系统或 I/O 模块的各种故障。

8)远程配置

ADAM-500 系列模拟量输入模块可以配置成不同的电压、电流、热电偶及热电阻输入范围。在系统某一节点上,所有参数,包括通信速度、高低限报警及校正参数等均可通过远程设定。

9)ADAM-5000 系列系统中数字量输出通道可配置为模拟量输入通道的报警输出。模拟量输入模块的高低报警信号及极限值可远程配置,每次 A/D 转换后,所得数字量将与预设的高、低报警限值相比较,根据比较结果系统能改变数字量输出的状态,这就使 ADAM-5000 能独立于 PC 主机进行 ON/OFF 控制。

3. 典型 ADAM-4000 系列 I/O 模块举例

1) 模块选择与组成

研华 4000 系列模块组成,有 8 通道 16 位差分模拟量输入模块 ADAM-4017+、2 通道 32 位计数器模块 ADAM-4080D、7 通道数字量输入与 8 通道数字量输出模块 ADAM-4050、4 通道模拟量输出模块 ADAM-4024。通信模块 ADAM-4520,它是隔离的 RS-232 与 RS-485 转换的模块,完成 RS-485 总线的信号转到 RS-232,由计算机通过 RS-232 口进行采集和控制。

2) ADAM 模块远程通信

由于模块与传感器、执行机构等的信号传输距离较短,加之采用电缆屏蔽、双绞线等措施,因此可以很方便地解决信号的传输问题。模块的通信接口一般采用 RS-485,只需简单的命令就可以与远程模块通信实现远程监控的目的,通信协议与模块的生产厂家有关,但都是采用面向字符的通信协议。主控计算机通过 RS-232 或 RS-485 通信协议以 ASCII 码格式与远程模块通信,实现远程模块的监控。主机向其中一个模块发出一个命令/回答序列。命令通常包含主机想要与之通信的模块地址、设置命令和数据。地址符合的模块执行命令并向主机送出应答。

计算机与 ADAM4000 模块之间的数据交换有三个步骤,如图 2-49 所示。

图 2-49 计算机与 ADAM4000 系列模块之间的数据交换

(1) 设备要求传送数据时,计算机会传送一个字符串过去。此字符串的第一个字符是前导符,在前导符之后的是地址,地址之后是要设备解读的命令或数据。

(2) 当设备收到要求字符串,并经判读确定后,便会送出计算机所要求的数据。数据被送出时会在其之前加上前导符与地址。

(3) 计算机收到设备传送回来的字符串后,进行检查,当检查完成后,回送一个确定的字符串给设备,以说明计算机已成功收到字符串;而若传送失败,计算机也在此回送的字符串中要求设备重发数据。

另外,数据传送时,一般也会加上错误检查机制,最常用的方法是将此字符作运算,而在字符串的最后加上校验和字符。传送的双方利用此字符的检查判断字符串的正确性。

通信的基本形式就是命令/响应,主机给指定地址的模块发送命令,等待模块一定时间后响应。如果没有响应,发生超时异常中断,命令返回。

3）通信协议

中小型工业测控网络支持常用的两种通信协议,其一是通过使用特定的字符来执行通信控制功能,称为面向字符的数据通信协议,其标准为 ISO-1745;其二是通过定义各字段长度、位置及作用来实现通信控制功能,所以称之为面向位流(比特)的数据通信协议,如高速数据链路控制协议(high level data link control,HDLC),其标准为 ISO-3309、ISO-4335 和 ISO-7809。后者比前者的通信效率高,适用于通信数据量较大的工业控制网络或 DCS 系统。面向字符协议具有简单明了的特点,又有比较长的使用历史及广泛的应用范围,所以对于通信速率要求不高,采用主从结构的中小型工业控制网络,使用面向字符协议具有一定优势。目前,工业微机、调节仪表、中小型 PLC 和智能远程 I/O 子系统等标准化的工业控制设备都支持或部分支持面向字符协议。

4）通信方法

计算机与具有串行通信接口的设备实现通信的方法有三种:第一种是直接端口访问,实时性强,但界面设计麻烦,需要了解底层硬件的详细信息,不支持 Windows 2000 及后续版本的操作系统,实际工程中一般不采用;第二种是调用 MSCOMM 控件,编程较方便,具有更完善的发送和接收功能;第三种是调用 Windows API 函数,使用 Windows 提供的通信函数编写应用程序,要求对 Windows API 函数有深入了解,编程较难,但程序可移植性强。

2.4.3　其他测控装置

1. 智能调节器

智能调节器一般具有 RS-485 数字通信接口,除了在控制系统中作为常规的单机控制器使用外,在现代工业控制中还可以作组态使用,常常与上位机一起使用构成计算机监督控制系统。常用的智能调节器国外的品牌有 SHIMADEN(日本岛电)、YAKOGAWA(日本横河)、HONEWELL(美国霍尼韦尔)、OMRON(日本欧姆龙)以及 RKC(日本理化)等,国内的品牌有厦门宇电自动化科技有限公司(厦门宇光)的 AI 系列。

1）硬件构成

智能调节器也称为单回路数字调节器(single strategy controller,SSC),其结构原理如图 2-50 所示。

SSC 的硬件主要由 MPU 单元、过程 I/O 单元、PIA 单元、面板单元、编程单元、通信单元和硬手操单元等组成。

MPU 单元是调节器的核心,它包括微处理器(或单片微机)、系统存储器(PROM/EPROM、EAPROM、RAM)、时钟、watchdog 和接口电路等。PROM/EPROM 中固化有调节器的监控程序和功能程序。监控程序负责面板(键盘、显示器等)管理和巡回采样控制等。功能程序即各种运算、控制、通信子程序(模块)的集合。EAPROM 用来存放系统组态程序。系统组态程序是根据系统控制流程,抽取所需的运算、控制模块(固化在 PROM/EPROM 中)进行软连接而形成的。系统组态用编程单元完成,组态结果即系统组态程序写入 EAPROM。有些单回路数字调节器的系统组态程序是固化在

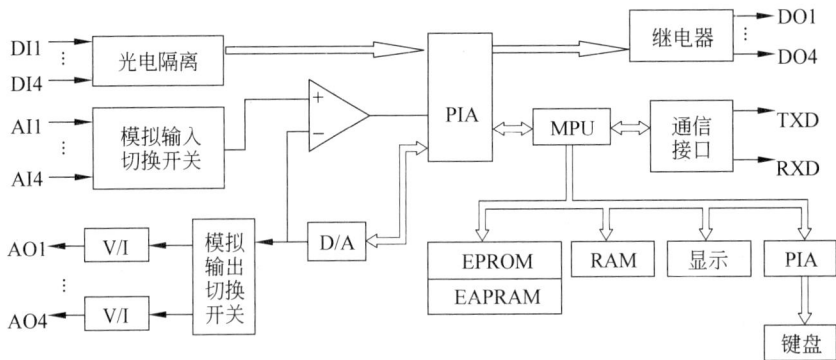

图 2-50　智能调节器的结构原理

EPROM 中。

PIA(peripheral interface adapter)单元是过程 I/O 单元、键盘及显示单元与 MPU 连接的桥梁电路,实现电气隔离与数据缓冲、锁存等功能。

不同的系统组态程序,能实现不同的控制过程,SSC 能通过编程组态的方法,方便地组建和修改控制系统。故又称为可编程调节器。

键盘、显示器也是数字调节器的重要组成部分,它是一种简单的人机接口,通过键盘修改调节器参数和工作状态,显示器可让操作人员了解系统的工作状态。

通信单元(通信接口)使 SSC 能与集中监视操作站、上位机通信,组成多级微机控制系统,实现各种高级控制和管理。

2)软件构成

数字调节器的全部工作都是在硬件环境下,由微处理机执行程序完成的。数字调节器的软件包括以下几部分。

(1)监控管理程序

这是一种较简单的系统软件,由它实现对输入输出通道、键盘、显示器及通信等部件的管理,以及对调节器各硬件部分和程序进行故障监测及处理等。对于固定程序的调节器,监控管理程序较简单,主要用于修改和显示调节器的工作方式和参数及监视系统状态,如对各个调节回路的 PID 参数 T_I、T_D、P 及采样周期 T_s 等进行整合、设定、修改传感器或变送器量程、上下限报警值及进行调节器手动/自动工作方式的切换等。对于可编程序调节器,还需提供一套可由用户进行系统组态的软件,包括编程语言的编辑及编译软件,这种程序编写比较复杂,但提供给用户的编程语言却十分简单,只要是有控制系统常识的人员都很容易掌握。这种调节器一般功能都十分丰富,具有很好的通用性和灵活性,让用户有很大的选择余地。

(2)应用程序

根据调节器的应用功能所编的程序,如数据采集、数字滤波、标度变换、数据处理、控制算法、报警及输出等程序。在可编程调节器中,这些应用程序以模块形式给出,用户可用数字调节器的编程语言将这些模块进行组态,构成用户所需系统。

SSC 的运算、控制功能十分丰富,一般包括几十种运算、控制模块。运算模块不仅能实现各种复杂组合的四则运算，还能完成函数运算和逻辑运算。例如，用超前环节模块 $1+T_d s$ (T_d 超前时间) 和滞后环节模块 $1/(1+T_i s)$ (T_i 滞后时间) 组成函数 $(1+T_d s)/(1+T_i s)$；通过控制模块组态可构成 PID、串级、比值、前馈、选择、非线性、程序控制等。

另外，SSC 还有断电保护和自诊断功能，提高了系统的可靠性。

2. 可编程序控制器(PLC)

1) PLC 的硬件结构

PLC 内部电路的基本结构与普通微机是类似的，特别是和单片机的结构极为相似，如图 2-51 所示。主要由中央处理单元 CPU、存储器(RAM、ROM、EEPROM、EPROM 等)、专门设计的输入输出接口电路、通信接口和电源等单元组成。

图 2-51 PLC 组成结构示意图

可编程控制器的结构形式分为整体式和模块式两类。近期还出现有内插板式。

(1) 整体式结构的可编程控制器是把电源、主机、输入输出(DI,DO,AI,AO)、通信接口和外部设备接口集中装在一个机箱内，构成一个独立的复合模块。这种结构体积小，适用于输入输出点少的设备。

(2) 模块式结构是将可编程控制器按功能分为电源模块、主机模块、开关量输入模块、开关量输出模块、模拟量输入模块、模拟量输出模块、机架接口模块、通信模块和专用功能模块等。这种积木式结构可以灵活地配置成小、中、大系统。

在结构上讲，由模块组合成系统有 4 种方法。

① 无底板：靠模块间接口直接相连，然后再固定到相应导轨上。OMRON 公司的 COM1、CJ1 机就是这种结构，比较紧凑。西门子的 S7-300 也如此，只是它还要用接线插头连接，如要单独固定时，还得另购固定支架。

② 有底板：所有模块都固定在底板上。比较牢固，但底板的槽数是固定的，如 3、5、8、10 槽等。这个槽数与实际的模块数不一定相等，所以，配置时难免有空槽。这既浪费，又多占空间，甚至有时还得用占空单元，把多余的槽覆盖好。

③ 用机架代替底板：所有模块都固定在机架上。这种结构比底板式的复杂，但更牢靠。用这种组合时，它的模块不用外壳，但有小面板，用组合后密封与信号显示。

模块式结构的优点之一是用户根据生产要求，可以灵活地配置成小、中、大系统，这种积木式结构可以供用户逐步扩展系统和增加功能；优点之二是模块有密封外壳，既安全又防尘；优点之三是模块采用独立接线方式；安装和维护方便。

④ 内插板式为了适应机电一体化的要求，有的PLC制造成内插板式的，可嵌入有关装置中。如有的数控系统，其逻辑量控制用的内置PLC，就可用这个内插板式的PLC代替。它有输入点、输出点，还有通信口、扩展口及编程器口。PLC有的功能，它也都有。但它只是一个控制板，可很方便地镶嵌到有关装置中。

2) PLC的软件结构

可编程控制器的软件可分为系统软件、编程软件和应用软件三部分。

(1) 系统软件

可编程控制器的系统软件分为两部分，一部分是固化于存储器(ROM、PROM或EPROM)内的由可编程控制器生产厂家编写的系统程序(内核软件)，和机器的硬件组成有关，完成系统诊断、命令解释、功能子程序调用管理、逻辑运算、通信和各种参数设定等功能，并对可编程控制器的运行进行管理；另一部分是安装在编程器、操作监视器、工程师站和操作员站的组态编程软件及人机界面软件，供工程师对可编程控制器进行组态编程，供操作员对被控设备进行操作监视。

(2) 编程软件

根据IEC61131-3标准，可编程控制器支持5种编程软件或编程语言：指令表、梯形图、功能块图、顺序功能图和结构化文本。每种可编程控制器可以支持其中一种或几种编程语言，视其功能或性能而定。

(3) 应用软件

用户根据生产过程的控制要求首先设计控制方案或控制策略，再用编程语言将其编写成应用程序或应用软件，并编译成可执行文件，然后下载到可编程控制器中运行，实现控制策略，达到设计目的。

为了对生产过程进行操作监视，用户还需要在组态软件的支持下绘制操作监视画面，这些应用画面在操作员站上运行，为操作员提供了图文并茂形象逼真的动态操作环境。这些操作监视画面也属于应用软件，但它不在可编程控制器中运行，而是在操作员站上运行。

3. 运动控制器

运动控制器是在以高速数字信号处理器DSP为代表的高性能高速微处理器及大规模可编程逻辑器件FPGA的基础上发展而来的。运动控制器主要用于对机械传动装置的位置、速度进行实时的控制管理，使运动部件按照预期的轨迹和规定的运动参数完成相应的动作。

1) 基于计算机标准总线的运动控制器

这种运动控制器大都采用DSP或微机芯片作为CPU，具有开放体系结构，以PC作为信息处理平台，运动控制器以插卡形式嵌入PC，即"PC＋运动控制器"的模式。这样将PC的信息处理能力和开放式的特点与运动控制器的运动轨迹控制能力有机地结合在一起,具有信息处理能力强、开放程度高、运动轨迹控制准确、通用性好的特点。可完成运动规划、高速实时插补、伺服滤波控制和 PLC 功能,它开放的函数库可供用户根据不同的需求,在 DOS 或 Windows 等平台下自行开发应用软件,组成各种控制系统,如美国 Delta tau 公司的 PMAC 多轴运动控制器和固高公司的 GT/GH 系列运动控制器等。基于 PC 总线的运动控制器构成的开放式运动控制系统如图 2-52 所示。

图 2-52 开放式结构的运动控制系统示意图

2) Soft 型开放式运动控制器

这种运动控制器提供给用户最大的灵活性,它的运动控制软件全部装在计算机中,而硬件部分仅是计算机与伺服驱动和外部 I/O 之间的标准化通用接口。就像计算机中可以安装各种品牌的声卡、CDROM 和相应的驱动程序一样。用户可以在 Windows 平台和其他操作系统的支持下,利用开放的运动控制内核,开发所需的控制功能,构成各种类型的高性能运动控制系统,从而提供给用户更多的选择和灵活性。基于 Soft 型开放式运动控制器开发的典型产品有美国 MDSI 公司的 Open CNC、德国 PA(Power Automation)公司的 PA8000NT。美国 Soft SERVO 公司的基于网络的运动控制器和固高科技公司的 GO 系列运动控制器产品等。Soft 型开放式运动控制的特点是开发、制造成本相对较低,能够给予系统集成商和开发商更加个性化的发展。

3) 嵌入式结构的运动控制器

这种运动控制器是把计算机嵌入运动控制器中的一种产品,它能够独立运行。运动控制器与计算机之间的通信依然是靠计算机总线,实质上是基于总线结构的运动控制器的一种变种。对于标准总线的计算机模块,这种产品采用了更加可靠的总线连接方式(采用针式连接器),更加适合工业应用。在使用中,采用如工业以太网、RS485、SERCOS、PROFIBUS 等现场网络通信接口连接上级计算机或控制面板。嵌入式的运动控制器也可配置软盘和硬盘驱动器,甚至可以通过 Internet 进行远程诊断。例如美国 ADEPT 公司的 Smart Controller,固高科技公司的 GU 嵌入式运动控制平台系列产品等。

美国 Delta Tau Data System 公司推出的 PMAC 系列伺服控制器比较有代表性,属于开放式的基于 PC 总线的运动控制器。PMAC 以 Motorola 公司的 DSP56001 为微处理器,主频 20/30MHz,60/40 微秒/轴的伺服更新率,36 位(2^{36})计数范围,16 位 DAC 输出分辨率,10/15MHz 编码计数率,每秒可处理多达 500 条程序,可以完成直线或圆弧插补，"S-曲线"加速和减速，三次轨迹计算、样条曲线计算。利用 DSP 强大的运算功能单卡可实现 1～32 轴多轴实时伺服控制，以串口、总线两种方式与上位机进行通信。

PMAC 控制器本身就相当于一个完整的计算机系统。依靠集成在卡上 ROM 中的程序，它能独立完成实时、多任务控制，而无须主机介入。PMAC 控制器配有较强的命令、函数库，用户可用制造商提供的编程语言（类似 QBASIC）调用这些命令和函数，编程较为方便。另外制造商还提供 PCOMM、PTALK 等函数库作为开发工具，用户可用高级语言调用自己所需的函数，完成控制软件的开发。PMAC 系统的开放性特征允许 CNC 系统通过 ODBC（开放数据库连接）、OLE（目标连接和嵌入）、DDE（动态数据交换）等运行专门设计的第三方软件程序。对于 OEM（原始设备制造商），Delta Tau Data System 公司提供 PMAC 软件库的 C++ 源代码许可证，允许整个系统全部用户化。PMAC 主要利用 ISA、PC104、VEM、PCI 及 USB 等总线方式与上位机交换信息。

4. 变频器

变频器的主要任务就是把恒压恒频（constant voltage constant frequency，CVCF）的交流电转换为变压变频（variable voltage variable frequency，VVVF）的交流电，以满足交流电机变频调速的需要。从结构上分，变频器可以分为交-交变频器（亦称直接变频器）和交-直-交变频器（亦称间接变频器）。

变频器的使用日益普及，功能也越来越强，已经跳出了仅作为交流电机调速驱动器应用的范围，现在很多变频器具有 PID 调节功能，与温度、压力、流量等传感器配合使用，可以构成一个单独的控制系统应用，而省去了控制器。新一代变频器均具有标准通信接口，用户可以利用通信接口在远处，如中央控制台对变频器进行集中控制，适应了自动化的要求。也可以使多台变频器组网应用，与计算机连接构成分布式控制系统。使用场地相对分散，远距离集中控制成为变频器管理的趋势。在变频器中使用的串行通信接口通常为标准 485 接口，这种接口具有控制距离远、抗干扰能力强等优点。

2.5 硬件抗干扰技术

很多从事计算机控制工程的人员都有这样的经历，当他将经过千辛万苦安装和调试好的样机投入工业现场进行实际运行时，却不能正常工作。有的一开机就失灵，有的时好时坏，让人不知所措。为什么实验室能正常模拟运行的系统，到了工业环境就不能正常运行呢？原因是工业环境有强大的干扰，微机系统没有采取抗干扰措施，或者措施不力。由此可见抗干扰技术的重要性。所谓干扰，就是有用信号以外的噪声或造成计算机设备不能正常工作的破坏因素。

在与干扰做斗争的过程中，人们积累了很多经验，有硬件措施，有软件措施，也有软硬结合的措施。硬件措施如果得当，可将绝大多数干扰拒之门外，但仍然有少数干扰窜入微机系统，引起不良后果，所以软件抗干扰措施作为第二道防线是必不可少的。软件抗干扰措施是以 CPU 的开销为代价的，影响到系统的工作效率和实时性。因此一个成功的抗干扰系统是由硬件和软件相结合构成的。硬件抗干扰效率高，但要增加系统的投资和设备的体积。软件抗干扰投资低,但要降低系统的工作效率。

对于计算机控制系统来说,干扰既可能来源于外部,也可能来源于内部。外部干扰指那些与系统结构无关,而是由外界环境因素决定的;而内部干扰则是由系统结构、制造工艺等决定的。外部干扰主要是空间电或磁的影响,环境温度、湿度等气象条件也是外来干扰。内部干扰主要是分布电容、分布电感引起的耦合感应,电磁场辐射感应,长线传输的波反射,多点接地造成的电位差引起的干扰,寄生振荡引起的干扰,甚至元器件产生的噪声也属于内部干扰。

2.5.1　过程通道抗干扰技术

1. 串模干扰及其抑制方法

1)串模干扰

所谓串模干扰是指叠加在被测信号上的干扰噪声。这里的被测信号是指有用的直流信号或缓慢变化的交变信号,而干扰噪声是指无用的变化较快的杂乱交变信号。串模干扰和被测信号在回路中所处的地位是相同的,总是以两者之和作为输入信号。串模干扰也称为常态干扰,如图 2-53 所示,U_s 为信号源,U_n 为干扰源。

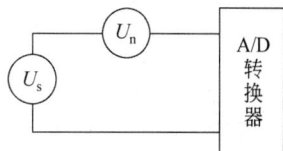

图 2-53　串模干扰示意图

2)串模干扰的抑制方法

串模干扰的抑制方法应从干扰信号的特性和来源入手,分别对不同情况采取相应的措施。

(1)如果串模干扰频率比被测信号频率高,则采用输入低通滤波器来抑制高频率串模干扰;如果串模干扰频率比被测信号频率低,则采用高通滤波器来抑制低频串模干扰;如果串模干扰频率落在被测信号频谱的两侧,则应用带通滤波器。

一般情况下,串模干扰均比被测信号变化快,故常用二级阻容低通滤波网络作为模/数转换器的输入滤波器,如图 2-54 所示,它可使 50Hz 的串模干扰信号衰减 600 倍左右。该滤波器的时间常数小于 200ms,因此,当被测信号变化较快时,应相应改变网络参数,以适当减小时间常数。

图 2-54　二级阻容滤波网络

(2)当尖峰型串模干扰成为主要干扰源时,用双积分式 A/D 转换器可以削弱串模干扰的影响。因为此类转换器对输入信号的平均值而不是瞬时值进行转换,所以对尖峰干扰具有抑制能力。如果取积分周期等于主要串模干扰的周期或为整数倍,则通过积分比较变换后,对串模干扰有更好的抑制效果。

(3) 对于串模干扰主要来自电磁感应的情况下,对被测信号应尽可能早地进行前置放大,从而达到提高回路中的信号噪声比的目的;或者尽可能早地完成模/数转换或采取隔离和屏蔽等措施。

(4) 从选择逻辑器件入手,利用逻辑器件的特性来抑制串模干扰。此时可采用高抗扰度逻辑器件,通过高阈值电平来抑制低噪声的干扰;也可采用低速逻辑器件来抑制高频干扰;当然也可以人为地通过附加电容器,以降低某个逻辑电路的工作速度来抑制高频干扰。对于主要由所选用的元器件内部的热扰动产生的随机噪声所形成的串模干扰,或在数字信号的传送过程中夹带的低噪声或窄脉冲干扰时,这种方法是比较有效的。

(5) 采用双绞线作信号引线的目的是减少电磁感应,并且使各个小环路的感应电势互相呈反向抵消。选用带有屏蔽的双绞线或同轴电缆做信号线,且有良好接地,并对测量仪表进行电磁屏蔽。

2. 共模干扰及其抑制方法

1) 共模干扰

所谓共模干扰是指模/数转换器两个输入端上公有的干扰电压。这种干扰可能是直流电压,也可以是交流电压,其幅值可达几伏甚至更高,取决于现场产生干扰的环境条件和计算机等设备的接地情况。共模干扰也称为共态干扰。

因为在计算机控制生产过程时,被控制和被测试的参量可能很多,并且是分散在生产现场的各个地方,一般都用很长的导线把计算机发出的控制信号传送到现场中的某个控制对象,或者把安装在某个装置中的传感器所产生的被测信号传送到计算机的模/数转换器。因此,被测信号 U_s 的参考接地点和计算机输入信号的参考接地点之间往往存在着一定的电位差 U_{cm},如图 2-55 所示。对于模/数转换器的两个输入端来说,分别有 U_s+U_{cm} 和 U_{cm} 两个输入信号。显然,U_{cm} 是共模干扰电压。

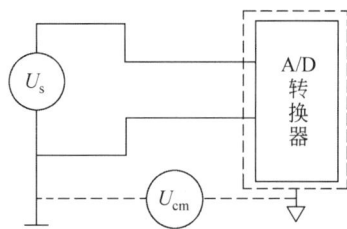

图 2-55 共模干扰示意图

在计算机控制系统中,被测信号有单端对地输入和双端不对地输入两种输入方式,如图 2-56 所示。对于存在共模干扰的场合,不能采用单端对地输入方式,因为此时的共模干扰电压将全部成为串模干扰电压,如图 2-56(a)所示。所以必须采用双端不对地输入方式,如图 2-56(b)所示。

在图 2-56 中,Z_S、Z_{S1}、Z_{S2} 为信号源 U_s 的内阻抗,Z_C、Z_{C1}、Z_{C2} 为输入电路的输入阻抗。由图 2-56(b)可见,共模干扰电压 U_{cm} 对两个输入端形成两个电流回路,每个输入端 A 和 B 的共模电压分别为

$$U_A = \frac{U_{cm}}{Z_{S1} + Z_{C1}} Z_{C1} \tag{2.5.1}$$

(a) 单端对地   (b) 双端不对地

图 2-56 被测信号的输入方式

$$U_B = \frac{U_{cm}}{Z_{S2} + Z_{C2}} Z_{C2} \tag{2.5.2}$$

两个输入端之间的共模电压为

$$U_{AB} = U_A - U_B = \left[\frac{Z_{C1}}{Z_{S1} + Z_{C1}} - \frac{Z_{C2}}{Z_{S2} + Z_{C2}} \right] U_{cm} \tag{2.5.3}$$

如果此时 $Z_{S1} = Z_{S2}$，$Z_{C1} = Z_{C2}$，那么 $U_{AB} = 0$，表示不会引入共模干扰，但上述条件实际上无法满足，只能做到 Z_{S1} 接近 Z_{S2}，Z_{C1} 接近 Z_{C2}，因此有 $U_{AB} \neq 0$，也就是说实际上总存在一定的共模干扰电压。显然，当 Z_{S1} 和 Z_{S2} 越小，Z_{C1} 和 Z_{C2} 越大，并且 Z_{C1} 与 Z_{C2} 越接近时，共模干扰的影响就越小。一般情况下，共模干扰电压 U_{cm} 总是转化成一定的串模干扰 U_n 出现在两个输入端之间。

为了衡量一个输入电路抑制共模干扰的能力，常用共模抑制比（common mode rejection ratio，CMRR）来表示，即

$$CMRR = 20 \lg \frac{U_{cm}}{U_n} (dB) \tag{2.5.4}$$

式中，U_{cm} 是共模干扰电压，U_n 是 U_{cm} 转化成的串模干扰电压。显然，对于单端对地输入方式，由于 $U_n = U_{cm}$，所以 CMRR＝0，说明无共模抑制能力。对于双端不对地输入方式来说，由 U_{cm} 引入的串模干扰 U_n 越小，CMRR 就越大，所以抗共模干扰能力越强。

2）共模干扰的抑制方法

（1）变压器隔离

利用变压器把模拟信号电路与数字信号电路隔离开来，也就是把模拟地与数字地断开，以使共模干扰电压 U_{cm} 不成回路，从而抑制了共模干扰。另外，隔离前和隔离后应分别采用两组互相独立的电源，切断两部分的地线联系。

在图 2-57 中，被测信号 U_S 经放大后，首先通过调制器变换成交流信号，经隔离变压器 B 传输到副边，然后用解调器再将它变换为直流信号 U_{S2}，再对 U_{S2} 进行 A/D 变换。

（2）光电隔离

光电耦合器是由发光二极管和光敏三极管封装在一个管壳内组成的，发光二极管两端为信号输入端，光敏三极管的集电极和发射极分别作为光电耦合器的输出端，它们之

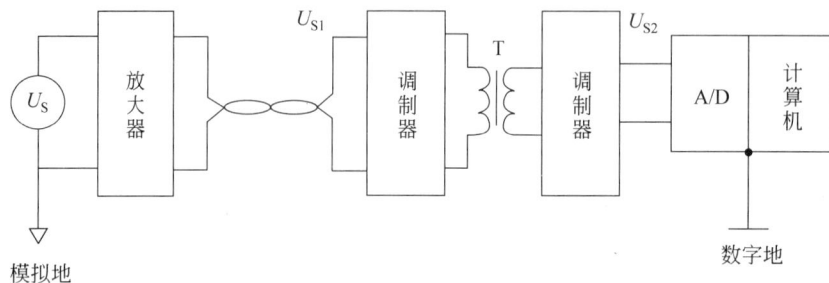

图 2-57   变压器隔离

间的信号是靠发光二极管在信号电压的控制下发光,传给光敏三极管来完成的。

光电耦合器有以下几个特点:首先,由于是密封在一个管壳内,或者是模压塑料封装的,所以不会受到外界光的干扰。其次,由于是靠光传送信号,切断了各部件电路之间地线的联系。第三,发光二极管动态电阻非常小,而干扰源的内阻一般很大,能够传送到光电耦合器输入端的干扰信号就变得很小。第四,光电耦合器的传输比和晶体管的放大倍数相比,一般很小,远不如晶体管对干扰信号那样灵敏,而光电耦合器的发光二极管只有在通过一定的电流时才能发光。因此,即使是在干扰电压幅值较高的情况下,由于没有足够的能量,仍不能使发光二极管发光,从而可以有效地抑制掉干扰信号。此外,光电耦合器提供了较好的带宽,较低的输入失调漂移和增益温度系数。因此,能够较好地满足信号传输速度的要求。

在图 2-58 中,模拟信号 U_S 经放大后,再利用光电耦合器的线性区,直接对模拟信号进行光电耦合传送。由于光电耦合器的线性区一般只能在某一特定的范围内,因此,应保证被传信号的变化范围始终在线性区内。为保证线性耦合,既要严格挑选光电耦合器,又要采取相应的非线性校正措施,否则将产生较大的误差。另外,光电隔离前后两部分电路应分别采用两组独立的电源。

图 2-58   光电隔离

光电隔离与变压器隔离相比,实现起来比较容易,成本低,体积也小。因此在计算机控制系统中光电隔离得到了广泛的应用。

(3)浮地屏蔽

采用浮地输入双层屏蔽放大器来抑制共模干扰,如图 2-59 所示。这是利用屏蔽方法使输入信号的"模拟地"浮空,从而达到抑制共模干扰的目的。

图 2-59　浮地输入双层屏蔽放大器

图中 Z_1 和 Z_2 分别为模拟地与内屏蔽盒之间和内屏蔽盒与外屏蔽层(机壳)之间的绝缘阻抗,它们由漏电阻和分布电容组成,所以此阻抗值很大。图中,用于传送信号的屏蔽线的屏蔽层和 Z_2 为共模电压 U_{cm} 提供了共模电流 I_{cm1} 的通路,但此电流不会产生串模干扰,因为此时模拟地与内屏蔽盒是隔离的。由于屏蔽线的屏蔽层存在电阻 R_C,因此共模电压 U_{cm} 在 R_C 电阻上会产生较小的共模信号,它将在模拟量输入回路中产生共模电流 I_{cm2},此 I_{cm2} 在模拟量输入回路中产生串模干扰电压。显然,由于 $R_C \ll Z_2$,$Z_S \ll Z_1$,故由 U_{cm} 引入的串模干扰电压是非常弱的。所以这是一种十分有效的共模抑制措施。

(4) 采用仪表放大器提高共模抑制比

仪表放大器具有共模抑制能力强、输入阻抗高、漂移低、增益可调等优点,是一种专门用来分离共模干扰与有用信号的器件。

3. 长线传输干扰及其抑制方法

1) 长线传输干扰

计算机控制系统是一个从生产现场的传感器到计算机,再到生产现场执行机构的庞大系统。由生产现场到计算机的连线往往长达几十米,甚至几百米。即使在中央控制室内,各种连线也有几米到十几米。由于计算机采用高速集成电路,致使长线的"长"是相对的。这里所谓的"长线"其长度并不长,而且取决于集成电路的运算速度。例如,对于毫微秒级的数字电路来说,1 米左右的连线就应当作长线来看待;而对于 10 毫微秒级的电路,几米长的连线才需要当作长线处理。

信号在长线中传输遇到三个问题:一是长线传输易受到外界干扰;二是具有信号延时;三是高速度变化的信号在长线中传输时,还会出现波反射现象。当信号在长线中传输时,由于传输线的分布电容和分布电感的影响,信号会在传输线内部产生正向前进的电压波和电流波,称为入射波;另外,如果传输线的终端阻抗与传输线的波阻抗不匹配,那么当入射波到达终端时,便会引起反射;同样,反射波到达传输线始端时,如果始端阻抗也不匹配,还会引起新的反射。这种信号的多次反射现象,使信号波形严重失真和畸变,并且引起干扰脉冲。

2) 长线传输干扰的抑制方法

采用终端阻抗匹配或始端阻抗匹配,可以消除长线传输中的波反射或者把它抑制到最低限度。

(1) 终端匹配

为了进行阻抗匹配,必须事先知道传输线的波阻抗 R_P,波阻抗的测量如图 2-60 所示。调节可变电阻 R,并用示波器观察门 A 的波形,当达到完全匹配时,即 $R=R_P$ 时,门 A 输出的波形不畸变,反射波完全消失,这时的 R 值就是该传输线的波阻抗。

图 2-60　测量传输线波阻抗

为了避免外界干扰的影响,在计算机中常常采用双绞线和同轴电缆作信号线。双绞线的波阻抗一般在 $100\sim200\Omega$ 之间,绞花越密,波阻抗越低。同轴电缆的波阻抗约 $50\sim100\Omega$ 范围。根据传输线的基本理论,无损耗导线的波阻抗 R_P 为

$$R_P = \sqrt{\frac{L_0}{C_0}} \tag{2.5.5}$$

其中,L_0 为单位长度的电感(H),C_0 为单位长度的电容(F)。

最简单的终端匹配方法如图 2-61(a)所示,如果传输线的波阻抗是 R_P,那么当 $R=R_P$ 时,便实现了终端匹配,消除了波反射。此时终端波形和始端波形的形状相一致,只是时间上滞后。由于终端电阻变低,则加大负载,使波形的高电平下降,从而降低了高电平的抗干扰能力,但对波形的低电平没有影响。

为了克服上述匹配方法的缺点,可采用图 2-61(b)所示的终端匹配方法。其等效电阻 R 为

$$R = \frac{R_1 R_2}{(R_1 + R_2)}$$

适当调整 R_1 和 R_2 的阻值,可使 $R=R_P$。这种匹配方法也能消除波反射,优点是波形的高电平下降较少,缺点是低电平抬高,从而降低了低电平的抗干扰能力。为了同时兼顾高电平和低电平两种情况,可选取 $R_1=R_2=2R_P$,此时等效电阻 $R=R_P$。实践中,宁可使高电平降低得稍多一些,而让低电平抬高得少一些,可通过适当选取电阻 R_1 和 R_2,使 $R_1>R_2$ 达到此目的,当然还要保证等效电阻 $R=R_P$。

(2) 始端匹配

在传输线始端串入电阻 R,如图 2-62 所示,也能基本上消除反射,达到改善波形的目的。一般选择始端匹配电阻 R 为

$$R = R_P - R_{SC}$$

(a) 简单的终端匹配方法

(b) 始端方法

图 2-61　终端匹配

其中, R_{SC} 为门 A 输出低电平时的输出阻抗。

图 2-62　始端匹配

这种匹配方法的优点是波形的高电平不变, 缺点是波形低电平会抬高。其原因是终端门 B 的输入电流 I_{sr} 在始端匹配电阻 R 上的压降所造成的。显然, 终端所带负载门个数越多, 则低电平抬高越显著。

2.5.2　主机抗干扰技术

计算机控制系统的 CPU 抗干扰措施常常采用 watchdog(俗称看门狗)、电源监控(掉电检测及保护)、复位等方法。这些方法可用微处理器监控电路 MAX1232 来实现。

1. MAX1232 的结构原理

MAX1232 微处理器监控电路给微处理器提供辅助功能以及电源供电监控功能, MAX1232 通过监控微处理器系统电源供电及监控软件的执行, 来增强电路的可靠性, 它提供一个反弹的(无锁的)手动复位输入。

当电源过压、欠压时, MAX1232 将提供至少 250ms 宽度的复位脉冲, 其中的容许极限能用数字式的方法来选择 5% 或 10% 的容限,这个复位脉冲也可以由无锁的手动复位输入;MAX1232 有一个可编程的监控定时器 (watchdog) 监督软件的执行,该 watchdog 可编程为 150ms、600ms 或 1.2s 的超时设置。图 2-63 给出了 MAX1232 的引脚图,图 2-64 给出了 MAX1232 的内部结构框图。其中:

$\overline{\text{PB RST}}$ 为按键复位输入。反弹式低电平有效输入,忽略小于 1ms 宽度的脉冲,确保识别 20ms 或更宽的输入脉冲。

TD 为时间延迟,watchdog 时基选择输入。TD= 0V 时,$t_{\text{TD}}=150\text{ms}$;TD 悬空时 $t_{\text{TD}}=600\text{ms}$;TD=$V_{\text{CC}}$ 时,$t_{\text{TD}}=1.2\text{s}$。

图 2-63　MAX1232 引脚图

图 2-64　MAX1232 的内部结构

TOL 为容差输入。TOL 接地时选取 5% 的容差;TOL 接 V_{CC} 时选取 10% 的容差。

GND 为地。

RST 为复位输出(高电平有效)。RST 产生的条件为:若 V_{CC} 下降低于所选择的复位电压阈值,则产生 RST 输出;若 $\overline{\text{PB RST}}$ 变低,则产生 RST 输出;若在最小暂停周期内 $\overline{\text{ST}}$ 未选通,则产生 RST 输出;若在加电源期间,则产生 RST 输出。

$\overline{\text{RST}}$ 为复位输出(低电平有效)。产生条件同 RST。

$\overline{\text{ST}}$ 为选通输入 watchdog 定时器输入。

V_{CC} 为 +5V 电源。

N. C. 悬空。

2. MAX1232 的主要功能

1)电源监控

电压检测器监控 V_{CC},每当 V_{CC} 低于所选择的容限时(5% 容限时的电压典型时为 4.62V,10% 容限时的电压典型时为 4.37V)就输出并保持复位信号。选择 5% 的容许极限时,TOL 端接地;选择 10% 的容许极限时,TOL 端接 V_{CC}。当 V_{CC} 恢复到容许极限内,复位输出信号至少保持 250ms 的宽度,才允许电源供电并使微处理器稳定工作。RST 输出吸收和提供电流。当 $\overline{RST}$ 端输出时,形成一个开路漏电极 MOSFET(即金属氧化物半导体场效应晶体管),该端降低并吸收电流,因而该端必须被拉高。

2) 按钮复位输入

MAX1232 的 $\overline{PB\ RST}$ 端靠手动强制复位输出,该端保持 t_{PBD} 是按钮复位延迟时间,当 $\overline{PB\ RST}$ 升高到大于一定的电压值后,复位输出保持至少 250ms 的宽度。

一个机械按钮或一个有效的逻辑信号都能驱动 $\overline{PB\ RST}$,无锁按钮输入至少忽略了 1ms 的输入抖动,并且被保证能识别出 20ms 或更大的脉冲宽度。该 $\overline{PB\ RST}$ 在芯片内部被上拉到大约 $100\mu A$ 的 V_{CC} 上,因而不需要附加的上拉电阻。

3) 监控定时器(watchdog)

watchdog 俗称"看门狗",是工业控制机普遍采用的抗干扰措施。尽管系统采用各种抗干扰措施,仍然难以保证万无一失,watchdog 则有看守大门的作用,刚好弥补了这一缺憾。watchdog 有多种用法,但其最主要的应用则是用于因干扰引起的系统"飞程序"等出错的检测和自动恢复。

微处理器用一根 I/O 线来驱动 $\overline{ST}$ 输入,微处理器必须在一定时间内触发 $\overline{ST}$ 端(其时间取决于 TD),以便来检测正常的软件执行。如果一个硬件或软件的失误导致 $\overline{ST}$ 没被触发,在一个最小超时间隔内,$\overline{ST}$ 的触发只仅仅被脉冲的下降沿作用,这时 MAX1232 的复位输出至少保持 250ms 的宽度。

图 2-65 是一个典型的启动微处理器的例子。如果这个中断继续,那么在每一个超时间隔内将产生一个新的复位脉冲,直到 $\overline{ST}$ 被触发为止。这个超时间隔取决于 TD 输入的连接,当 TD 接地时,watchdog 为 150ms;当 TD 悬空时,watchdog 为 600ms;TD 接 V_{CC} 时,watchdog 为 1.2s。触发 $\overline{ST}$ 的软件例行程序是非常关键的,这个代码必须是在循环执行的软件中,并且这个时间(工作步长)至少要比所定的 watchdog 的时间短。一个普通的技术是从程序中的两个部分来控制微处理器的 I/O 线。当软件工作在前台时,可以设置 I/O 线为高,当软件工作在后台方式或中断方式时,可以设置为低,如果这两种模式都不能正确执行,那么监控定时器,即 watchdog 就会产生复位脉冲信号。

图 2-65　监控电路 MAX1232 的典型应用

3. 掉电保护和恢复运行

电网瞬间断电或电压突然下降将使微机系统陷入混乱状态,电网电压恢复正常后,微机系统难以恢复正常。掉电信号由监控电路 MAX1232 检测得到,加到微处理器(CPU)的外部中断输入端。软件中将掉电中断规定为高级中断,使系统能够及时对掉电作出反映。在掉电中断服务子程序中,首先进行现场保护,把当时的重要状态参数、中间结果、某些专用寄存器的内容转移到专用的有后备电源的 RAM 中。其次是对有关外设作出妥善处理,如关闭各输入输出口,使外设处于某一个非工作状态等。最后必须在专用的有后备电源的 RAM 中某一个或两个单元作上特定标记即掉电标记。为保证掉电子程序能顺利执行,掉电检测电路必须在电源电压下降到 CPU 最低工作电压之前就提出中断申请,提前时间为几百微秒至数毫秒。

当电源恢复正常时,CPU 重新上电复位,复位后应首先检查是否有掉电标记,如果没有,按一般开机程序执行(系统初始化等)。如果有掉电标记,不应将系统初始化,而应按掉电中断服务子程序相反的方式恢复现场,以一种合理的安全方式使系统继续未完成的工作。

2.5.3 系统供电与接地技术

1. 供电技术

1) 供电系统的一般保护措施

计算机控制系统的供电一般采用图 2-66 所示的结构。交流稳压器用来保证220VAC 供电,交流电网频率为 50Hz,其中混杂了部分高频干扰信号。为此采用低通滤波器让 50Hz 的基波通过,而滤除高频干扰信号。最后由直流稳压电源给计算机供电,建议采用开关电源。开关电源用调节脉冲宽度的办法调整直流电压,调整管以开关方式工作,功耗低。这种电源用体积很小的高频变压器代替了一般线性稳压电源中的体积庞大的工频变压器,对电网电压的波动适应性强,抗干扰性能好。

220V AC → 交流稳压器 → 低通滤波器 → 直流稳压器 → 计算机

图 2-66 一般供电结构

2) 电源异常的保护措施

计算机控制系统的供电不允许中断,一旦中断将会影响生产。为此,可采用不间断电源 UPS,其原理如图 2-67 所示。正常情况下由交流电网供电,同时电池组处于浮充状态。如果交流供电中断,电池组经逆变器输出交流代替外界交流供电,这是一种无触点的不间断切换。UPS 是用电池组作为后备电源。如果外界交流电中断时间长,就需要大容量的蓄电池组。为了确保供电安全,可以采用交流发电机,或第二路交流供电线路。

图 2-67 具有不间断电源的供电结构

2. 接地技术

1）地线系统分析

在计算机控制系统中,一般有以下几种地线:模拟地、数字地、安全地、系统地、交流地。

模拟地作为传感器、变送器、放大器、A/D 和 D/A 转换器中模拟电路的零电位。模拟信号有精度要求,有时信号比较小,而且与生产现场连接。因此,必须认真地对待模拟地。

数字地作为计算机中各种数字电路的零电位,应该与模拟地分开,避免模拟信号受数字脉冲的干扰。

安全地的目的是使设备机壳与大地等电位,以避免机壳带电而影响人身及设备安全。通常安全地又称为保护地或机壳地,机壳包括机架、外壳、屏蔽罩等。

系统地就是上述几种地的最终回流点,直接与大地相连,如图 2-68 所示。众所周知,地球是导体而且体积非常大,因而其静电容量也非常大,电位比较恒定,所以人们把它的电位作为基准电位,也就是零电位。

图 2-68 回流法接地示例

交流地是计算机交流供电电源地,即动力线地,它的地电位很不稳定。在交流地上任意两点之间,往往很容易就有几伏至几十伏的电位差存在。另外,交流地也很容易带来各种干扰。因此,交流地绝对不允许分别与上述几种地相连,而且交流电源变压器的绝缘性能要好,绝对避免漏电现象。

显然,正确接地是一个十分重要的问题。根据接地理论分析,低频电路应单点接地,高频电路应就近多点接地。一般来说,当频率小于 1MHz 时,可以采用单点接地方式;当频率高于 10MHz 时,可以采用多点接地方式。在 1~10MHz 之间,如果用单点接地时,其地线长度不得超过波长的 1/20,否则应使用多点接地。单点接地的目的是避免形成地环路,地环路产生的电流会引入到信号回路内引起干扰。

在过程控制计算机中,对上述各种地的处理一般是采用分别回流法单点接地。模拟地、数字地、安全地(机壳地)的分别回流法如图 2-68 所示。回流线往往采用汇流条而不采用一般的导线。汇流条是由多层铜导体构成,截面呈矩形,各层之间有绝缘层。采用多层汇流条以减少自感,可减少干扰的窜入途径。在稍考究的系统中,分别使用横向及纵向汇流条,机柜内各层机架之间分别设置汇流条,以最大限度地减少公共阻抗的影响。在空间上将数字地汇流条与模拟地汇流条间隔开,以避免通过汇流条间电容产生耦合。安全地(机壳地)始终与信号地(模拟地、数字地)是浮离开的。这些地之间只在最后汇聚一点,并且常常通过铜接地板交汇,然后用线径不小于 300mm^2 的多股铜软线焊接在接地极上后深埋地下。

2)低频接地技术

在一个实际的计算机控制系统中,通道的信号频率绝大部分在 1MHz 以下。因此,本节只讨论低频接地而不涉及高频问题。

(1)一点接地方式

信号地线的接地方式应采用一点接地,而不采用多点接地。一点接地主要有两种接法:即串联接地(或称共同接地)和并联接地(或称分别接地),如图 2-69 和图 2-70 所示。

图 2-69 串联一点接地

图 2-70 并联一点接地

从防止噪声角度看,如图 2-69 所示的串联接地方式是最不适用的。由于地电阻 r_1、r_2 和 r_3 是串联的,所以各电路间相互发生干扰。虽然这种接地方式很不合理,但由于比较简单,用的地方仍然很多。当各电路的电平相差不大时还可勉强使用;但当各电路的电平相差很大时就不能使用,因为高电平将会产生很大的地电流并干扰到低电平电路中去。使用这种串联一点接地方式时还应注意把低电平的电路放在距接地点最近的地方，即图 2-70 最接近于地电位的 A 点上。

并联接地方式在低频时是最适用的，因为各电路的地电位只与本电路的地电流和地线阻抗有关，不会因地电流而引起各电路间的耦合。这种方式的缺点是需要连很多根地线，用起来比较麻烦。

（2）实用的低频接地

一般在低频时用串联一点接地的综合接法，即在符合噪声标准和简单易行的条件下统筹兼顾。也就是说可用分组接法，即低电平电路经一组共同地线接地，高电平电路经另一组共同地线接地。注意不要把功率相差很多、噪声电平相差很大的电路接入同一组地线接地。

在一般的系统中至少要有三条分开的地线（为避免噪声耦合，三种地线应分开），如图 2-71 所示。一条是低电平电路地线；一条是继电器、电动机等的地线（称为"噪声"地线）；一条是设备机壳地线（称为"金属件"地线）。若设备使用交流电源，则电源地线应和金属件地线相连。这三条地线应在一点连接接地。使用这种方法接地时，可解决计算机控制系统的大部分接地问题。

3）通道馈线的接地技术

在"导线"的屏蔽中针对电场耦合和磁场耦合干扰，讨论了屏蔽和抑制这种干扰的措施。其中也涉及了接地问题，但只讨论了该怎样接地，并没有说明应该在何处接地。这里则从如何克服地环流影响的角度来分析和解决应在哪里接地的问题。

（1）电路一点地基准

一个实际的模拟量输入通道，总可以简化成由信号源、输入馈线和输入放大器 3 部分组成。如图 2-72 所示的将信号源与输入放大器分别接地的方式是不正确的。这种接地方式之所以错误，是因为它不仅受磁场耦合的影响，而且还因 A 和 B 两点地电位不等而引起环流噪声干扰。忽略导线电阻，误认为 A 和 B 两点都是地球地电位应该相等，是造成这种接地错误的根本原因。实际上，由于各处接地体几何形状、材质、埋地深度不可能完全相同，土壤的电阻率因地层结构各异也相差甚大，使得接地电阻和接地电位可能有很大的差值。这种接地电位的不相等，几乎每个工业现场都要碰到，一定要引起注意。

图 2-71　实用低频接地　　　　　　图 2-72　错误的接地方式

为了克服双端接地的缺点，应将图 2-72 输入回路改为单端接地方式。当单端接地点位于信号源端时，放大器电源不接地；当单端接地点位于放大器端时，信号源不接地。

（2）电缆屏蔽层的接地

当信号电路是一点接地时,低频电缆的屏蔽层也应一点接地。如欲将屏蔽一点接地,则应选择较好的接地点。

当一个电路有一个不接地的信号源与一个接地的(即使不是接大地)放大器相连时,输入线的屏蔽应接至放大器的公共端;当接地信号源与不接地放大器相连时,即使信号源端接的不是大地,输入线的屏蔽层也应接到信号源的公共端。这种单端接地方式如图 2-73 所示。

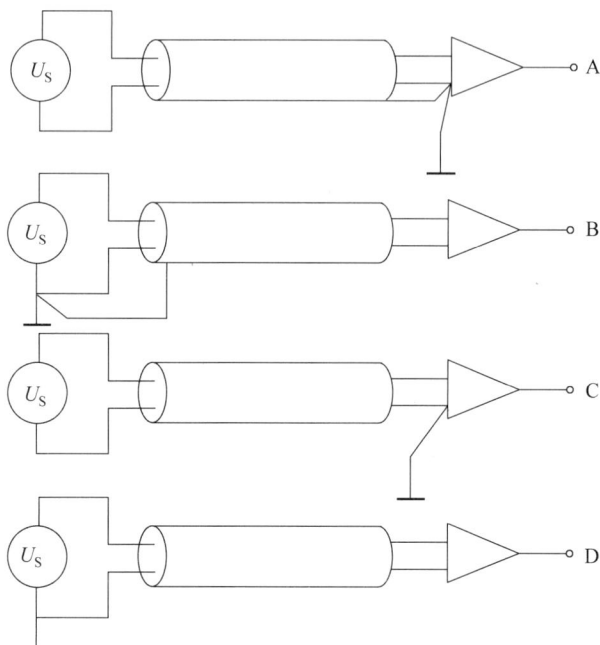

图 2-73　在低频时屏蔽电缆的单端

4）主机外壳接地但机芯浮空

为了提高计算机的抗干扰能力,将主机外壳作为屏蔽罩接地。而把机内器件架与外壳绝缘,绝缘电阻大于 $50M\Omega$,即机内信号地浮空,如图 2-74 所示。这种方法安全可靠,抗干扰能力强,但制造工艺复杂,一旦绝缘电阻降低就会引入干扰。

5）多机系统的接地

在计算机网络系统中,多台计算机之间相互通信,资源共享。如果接地不合理,将使整个网络系统无法正常工作。近距离的几台计算机安装在同一机房内,可采用类似

图 2-74　外壳接地、机芯浮空

图 2-75 那样的多机一点接地方法。对于远距离的计算机网络,多台计算机之间的数据通信,通过隔离的办法把地分开。例如,采用变压器隔离技术、光电隔离技术和无线电通信技术。

图 2-75　多机系统的接地

习　　题

1. 什么是接口、接口技术和过程通道？

2. 采用 74LS244 和 74LS273 与 PC/ISA 总线工业控制机接口，设计 8 路数字量（开关量）输入接口和 8 路数字量（开关量）输出接口，请画出接口电路原理图，并分别编写数字量输入和数字量输出程序。

3. 用 8 位 A/D 转换器 ADC0809 与 PC/ISA 总线工业控制机接口，实现 8 路模拟量采集。请画出接口原理图，并设计出 8 路模拟量的数据采集程序。

4. 用 12 位 A/D 转换器 AD574 与 PC/ISA 总线工业控制机接口，实现模拟量采集。请画出接口电路原理图，并设计出 A/D 转换程序。

5. 请分别画出一路有源 I/V 变换电路和一路无源 I/V 变换电路图，并分别说明各元器件的作用。

6. 什么是采样过程、量化、孔径时间？

7. 采样保持器的作用是什么？是否所有的模拟量输入通道中都需要采样保持器？为什么？

8. 一个 8 位 A/D 转换器，孔径时间为 $100\mu s$，如果要求转换误差在 A/D 转换器的转换精度（0.4%）内，求允许转换的正弦波模拟信号的最大频率是多少？

9. 试用 AD574、LF398、CD4051 和 PC/ISA 总线工业控制机接口，设计出 8 路模拟量采集系统，请画出接口电路原理图，并编写相应的 8 路模拟量数据采集程序。

10. 采用 DAC0832 和 PC/ISA 总线工业控制机接口，请画出接口电路原理图，并编写 D/A 转换程序。

11. 采用 DAC1210 和 PC/ISA 总线工业控制机接口，请画出接口电路原理图，并编写 D/A 转换程序。

12. 请分别画出 D/A 转换器的单极性和双极性电压输出电路，并分别推导出输出电压与输入数字量之间的关系式。

13. 采用 DAC0832、运算放大器、CD4051 等元器件与 PC/ISA 总线工业控制机接口，设计 8 路模拟量输出系统，请画出接口电路原理图，并编写 8 路模拟量输出程序。

14. 什么是串模干扰和共模干扰？如何抑制？

15. MAX1232 有哪些主要功能？

16. 计算机控制系统中一般有哪几种地线？请画出回流法接地和一点接地示意图。

第 3 章

数字控制技术

数字控制(numerical control,NC)是近代发展起来的一种自动控制技术,利用数字化信号对机床运动及其加工过程进行自动控制,如铣床、车床、加工中心、线切割机以及焊接机、气割机等自动控制系统中。装有数字程序控制系统的机床称为数控机床,数控机床具有能加工形状复杂的零件、加工精度高、生产效率高,便于改变加工零件品种等许多特点,它是实现机床自动化的重要发展方向。数控技术和数控机床是实现柔性制造(flexible manufacturing,FM)和计算机集成制造(computer integrated manufacturing,CIM)的最重要的基础技术之一。

本章主要介绍数字控制基础、插补原理、数字控制系统输出装置的步进与伺服驱动控制技术。

3.1 数字控制基础

所谓数字控制,就是生产机械(如各种加工机床)根据数字计算机输出的数字信号,按规定的工作顺序、运动轨迹、运动距离和运动速度等规律自动地完成工作的控制方式。

3.1.1 数控技术发展概况

世界上第一台数控机床是 1952 年美国麻省理工学院(MIT)伺服机构实验室开发出来的,当时的主要动机是为了满足高精度和高效率加工复杂零件的需要。众所周知,三维轮廓零件的加工,即使二维轮廓零件的加工也是很困难的,而数控机床则很容易地实现二维和三维轮廓零件的加工。早期的数控(numerical control,NC)是以数字电路技术为基础来实现的,随着小型和微型计算机的发展,20 世纪 70 年代初期在数控系统中用计算机代替控制装置,从而诞生了计算机数控(computer numerical control,CNC)。表 3-1给出了数控技术的发展概况。

数控系统一般由数控装置、驱动装置、可编程控制器和检测装置等构成。

表 3-1 数控技术的现状与发展趋势

特征阶段	年 代	典 型 应 用	工艺方法	数 控 功 能	驱动特点
研究开发	1952—1969 年	数控车床、钻床、铣床	简单工艺	NC 控制	3 轴以下步进、液压电机
推广应用	1970—1985 年	加工中心、电加工、锻压	多种工艺方法	CNC 控制、刀具自动交换、五轴联动、较好的人机界面	直流伺服电机
系统化	1982 年	柔性制造单元(FMU)、柔性制造系统(FMS)	复合设计加工	友好的人机界面	交流伺服电机
高性能集成化	1990 年至今	计算机集成制造系统(CIMS)、无人化工厂	复合设计加工	多过程、多任务调度、模板化和复合化、智能化	直线驱动

数控装置能接收零件图纸加工要求的信息,进行插补运算,实时地向各坐标轴发出速度控制指令。驱动装置能快速响应数控装置发出的指令,驱动机床各坐标轴运动,同时能提供足够的功率和扭矩。调节控制是数控装置发出运动的指令信号,驱动装置快速响应跟踪指令信号。检测装置将坐标的实际值检测出来,反馈给数控装置的调节电路中的比较器,有差值就发出运动控制信号,从而实现偏差控制。数控装置包括输入装置、输出装置、控制器和插补器等四大部分组成,这些功能都由计算机来完成。

3.1.2 数字控制原理

首先分析图 3-1 所示的平面图形,如何用计算机在绘图仪或数控加工机床上重现,以此来简要说明数字控制的基本原理。

(1) 将图 3-1 所示的曲线分割成若干段,可以是直线段,也可以是曲线段,图中分割成了三段,即 $\overline{ab}$、$\overline{bc}$ 和 $\overset{\frown}{cd}$,然后把 a、b、c、d 四点坐标记下来并送给计算机。图形分割的原则应保证线段所连的曲线(或折线)与原图形的误差在允许范围之内。由图可见,显然采用 $\overline{ab}$、$\overline{bc}$ 和 $\overset{\frown}{cd}$ 比 $\overline{ab}$、$\overline{bc}$ 和 $\overline{cd}$ 要精确得多。

(2) 当给定 a、b、c、d 各点坐标 x 和 y 值之后,如何确定各坐标值之间的中间值? 求得这些中间值的数值计算方法称为插值或插补。插补计算的宗旨是通过给定的基点坐标,以一定的速度连续定出一系列中间点,而这些中间点的坐标值是以一定的精度逼近给定的线段。从理论上讲,插补的形式可用任意函数形式,但为了简化插补运算过程和加快插补速度,常用的是直线插补和二次曲线插补两种形式。所谓直线插补是指在给定的两个基点之间用一条近似直线来逼近,也就是由此定出中间点连接起来的折线近似于一条直线,并不是真正的直线。所谓二次曲线插补是指在给定的两个基点之间用一条近似曲线来逼近,也就是实际的中

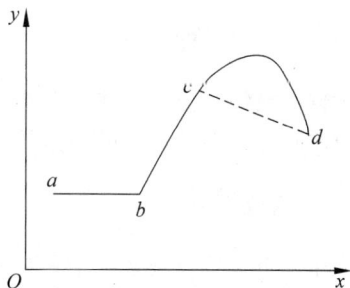

图 3-1 曲线分段

间点连线是一条近似于曲线的折线弧。常用的二次曲线有圆弧、抛物线和双曲线等。对图 3-1 所示的曲线来说,显然 ab 和 bc 段用直线插补,cd 段用圆弧插补是合理的。

(3) 把插补运算过程中定出的各中间点,以脉冲信号形式去控制 x、y 方向上的步进电机,带动绘图笔、刀具等,从而绘出图形或加工出所要求的轮廓来。这里的每一个脉冲信号代表步进电机走一步,即绘图笔或刀具在 x 或 y 方向移动一个位置。我们把对应于每个脉冲移动的相对位置称为脉冲当量,又称为步长,常用 Δx 和 Δy 来表示,并且总是取 $\Delta x = \Delta y$。

图 3-2 是一段用折线逼近直线的直线插补线段,其中 (x_0, y_0) 代表该线段的起点坐标值,(x_e, y_e) 代表终点坐标值,则 x 方向和 y 方向应移动的总步数 N_x 和 N_y 分别为

$$N_x = (x_e - x_0)/\Delta x, \quad N_y = (y_e - y_0)/\Delta y$$

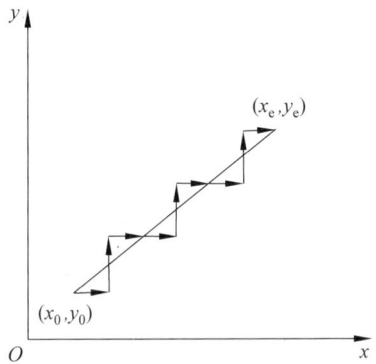

图 3-2　用折线逼近直线段

如果把 Δx 和 Δy 定义为坐标增量值,即 x_0、y_0、x_e、y_e 均是以脉冲当量定义的坐标值,则

$$N_x = x_e - x_0, \quad N_y = y_e - y_0$$

所以,插补运算就是如何分配 x 和 y 方向上的脉冲数,使实际的中间点轨迹尽可能地逼近理想轨迹。实际的中间点连接线是一条由 Δx 和 Δy 的增量值组成的折线,只是由于实际的 Δx 和 Δy 的值很小,眼睛分辨不出来,看起来似乎和直线一样而已。显然,Δx 和 Δy 的增量值越小,就越逼近理想的直线段,图中均以 → 代表 Δx 或 Δy 的长度和方向。

实现直线插补和二次曲线插补的方法有很多,常见的有逐点比较法(又称富士通法或醉步法)、数字积分法(又称数字微分分析器-DDA 法)、数字脉冲乘法器(又称 MIT 法,由麻省理工学院首先使用)等,其中又以逐点比较法使用最广。

3.1.3　数字控制方式

数控系统按控制方式来分类,可以分为点位控制、直线切削控制和轮廓切削控制,这三种控制方式都是运动的轨迹控制。

1. 点位控制

在一个点位控制系统中,只要求控制刀具行程终点的坐标值,即工件加工点准确定位,至于刀具从一个加工点移到下一个加工点走什么路径、移动的速度、沿哪个方向趋近都无须规定,并且在移动过程中不做任何加工,只是在准确到达指定位置后才开始加工。在机床加工业中,采用这类控制的主要是孔加工机床,如钻床、镗床、冲床等。

2. 直线控制

这种控制也主要是控制行程的终点坐标值,不过还要求刀具相对于工件平行某一直角坐标轴做直线运动,且在运动过程中进行切削加工。需要这类控制的有铣床、车床、磨床、加工中心等。

3. 轮廓控制

这类控制的特点是能够控制刀具沿工件轮廓曲线不断地运动，并在运动过程中将工件加工成某一形状。这种方式是借助于插补器进行的，插补器根据加工的工件轮廓向每一坐标轴分配速度指令，以获得图纸坐标点之间的中间点。这类控制用于铣床、车床、磨床、齿轮加工机床等。

在上述三种控制方式中以点位控制最简单，因为它的运动轨迹没有特殊要求，运动时又不加工，所以它的控制电路只要具有记忆（记下刀具应走的移动量和已走过的移动量）和比较（将所记忆的两个移动量进行比较，当两个数值的差为 0 时，刀具立即停止）的功能即可，根本不需要插补计算。和点位控制相比，由于直线切削控制进行直线加工，其控制电路要复杂一些。轮廓切削控制要控制刀具准确地完成复杂的曲线运动，所以控制电路复杂，且需要进行一系列的插补计算和判断。

3.1.4　数字控制系统

计算机数控系统主要分为开环数字控制和闭环数字控制两大类，由于它们的控制原理不同，因此其系统结构差异很大。

1. 开环数字控制

随着计算机技术的发展，开环数字控制得到了广泛的应用，例如各类数控机床、线切割机、低速小型数字绘图仪等，它们都是利用开环数字控制原理实现控制的机械加工设备或绘图设备。开环数字控制的结构如图 3-3 所示，这种控制结构没有反馈检测元件，工作台由步进电机驱动。步进电机接收步进电机驱动电路发来的指令脉冲作相应的旋转，把刀具移动到与指令脉冲相当的位置，至于刀具是否到达了指令脉冲规定的位置，那是不受任何检查的，因此这种控制的可靠性和精度基本上由步进电机和传动装置来决定。

図 3-3　开环数字控制

开环数字控制结构简单，具有可靠性高、成本低、易于调整和维护等特点，国内经济型数控系统应用最为广泛。由于采用了步进电机作为驱动元件，使得系统的可控性变得更加灵活，更易于实现各种插补运算和运动轨迹控制。本章主要是讨论开环数字控制技术。

2. 闭环数字控制

图 3-4(a)给出了一种闭环数字控制的结构图。这种结构的执行机构多采用直流电机(小惯量伺服电机和宽调速力矩电机)作为驱动元件，反馈测量元件采用光电编码器

(码盘)、光栅、感应同步器等,该控制方式主要用于大型精密加工机床,但其结构复杂,难于调整和维护,一些常规的数控系统很少采用。

(a) 闭环数字控制

(b) 半闭环数字控制

图 3-4　闭环数字控制

将测量元件从工作台移动到伺服电机的轴端,这就构成了半闭环控制系统,如图 3-4(b)所示。这样构成的系统,工作台不在控制环内,克服了由于工作台的某些机械环节的特性引起的参数变动,容易获得稳定的控制特性,广泛应用于连续控制的数控机床上。

3.1.5　数控系统的分类

1. 传统数控系统

传统数控系统,又称为硬件式数控,零件程序的输入、运算、插补及控制功能均由专用硬件来完成,这是一种专用的封闭体系结构,其功能简单、柔性通用性差、设计研发周期长。

2. 开放式数控系统

1)"PC 嵌入 NC"结构的开放式数控系统

这是一类基于传统数控系统的半开式数控系统。这一类数控系统是在不改变原系统基本结构的基础上,在传统的非开放式的 NC 上插入一块专门开发的个人计算机模板,使得传统的 NC 带有计算机的特点。该系统借助了 PC 丰富的软硬件资源和多媒体部件,把 PC 和 NC 联系在一起,它既具有原数控系统工作可靠的特点,同时它的界面又比原来的数控系统开放,极大地提高了人机界面的功能,使数控系统的功能得以完美体现,而且使用更加方便。

2)"NC 嵌入 PC"结构的开放式数控系统

这种数控系统以 PC 作为系统的核心,由 PC 和开放式的运动控制卡构成。所谓的开放式运动控制卡,就是一个可以单独使用的数控系统,具有很强的运动控制和 PLC 控制能力,它还具有开放的函数库可供用户进行自主开发,以构造自己所需要的数控系统。这类数控系统具有可靠性高、功能强、性能好,操作简单方便,开发周期短,成本低等优点,而且适合各种类型数控系统的开发,因而这种数控系统目前被广泛应用于制造业自动化控制各个领域。

3)SOFT 型开放式数控系统

这是一种最新开放体系的数控系统。它提供给用户最大的选择和灵活性。它的 CNC 软件全部装在计算机中,而硬件部分仅是计算机与伺服驱动和外部 I/O 之间的标准化通用接口。用户可以在 Windows NT 平台上,利用开放的 CNC 内核,开发所需要的各种功能,构成各种类型的高性能数控系统。SOFT 型开放式数控系统具有较高的性能价格比,因而更具有生命力。

3. 网络化数控系统

网络化数控装备是近两年数控技术发展的一个新亮点。随着计算机技术、网络技术日益普遍运用,数控机床走向网络化、集成化已成为必然的趋势,互联网进入制造工厂的车间也只是个时间的问题了。对于面临日益全球化竞争的现代制造工厂来说,一是要提高数控机床的拥有率,二是所拥有的数控机床必须具有联网通信功能,以保证信息流在工厂、车间的底层之间及底层与上层之间的通信。数控系统生产厂商已在几年前推出了具有网络功能的数控系统。在这些系统中,除了传统的 RS-232 接口外,还备有以太网接口,为数控机床联网提供了基本条件。目前数控的网络化主要采用以太网以及现场总线的方式,随着无线技术的发展,数控系统网络在不久的将来可能会无处不在。

3.2 运动轨迹插补原理

在 CNC 数控机床上,各种曲线轮廓加工都是通过插补计算实现的,插补计算的任务就是对轮廓线的起点到终点之间再密集的计算出有限个坐标点,刀具沿着这些坐标点移动,用折线逼近所要加工的曲线。进而获得理论轮廓。而确定刀具或绘图笔坐标的过程就称为插补。

插补方法可以分为两大类:脉冲增量插补和数据采样插补。

脉冲增量插补是控制单个脉冲输出规律的插补方法,每输出一个脉冲,移动部件都要相应地移动一定距离,这个距离就是脉冲当量,因此,脉冲增量插补也称为行程标量插补,如逐点比较法、数字积分法。该插补方法通常用于步进电机控制系统。

数据采样插补,也称为数字增量插补,是在规定的时间内,计算出个坐标方向的增量值、刀具所在的坐标位置及其他一些需要的值。这些数据严格地限制在一个插补时间内计算完毕,送给伺服系统,再由伺服系统控制移动部件运动,移动部件也必须在下一个插补时间内走完插补计算给出的行程,因此数据采样插补也称为时间标量插补。数据采样插补采用数值量控制机床运动,机床各坐标方向的运动速度与插补运算给出的数值量和插补时间有关。该插补方法是用于直流伺服电动机和交流伺服电动机的闭环或半闭环控制系统。

数控系统中完成插补工作的部分装置称为插补器。下面主要介绍脉冲增量插补中的逐点比较法插补原理。

3.2.1 逐点比较法的直线插补

所谓逐点比较法插补,就是刀具或绘图笔每走一步都要和给定轨迹上的坐标值进行比较,看这点在给定轨迹的上方或下方,或是给定轨迹的里面或外面,从而决定下一步的进给方向。如果原来在给定轨迹的下方,下一步就向给定轨迹的上方走,如果原来在给定轨迹的里面,下一步就向给定轨迹的外面走……。如此,走一步、看一看,比较一次,决定下一步走向,以便逼近给定轨迹,即形成逐点比较插补。

逐点比较法是以阶梯折线来逼近直线或圆弧等曲线的,它与规定的加工直线或圆弧之间的最大误差为一个脉冲当量,因此只要把脉冲当量(每走一步的距离即步长)取得足够小,就可达到加工精度的要求。

1. 第一象限内的直线插补

1) 偏差计算公式

根据逐点比较法插补原理,必须把每一插值点(动点)的实际位置与给定轨迹的理想位置间的误差,即"偏差"计算出来,根据偏差的正、负决定下一步的走向,来逼近给定轨迹。因此偏差计算是逐点比较法关键的一步。

在第一象限想加工出直线段 OA,取直线段的起点为坐标原点,直线段终点坐标(x_e, y_e)是已知的,如图 3-5 所示。点 $m(x_m, y_m)$ 为加工点(动点),若点 m 在直线段 OA 上,则有

$$x_m/y_m = x_e/y_e$$

即

$$x_m/y_m - x_e/y_e = 0$$

图 3-5 第一象限直线

现定义直线插补的偏差判别式为

$$F_m = y_m x_e - x_m y_e \qquad (3.2.1)$$

若 $F_m = 0$,表明点 m 在 OA 直线段上;若 $F_m > 0$,表明点 m 在 OA 直线段的上方,即点 m' 处;若 $F_m < 0$,表明点 m 在 OA 直线段的下方,即点 m'' 处。

由此可得第一象限直线逐点比较法插补的原理是:从直线的起点(即坐标原点)出发,当 $F_m \geq 0$ 时,沿 $+x$ 轴方向走一步;当 $F_m < 0$ 时,沿 $+y$ 方向走一步;当两方向所走的步数与终点坐标(x_e, y_e)相等时,发出终点到信号,停止插补。

按式(3.2.1)计算偏差,要做两次乘法,一次减法,比较麻烦,因此需要进一步简化。下面推导简化的偏差计算公式。

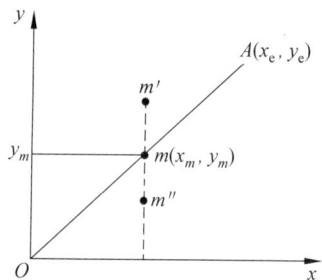

① 设加工点正处于 m 点,当 $F_m \geqslant 0$ 时,表明 m 点在 OA 上或 OA 上方,应沿 $+x$ 方向进给一步至 $(m+1)$ 点,该点的坐标值为

$$x_{m+1} = x_m + 1$$
$$y_{m+1} = y_m$$

该点的偏差为

$$F_{m+1} = y_{m+1}x_e - x_{m+1}y_e = y_m x_e - (x_m+1)y_e = F_m - y_e \qquad (3.2.2)$$

② 设加工点正处于 m 点,当 $F_m < 0$ 时,表明 m 点在 OA 下方,应向 $+y$ 方向进给一步至 $(m+1)$ 点,该点的坐标值为

$$x_{m+1} = x_m$$
$$y_{m+1} = y_m + 1$$

该点的偏差为

$$F_{m+1} = y_{m+1}x_e - x_{m+1}y_e = (y_m+1)x_e - x_m y_e = F_m + x_e \qquad (3.2.3)$$

式(3.2.2)和式(3.2.3)是简化后偏差计算公式,在公式中只有一次加法或减法运算,新的加工点的偏差 F_{m+1} 都可以由前一点偏差 F_m 和终点坐标相加或相减得到。特别要注意,加工的起点是坐标原点,起点的偏差是已知的,即 $F_0 = 0$。

2) 终点判断方法

逐点比较法的终点判断有多种方法,下面介绍两种方法:

① 设置 N_x 和 N_y 两个减法计数器,在加工开始前,在 N_x 和 N_y 计数器中分别存入终点坐标值 x_e 和 y_e,在 x 坐标(或 y 坐标)进给一步时,就在 N_x 计数器(或 N_y 计数器)中减去 1,直到这两个计数器中的数都减到零时,到达终点。

② 用一个终点计数器,寄存 x 和 y 两个坐标进给的总步数 N_{xy},x 或 y 坐标进给一步,N_{xy} 就减 1,若 $N_{xy} = 0$,则就到达终点。

3) 插补计算过程

插补计算时,每走一步,都要进行以下四个步骤的插补计算过程,即偏差判别、坐标进给、偏差计算、终点判断。

2. 4 个象限的直线插补

不同象限直线插补的偏差符号及坐标进给方向如图 3-6 所示。

由图 3-6 可以推导得出,四个象限直线插补的偏差计算公式和坐标进给方向,详见表 3-2。该表中四个象限的终点坐标值取绝对值代入计算式中的 x_e 和 y_e。

表 3-2　直线插补的进给方向及偏差计算公式

$F_m \geqslant 0$			$F_m < 0$		
所在象限	进给方向	偏差计算	所在象限	进给方向	偏差计算
一、四	$+x$	$F_{m+1} = F_m - y_e$	一、二	$+y$	$F_{m+1} = F_m + x_e$
二、三	$-x$		三、四	$-y$	

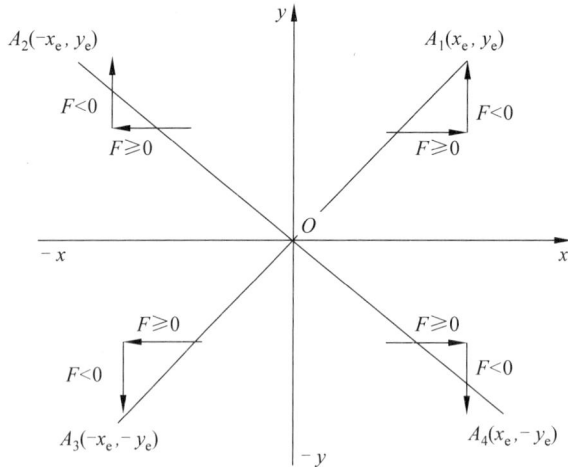

图 3-6　偏差符号与进给方向的关系

3. 直线插补计算的程序实现

1) 数据的输入及存放

在计算机的内存中开辟六个单元 XE、YE、NXY、FM、XOY 和 ZF,分别存放终点横坐标 x_e、终点纵坐标 y_e、总步数 N_{xy}、加工点偏差 F_m、直线所在象限值和步进方向标志。这里 $N_{xy} = N_x + N_y$,XOY 单元里的值(1、2、3、4)表示(第一、第二、第三、第四)象限,XOY 单元的值可由终点坐标(x_e、y_e)的正、负符号来确定,F_m 的初值为 $F_0 = 0$,ZF $= 1,2,3,4$ 分别代表 $+x$、$-x$、$+y$、$-y$ 步进的方向。

2) 直线插补计算的程序流程

图 3-7 为直线插补计算的程序流程图,该图按照插补计算过程的四个步骤即偏差判别、坐标进给、偏差计算、终点判断来实现插补计算程序。偏差判别、偏差计算、终点判断是逻辑运算和算术运算,容易编写程序,而坐标进给通常是给步进电机发走步脉冲,通过步进电机带动机床工作台或刀具移动。

【例 3.1】　设加工第一象限直线 OA,起点为 $O(0,0)$,终点坐标为 $A(6,4)$,试进行插补计算并作出走步轨迹图。

【解】　坐标进给的总步数 $N_{xy} = |6-0| + |4-0| = 10$,$x_e = 6$,$y_e = 4$,$F_0 = 0$,XOY $= 1$。插补计算过程如表 3-3 所示。

表 3-3　插补计算过程

步数	偏差判别	坐标进给	偏差计算	终点判断
起点			$F_0 = 0$	$N_{xy} = 10$
1	$F_0 = 0$	$+x$	$F_1 = F_0 - y_e = -4$	$N_{xy} = 9$
2	$F_1 < 0$	$+y$	$F_2 = F_1 + x_e = 2$	$N_{xy} = 8$
3	$F_2 > 0$	$+x$	$F_3 = F_2 - y_e = -2$	$N_{xy} = 7$
4	$F_3 < 0$	$+y$	$F_4 = F_3 + x_e = 4$	$N_{xy} = 6$

续表

步数	偏差判别	坐标进给	偏差计算	终点判断
5	$F_4 > 0$	$+x$	$F_5 = F_4 - y_e = 0$	$N_{xy} = 5$
6	$F_5 = 0$	$+x$	$F_6 = F_5 - y_e = -4$	$N_{xy} = 4$
7	$F_6 < 0$	$+y$	$F_7 = F_6 + x_e = 2$	$N_{xy} = 3$
8	$F_7 > 0$	$+x$	$F_8 = F_7 - y_e = -2$	$N_{xy} = 2$
9	$F_8 < 0$	$+y$	$F_9 = F_8 + x_e = 4$	$N_{xy} = 1$
10	$F_9 > 0$	$+x$	$F_{10} = F_9 - y_e = 0$	$N_{xy} = 0$

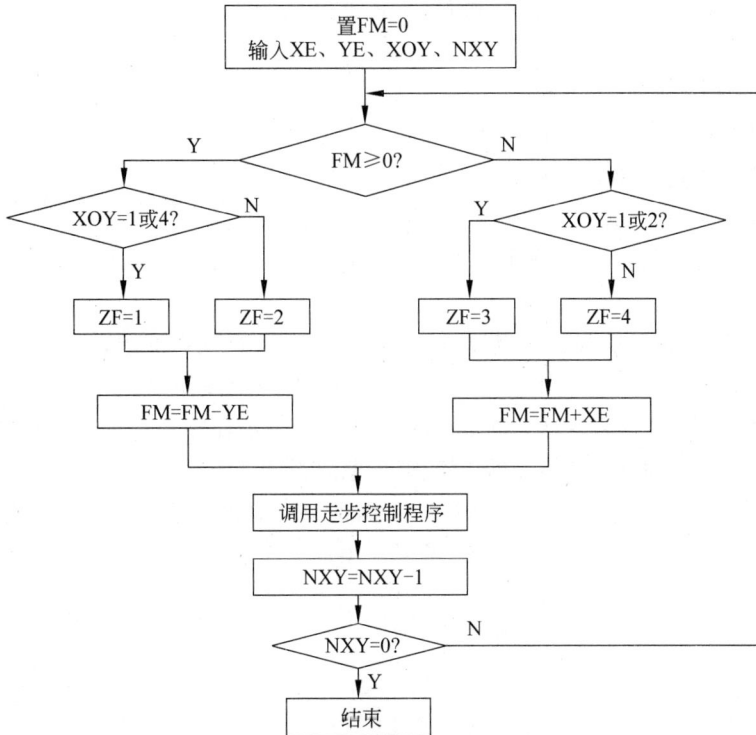

图 3-7　直线插补程序流程图

直线插补的走步轨迹图如图 3-8 所示。

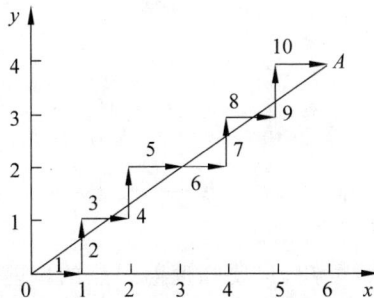

图 3-8　直线插补走步轨迹图

3.2.2 逐点比较法圆弧插补

1. 第一象限内的圆弧插补

1) 偏差计算公式

设要加工逆圆弧 $\overgroup{AB}$，如图 3-9 所示，圆弧的圆心在坐标原点，并已知圆弧的起点为 $A(x_0,y_0)$，终点 $B(x_e,y_e)$，圆弧半径为 R。令瞬时加工点为 $m(x_m,y_m)$，它与圆心的距离为 R_m，显然，可以比较 R_m 和 R 来反映加工偏差。比较 R_m 和 R，实际上是比较它们的平方值。

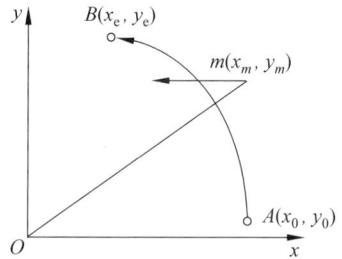

由第一象限逆圆弧 $\overgroup{AB}$ 可知

$$R_m^2 = x_m^2 + y_m^2, \quad R_0^2 = x_0^2 + y_0^2$$

因此，可定义偏差判别式为

$$F_m = R_m^2 - R^2 = x_m^2 + y_m^2 - R^2 \quad (3.2.4)$$

图 3-9　第一象限逆圆弧

若 $F_m=0$，表明加工点 m 在圆弧上；$F_m>0$，表明加工点在圆弧外；$F_m<0$，表明加工点在圆弧内。

由此可得第一象限逆圆弧逐点比较插补的原理是：从圆弧的起点出发，当 $F_m \geq 0$，为了逼近圆弧，下一步向 $-x$ 方向进给一步，并计算新的偏差；若 $F_m<0$，为了逼近圆弧，下一步向 $+y$ 方向进给一步，并计算新的偏差。如此一步步计算和一步步进给，并在到达终点后停止计算，就可插补出图 3-9 所示的第一象限逆圆弧。

为了简化偏差判别式(3.2.4)的计算，下面推导出简化的偏差计算的递推公式。

① 设加工点正处于 $m(x_m,y_m)$ 点，当 $F_m \geq 0$ 时，应沿 $-x$ 方向进给一步至 $(m+1)$ 点，其坐标值为

$$\begin{aligned} x_{m+1} &= x_m - 1 \\ y_{m+1} &= y_m \end{aligned} \quad (3.2.5)$$

新的加工点的偏差为

$$\begin{aligned} F_{m+1} &= x_{m+1}^2 + y_{m+1}^2 - R^2 = (x_m-1)^2 + y_m^2 - R^2 \\ &= F_m - 2x_m + 1 \end{aligned} \quad (3.2.6)$$

② 设加工点正处于 $m(x_m,y_m)$ 点，当 $F_m<0$ 时，应沿 $+y$ 方向进给一步至 $(m+1)$ 点，其坐标值为

$$\begin{aligned} x_{m+1} &= x_m \\ y_{m+1} &= y_m + 1 \end{aligned} \quad (3.2.7)$$

新的加工点偏差为

$$\begin{aligned} F_{m+1} &= x_{m+1}^2 + y_{m+1}^2 - R^2 = x_m^2 + (y_m+1)^2 - R^2 \\ &= F_m + 2y_m + 1 \end{aligned} \quad (3.2.8)$$

由式(3.2.6)和式(3.2.8)可知，只要知道前一点的偏差和坐标值，就可求出新的一点的偏差。因为加工点是从圆弧的起点开始，故起点的偏差 $F_0=0$。

2）终点判断方法

圆弧插补的终点判断方法和直线插补相同。可将 x 方向的走步步数 $N_x = |x_e - x_0|$ 和 y 方向的走步步数 $N_y = |y_e - y_0|$ 的总和 N_{xy} 作为一个计数器,每走一步,从 N_{xy} 中减 1,当 $N_{xy} = 0$ 时发出终点到信号。

3）插补计算过程

圆弧插补计算过程比直线插补计算过程多一个环节,即要计算加工点瞬时坐标(动点坐标)值,其计算公式为式(3.2.5)和式(3.2.7)。因此圆弧插补计算过程分为 5 个步骤即偏差判别、坐标进给、偏差计算、坐标计算、终点判断。

2. 4 个象限的圆弧插补

其他各象限中逆、顺圆弧都可以同第一象限比较而得出各自的偏差计算公式及进给方向。前面介绍了第一象限逆圆弧的插补计算,为了导出其他各象限的插补计算,下面先来推导一下第一象限顺圆弧的偏差计算公式。

1）第一象限顺圆弧的插补计算

设第一象限顺圆弧 $\overset{\frown}{CD}$,圆弧的圆心在坐标原点,并已知起点 $C(x_0, y_0)$,终点 $D(x_e, y_e)$,如图 3-10 所示。设加工点现处于 $m(x_m, y_m)$ 点,若 $F_m \geqslant 0$,则沿 $-y$ 方向进给一步,到 $(m+1)$ 点,新加工点坐标将是 $(x_m, y_m - 1)$,可求出新的偏差为

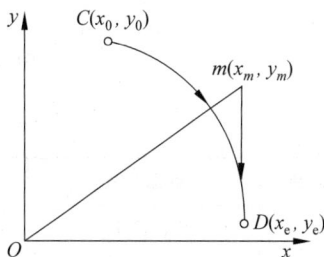

图 3-10　第一象限顺圆弧

$$F_{m+1} = F_m - 2y_m + 1 \qquad (3.2.9)$$

若 $F_m < 0$,则沿 $+x$ 方向进给一步至 $(m+1)$ 点,新加工点的坐标将是 $(x_m + 1, y_m)$,同样可求出新的偏差为

$$F_{m+1} = F_m + 2r_m + 1 \qquad (3.2.10)$$

2）4 个象限的圆弧插补

公式(3.2.6)、(3.2.8)、(3.2.9)、(3.2.10)给出了第一象限逆、顺圆弧的插补计算公式,其他象限的圆弧插补可与第一象限的情况相比较而得出,因为其他象限的所有圆弧总是与第一象限中的逆圆弧或顺圆弧互为对称,如图 3-11 所示。在图 3-11 中,用 SR 和 NR 分别表示顺圆弧和逆圆弧,所以可用 SR_1、SR_2、SR_3、SR_4 和 NR_1、NR_2、NR_3、NR_4 8 种圆弧分别表示第一至第四象限的顺圆弧和逆圆弧。

如图 3-11 所示,SR_1 与 NR_2 对称于 $+y$ 轴,SR_3 与 NR_4 对称于 $-y$ 轴,NR_1 与 SR_4 对称于 $+x$ 轴,NR_3 与 SR_2 对称于 $-x$ 轴,SR_1 与 NR_4 对称于 $+x$ 轴,SR_3 与 NR_2 对称于 $-x$ 轴,SR_2 与 NR_1 对称于 $+y$ 轴,SR_4 与 NR_3 对称于 $-y$ 轴。所有 4 个象限、8 种圆弧插补时的偏差计算公式和坐标进给方向如表 3-4 所示。

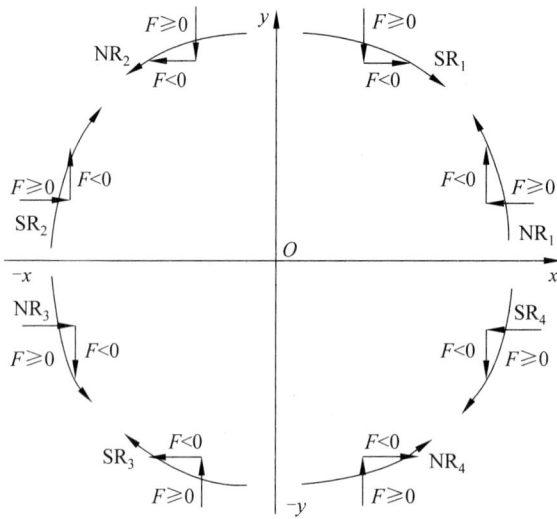

图 3-11　4 个象限圆弧插补的对称关系

表 3-4　圆弧插补计算公式和进给方向

偏差	圆弧种类	进给方向	偏差计算	坐标计算
$F_m \geqslant 0$	SR_1,NR_2	$-y$	$F_{m+1} = F_m - 2y_m + 1$	$x_{m+1} = x_m$ $y_{m+1} = y_m - 1$
	SR_3,NR_4	$+y$		
	NR_1,SR_4	$-x$	$F_{m+1} = F_m - 2x_m + 1$	$x_{m+1} = x_m - 1$ $y_{m+1} = y_m$
	NR_3,SR_2	$+x$		
$F_m < 0$	SR_1,NR_4	$+x$	$F_{m+1} = F_m + 2x_m + 1$	$x_{m+1} = x_m + 1$ $y_{m+1} = y_m$
	SR_3,NR_2	$-x$		
	NR_1,SR_2	$+y$	$F_{m+1} = F_m + 2y_m + 1$	$x_{m+1} = x_m$ $y_{m+1} = y_m + 1$
	NR_3,SR_4	$-y$		

3. 圆弧插补计算的程序实现

1）数据的输入及存放

在计算机的内存中开辟 8 个单元 XO、YO、NXY、FM、RNS、XM、YM 和 ZF，分别存放起点的横坐标 x_0、起点的纵坐标 y_0、总步数 N_{xy}、加工点偏差 F_m、圆弧种类值 RNS、x_m、y_m 和走步方向标志。这里 $N_{xy} = |x_e - x_0| + |y_e - y_0|$，RNS 等于 1,2,3,4 和 5,6,7,8 分别代表 SR_1、SR_2、SR_3、SR_4 和 NR_1、NR_2、NR_3、NR_4，RNS 的值可由起点和终点的坐标的正、负符号来确定，F_m 的初值为 $F_0 = 0$，x_m 和 y_m 的初值为 x_0 和 y_0，ZF＝1,2,3,4 分别表示＋x、$-x$、＋y、$-y$ 走步方向。

2）圆弧插补计算的程序流程

图 3-12 为圆弧插补的程序流程，该图按照插补计算的 5 个步骤即偏差判别、坐标进

给、偏差计算、坐标计算、终点判断来实现插补计算程序。

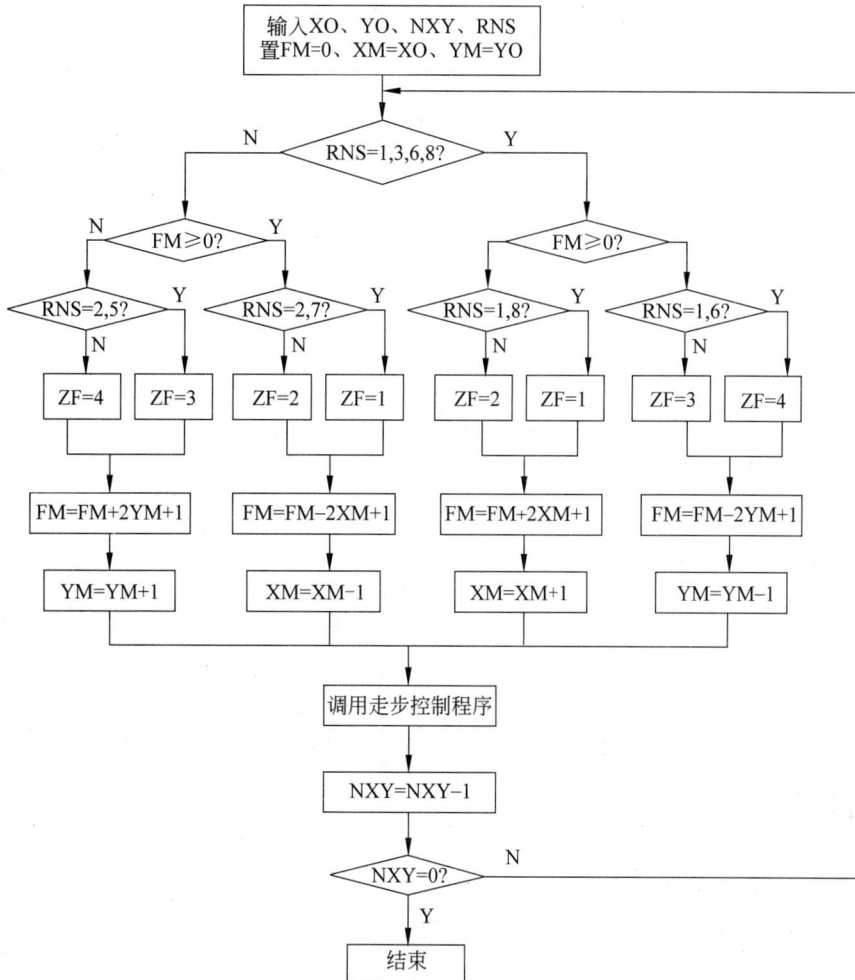

图 3-12 4 象限圆弧插补程序流程图

【**例 3.2**】 设加工第一象限逆圆弧$\overset{\frown}{AB}$,已知起点的坐标为 $A(4,0)$,终点的坐标为 $B(0,4)$,试进行插补计算并作出走步轨迹图。

【**解**】 插补计算过程如表 3-5 所示。

表 3-5 圆弧插补计算过程

步数	偏差判别	坐标进给	偏差计算	坐标计算	终点判断
起点			$F_0 = 0$	$x_0 = 4, y_0 = 0$	$N_{xy} = 8$
1	$F_0 = 0$	$-x$	$F_1 = F_0 - 2x_0 + 1 = -7$	$x_1 = x_0 - 1 = 3, y_1 = 0$	$N_{xy} = 7$
2	$F_1 < 0$	$+y$	$F_2 = F_1 + 2y_1 + 1 = -6$	$x_2 = 3, y_2 = y_1 + 1 = 1$	$N_{xy} = 6$
3	$F_2 < 0$	$+y$	$F_3 = F_2 + 2y_2 + 1 = -3$	$x_3 = 3, y_3 = y_2 + 1 = 2$	$N_{xy} = 5$
4	$F_3 < 0$	$+y$	$F_4 = F_3 + 2y_3 + 1 = 2$	$x_4 = 3, y_4 = y_3 + 1 = 3$	$N_{xy} = 4$

步数	偏差判别	坐标进给	偏差计算	坐标计算	终点判断
5	$F_4 > 0$	$-x$	$F_5 = F_4 - 2x_4 + 1 = -3$	$x_5 = x_4 - 1 = 2, y_5 = 3$	$N_{xy} = 3$
6	$F_5 < 0$	$+y$	$F_6 = F_5 + 2y_5 + 1 = 4$	$x_6 = 2, y_6 = y_5 + 1 = 4$	$N_{xy} = 2$
7	$F_6 > 0$	$-x$	$F_7 = F_6 - 2x_6 + 1 = 1$	$x_7 = x_6 - 1 = 1, y_7 = 4$	$N_{xy} = 1$
8	$F_7 > 0$	$-x$	$F_8 = F_7 - 2x_7 + 1 = 0$	$x_8 = x_7 - 1 = 0, y_8 = 4$	$N_{xy} = 0$

根据表 3-5 绘制出的走步轨迹如图 3-13 所示。

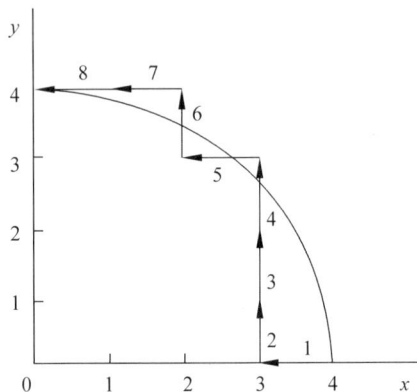

图 3-13　圆弧插补走步轨迹图

3.2.3　数字积分插补法

1. 数字积分法的直线插补

用数字积分差补方法可以实现一次、二次及高次曲线差补,脉冲分配均匀,容易实现多坐标联动控制,因此应用广泛。

数字积分插补中应用的数字积分器又称数字微分分析器(digital differential analyzer,DDA),是根据数字中的积分几何概念,将函数的积分运算变成变量的求和运算,求积分的过程是用数的累加近似,如果脉冲当量足够小,则用求和运算来代替积分运算,所引起的误差可以控制在容许的范围内。

图 3-14 是数字积分直线插补器框图,它由被积函数寄存器 J_x、J_y,累加器 J_{RX}、J_{RY} 及全加器 J_Σ 组成。它们的作用可用加工图 3-15 中的直线 AB 加以说明。

首先把 $(x_e - x_0)$、$(y_e - y_0)$ 的值初始化处理,即把以毫米为单位的数值,除以脉冲当量,变成脉冲数字量。然后把 $(x_e - x_0)$ 值输入 J_x 寄存器,$(y_e - y_0)$ 值输入 J_y 寄存器。每出现一个时钟脉冲,J_x 中的内容要进入 J_{RX} 累加器中累加,J_y 中的内容要进入累加器中累加,在从 A 点到 B 点的加工过程中,要给出 n 个时钟脉冲,J_{RX}、J_{RY} 累加器要做 n 次累加,在 J_{RX} 溢出端要溢出 $(x_e - x_0)$ 个脉冲,在 J_{RY} 溢出端要溢出 $(y_e - y_0)$ 个脉冲。对每一个时钟脉冲,全加器 J_Σ 都要做加一运算,当 $J_\Sigma = n$ 时,加工结束。

图 3-14　数字积分直线插补框图

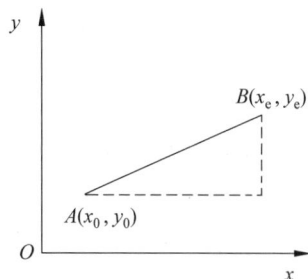

图 3-15　直线插补

由于累加器的累加过程类似积分过程,因此称为数字积分法,J_x、J_y 中的数也称为被积函数。

从上述的数字积分器工作过程可以看出,数字积分器必须满足下述要求才能正确工作:

① 输入的 n 个时钟脉冲必须使 J_{RX} 端溢出 (x_e-x_0) 个脉冲,J_{RY} 溢出 (y_e-y_0) 个脉冲。

② J_{RX} 端溢出脉冲的速度与 J_{RY} 溢出脉冲的速度之比,必须等于 $\dfrac{x_e-x_0}{y_e-y_0}$ 才能保证加工轨迹与 AB 线吻合。

上述的 n 值是累加器 J_{RX}、J_{RY},寄存器 J_x、J_y 有效位的最大容量值。若寄存器为 16 位,(x_e-x_0) 的数值(二进制)的字长为 8 位,它占用 J_x 中的 8 位,(y_e-y_0) 的字长为 6 位,它的有效位也是 8,则 $n=2^8$。有效位的位长是两个坐标方向的坐标值大者的二进制位数长,且各寄存器都相同。寄存器 J_x、J_y 的位长通常与累加器 J_{RX}、J_{RY} 的位长相等,它所用的有效位也与累加器的有效位相等。由于被加工线段 AB 的长短不同,所以累加器的有效位长也随之变化。加工线段的最大长度,是它在各坐标方向投影值的大者,等于寄存器的最大容量值。例如,对 16 位的累加器和寄存器,它的最大容量是 $2^{16}-1$,最多能输出 65 535 个脉冲,若脉冲当量为 0.001mm,则 (x_e-x_0) 或 (y_e-y_0) 中的大者不能大于 65.535mm。

若 $(x_e-x_0)=101B$、$(y_e-y_0)=10B$,则它们占用寄存器和累加器中的 3 位,有效位为 3 位,$n=2^3=8$,当累加器作 8 次累加后,在 J_{RX} 端必定溢出 5 个脉冲,在 J_{RY} 端溢出两个脉冲。我们知道,若 3 位初始值都为零的二进制数,如每次都作加 1 计算,则加到第八次时,这个 1 必然进位到第四位,而前三位仍然是零。由于 101B 是 1 的 5 倍,010B 是 1 的 2 倍,它们分别与初始值为零的数累加 8 次后必然从第四位分别溢出 5 个 1 和两个 1,因此,对于 (x_e-x_0) 和 (y_e-y_0) 的任何数值,在经过 n 次累加后,从高位溢出 1 的数量必然等于它们本身的数值。

x 向溢出的频率 f_x 等于时钟脉冲频率 f_c 与 $\dfrac{n}{x_e-x_0}$ 之积

$$f_x = \frac{f_c n}{x_e - x_0}$$

y 方向的溢出频率 f_y 等于时钟脉冲频率 f_c 与 $n/(y_e - y_0)$ 之积

$$f_y = \frac{f_c n}{y_e - y_0}$$

x、y 方向的溢出速度分别为 $v_x = \dfrac{1}{f_x}$，$v_y = \dfrac{1}{f_y}$，则

$$\frac{v_x}{v_y} = \frac{x_e - x_0}{y_e - y_0}$$

由上式可以看出，累加器的溢出脉冲的速度与其中的数值成正比。

在累加器累加之前，需把 J_x、J_y 中的被积函数 $(x_e - x_0)$、$(y_e - y_0)$ 左移作规格化处理，由于被积函数的位长常常小于 J_x、J_y 寄存器的位长，只有有效位处于累加器的最左端（高位）时，才能及时的溢出脉冲，n 次累加后才能完成插补工作，例如，若 J_x、J_y、J_{RX}、J_{RY} 是 8 位，$(x_e - x_0) = 101B$，$(y_e - y_0) = 10B$，J_{RX}、J_{RY} 中的有效位为 3 位，若没有作左移规格化处理，则 J_x、J_y 中的数据情况如图 3-16(a) 所示，这样的数据格式，需进行 2^N ($N =$ 寄存器位数) 累加才能溢出正确的脉冲数。若 $N = 8$，需累加 $2^8 = 256$ 次。在这 256 次累加中，$(2^8 - 2^3) = 248$ 次累加溢出为零，只有最后的 2^3 次累加才能溢出需要的脉冲，这显然是不行的。左移规格化处理，就是把有效位移到被积函数寄存器的最左端，使它们占据高位。如图 3-16(b) 所示，由于被积函数处在高位端，因而累加 n 次后就能完成积分插补计算。左移的位数 M 等于寄存器位数 N 减去被积函数有效位数 N_1，即：$M = N - N_1$。对其他象限的直线加工，可通过对电动机转向的控制来实现。

J_x
| 0 | 0 | 0 | 0 | 0 | 1 | 0 | 1 |

J_y
| 0 | 0 | 0 | 0 | 0 | 0 | 1 | 0 |

(a) 未进行规格化处理

J_x
| 1 | 0 | 1 | 0 | 0 | 0 | 0 | 0 |

J_y
| 0 | 1 | 0 | 0 | 0 | 0 | 0 | 0 |

(b) 进行规格化处理

图 3-16　左移规格化处理

2. 数字积分的圆弧插补

假设，在 xy 平面内逆时针方向加工圆弧 $\overset{\frown}{AB}$，如图 3-17 所示，圆心为 O'，A 点对圆心的坐标为 I_A、J_A。P_i 点为圆上任意一点，相对 O' 点的坐标为 I_i、J_i。圆的方程为

$$I^2 + J^2 = R^2$$

参量方程为

$$I_i = R\cos t$$

$$J_i = R\sin t$$

在 P_i 点刀具沿各坐标方向的速度分量为

$$v_x = \frac{\mathrm{d}I_i}{\mathrm{d}t} = -R\sin t = -J_i$$

$$v_y = \frac{\mathrm{d}J_i}{\mathrm{d}t} = R\cos t = I_i$$

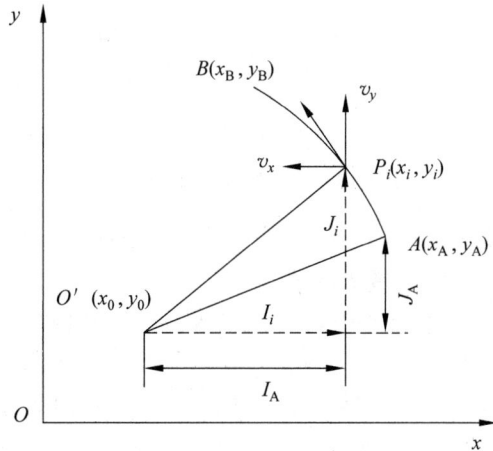

图 3-17　数字积分圆弧插补

由上式可以看出：圆弧上任意一点在 x 方向的速度分量的绝对值 $|v_x|$，等于该点在 y 方向的瞬时坐标值 J_i；在 y 方向的速度分量 v_y，等于该点在 x 方向的瞬时坐标值 I_i；v_x、v_y 是随 P_i 点的位置变化而变化的。

$$\mathrm{d}I_i = -J_i\mathrm{d}t$$

$$\mathrm{d}J_i = I_i\mathrm{d}t$$

用累加和代替积分，得

$$I_i = \sum_{i=1}^{m} -J_i\Delta t$$

$$J_i = \sum_{i=1}^{m} I_i\Delta t$$

式中，m 为从 A 点到 P_i 点的累加次数。

图 3-18 是圆弧插补器原理简图。在插补运算开始前，在 J_x 寄存器中装入圆弧起点 A 对圆心 O' 的 y 向增量值 J_A，而在 J_y 寄存器中装入 I_A 值。J_{RX}、J_{RY} 中清 0。插补开始时，使时钟脉冲有效，对应每一个时钟脉冲，J_x、J_y 中的被积函数都要对应进入 J_{RX}、J_{RY} 中累加。当累加器 J_{RX} 有脉冲溢出时，要在 J_y 寄存器中减 1；而当累加器 J_{RY} 中有脉冲溢出时，需在寄存器 J_x 中加 1。这是因为 x 方向溢出脉冲使 x 方向步进电机反转一步，在 x 方向减小一个脉冲当量值，使 I_i 比 I_{i-1} 少一个 1，因而，J_x 中的值要减 1。同理，当 y 方向的步进电机正向走一步时，应使 J_i 比 J_{i-1} 增加一个 1。

上述为第一象限逆圆弧插补情况。对于顺圆弧插补和其他象限的插补，与上述的原理基本相同，不同之处是溢出脉冲使被积函数作加 1 或减 1 运算，要由圆弧的顺逆加工和它所在的象限来决定。

图 3-18　圆弧插补器原理简图

圆弧插补时,插补器中被积函数 I_i、J_i 是坐标的绝对值,在对 4 个象限顺逆圆弧加工时,I_i、J_i 的绝对值变小的要减 1,变大的要加 1。

与直线插补类似,J_x、J_y 寄存器中的被积函数,也要做左移规格化处理。左移时,有效位要占据寄存器的最高位。

两个被积函数中一定有一个作减 1 运算的,当它减到 0 时表过象限,一定要变为加 1 运算,而另一个作加 1 运算的被积函数,过象限后要做减 1 运算,因而减 1 的次数,最多等于有效位的容量,不能大于这个容量。有效位的容量,要能容纳圆弧半径的值,过象限时,寄存器中出现的最大值是圆弧半径值。初始值是圆弧起点到圆心在坐标轴方向的投影值,一定小于或等于半径值。

例如,在图 3-19 中,圆的半径 $R=30\text{mm}$,系统的脉冲当量为 0.01mm,则 R 值就为 3000 个脉冲,它的二进制数为 101110111000,字长 12 位,因而有效位长应为 12 位。若寄存器 J_x、J_y,累加器 J_{RX}、J_{RY} 为 16 位,则规格化时左移的位数为 4 位。由图 3-19 可以看出,圆弧终点 B 点相对圆心 I_B、J_B 坐标的绝对值,与 C、D、E 点对圆心坐标的绝对值相等。因而用 B 点坐标的绝对值作终点判别时,必须判别从起点到终点经过几个象限。图中的圆弧,从 A 点经过 3 个象限到达 B 点,因而被积函数有 3 次出现 0 值,3 次改变加 1 减 1 运算。因此,利用中点坐标的绝对值和被积函数出现零的次数来做终点判别是可行

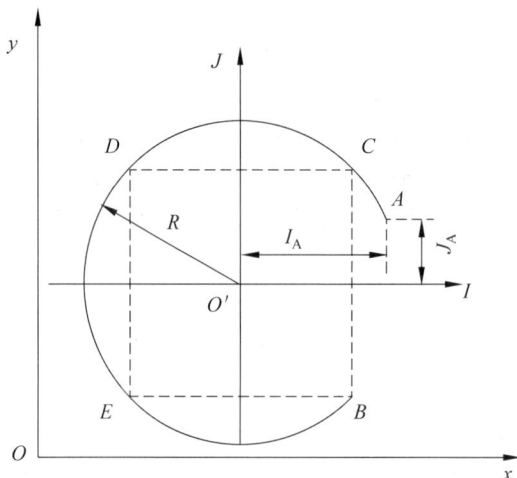

图 3-19　圆弧加工终点判别

的。在插补计算时,存取各插补点的有符号坐标值与 B 点有符号坐标值相比较,作终点判别也是可行的。

3.3　进给速度与加减速控制

对于连续工作的数控机床,进给速度的控制意义重大。它不仅直接影响加工零件的粗糙度和精度,而且与刀具和机床的寿命、生产效率密切相关。对于不同材料的零件,需根据切削量、粗糙度和精度的要求,选择合适的进给速度,数控系统应能提供足够的速度范围和灵活的设定方法。在加工过程中,因为可能发生各种事先不能决定或没有预料到的情况需要适时改变进给速度,因此还应允许操作者手动调节进给速度。此外,当速度高于一定值时,为了保证在启动或停止阶段不产生冲击、失步、超程或振荡,保证运动平稳和准确定位,数控系统还需要对机床的进给运动速度进行加减速控制。在进给速度发生突变时必须对送到伺服电动机的脉冲频率或电压进行加减速控制。在启动或速度突然升高时,应保证加在伺服电动机上的进给脉冲频率或电压逐渐增大;当速度突降时,应保证加在伺服电动机上的进给脉冲频率或电压逐渐减少。

3.3.1　进给速度控制

由于脉冲增量插补和数据采样插补的计算方法不同,其速度控制方式也有所不同。

1. 脉冲增量插补算法的进给速度控制

脉冲增量插补的输出形式是脉冲,其频率与进给速度成正比,因此可通过控制插补运算的频率来控制进给速度。常用的方法有软件延时法和中断控制法。

1) 软件延时法

根据编程进给速度,可以求出要求的进给脉冲频率,从而得到两次插补运算之间的时间间隔 t,它必须大于 CPU 执行插补程序的时间 t_P。t 与 t_P 之差即为应调节的时间 t_D,可以编写一个延时子程序来改变进给速度。

【例 3.3】　已知某数控装置的脉冲当量 $\delta=0.01\text{mm}$,插补程序运行时间 $t_P=0.1\text{ms}$,设编程进给速度 $F=300\text{mm/min}$,求调节时间 t_D。

【解】　根据 $F=60\delta f$ 得:

$$f=\frac{F}{60\delta}=\frac{300}{60\times0.01}=500(\text{Hz})$$

则插补时间间隔:

$$t=\frac{1}{f}=0.002(\text{s})=2(\text{ms})$$

调节时间:

$$t_D=t-t_P=2-0.1=1.9(\text{ms})$$

用软件编一程序实现上述延时,即可达到控制进给速度的目的。

2) 中断控制法

由进给速度计算出定时器/计数器(CTC)的定时时间常数,以控制 CPU 中断。定时器每申请一次中断,CPU 执行一次中断服务程序,并在中断服务程序中完成一次插补运算且发出进给脉冲。如此连续进行,直至插补完毕。

这种方法使得 CPU 可以在两个进给脉冲时间间隔内做其他工作,如输入、译码、显示等。进给脉冲频率由定时器的定时常数决定。时间常数的大小决定了插补运算的频率,也决定了进给脉冲的输出频率。该方法速度控制比较精确,控制速度不会因为不同计算机主频的不同而改变,所以在很多数控系统中得到广泛应用。

2. 数据采样插补算法的进给速度控制

数据采样插补根据编程进给速度计算出一个插补周期内合成速度方向上的进给量,即

$$f_s = \frac{FTK}{60 \times 1000} \tag{3.3.1}$$

式中,f_s 为系统在稳定进给状态下的插补进给量,称为稳定速度(mm/min);F 为编程进给速度(mm/min);T 为插补周期(ms);K 为速度系数,包括快速倍率、切削进给倍率等。

为了调速方便,设置了速度系数 K 来反映速度倍率的调节范围。通常 K 取 $0 \sim 200\%$;当中断服务程序扫描到面板上倍率开关状态时,给 K 设置相应参数,从而对数控装置面板手动速度调节作出正确响应。

3.3.2 加减速控制

在计算机数控系统中,加减速控制多采用软件实现,这给系统带来了较大的灵活性。由软件实现的加减速控制可以放在插补前进行,也可放在插补后进行。放在插补前的加减速控制称为前加减速控制,放在插补后的加减速控制称为后加减速控制,如图 3-20 所示。

图 3-20 前后加减速示意图

前加减速控制的优点仅对合成速度即编程指令速度 F 进行控制,所以它不影响实际插补输出的位置精度。其缺点是要根据实际刀具位置与程序段终点之间的距离预测减速点,这种预测工作的计算量很大。

后加减速控制与前加减速控制相反,它是对各运动轴分别进行加减速控制,这种加减速控制不需要专门预测减速点,而是在插补输出为 0 时开始减速,并通过一定的时间延迟逐渐靠近程序段的终点。由于它对各运动坐标轴分别进行控制,所以在加减速控制中各坐标轴的实际合成位置可能不准确,这是它的缺点。但是这种影响仅在加速或减速

过程中才会有,当系统进入匀速状态时,这种影响就不存在了。

1. 前加减速控制

1) 稳定速度和瞬时速度

所谓稳定速度,就是指系统处于稳定进给状态时,一个插补周期内的进给量 f_s,可用式(3.3.1)表示。通过该计算公式将编程速度指令或快速进给速度 F 转换成了每个插补周期的进给量,并包括速率倍率调整的因素在内。如果计算出的稳定速度超过系统允许的最大速度(由参数设定),取最大速度为稳定速度。

所谓瞬时速度,指系统在每个插补周期内的进给量。当系统处于稳定进给状态时,瞬时速度 f_i 等于稳定速度 f_s;当系统处于加速(或减速)状态时,$f_i < f_s$(或 $f_i > f_s$)。

2) 线性加减速处理

当机床启动、停止或在切削加工过程中改变进给速度时,数控系统自动进行线性加、减速处理。加、减速速率分为快速进给和切削进给两种,它们必须作为机床的参数预先设置好。设进给速度为 $F(\text{mm}/\text{min})$,加速到 F 所需的时间为 $t(\text{ms})$,则加速度/减速度 a 按下式计算:

$$a = \frac{1}{60 \times 1000} \cdot \frac{F}{T} = 1.67 \times 10^{-5} \frac{F}{T}(\text{mm}/\text{ms}^2)$$

(1) 加速处理:系统每插补一次,都应进行稳定速度、瞬时速度的计算和加减速处理。当计算出的稳定速度 f_s' 大于原来的稳定速度 f_s 时,需进行加速处理。每加速一次,瞬时速度为:

$$f_{i+1} = f_i + aT$$

式中,T 为插补周期。

新的瞬时速度 f_{i+1} 作为插补进给量参与插补运算,对各坐标轴进行分配,使坐标轴运动直至新的稳定速度为止。

(2) 减速处理:系统每进行一次插补计算,系统都要进行终点判别,计算出刀具距终点的瞬时距离 s_i,并判别是否已到达减速区域 s。若 $s_i \leqslant s$ 表示已到达减速点,则开始减速。在稳定速度 f_s 和设定的加速度/减速度 a 确定后,可由下式确定减速区域

$$s = \frac{f_s^2}{2a} + \Delta s$$

式中,Δs 为提前量,可作为参数预先设置好。若不需要提前一段距离开始减速,则可取 $\Delta s = 0$,每减速一次后,新的瞬时速度:

$$f_{i+1} = f_i - aT$$

新的瞬时速度 f_{i+1} 作为插补进给量参与插补运算,控制各坐标轴移动,直至减速到新的稳定速度或减速到 0。

3) 终点判别处理

每进行一次插补计算,系统都要计算 s_i,然后进行终点判别。若即将到达终点,就设置相应标志;若本程序段要减速,则要在到达减速区域时设减速标志,并开始减速处理。终点判别计算分为直线和圆弧插补两个方面。

(1) 直线插补如图 3-21 所示,设刀具沿直线 OM 运动, M 为直线的程序段终点, N 为某一瞬时点。通过插补计算,计算出 x 轴和 y 轴插补进给量 ΔX 和 ΔY,所以 N 点的瞬时坐标为

$$\begin{cases} x_i = x_{i-1} + \Delta x \\ y_i = y_{i-1} + \Delta y \end{cases}$$

式中, x_{i-1} 与 y_{i-1} 为上一次插补点的坐标。

瞬时点离终点 M 的距离 s_i 为

$$s_i = NM = \sqrt{(x_e - x_i)^2 + (y_e - y_i)^2}$$

(2) 圆弧插补如图 3-22 所示,设刀具沿圆弧 $\overset{\frown}{AD}$ 作顺时针运动, N 为某一瞬间插补点, D 为圆弧的终点,其坐标值 x_i 和 y_i 已在插补计算中求出。

图 3-21　直线插补终点判别

当圆弧对应的圆心角小于 π 时,瞬时点离圆弧终点的直线距离越来越小,如图 3-22(a) 所示。 N 点离终点的距离 s_i 为

$$s_i = ND = \sqrt{(x_e - x_i)^2 + (y_e - y_i)^2}$$

当圆弧弧长对应的圆心角大于 π 时,如图 3-22(b)所示。设 A 点为圆弧的起点, B 为离终点的弧长所对应的圆心角等于 π 时的分界点, C 点为插补到离终点的弧长所对应的圆心角小于 π 的某一瞬时点。这样瞬时点离圆弧终点的距离 S_i 的变化规律是,当从圆弧起点 A 开始,插补到 B 点时, S_i 越来越大,直到 S_i 等于直径;当插补越过分界点 B 后, S_i 越来越小。对于这种情况,计算时首先要判断 S_i 的变化趋势,若 S_i 变大,则不进行终点判别处理,直等到越过分界点 B;若 S_i 变小,进行终点判别处理。

(a) 圆心角 $< \pi$ 　　　　(b) 圆心角 $> \pi$

图 3-22　圆弧插补终点判别

综上所述,前加减速控制不会影响实际插补输出的位置精度,而需要进行预测减速点的计算,花费 CPU 时间。

2. 后加减速控制

后加减速控制主要有指数加减速控制算法和直线加减速控制算法。

1）指数加减速控制算法

在切削进给或手动进给时，跟踪响应要求较高，一般采用指数加减速控制，将速度突变处理成速度随时间指数规律上升或下降，如图 3-23 所示。

指数加减速控制时速度与时间的关系如下：

加速时 $\qquad\qquad\qquad\qquad v(t) = v_c(1 - e^{-\frac{t}{T}})$

匀速时 $\qquad\qquad\qquad\qquad v(t) = v_c$

减速时 $\qquad\qquad\qquad\qquad v(t) = v_c e^{-\frac{t}{T}}$

式中，T 为时间常数，v_c 为稳定速度。

2）直线加减速控制算法

快速进给时速度变化范围大，要求平稳性好，一般采用直线加减速控制，使速度突然升高时，沿一定斜率的直线上升，速度突然降低时，沿一定斜率的直线下降，如图 3-24 中的速度变化曲线 OABC。直线加减速控制分 5 个过程。

图 3-23　指数加减速 　　　　　　　　 图 3-24　直线加减速

（1）加速过程　若输入速度 v_c 与上一个采样周期的输出速度 v_{i-1} 之差大于一个常数值 K，即 $v_c - v_{i-1} > K$，则必须进行加速控制，使本次采样周期的输出速度增加 K 值，为 $v_i = v_{i-1} + K$。式中，K 为加减速的速度阶跃因子。

（2）加速过渡过程　当输入速度 v_c 与上次采样周期的输出速度 v_{i-1} 之差满足 $0 < v_c - v_{i-1} < K$，说明速度已上升至接近匀速，这时可改变本次采样周期的输出速度 v_i，使之与输入速度 v_c 相等，这时，系统进入稳定速度状态。

（3）匀速过程　这时输出速度保持不变。

（4）减速过渡过程　当输入速度 v_c 与上一个采样周期的输出速度 v_{i-1} 之差满足 $0 < v_{i-1} - v_c < K$，应开始减速处理，使输出速度 v_i 减小到与输入速度 v_c 相等。

（5）减速过程　若输入速度 v_c 小于一个采样周期的输出速度 v_{i-1}，但其差值大于 K 值时，即 $v_{i-1} - v_c > K$，要进行减速控制，使本次采样周期的输出速度 v_i 减小一个 K 值，即 $v_i = v_{i-1} - K$。

后加减速控制的关键是加速过程和减速过程的对称性，即在加速过程中输入到加减速控制器的总进给量必须等于该加减速控制器减速过程中实际输出的进给量之和，以保证系统不产生失步和超程。因此，对于指数加减速和直线加减速，必须使图 3-23 和图 3-24 中区域 OPA 的面积等于区域 BCD 的面积。为此，用位置误差累加寄存器 E 来记录由于加速延迟而失去的进给量之和。当发现剩下的总进给量小于 E 寄存器中的值时，即开始减速。在减速过程中，又将误差寄存器 E 中保存的值按一定规律（指数或直线）逐渐放出,以保证在加减速过程全程结束时,机床到达指定的位置。由此可见,后加减速控制无须预测减速点,而是通过误差寄存器的进给量来保证加减速过程的对称性,简化了计算,但在加减速过程中会产生局部的实际位置误差。

3.4 电机驱动控制与位置伺服系统

3.4.1 电机驱动控制方式

1. 步进电机驱动控制

1) 步进电机的工作原理

步进电机又称为脉冲电机,它是一种将电脉冲信号转换为角位移的机电式数模(D/A)转换器。在开环数字程序控制系统中,输出控制部分常采用步进电机作为驱动元件。步进电机控制线路接收计算机发来的指令脉冲,控制步进电机作相应地转动,步进电机驱动数控系统(如数控机床)的工作台或刀具。很明显,指令脉冲的总数就决定了数控系统的工作台或刀具的总移动量,指令脉冲的频率就决定了移动的速度。因此,指令脉冲能否被可靠地执行,基本上取决于步进电机的性能。

步进电机的工作就是步进转动。在一般的步进电机工作中,其电源都是采用单极性的直流电源。要使步进电机转动,就必须对步进电机定子的各相绕组以适当的时序进行通电。步进电机的步进过程可以用图 3-25 来说明。

图 3-25 步进电机的工作原理分析图

图 3-25 是一个三相反应式步进电机,其定子的每相都有一对磁极,每个磁极都只有一个齿,即磁极本身,故三相步进电机有 3 对磁极共 6 个齿;其转子有 4 个齿,分别称为 0,1,2,3 齿。直流电源 U 通过开关 K_A、K_B、K_C 分别对步进电机的 A、B、C 相绕组轮流通电。

初始状态时,开关 K_A 接通,则 A 相磁极和转子的 0、2 号齿对齐,同时转子的 1、3 号齿和 B、C 相磁极形成错齿状态。

当开关 K_A 断开，B 接通，由于 B 相绕组和转子的 1、3 号齿之间的磁力线作用，使得转子的 1、3 号齿和 B 相磁极对齐，则转子的 0、2 号齿就和 A、C 相绕组磁极形成错齿状态。

此后，开关 K_B 断开，C 接通，由于 C 相绕组和转子 0、2 号之间的磁力线的作用，使得转子 0、2 号齿和 C 相磁极对齐，这时转子的 1、3 号齿和 A、B 相绕组磁极产生错齿。

当开关 K_C 断开，A 接通后，由于 A 相绕组磁极和转子 1、3 号齿之间的磁力线的作用，使转子 1、3 号齿和 A 相绕组磁极对齐，这时转子的 0、2 号齿和 B、C 相绕组磁极产生错齿。很明显，这时转子移动了一个齿距角。

如果对一相绕组通电的操作称为一拍，那对 A、B、C 三相绕组轮流通电需要三拍。对 A、B、C 三相轮组轮流通电一次称为一个周期。从上面分析看出，该三相步进电机转子转动一个齿距，需要三拍操作。由于按 A→B→C→A 相轮流通电，则磁场沿 A、B、C 方向转动了 360° 空间角，而这时转子沿 ABC 方向转动了一个齿距的位置。在图 3-25 中，转子的齿数为 4，故齿距角 90°，转动了一个齿距也即转动了 90°。

对于一个步进电机，如果它的转子的齿数为 Z，它的齿距角 θ_Z 为

$$\theta_Z = \frac{2\pi}{Z} = \frac{360°}{Z} \tag{3.4.1}$$

而步进电机运行 N 拍可使转子转动一个齿距位置。实际上，步进电机每一拍就执行一次步进，所以步进电机的步距角 θ 可以表示如下

$$\theta = \frac{\theta_Z}{N} = \frac{360°}{NZ} \tag{3.4.2}$$

其中：N 是步进电机工作拍数，Z 是转子的齿数。

对于图 3-25 的三相步进电机，若采用三拍方式，则它的步距角是

$$\theta = \frac{360°}{3 \times 4} = 30°$$

对于转子有 40 个齿且采用三拍方式的步进电机而言，其步距角是

$$\theta = \frac{360°}{3 \times 40} = 3°$$

2）步进电动机的控制方法

由步进电动机的工作原理可知，要使电动机正常一步一步地运行，控制脉冲必须按一定的顺序分别供给电动机各相，例如三相单拍驱动方式，供给脉冲的顺序为 A→B→C→A 或 A→C→B→A，称为环形脉冲分配。脉冲分配有两种方式：一种是硬件脉冲分配（或称为脉冲分配器）；另一种是软件脉冲分配，是由计算机的软件完成的。

（1）硬件脉冲分配

脉冲分配器可以用门电路及逻辑电路构成，提供符合步进电动机控制指令所需的顺序脉冲。目前已经有很多可靠性高、尺寸小、使用方便的集成电路脉冲分配器供选择，按其电路结构不同，可分为 TTL 集成电路和 CMOS 集成电路。

市场上提供的国产 TTL 脉冲分配器有三相（YBO13）、四相（YBO14）、五相（YBO15）和六相（YBO16）等，均为 18 个管脚的直插式封装。CMOS 集成脉冲分配器也

有不同型号,例如,CH250型用来驱动三相步进电动机,封装形式为16脚直插式。

这两种脉冲分配器的工作方法基本相同,当各个引脚连接好之后,主要通过一个脉冲输入端控制步进的速度,一个输入端控制电动机的转向,并由与步进电动机相数同数目的输出端分别控制电动机的各相。这种硬件脉冲分配器通常直接包含在步进电动机驱动控制电源内。数控系统通过插补运算,得出每个坐标轴的位移信号,通过输出接口,只要向步进电动机驱动控制电源定时发出位移脉冲信号和正反转信号,即可实现步进电动机的运动控制。

(2) 软件脉冲分配

在计算机控制的步进电动机驱动系统中,可以采用软件的方法实现环形脉冲分配。软件环形分配器的设计方法很多,如查表法、比较法、移位寄存器法等,它们各有特点。其中常用的是查表法。

步进电机有三相、四相、五相、六相等多种,为了分析方便,下面仍以三相步进电机为例进行分析和讨论。步进电机可工作于单相通电方式,也可工作于双相通电方式和单相、双相交叉通电方式。选用不同的工作方式,可使步进电机具有不同的工作性能,如减小步距,提高定位精度和工作稳定性等。对于三相步进电机则有单相三拍(简称单三拍)方式、双相三拍(简称双三拍)方式、三相六拍工作方式。

① 步进电机单三拍工作方式。

单三拍工作方式各相的通电顺序为:A→B→C→A→…,各相通电的电压波形如图 3-26 所示。

② 步进电机的双三拍工作方式。

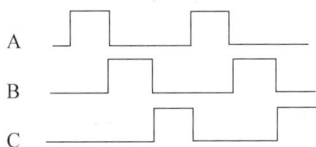

图 3-26   单三拍工作的电压波

双三拍工作方式各相的通电顺序为:AB→BC→CA→AB→…,各相通电的电压波形如图 3-27 所示。

③ 步进电机的三相六拍工作方式。

三相六拍工作方式各相的通电顺序为:A→AB→B→BC→C→CA→A→…,各相通电的电压波形如图 3-28 所示。

图 3-27   双三拍工作的电压波形

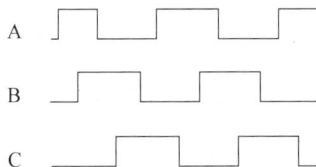

图 3-28   三相六拍工作的电压波

3) 步进电机控制接口及输出字表

过去常规的步进电机控制电路主要由脉冲分配器和驱动电路组成。采用微机控制,主要取代脉冲分配器,而给步进电机提供驱动电源的驱动电路是必不可省的,同时用微机实现对步进电机的走步数、转向以及速度控制等。

(1) 步进电机控制接口

假定微机通过 ISA 总线同时控制 x 轴和 y 轴两台三相步进电机,控制接口如图 3-29 所示。此接口电路选用研华公司推出的 32 通道隔离型 I/O 板卡 PCL-730,PCL-730 提供 16 路开关量输入通道和 16 路开关量输出通道。开关量输出低 8 位（由基地址＋0 输出）中的 DO_0、DO_1、DO_2 控制 x 轴三相步进电机,开关量输出高 8 位（由基地址＋1 输出）中的 DO_8、DO_9、DO_{10} 控制 y 轴三相步进电机。只要确定了步进电机的工作方式,就可以控制各相绕组的通电顺序,实现步进电机正转或反转。

图 3-29　两台三相步进电机控制接口示意图

（2）步进电机控制的输出字表

在图 3-29 所示的步进电机控制接口电路中,选定由 DO_0、DO_1、DO_2 通过驱动电路来控制 x 轴步进电机,由 DO_8、DO_9、DO_{10} 通过驱动电路来控制 y 轴步进电机,并假定数据输出为 1 时,相应的绕组通电;为 0 时,断电。下面以三相六拍控制方式为例确定步进电机控制的输出字。

当步进电机的相数和控制方式确定之后,DO_0、DO_1、DO_2 和 DO_8、DO_9、DO_{10} 输出数据变化的规律就确定了,这种输出数据变化规律可用输出字来描述。为了便于寻找,输出字以表的形式存放在计算机指定的存储区域。表 3-6 给出了三相六拍控制方式的输出字表。

表 3-6　三相六拍控制方式输出字表

x 轴步进电机输出字表		y 轴步进电机输出字表	
存储地址标号	低 8 位输出字	存储地址标号	高 8 位输出字
ADX_1	00000001＝01H	ADY_1	00000001＝01H
ADX_2	00000011＝03H	ADY_2	00000011＝03H
ADX_3	00000010＝02H	ADY_3	00000010＝02H
ADX_4	00000110＝06H	ADY_4	00000110＝06H
ADX_5	00000100＝04H	ADY_5	00000100＝04H
ADX_6	00000101＝05H	ADY_6	00000101＝05H

显然,若要控制步进电机正转,则按 $ADX_1 \rightarrow ADX_2 \rightarrow \cdots \rightarrow ADX_6$ 和 $ADY_1 \rightarrow ADY_2 \rightarrow \cdots \rightarrow ADY_6$ 顺序向低位口和高位口送输出字即可;若要控制步进电机反转,则按相反的顺序送输出字。

4）步进电机走步控制程序

若用 ADX 和 ADY 分别表示 x 轴和 y 轴步进电机输出字表的取数地址指针,且仍用

ZF＝1,2,3,4 分别表示＋x、－x、＋y、－y 走步方向,则可用图 3-30 表示步进电机走步控制程序流程。

图 3-30　步进电机走步控制程序流程

若将走步控制程序和插补计算程序结合起来,并修改程序的初始化和循环控制判断等内容,便可很好地实现 xoy 坐标平面的为数字程序控制,为机床的自动控制提供了有力的手段。

5) 步进电动机的功率驱动

（1）单电压功率放大电路

图 3-31 为一种典型的功放电路,步进电动机的每一相绕组都有一套这样的电路。图中 L 为步进电动机励磁绕组的电感,R_a 为绕组的电阻,R_C 是限流电阻。为了减小回路的时间常数 $\dfrac{L}{R_a+R_C}$,将电阻 R_C 并联一电容 C,使回路电流上升沿变陡,提高了步进电动机的高频性能和启动性能。续流二极管 VD 和阻容吸收回路 RC 是功率管 VT 的保护电路,在 VT 由导通到截止瞬间释放电动机电感产生高的反电势。

此电路的优点是电路结构简单;不足之处是 R_C

图 3-31　单电源功率放大电路原理图

消耗能量大,电流脉冲前后沿不够陡,在改善了高频性能后,低频工作时会使振荡有所增加,使低频特性变坏。

(2) 高低电压功率放大电路

图 3-32 为一种高低电压功率放大电路。图中电源 U_1 为高电压电源,大约为 80～150V;U_2 为低电压电源,大约为 5～20V。在绕组指令脉冲到来时,脉冲的上升沿同时使 VT_1 和 VT_2 导通。由于二极管 VD_1 的作用,使绕组只加上高电压 U_1,绕组的电流很快达到规定值。到达规定值后,VT_1 的输入脉冲先变成下降沿,使 VT_1 截止,电动机由低电压 U_2 供电,维持规定电流值,直到 VT_2 输入脉冲下降沿到来 VT_2 截止。下一绕组循环这一过程。由于采用高压驱动,电流增长快,绕组电流前沿变陡,提高了电动机的工作频率和高频时的转矩;同时由于额定电流是由低电压维持,只需阻值较小的限流电阻 R_C,故功耗较低。其不足之处是高低压衔接处的电流波形在顶部有下凹,影响电动机运行的平稳性。

图 3-32　高低压驱动电路原理

(3) 斩波恒流功放电路

斩波恒流功放电路如图 3-33(a)所示。该电路的特点是工作时 V_{in} 端输入方波步进信号:当 V_{in} 为 0 电平,由与门 A_2 输出的 V_b 为 0 电平,功率管(达林顿管)VT 截止,绕组电感 L 上无电流通过,采样电阻 R_3 上无反馈电压,A_1 放大器输出高电平;而当 V_{in} 为高电平时,由与门 A_2 输出的 V_b 也是高电平,功率管 VT 导通,绕组电感 L 上有电流,采样电阻 R_3 上出现反馈电压 V_f,由分压电阻 R_1、R_2 得到设定电压与反馈电压相减,来决定 A_1 输出电平的高低,并决定 V_{in} 信号能否通过与门 A_2。若 $V_{ref} > V_f$,V_{in} 信号通过与门,形成 V_b 正脉冲,打开功率管 VT;反之,$V_{ref} < V_f$ 时,V_{in} 信号被截止,无 V_b 正脉冲,功率管 VT 截止。这样在一个 V_{in} 脉冲内,功率管 VT 会多次通断,使绕组电流在设定值上下波动。各点的波形如图 3-33(b)所示。

在这种控制方法中,绕组上的电流大小与外加电压大小 $+U$ 无关,由于采样电阻 R_3 的反馈作用,使绕组上的电流可以稳定在额定的数值上,是一种恒流驱动方案,所以对电源的要求很低。

(a) 电路原理　　　　　　　　(b) 电流波形

图 3-33　斩波恒流驱动电路原理图

这种驱动电路中绕组上的电流不随步进电动机的转速而变化,从而保证在很大的频率范围内,步进电动机都输出恒定的转矩。这种驱动电路虽然复杂,但通过绕组的脉冲电流边沿陡,由于采样电阻 R_3 的阻值很小(一般小于 1Ω),所以主回路电阻较小,系统的时间常数较小,反应较快,功耗小、效率高。这种功放电路在实际中经常使用。

2. 直流伺服电机驱动控制

近年来,直流伺服电动机的结构和控制方式都发生了很大变化。随着计算机技术的发展以及新型的电力电子功率器件的不断出现,采用全控型开关功率元件进行脉宽调制(PWM)的控制方式已经成为主流。

1) PWM 控制原理

直流伺服电动机的转速控制方法可以分为两类,即对磁通 ϕ 进行控制的励磁控制和对电枢电压 U_a 进行控制的电枢电压控制。

绝大多数直流伺服电动机采用开关驱动方式,常以电枢电压控制方式的直流伺服电动机为分析对象,并通过 PWM 来控制电枢电压实现调速。

2) 单极性可逆调速系统

单极性驱动是指在一个 PWM 周期里,电动机电枢的电压极性呈单一性变化。

单极性驱动电路有两种。一种称为 T 形,由两个开关管组成,需要采用正负电源,相当于两个不可逆系统的组合,因其电路形状像 T 字,故称为 T 形。由于 T 形单极性驱动系统的电流不能反向,并且两个开关管正、反转切换的工作条件是电枢电流为 0,因此,电动机动态性能较差。这种电路很少采用。另一种称为 H 形,也称为桥式电路。这种电路中电动机动态性能较好,因此在各种控制系统中广泛采用。

3）双极性可逆调速系统

双极性驱动是指在一个 PWM 周期内,电动机电枢的电压极性呈正负变化。与单极性一样,双极性驱动电路也分为 T 形和 H 形。由于在 T 形驱动电路中,开关管要承受较高的反向电压,因此使其在功率稍大的伺服电动机系统中的应用受到限制,而 H 形驱动电路不存在这个问题,因此得到了较广泛的应用。

3. 交流伺服电机驱动控制

交流伺服电动机的旋转机理都是由定子绕组产生旋转磁场使转子运转。不同点是交流永磁式伺服电动机的转速和外加电源频率之间存在严格的关系,所以电源频率不变时,它的转速是不变的;交流感应式伺服电动机由于需要转速差才能在转子上产生感应磁场,所以电动机的转速比其同步转速小,外加负载越大,转速差越大。旋转磁场的同步速度由交流电的频率来决定:频率低,转速低;频率高,转速高。因此,这两类交流电动机的调速方法主要是通过改变供电频率来实现的。

交流伺服电动机的速度控制可分为标量控制法和矢量控制法。标量控制法是开环控制,矢量控制法是闭环控制。对于简单的调速系统可使用标量控制法;对于要求较高的系统,使用矢量控制法。无论用何种控制法都是改变电动机的供电频率,从而达到调速目的。

3.4.2　位置伺服系统

伺服广义上是指用来控制被控对象的某种状态或某个过程,使其输出量能自动地、连续地、精确地复现或跟踪输入量的变化规律。其控制行为的主要特征表现为输出"服从"输入,输出"跟随"输入,因此,伺服系统也称为随动系统。

从狭义上而言,对于被控制量(输出量)是负载机械空间位置的线位移或角位移,当位置给定量(输入量)做任意变化时,使其被控制量(输出量)快速、准确地复现给定量的变化,通常把这类伺服系统称为位置伺服系统,或称为位置随动系统。

图 3-34 所示的伺服系统由以下 5 大部分组成:传动机构和工作机械、伺服电机、功率放大器、控制器和传感器。

控制器是伺服系统的基本环节和运动精度的重要保证,由它实现伺服系统的控制规律,控制器应根据偏差信号,经过必要的控制算法,产生功率放大器的控制信号。位置控制环和速度控制环是紧密相连的。速度控制环的给定值来自位置控制环。而位置控制环的输入一方面来自轮廓插补运算,即在每一个插补周期内插补运算输出一组数据给位置环,另一方面来自位置检测反馈装置,即将机床移动部件的实际位置量的信号送给位置环。插补得到的指令位移和位置检测得到的机床移动部件的实际位移在位置控制单元进行比较,得到位置偏差。位置控制环根据速度指令的要求及各环节的放大倍数(称为增益)对位置数据进行处理,再把处理的结果送给速度环,作为速度环的给定值。

伺服电机是伺服系统的执行机构元件,在小功率伺服系统中多用永磁式伺服电机,如直流伺服电机、直流无刷伺服电机、永磁式交流伺服电机。在大功率或较大功率的情况下也可采用电励磁的直流或交流伺服电机。此外,还有特殊伺服电机,如步进伺服电

图 3-34　位置伺服系统结构

机、磁阻式伺服电机、力矩伺服电机、直线伺服电机等。伺服驱动器主要起功率放大的作用,根据不同的伺服电机,输出合适的电压和频率(对于交流伺服电机),控制伺服电机的转矩和转速,满足伺服系统的要求。由于伺服电机需要四象限运行,故伺服驱动器必须是可逆的。

根据位置环比较的方式不同,又可将位置伺服系统分为数字脉冲比较伺服系统、相位比较伺服系统和幅值比较伺服系统。相位比较伺服系统和幅值比较伺服系统的结构与安装都比较复杂,因此一般情况下选用脉冲比较伺服系统,同时相位比较伺服系统较幅值比较伺服系统应用得广泛一些。下面主要介绍脉冲比较伺服系统。

早期的位置控制环是把位置数据经 D/A 转换变成模拟量后送给速度环。现代的全数字伺服系统,不进行 D/A 转换,全部用计算机软件进行数字处理,输出的结果也是数字量。

1. 脉冲比较伺服系统

用脉冲比较的方法构成闭环和半闭环控制的系统称为数字脉冲比较伺服系统。在半闭环控制中,多采用光电编码器作为检测元件,在闭环控制中多采用光栅尺作为检测元件。通过检测元件进行位置检测和反馈,实现脉冲比较。

数字脉冲比较伺服系统的闭环控制的结构框图如图 3-35 所示。整个系统分为三部分:采用光电编码器产生位置反馈脉神信号 P_f,实现指令脉冲 F 与反馈脉冲 P_f 的比较,以取得位置偏差信号 e;将位置偏差 e 信号放大后经速度控制单元控制伺服电动机运行,从而实现偏差的闭环控制。该系统结构简单,容易实现,整机工作稳定,因此得到广泛应用。

数字脉冲比较伺服系统的工作原理简述如下:

(1) 开始时,指令脉冲 $F=0$,且工作台处于静止状态,则反馈脉冲 P_f 为 0。经比较环节可得偏差 $e=F-P_f=0$,则伺服电动机的速度给定为 0,所以伺服电动机静止不动。

(2) 当 CNC 装置输出正向指令脉冲时,即 $F>0$,在工作台没有移动之前,反馈脉冲

图 3-35 脉冲比较伺服系统结构框图

P_f 仍为 0。经比较环节比较，$e = F - P_f > 0$，于是调速系统驱动工作台做正向进给。随着电动机的运转，检测元件的反馈脉冲信号通过采样进入比较环节。该脉冲比较环节对 F 和 P_f 进行比较，按负反馈原理，只有当 F 和 P_f 的脉冲个数相等时，偏差 $e = 0$，工作台才重新稳定在指令所规定的位置上。

（3）当 CNC 装置输出负向指令脉冲时，即 $F < 0$，其控制过程与 F 为正向指令脉冲的控制过程相类似，只是此时 $e < 0$，工作台做反方向进给。最后，工作台准确地停在指令所规定的反向的某个稳定位置上。

（4）比较环节输出的位置偏差信号 e 是一个数字量，经 D/A 转换后，才能变为模拟电压，使模拟调速系统工作。

2. 相位比较伺服系统

在高精度的数控伺服系统中，直线光栅和感应同步器是两种应用广泛的位置检测元件。根据感应同步器励磁信号的形式，它们可以是相位工作方式或是幅值工作方式。如果位置检测元件采用相位工作方式，在控制系统中要把指令信号与反馈信号都变成某个载波的相位，然后通过二者相位的比较，得到实际位置与指令位置的偏差。由此可见，感应同步器相位工作状态下的伺服系统，指令信号与反馈信号的比较采用相位比较方式，该系统称为相位比较伺服系统，简称相位伺服系统。由于这种系统调试比较方便，精度又高，特别是抗干扰性能好，是数控机床常用的一种位置控制系统，如图 3-36 所示。

图 3-36 相位比较伺服系统原理框图

在该系统中，感应同步器取相位工作状态，以定尺的相位检测信号经整形放大后得到的 $P_B(\theta)$ 作为位置反馈信号。指令脉冲 F 经脉冲调相后，转换成相位和极性与 F 有关

的脉冲信号 $P_A(\theta)$。$P_A(\theta)$ 和 $P_B(\theta)$ 为两个同频的脉冲信号,输入鉴相器进行比较。比较后得到它们的相位差 $\Delta\theta$。伺服放大器和伺服电动机构成的调速系统,接收相位差 $\Delta\theta$ 信号,以驱动工作台朝指令位置进给,实现位置跟踪,其工作原理概述如下。

当指令脉冲 $F=0$ 且工作台处于静止时,$P_A(\theta)$ 和 $P_B(\theta)$ 应为两个同频同相的脉冲信号,经鉴相器进行相位比较判别,输出的相位差 $\Delta\theta=0$。此时,伺服放大器的速度给定为0,它输出到伺服电动机的电枢电压也为0,工作台维持在静止状态。

当指令脉冲 $F\neq0$ 时,若设 F 为正,经过脉冲调相器,$P_A(\theta)$ 产生正的相移 $+\theta$,由于工作台静止,$P_B(\theta)=0$,故鉴相器的输出 $\Delta\theta=\theta>0$,伺服驱动部分使工作台正向移动,此时 $P_B(\theta)\neq0$,经反馈比较,$\Delta\theta$ 变小,直到消除 $P_B(\theta)$ 与 $P_A(\theta)$ 的相位差;反之,若设 F 为负,则 $P_A(\theta)$ 产生负的相移 $-\theta$,在 $\Delta\theta=-\theta<0$ 的控制下,伺服机构驱动工作台做反向移动。

3. 幅值比较伺服系统

幅值比较伺服系统是以位置检测信号的幅值大小来反映机械位移的数值,并以此作为位置反馈信号与指令信号进行比较构成的闭环控制系统(简称幅值伺服系统)。在幅值伺服系统中,必须把反馈通道的模拟量变换成相应的数字信号,才可以完成与指令脉冲的比较。该系统的特点之一是,所用的位置检测元件应工作在幅值工作方式。感应同步器和旋转变压器都可以用于幅值伺服系统。

图 3-37 所示的幅值伺服系统为闭环控制系统。该系统由鉴幅器,电压频率变换器 U/f 组成的位置测量信号处理电路,比较电路,励磁电路和由伺服放大器、伺服电动机组成的速度控制电路4部分组成。其工作原理与相位伺服系统基本相同,不同之处在于幅值伺服系统的位置检测器将测量出的实际位置转换成测量信号的幅值的大小,再通过测量信号处理电路,将幅值的大小转换成反馈脉冲频率的高低。反馈脉冲一路进入比较电路,与指令脉冲进行比较,从而得到位置偏差,经 D/A 转换后,作为速度控制电路的速度控制信号;另一路进入励磁电路,控制产生幅值工作方式的励磁信号。

图 3-37 幅值比较伺服系统原理框图

3.5　多轴运动控制技术

在现代机械制造中,多轴运动控制已经越来越普遍,用电子方式来实现机械运动轴之间协调同步,取代了传统的机械凸轮和齿轮,给机械设计制造带来了巨大的灵活性。以往只有通过复杂的机械设计和加工才能实现的运动过程,现在可以通过软件编程轻松实现。而且,使用电子运动控制,精度更高,动态性能更好,没有机械损耗,使维护变得方便而简单。用户可以实现更加灵活的、模块化的机械结构。

在几乎所有的机械制造领域中,特别如纺织机械、印刷机械、包装机械、塑料机械和食品机械等,多轴运动控制的应用已经非常广泛,成为高性能、高品质机械制造的重要标志。

从结构上看,一个典型的多轴运动控制系统通常包含上位计算机、运动控制器、驱动器、电动机、反馈装置、被控对象等几部分,如图 3-38 所示。

图 3-38　多轴运动控制系统构成

上位计算机负责系统管理、人机交互和任务协调等上层功能。运动控制器则根据工作要求和传感器返回的信号进行必要的逻辑/数学运算,将计算结果以数字脉冲信号或者模拟信号的形式输送到各个轴的驱动器中。

3.5.1　PC+运动控制器/运动控制卡硬件方案

运动控制技术的发展是制造自动化前进的旋律,是推动新的产业革命的关键技术。运动控制器已经从以单片机或微处理器为核心的运动控制器和以专业芯片(ASIC)作为核心处理器的运动控制器,发展到了基于 ISA/PCI/PCI-E 总线的以 DSP 和 FPGA 作为核心处理器的开放式运动控制器。

当今,随着计算机技术的高速发展,运动控制技术正在发生根本性的变革,由专用型封闭式开环控制模式向通用型开放式实时动态全闭环控制模式发展。开放式体系结构使运动控制系统有更好的通用性、柔性、适用性、扩展性。

基于 ISA/PCI/PCI-E 总线的运动控制系统通常是 PC 结合运动控制器/卡的上下位

机控制结构。采用 PC+运动控制器的体系结构,既可以充分利用计算机资源,又能保证控制的实时性要求。运动控制器中的专用 CPU 与 PC 中的 CPU 构成主从式双 CPU 控制模式。PC 中的 CPU 可以专注于人机界面、实时监控和发送指令等系统管理工作;卡上专用 CPU 来处理所有运动控制的细节,如升降速计算、行程控制、多轴插补等,无须占用 PC 资源。

基于 PC 的运动控制系统基本结构由硬件系统和软件系统两大部分组成,其基本结构如图 3-39 所示。

图 3-39　基于 PC 的运动控制系统基本结构

硬件系统由 PC 和运动控制器组成。无论是普通 PC 还是工业 PC,其硬件平台都是通用的。运动控制器硬件模块是为完成特定任务而附加到 PC 硬件平台上的功能模块。

图 3-40 为典型的基于 PC 的运动控制系统硬件总体方案。该方案由 PC、运动控制器(卡)、伺服单元、外部辅助器件和配电系统组成。

工控机通过通信总线与运动控制器进行通信。常用的通信接口有 PCI/ISA 接口、工业以太网、USB 接口、RS 232/485 接口、PC104 总线接口等。

运动控制器的功能可分为运动控制功能和 I/O 功能两大部分。运动控制功能部分通过编码器反馈通道、D/A 输出通道以及脉冲输出通道与驱动控制器与伺服电动机构成控制回路。整个运动控制系统中所涉及的外部辅助器件,如限位开关、行程开关、编码器、光栅尺以及继电器、接触器、信号指示灯等都与运动控制器的 I/O 功能部分相连接。

运动控制器在运动控制系统中处于核心地位,它的性能好坏对整个控制系统具有决定性作用。目前常用的运动控制器有美国 Delta Tau 公司的 PMAC、Parker hannifin 公司的 ACR9000、Galil 公司的 DMC 运动控制器及中国固高公司的运动控制器等。

3.5.2　软件系统设计

软件系统包括 PC 操作系统和应用软件两大部分。PC 操作系统属于系统软件,是通用的,可从市场上选购。应用软件由完成控制任务的各种信息处理软件模块和控制软件模块组成,具有很强的针对性,需由运动控制系统设计者自行开发。

图 3-40　基于 PC 的运动控制系统硬件总体方案

1. 运动控制软件简介

运动控制（motion control，MC）软件的主要任务就是将运动程序表达的运动信息转换成各个进给轴的位置指令和辅助动作指令，进而来控制设备的运动轨迹和逻辑动作。不同的 MC 装置，其功能和控制方案也不同，因而各控制系统软件在结构上和规模上差别较大，厂家的软件各不兼容。现代运动控制设备的功能大都能采用软件来实现，所以，系统软件的功能设计是 MC 系统的关键。

运动控制软件是按照事先编制好的控制程序来实现各种控制的，而控制程序是根据用户对 MC 系统所提出的各种要求进行设计的。在设计系统软件之前必须细致地分析被控对象的特点和对控制功能的要求。在确定好控制方式、计算方法和控制顺序后，将其处理顺序用框图描述出来，使系统设计者对所设计的系统有一个明确而又清晰的轮廓。

在运动控制系统中，软件和硬件在逻辑上是等价的，即由硬件完成的工作原则上也可以由软件来完成，但是它们各有特点：硬件处理速度快，造价相对较高，适应性差；软件的设计灵活、适应性强，但是处理速度慢。因此，在 MC 系统中软硬件的分配比例是由性价比决定的。

2. 运动控制系统软件的结构特点

运动控制系统软件的结构特点主要包括系统的多任务性和并行处理。作为一个独立的数字控制器应用于工业自动化生产中,其多任务性表现在它的管理软件必须完成管理和控制两大任务。其中系统管理包括输入、I/O 处理、通信、显示、诊断以及运动程序的编制管理等。系统的控制部分包括译码、预处理、速度处理、插补和位置控制等,如图 3-41 所示。

图 3-41　运动控制任务分类

3. 典型的软件结构类型

运动控制系统的基本功能是由各种功能程序实现的,不同的软件结构对这些子程序的安排方式不同,管理的方法亦不同。目前运动控制系统的软件主要采用 3 种典型的结构形式:一是前后台型软件结构;二是中断型软件结构;三是基于实时操作系统的软件结构。

(1) 前后台型软件结构。前后台软件结构将运动控制系统整个控制软件分为前台程序和后台程序。

前台程序是一个实时中断服务程序,实现插补、位置控制及设备开关逻辑控制等实时功能;后台程序又称为背景程序,是一个循环运动程序,实现预处理、人机对话、管理等功能。前后台程序相互配合完成整个控制任务。

(2) 中断型软件结构。中断型软件结构除了初始化程序外,把控制程序安排成不同级别的中断服务程序,整个系统是个大的多重中断系统。系统的管理功能主要通过各级中断服务程序之间的通信来实现,在中断型运动控制系统中,插补、进给、数据的输入输出显示、磁盘数据的读取等任何一个动作或功能都由相关的中断程序来实现。

(3) 基于实时操作系统的软件结构。实时操作系统作为操作系统的一个重要分支,除具备通用操作系统的功能外,还应该具备任务管理、多种实时任务的调度机制、任务之间的通信机制等功能。对于在实时操作系统基础上开发的软件结构,要扩展和修改系统功能十分方便,只需将编写好的任务模块挂到实时操作系统上,再按系统的要求进行编译即可。所以采用基于实时操作系统的软件结构,系统的开放性和可维护性更好。

3.5.3　数控系统设计举例——基于 PC 的多轴运动控制

1. 多轴运动控制器

1) PMAC 的结构和工作原理

美国 DELTA TAU 公司生产的可编程多轴控制器(programmable multi-axis controller,PMAC),是目前世界上功能最强的运动控制器之一,是完全开放体系结构、PC 平台上的运动控制卡。该产品使用高速 DSP,提供全新的高性能技术和 Windows 平台,其最新产品 TURBO PMAC 可以控制 32 个轴,CPU 速度为 150MHz,具有光纤通信、MACRO 链等功能。

PMAC 是一种非常灵活的运动控制器,它可以插接于各种类型的主机,通过配接各种类型的放大器、电机和传感器,应用于其软件和硬件的特性,可以设置和实现特定的功能,完成特定的任务。PMAC 的核心是 Motorola DSP56001(数字信号处理器),具有 I/O 功能,A/D、D/A 转换功能。

PMAC 就是一台完整的计算机,它可以通过存储在它自己内部的程序进行独立的操作。此外,它还是一台实时的多任务的计算机,能自动对任务进行优先等级判断,从而使具有高的优先等级的任务比具有低的优先等级的任务能被先执行,这是很多个人计算机上也无法实现的。即使是与一台主计算机连接到一起使用,它们之间的通信应被认为是一台计算机与另一台计算机之间的通信,而绝不是主计算机和它的外围设备之间的通信,在许多应用中,PMAC 能够执行多个任务并能正确地进行优先级排序,使它能够在处理时间和任务切换的复杂性这两个方面大幅减轻主机和它的编程器的负担。

PMAC 卡的突出特性是其开放性,这不仅表现在它控制轴数可以扩展,所连接的被控对象及传感器形式多样,更重要的是它在控制内核上实现了很大程度的开放性。对控制算法而言,PMAC 提供了通用的 PID 控制和阶式位置伺服环滤波算法,以及用以减小伺服系统轨迹误差的速度、加速度前馈算法和双位置环反馈的能力。控制算法中各项参数的调节,只需简单改变 PMAC 提供的运动控制变量,即使是非控制专家也很容易调节控制器。PMAC 还允许使用者将自己设计的控制算法下载到板卡的数字信号处理器中,这样,用户就可利用 PMAC 在自己的系统中实现各种先进的智能控制算法。

2) PMAC 的硬件开放性

(1) 支持多种工作平台,允许在 PC、VME、PCI 等不同总线上运行,方便了用户选择主机类型。

(2) 有模拟和数字两种伺服接口,能与步进电机、直流伺服电机、交流伺服电机等多种电机连接,并可对不同的电机提供相应的控制信号。

(3) 可接受各种检测元件的反馈信息,包括测速发电机、光电编码器、光栅、旋转变压器等。

提供串行方式、并行方式和双端口 RAM 方式与 PC 进行双向通信。

绝大部分地址向用户开放,包括电机信息、坐标信息及各种保护信息。

3）PMAC 的软件开放性

支持各种高级语言,用户可以使用 VB、VC、Delphi、C++ Builder 等在 Windows 软件平台上制定用户专用界面;PMAC 提供了包含速度和加速度前馈的 PID 控制和阶式滤波器,电机和负载的双编码器。能纳入用户开发的伺服算法。PMAC 具有很强的计算能力,许多数学、逻辑和超越函数的计算都能通过用户程序中的变量和常数进行。

PMAC 内含了可编程逻辑控制器。PMAC 的 I/O 点可以扩展至 2018 位,所有的 I/O 点都由软件来控制的,只要使用一个类似高级程序中的指针变量指向某一 I/O 地址,就可以方便地在运动程序和 PLC 程序中通过该指针变量来对该 I/O 点进行输入或输出控制.同时该 PLC 工具有强大的逻辑功能和判断能力,可编制复杂的逻辑关系。

2. 基于 PMAC 开放式数控系统的硬件设计

采用 PMAC 所开发的开放式数控系统的硬件结构如图 3-42 所示。

图 3-42　基于 PMAC 的数控系统硬件结构

数控系统的主机为研华工业控制机,操作系统为 Windows NT,运动控制器采用的是 PMAC 四轴运动控制卡 PMAC Lite,板卡配置有双端口 RAM;以 ACC-34A 作为 I/O 扩展接口板,共有 62 个带光隔的 I/O 节点;ACC-8P 为普通接线器,便于 PMAC 与各个伺服驱动器的连接.伺服驱动电机选用的是松下永磁同步交流伺服电机,电机自身配有 2500 线光电编码器作为速度和位置反馈元件,主轴电机采用变频器实现主轴的无级调速。PMAC 与 IPC 之间的通信可以通过 PC 总线和双端口 RAM 两种方式进行。双端口 RAM 主要用于与 PMAC 的快速数据通信和命令通信,当 IPC 向 PMAC 写数据时,双端口 RAM 能够在实时状态下快速地将位置指令数据或程序信息进行下载;当从 PMAC 中读取数据时,IPC 通过双端口 RAM 可以快速地获取系统的状态、电机的位置、速度、跟随误差等各种数据。因而,利用双端口 RAM 极大地提高了数控系统的响应能力和加工精度,同时也方便了用户的编程和开发。

3. 基于 PMAC 开放式数控系统的软件设计

由于 PMAC 具有良好的软件开放性,从而极大地方便了数控软件系统的开发,数控系统的软件结构如图 3-43 所示,由主控模块及各个功能模块组成。

图 3-43 基于 PMAC 的数控系统的软件结构

主控模块是为用户提供一个友好的系统操作界面,在此界面下,系统的各功能模块以菜单的形式被调用。系统的功能模块可分为实时控制类功能模块和非实时管理类模块两大类。实时控制类功能模块是控制机床当前运动和动作的软件模块,具有毫秒级甚至更高要求的时间响应;非实时管理类模块没有具体的时间响应要求。

非实时管理类模块包括系统参数设置、系统诊断、系统通信以及 NC 程序编辑等内容。这类软件模块可利用 PC 和 PMAC 所提供的计算机语言和软件工具实现。由于时间响应要求不高,故由 PC 负责运行,实时控制类功能模块包括加工程序解释、伺服驱动、运动插补、数据采集以及 PLC 等。在这些实时控制类功能模块中,PMAC 已提供了基本功能,开发者仅需进行简单的参数输入或选择便可直接调用,如加工程序解释模块可在 PEWIN 环境下对已有的 PMAC 解释程序进行编辑和调试,并下载到 PMAC 固定内存中,在实际加工时被 PMAC 自动调用;可直接选择调用 PMAC 提供的直线插补、圆弧插补及样条插补功能,也可自行定义 G,M,T 代码;伺服驱动模块可对现有的控制模式设置控制参数,也可以定制自己的伺服控制算法,实现个性化的伺服控制。在实时控制类功能模块中,有一定开发量的仅为 PLC 控制模块,需要开发者根据自身控制面板要求和机床控制逻辑编制实时的 PLC 控制程序。

PLC 控制程序是用于机床系统的开关量的逻辑控制。当运动程序在前台有序运行时,PMAC 可以在后台运行多达 32 个异步 PLC 程序。PLC 程序可以极高的采样速率监视模拟输入和数字输入、设定输出值、发送信息、改变增益、命令运动停止/起动等作业,以 5～10 ms 甚至更高的循环速度对 PLC 程序进行反复扫描。PLC 程序由系统 I/O 端口映射、回参考点、使能许可,自动、单步、点动、MDA、JOG 等工作方式,快速、增量、倍率等速率调整,冷却、润滑、主轴电机启停等控制子程序组成。PLC 程序采用 PMAC 提供的命令语言编写,可以直接运行,也可经编译后执行。

在目前较为流行的开放式数控系统开发策略中,以工业控制机为系统支撑单元,以运动控制器为核心的系统组合是一种较为理想的开放式数控系统开发方法,能够实现软件管理和实时控制两个级别的开放度,具有开发周期短、易于技术实现、成本低廉的特点。以 PMAC 多轴运动控制器开发的数控系统,硬件结构简单,调试方便;软件系统的开发重点主要是用户操作界面的实现和 PLC 逻辑控制程序的编制。

习　题

1. 什么是数字程序控制?数字程序控制有哪几种方式?

2. 什么是逐点比较插补法?直线和圆弧插补计算过程各有哪几个步骤?

3. 试用高级或汇编语言编写下列各插补计算程序:

(1) 第一象限直线插补程序。

(2) 第一象限逆圆弧插补程序。

4. 若加工第一象限直线 OA,起点 $O(0,0)$,终点 $A(11,7)$。要求:

(1) 按逐点比较法插补进行列表计算。

(2) 作出走步轨迹图,并标明进给方向和步数。

5. 设加工第一象限逆圆弧 $\overparen{AB}$,起点 $A(6,0)$,终点 $B(0,6)$。要求:

(1) 按逐点比较法插补进行列表计算。

(2) 作出走步轨迹图,并标明进给方向和步数。

6. 三相步进电机有哪几种工作方式?分别画出每种工作方式的各相通电顺序和电压波形图。

7. 采用 PC(ISA 或 PCI)总线和数字量输入输出板卡 PCL-730 设计 x 轴步进电机和 y 轴步进电机的控制接口,要求:

(1) 画出接口电路原理图。

(2) 分别列出 x 轴和 y 轴步进电机在三相单三拍、三相双三拍和三相六拍工作方式下的输出字表。

8. 位置伺服系统分为哪几种类型?

9. 讨论多轴步进驱动控制技术和多轴伺服驱动控制技术各有何特点,并分别列举设计或应用实例。

第4章

chapter 4

常规及复杂控制技术

计算机控制系统设计,是指在给定系统性能指标的条件下,设计出控制器的控制规律和相应的数字控制算法。本章主要介绍计算机控制系统的常规及复杂控制技术。常规控制技术介绍数字控制器的连续化设计技术和离散化设计技术;复杂控制技术介绍纯滞后控制、串级控制、前馈-反馈控制、解耦控制、模糊控制等技术。对大多数系统,采用常规控制技术均可达到满意的控制效果,但对于复杂及有特殊控制要求的系统,采用常规控制技术难以达到目的,在这种情况下,则需要采用复杂控制技术,甚至采用现代控制和智能控制技术。

4.1 控制系统的性能指标

控制系统的设计问题由三个基本要素组成,它们是模型、指标和容许控制,三者缺一不可。性能指标的提法随设计方法的不同而不同,最常见的有时域指标、频域指标、零极点分布及二次型积分指标等。另外对于跟踪系统和调节系统,性能指标的要求也不相同。计算机控制系统结构如图 4-1 所示。

图 4-1 计算机控制系统的结构图

4.1.1 稳态性能指标

控制系统在稳态时的精度怎样,是一项重要的技术指标,通常用稳态时输出量的要求值与实际值之间的差来衡量。如果这个差是常数,则称为稳态误差。

稳态误差是衡量控制系统控制精度的重要标志。稳态误差必须在允许范围之内控制系统才有实用价值。不稳定的系统不能实现稳态,因此也就谈不上稳态误差。

控制系统的稳态误差是因输入信号不同而不同的,需要规定一些典型信号,通过评价系统在这些典型信号作用下的稳态误差来衡量和比较系统的稳态特性。

4.1.2 动态性能指标

动态性能指标有很多种表示方式。对于连续系统,最常见的有时域指标如超调量 $\sigma\%$ 和调节时间 T_S、峰值时间 T_P 等;开环频域指标有幅值裕度 h 和相角裕度 γ;闭环频域指标有谐振频率 ω_p、谐振峰值 M_P 等。动态性能指标有时也用闭环系统零极点的分布,尤其是用主导极点来表示。

对于离散系统也有相应的几种表示方式。出于人们对于性能指标与连续系统之间的关系较为熟悉,因此常常首先提出对于连续系统的性能指标的要求,然后再将其变换到相应的离散系统。

4.1.3 抗干扰性能

为了讨论抗干扰性能,在图 4-1 中,令输入 $r=0$。这时可以求得误差的 z 变换为

$$E(z) = \frac{V(z)G(z)}{1 + D(z)G(z)} \tag{4.1.1}$$

如果在某个频率范围内有 $D(z)G(z) \gg 1$(一般情况下,低频段都能满足这个要求),那么式(4.1.1)可化简为

$$E(z) \approx \frac{V(z)}{D(z)} \tag{4.1.2}$$

如果在同一频率范围内 $D(z)$ 有较高的增益,则系统对这个频率范围的干扰有较好的抑制作用。如果 $D(z)$ 中包含有积分环节,即 $D(z)$ 中有 $z=1$ 的极点,对于恒定干扰(即 $\omega=0, z=1$),这时有 $D(1) \to \infty$,由式(4.1.2),$E(1)=0$。也就是说,这时该系统可以完全抑制恒定的干扰,对于低频干扰则具有较好的抑制作用。

如果在某个频段内(通常是高频段)有 $D(z)G(z) \ll 1$,那么式(4.1.1)可以简化为

$$E(z) \approx V(z)G(z) \tag{4.1.3}$$

此时若 $G(z)$ 也较小,则在该频段内干扰对系统的影响也较小。

4.1.4 对控制作用的限制

为了达到同样的响应性能,所需的控制作用越小越好。因此,所需控制作用的大小也是衡量系统性能的一个方面。换句话说,施加同样大小的控制作用,希望系统能获得尽量好的响应性能。对于实际的系统,控制作用总是受到一定的限制。因此设计系统时应考虑到控制作用的限制条件。在实际系统中,对控制作用的限制通常具有以下 3 种情况:

(1)控制量的幅度受到限制,即 $|u| \leqslant U_m$。这是最经常碰到的情况,如放大器的饱和、阀门的全开或全关等。

(2)控制能量受到限制,即 $\int_0^\infty u^2 dt \leqslant J_1$。例如当用电机驱动负载时,大小将直接影响

电机发热的程度,因此需对控制能量加以限制。

(3) 消耗的燃料受到限制,即 $\int_0^\infty |u| \mathrm{d}t \leqslant J_2$。在飞行器的控制中常常有这样的限制。

在常规的设计方法中,开始一般难以考虑这些关于控制作用的限制条件,但是在设计完成后,一定要校核这些限制条件,若不能满足要求,则需要重新修改设计。而在其他有些设计方法中,如最优控制的设计,则在设计的一开始便将控制作用的限制条件作为性能指标的一部分,或者将它们作为寻求最优控制的约束条件而加以考虑。

4.2 数字控制器的连续化设计技术

数字控制器的连续化设计是忽略控制回路中所有的零阶保持器和采样器,在 s 域中按连续系统进行初步设计,求出连续控制器,然后通过某种近似,将连续控制器离散化为数字控制器,并由计算机来实现。由于广大工程技术人员对 s 平面比 z 平面更为熟悉,因此数字控制器的连续化设计技术被广泛采用。

4.2.1 数字控制器的连续化设计步骤

在图 4-2 所示的计算机控制系统中,$G(s)$ 是被控对象的传递函数,$H(s)$ 是零阶保持器,$D(z)$ 是数字控制器。现在的设计问题是:根据已知的系统性能指标和 $G(s)$ 来设计出数字控制器 $D(z)$。

1. 设计假想的连续控制器 $D(s)$

由于人们对连续系统的设计方法比较熟悉,因此,可先对图 4-2 所示的假想的连续控制系统进行设计,如利用连续系统的频率特性法、根轨迹法等设计出假想的连续控制器 $D(s)$。关于连续系统设计 $D(s)$ 的各种方法可参考有关自动控制原理方面的资料,这里不再讨论。

图 4-2 假想的连续控制系统结构图

2. 选择采样周期 T

香农采样定理给出了从采样信号恢复连续信号的最低采样频率。在计算机控制系统中,完成信号恢复功能一般由零阶保持器 $H(s)$ 来实现。零阶保持器的传递函数为

$$H(s) = \frac{1 - \mathrm{e}^{-sT}}{s} \tag{4.2.1}$$

其频率特性为

$$H(\mathrm{j}\omega) = \frac{1 - \mathrm{e}^{-\mathrm{j}\omega T}}{\mathrm{j}\omega} = T \frac{\sin\dfrac{\omega T}{2}}{\dfrac{\omega T}{2}} \angle -\frac{\omega T}{2} \tag{4.2.2}$$

从上式可以看出,零阶保持器将对控制信号产生附加相移(滞后)。对于小的采样周期,可把零阶保持器 $H(s)$ 近似为

$$H(s) = \frac{1 - \mathrm{e}^{-sT}}{s} \approx \frac{1 - 1 + sT - \dfrac{(sT)^2}{2} + \cdots}{s}$$

$$= T\left(1 - s\frac{T}{2} + \cdots\right) \approx T\mathrm{e}^{-s\frac{T}{2}} \tag{4.2.3}$$

上式表明,零阶保持器 $H(s)$ 可用半个采样周期的时间滞后环节来近似。假定相位裕量可减少 $5°\sim15°$,则采样周期应选为

$$T \approx (0.15 \sim 0.5)\frac{1}{\omega_c} \tag{4.2.4}$$

其中 ω_c 是连续控制系统的剪切频率。按上式的经验法选择的采样周期相当短。因此,采用连续化设计方法,用数字控制器去近似连续控制器,要有相当短的采样周期。

3. 将 $D(s)$ 离散化为 $D(z)$

将连续控制器 $D(s)$ 离散化为数字控制器 $D(z)$ 的方法有很多,如双线性变换法、后向差分法、前向差分法、冲击响应不变法、零极点匹配法、零阶保持法等。在这里,我们只介绍常用的双线性变换法、后向差分法和前向差分法。

1) 双线性变换法

由 z 变换的定义可知,$z = \mathrm{e}^{sT}$,利用级数展开可得

$$z = \mathrm{e}^{sT} = \frac{\mathrm{e}^{\frac{sT}{2}}}{\mathrm{e}^{\frac{-sT}{2}}} = \frac{1 + \dfrac{sT}{2} + \cdots}{1 - \dfrac{sT}{2} + \cdots} \approx \frac{1 + \dfrac{sT}{2}}{1 - \dfrac{sT}{2}} \tag{4.2.5}$$

式(4.2.5)称为双线性变换或塔斯廷(Tustin)近似。

为了由 $D(s)$ 求解 $D(z)$,由式(4.2.5)可得

$$s = \frac{2}{T}\frac{z-1}{z+1} \tag{4.2.6}$$

且有

$$D(z) = D(s)\big|_{s=\frac{2}{T}\frac{z-1}{z+1}} \tag{4.2.7}$$

式(4.2.7)就是利用双线性变换法由 $D(s)$ 求取 $D(z)$ 的计算公式。

双线性变换也可从数值积分的梯形法对应得到。设积分控制规律为

$$u(t) = \int_0^t e(t)\,\mathrm{d}t \tag{4.2.8}$$

两边求拉氏变换后可推导得出控制器为

$$D(s) = \frac{U(s)}{E(s)} = \frac{1}{s} \tag{4.2.9}$$

当用梯形法求积分运算可得算式如下

$$u(k) = u(k-1) + \frac{T}{2} \left[e(k) - e(k-1) \right] \qquad (4.2.10)$$

上式两边求 z 变换后可推导得出数字控制器为

$$D(z) = \frac{U(z)}{E(z)} = \frac{1}{\dfrac{2}{T} \dfrac{z-1}{z+1}} = D(s) \Big|_{s = \frac{2}{T} \frac{z-1}{z+1}} \qquad (4.2.11)$$

2) 前向差分法

利用级数展开可将 $z = e^{sT}$ 写成以下形式

$$z = e^{sT} = 1 + sT + \cdots \approx 1 + sT \qquad (4.2.12)$$

式(4.2.12)称为前向差分法或欧拉法的计算公式。

为了由 $D(s)$ 求取 $D(z)$，由上式可得

$$s = \frac{z-1}{T} \qquad (4.2.13)$$

且

$$D(z) = D(s) \big|_{s = \frac{z-1}{T}} \qquad (4.2.14)$$

式(4.2.14)便是前向差分法由 $D(s)$ 求取 $D(z)$ 的计算公式。

前向差分法也可由数值微分中得到。设微分控制规律为

$$u(t) = \frac{\mathrm{d}e(t)}{\mathrm{d}t} \qquad (4.2.15)$$

两边求拉氏变换后可推导出控制器为

$$D(s) = \frac{U(s)}{E(s)} = s \qquad (4.2.16)$$

对式(4.2.15)采用前向差分近似可得

$$u(k) \approx \frac{e(k+1) - e(k)}{T} \qquad (4.2.17)$$

上式两边求 z 变换后可推导出数字控制器为

$$D(z) = \frac{U(z)}{E(z)} = \frac{z-1}{T} = D(s) \big|_{s = \frac{z-1}{T}} \qquad (4.2.18)$$

3) 后向差分法

利用级数展开还可将 $z = e^{sT}$ 写成以下形式

$$z = e^{sT} = \frac{1}{e^{-sT}} \approx \frac{1}{1 - sT} \qquad (4.2.19)$$

由上式可得

$$s = \frac{z-1}{Tz} \qquad (4.2.20)$$

且有

$$D(z) = D(s) \big|_{s = \frac{z-1}{Tz}} \qquad (4.2.21)$$

式(4.2.21)便是利用后向差分法求取 $D(s)$ 的计算公式。

后向差分法也同样可由数值微分计算中得到。对式(4.2.15)采用后向差分近似

可得

$$u(k) \approx \frac{e(k) - e(k-1)}{T} \tag{4.2.22}$$

上式两边求 z 变换后可推得数字控制器为

$$D(z) = \frac{U(z)}{E(z)} = \frac{z-1}{Tz} = D(s)\big|_{s=\frac{z-1}{Tz}} \tag{4.2.23}$$

双线性变换的优点在于,它把左半 s 平面转换到单位圆内。如果使用双线性变换,一个稳定的连续控制系统在变换之后仍将是稳定的,可是使用前向差分法,就可能把它变换为一个不稳定的离散控制系统。

4. 设计由计算机实现的控制算法

设数字控制器 $D(s)$ 的一般形式为

$$D(z) = \frac{U(z)}{E(z)} = \frac{b_0 + b_1 z^{-1} + \cdots + b_m z^{-m}}{1 + a_1 z^{-1} + \cdots + a_n z^{-n}} \tag{4.2.24}$$

式中 $n \geqslant m$,各系数 a_i, b_i 为实数,且有 n 个极点和 m 个零点。

式(4.2.24)可写为

$$U(z) = (-a_1 z^{-1} - a_2 z^{-2} - \cdots - a_n z^{-n})U(z) + (b_0 + b_1 z^{-1} + b_2 z^{-2} + \cdots + b_m z^{-m})E(z)$$

上式用时域表示为

$$\begin{aligned} u(k) = &-a_1 u(k-1) - a_2 u(k-2) - \cdots - a_n u(k-n) \\ &+ b_0 e(k) + b_1 e(k-1) + \cdots + b_m e(k-m) \end{aligned} \tag{4.2.25}$$

利用式(4.2.25)即可实现计算机编程,因此式(4.2.25)称为数字控制器 $D(z)$ 的控制算法。

5. 校验

控制器 $D(s)$ 设计完并求出控制算法后,须按图 4-1 所示的计算机控制系统检验其闭环特性是否符合设计要求,这一步可由计算机控制系统的数字仿真计算来验证,如果满足设计要求设计结束,否则应修改设计。

4.2.2 数字 PID 控制器的设计

根据偏差的比例(P)、积分(I)、微分(D)进行控制(简称 PID 控制),是控制系统中应用最为广泛的一种控制规律。实际运行的经验和理论的分析都表明,这种控制规律对许多工业过程进行控制时,都能得到满意的效果。不过,用计算机实现 PID 控制,不是简单地把模拟 PID 控制规律数字化,而是进一步与计算机的逻辑判断功能结合,使 PID 控制更加灵活,更能满足生产过程提出的要求。

1. 模拟 PID 调节器

在工业控制系统中,常常采用如图 4-3 所示的 PID 控制系统,其控制规律为

$$u(t) = K_P \left[e(t) + \frac{1}{T_I} \int_0^t e(t) \mathrm{d}t + T_D \frac{\mathrm{d}e(t)}{\mathrm{d}t} \right] \tag{4.2.26}$$

对应的模拟 PID 调节器的传递函数为

$$D(s) = \frac{U(s)}{E(s)} = K_P(1 + \frac{1}{T_I s} + T_D s) \tag{4.2.27}$$

其中 K_P 为比例增益，K_P 与比例带 δ 成倒数关系即 $K_P = 1/\delta$，T_I 为积分时间常数，T_D 为微分时间常数，$u(t)$ 为控制量，$e(t)$ 为偏差。

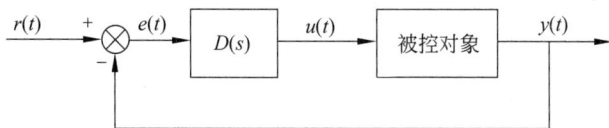

图 4-3　模拟 PID 控制系统

比例控制能迅速反应误差，从而减小误差，但比例控制不能消除稳态误差，K_P 的加大，会引起系统的不稳定；积分控制的作用是，只要系统存在误差，积分控制作用就不断地积累，输出控制量以消除误差，因而，只要有足够的时间，积分控制将能完全消除误差，积分作用太强会使系统超调加大，甚至使系统出现振荡；微分控制可以减小超调量，克服振荡，使系统的稳定性提高，同时加快系统的动态响应速度，减小调整时间，从而改善系统的动态性能。

2. 数字 PID 控制器

在计算机控制系统中，PID 控制规律的实现必须用数值逼近的方法。当采样周期相当短时，用求和代替积分、用后向差分代替微分，使模拟 PID 离散化变为差分方程。

1）数字 PID 位置型控制算法

为了便于计算机实现，必须把式(4.2.26)变换成差分方程，为此可作如下近似

$$\int_0^t e(t)dt \approx \sum_i^k Te(i) \tag{4.2.28}$$

$$\frac{de(t)}{dt} \approx \frac{e(k) - e(k-1)}{T} \tag{4.2.29}$$

式中，T 为采样周期，k 为采样序号。

由式(4.2.26)、式(4.2.28)、式(4.2.29)可得数字 PID 位置型控制算式为

$$u(k) = K_P\left[e(k) + \frac{T}{T_I}\sum_{i=0}^k e(i) + T_D \frac{e(k) - e(k-1)}{T}\right] \tag{4.2.30}$$

式(4.2.30)表示的控制算法提供了执行机构的位置 $u(k)$，如阀门的开度，所以被称为数字 PID 位置型控制算式。

2）数字 PID 增量型控制算法

由式(4.2.30)可看出，位置型控制算式不够方便，这是因为要累加偏差 $e(i)$，不仅要占用较多的存储单元，而且不便于编写程序，为此可对式(4.2.30)进行改进。

根据式(4.2.30)不难写出 $u(k-1)$ 的表达式，即

$$u(k-1) = K_P\left[e(k-1) + \frac{T}{T_I}\sum_{i=0}^{k-1} e(i) + T_D \frac{e(k-1) - e(k-2)}{T}\right] \tag{4.2.31}$$

将式(4.2.30)和式(4.2.31)相减,即得数字 PID 增量型控制算式为

$$\Delta u(k) = u(k) - u(k-1)$$
$$= K_P\left[e(k) - e(k-1)\right] + K_I e(k) + K_D\left[e(k) - 2e(k-1) + e(k-2)\right]$$
$$(4.2.32)$$

其中: $K_P = 1/\sigma$ 称为比例增益; $K_I = K_P T/T_I$ 称为积分系数; $K_D = K_P T_D/T$ 称为微分系数。

为了编程方便,可将式(4.2.32)整理成如下形式

$$\Delta u(k) = q_0 e(k) + q_1 e(k-1) + q_2 e(k-2) \qquad (4.2.33)$$

其中:

$$\begin{cases} q_0 = K_P\left(1 + \dfrac{T}{T_I} + \dfrac{T_D}{T}\right) \\[2mm] q_1 = -K_P\left(1 + \dfrac{2T_D}{T}\right) \\[2mm] q_2 = K_P\,\dfrac{T_D}{T} \end{cases} \qquad (4.2.34)$$

3. 数字 PID 控制算法实现方式比较

在控制系统中,如果执行机构采用调节阀,则控制量对应阀门的开度,表征了执行机构的位置,此时控制器应采用数字 PID 位置式控制算法,如图 4-4 所示。如执行机构采用步进电机,每个采样周期,控制器输出的控制量,是相对于上次控制量的增加,此时控制器应采用数字 PID 增量式控制算法,如图 4-5 所示。

图 4-4 数字 PID 位置型控制示意图

图 4-5 数字 PID 增量型控制示意图

增量式算法与位置式算法相比,具有以下优点:

(1) 增量算法不需要做累加,控制量增量的确定仅与最近几次误差采样值有关,计算误差或计算精度问题,对控制量的计算影响较小。而位置算法要用到过去的误差的累加值,容易产生大的累加误差。

(2) 增量式算法得出的是控制量的增量,例如阀门控制中,只输出阀门开度的变化部分,误动作影响小,必要时通过逻辑判断限制或禁止本次输出,不会严重影响系统的工作。而位置算法的输出是控制量的全量输出,误动作影响大。

（3）采用增量算法，易于实现手动到自动的无冲击切换。

4. 数字 PID 控制算法流程

图 4-6 给出了数字 PID 增量型控制算法的流程图。利用增量型控制算法，也可得出位置型控制算法，即

$$u(k) = u(k-1) + \Delta u(k)$$
$$= q_0 e(k) + q_1 e(k-1) + q_2 e(k-2) \tag{4.2.35}$$

式（4.2.35）便是位置型控制算式的递推算法，其程序流程和增量型控制算法类似，稍加修改即可。

图 4-6　数字 PID 增量型控制算法流程

4.2.3　数字 PID 控制器的改进

如果单纯地用数字 PID 控制器去模仿模拟调节器，不会获得更好的效果。因此必须发挥计算机运算速度快、逻辑判断功能强、编程灵活等优势，才能在控制性能上超过模拟调节器。

1. 积分项的改进

在 PID 控制中，积分的作用是消除残差，为了提高控制性能，对积分项可采取以下 4 条改进措施。

1) 积分分离

在一般的 PID 控制中,当有较大的扰动或大幅度改变给定值时,由于此时有较大的偏差,以及系统有惯性和滞后,故在积分项的作用下,往往会产生较大的超调和长时间的波动。特别对于温度、成分等变化缓慢的过程,这一现象更为严重。为此,可采用积分分离措施,即偏差 $e(k)$ 较大时,取消积分作用;当偏差 $e(k)$ 较小时才将积分作用投入。亦即

当 $|e(k)| > \beta$ 时,采用 PD 控制;

当 $|e(k)| \leqslant \beta$ 时,采用 PID 控制。

积分分离阈值 β 应根据具体对象及控制要求确定。若 β 值过大,达不到积分分离的目的;若 β 值过小,一旦被控量 $y(t)$ 无法跳出各积分分离区,只进行 PD 控制,将会出现残差,如图 4-7 所示的曲线 b。为了实现积分分离,编写程序时必须从数字 PID 差分方程式中分离出积分项,进行特殊处理。

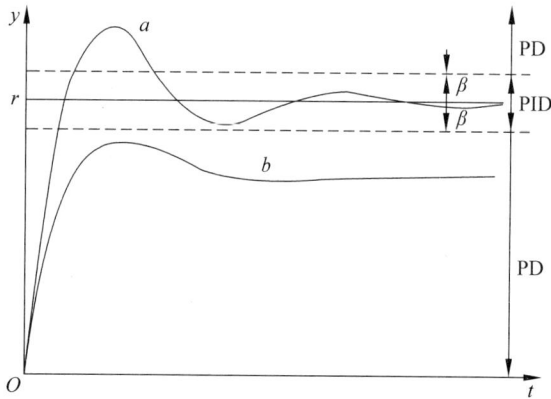

图 4-7 积分分离曲线

2) 抗积分饱和

因长时间出现偏差或偏差较大,计算出的控制量有可能溢出,或小于 0。所谓溢出就是计算机运算得出的控制量 $u(k)$ 超出 D/A 转换器所能表示的数值范围。例如,8 位 D/A 的数据范围为 00H～FFH(H 表示十六进制)。一般执行机构有两个极限位置,如调节阀全开或全关。设 $u(k)$ 为 FFH 时,调节阀全开;反之,$u(k)$ 为 00H 时,调节阀全关。为了提高运算精度,通常采用双字节或浮点数计算 PID 差分方程式。如果执行机构已到极限位置,仍然不能消除偏差时,由于积分作用,尽管计算 PID 差分方程式所得的运算结果继续增大或减小,但执行机构已无相应的动作,这就称为积分饱和。当出现积分饱和时,势必使超调量增加,控制品质变坏。作为防止积分饱和的办法之一,可对计算出的控制量 $u(k)$ 限幅,同时,把积分作用切除掉。若以 8 位 D/A 为例,则有

当 $u(k) < 00H$,取 $u(k) = 0$;

当 $u(k) > FFH$,取 $u(k) = 0FFH$。

3) 梯形积分

在 PID 控制器中,积分项的作用是消除稳态误差。为了保证积分作用,应提高积分项的运算精度。为此,可将矩形积分改为梯形积分,其计算公式为

$$\int_0^t e \mathrm{d}t \approx \sum_{i=0}^k \frac{e(i) + e(i-1)}{2} T \tag{4.2.36}$$

4) 消除积分不灵敏区

由式(4.2.32)知,数字 PID 的增量型控制算式中的积分项输出为

$$\Delta u_\mathrm{I}(k) = K_\mathrm{I} e(k) = K_\mathrm{P} \frac{T}{T_\mathrm{I}} e(k) \tag{4.2.37}$$

由于计算机字长的限制,当运算结果小于字长所能表示的数的精度,计算机就作为 0 将此数丢掉。从式(4.2.37)可知,当计算机的运行字长较短,采样周期 T 也短,而积分时间 T_I 又较长时,$\Delta u_\mathrm{I}(k)$ 容易出现小于字长的精度而丢数,此积分作用消失,这就称为积分不灵敏区。

例如,某温度控制系统,温度量程为 $0 \sim 1275\,℃$,D/A 转换为 8 位,并采用 8 位字长定点运算。设 $K_\mathrm{P} = 1$,$T = 1\mathrm{s}$,$T_\mathrm{I} = 10\mathrm{s}$,$e(k) = 50\,℃$,根据式(4.2.37)得

$$\Delta u_\mathrm{I}(k) = K_\mathrm{P} \frac{T}{T_\mathrm{I}} e(k) = \frac{1}{10} \left(\frac{255}{1275} \times 50 \right) = 1$$

这就说明,如果偏差 $e(k) < 50\,℃$,则 $\Delta u_\mathrm{I}(k) < 1$,计算机就作为 0 将此数丢掉,控制器就没有积分作用。只有当偏差达到 $50\,℃$ 时,才会有积分作用。这样,势必造成控制系统的残差。

为了消除积分不灵敏区,通常采用以下措施:

① 增加 D/A 和 A/D 转换位数,加长运算字长,这样可以提高运算精度。

② 当积分项 $\Delta u_\mathrm{I}(k)$ 连续 n 次出现小于输出精度 ε 的情况时,不要把它们作为 0 舍掉,而是把它们一次次累加起来,即

$$S_\mathrm{I} = \sum_{i=1}^n \Delta u_\mathrm{I}(i)$$

$$\tag{4.2.38}$$

直到累加值 S_I 大于 ε 时,才输出 S_I,同时把累加单元清 0,其程序流程如图 4-8 所示。

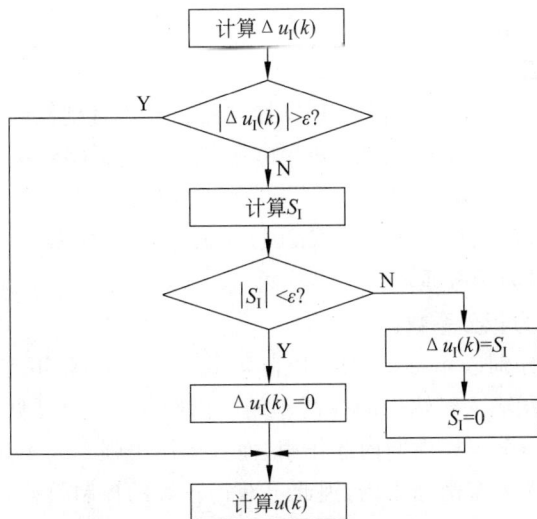

图 4-8　消除积分不灵敏区程序流程图

2. 微分项的改进

1) 不完全微分 PID 控制算法

标准的 PID 控制算式,对具有高频扰动的生产过程,微分作用响应过于灵敏,容易引起控制过程振荡,降低调节品质。尤其是计算机对每个控制回路输出时间是短暂的,而驱动执行器动作又需要一定时间,如果输出较大,在短暂时间内执行器达不到应有的相应开度,会使输出失真。为了克服这一缺点,同时又要使微分作用有效,可以在 PID 控制输出串联一阶惯性环节,这就组成了不完全微分 PID 控制器,如图 4-9 所示。

图 4-9　不完全微分 PID 控制器

一阶惯性环节 $D_f(s)$ 的传递函数为

$$D_f(s) = \frac{1}{T_f s + 1} \tag{4.2.39}$$

因为

$$u'(t) = K_P \left[e(t) + \frac{1}{T_I} \int_0^t e(t)\mathrm{d}t + T_D \frac{\mathrm{d}e(t)}{\mathrm{d}t} \right]$$

$$T_f \frac{\mathrm{d}u(t)}{\mathrm{d}t} + u(t) = u'(t)$$

所以

$$T_f \frac{\mathrm{d}u(t)}{\mathrm{d}t} + u(t) = K_P \left[e(t) + \frac{1}{T_I} \int_0^t e(t)\mathrm{d}t + T_D \frac{\mathrm{d}e(t)}{\mathrm{d}t} \right] \tag{4.2.40}$$

对上式进行离散化,可得不完全微分 PID 位置型控制算式

$$u(k) = \alpha u(k-1) + (1-\alpha)u'(k) \tag{4.2.41}$$

式中

$$u'(k) = K_P \left[e(k) + \frac{T}{T_I} \sum_{i=0}^{k} e(i) + T_D \frac{e(k) - e(k-1)}{T} \right]$$

$$\alpha = \frac{T_f}{T_f + T}$$

与标准 PID 控制算式一样,不完全微分 PID 控制器也有增量型控制算式,即

$$\Delta u(k) = \alpha \Delta u(k-1) + (1-\alpha)\Delta u'(k) \tag{4.2.42}$$

式中

$$\Delta u'(k) = K_P \left[e(k) - e(k-1) \right] + K_I e(k) + K_D \left[e(k) - 2e(k-1) + e(k-2) \right]$$

其中:$K_I = K_P T / T_I$ 称为积分系数;

$K_D = K_P T_D / T$ 称为积分系数。

图 4-10(a)和(b)分别表示标准 PID 控制算式(4.2.30)和不完全微分 PID 控制算式(4.2.41)在单位阶跃输入时输出的控制作用。由图 4-10(a)可见,标准 PID 控制算式中的微分作用只在第一个采样周期内起作用,而且作用很强。而不完全微分 PID 控制算式的输出在较长时间内仍有微分作用,因此可获得较好的控制效果。

| (a) 标准PID控制 | (b) 不完全微分PID控制 |

图 4-10　PID 控制的阶跃响应

2）微分先行 PID 控制算式

为了避免给定值的升降给控制系统带来冲击，如超调量过大，调节阀动作剧烈，可采用如图 4-11 所示的微分先行 PID 控制方案。它和标准 PID 控制的不同之处在于，只对被控量 $y(t)$ 微分，不对偏差 $e(t)$ 微分，也就是说对给定值 $r(t)$ 无微分作用。被控量微分 PID 控制算法称为微分先行 PID 控制算法，该算法对给定值频繁升降的系统无疑是有效的。图 4-11 中，γ 为微分增益系数。

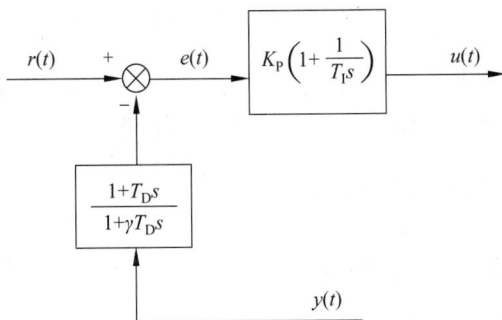

图 4-11　微分先行 PID 控制方块图

3. 时间最优 PID 控制

最大值原理是庞特里亚金（Pontryagin）于 1956 年提出的一种最优控制理论，最大值原理也称为快速时间最优控制原理，它是研究满足约束条件下获得允许控制的方法。用最大值原理可以设计出控制变量只在 $u(t) \leqslant 1$ 范围内取值的时间最优控制系统。而在工程上，设 $u(t) \leqslant 1$ 都只取 ± 1 两个值，而且依照一定法则加以切换，使系统从一个初始状态转到另一个状态所经历的过渡时间最短，这种类型的最优切换系统，称为开关控制（Bang-Bang 控制）系统。

在工业控制应用中，最有发展前途的是 Bang-Bang 控制与反馈控制相结合的系统，这种控制方式在给定值升降时特别有效，具体形式为

$$|e(k)| = |r(k) - y(k)| \begin{cases} > \alpha, & \text{Bang-Bang 控制} \\ \leqslant \alpha, & \text{PID 控制} \end{cases}$$

时间最优位置随动系统，从理论上讲应采用 Bang-Bang 控制。但 Bang-Bang 控制很

难保证足够高的定位精度，因此对于高精度的快速伺服系统，宜采用 Bang-Bang 控制和线性控制相结合的方式，在定位线性控制段采用数字 PID 控制就是可选的方案之一。

4. 带死区的 PID 控制算法

在计算机控制系统中，某些系统为了避免控制动作过于频繁，以消除由于频繁动作所引起的振荡，有时采用所谓带有死区的 PID 控制系统，如图 4-12 所示，相应的算式为

$$P(k) = \begin{cases} e(k), & \text{当} |r(k) - y(k)| = |e(k)| > \varepsilon \\ 0, & \text{当} |r(k) - y(k)| = |e(k)| \leqslant \varepsilon \end{cases}$$

在图 4-12 中，死区 ε 是一个可调参数，其具体数值可根据实际控制对象由实验确定。ε 值太小，使调节过于频繁，达不到稳定被调节对象的目的；如果 ε 取得太大，则系统将产生很大的滞后；当 $\varepsilon = 0$，即为常规 PID 控制。

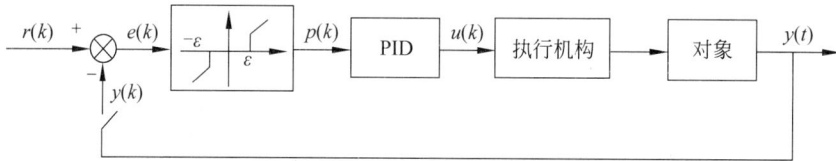

图 4-12　带死区的 PID 控制系统框图

该系统实际上是一个非线性控制系统。即当偏差绝对值 $|e(k)| \leqslant \varepsilon$ 时，$P(k)$ 为 0；当 $|e(k)| > \varepsilon$ 时，$P(k) = e(k)$，输出值 $u(k)$ 以 PID 运算结果输出。

4.2.4　数字 PID 控制器的参数整定

1. 采样周期的选择

1）首先要考虑的因素

香农采样定理给出了采样周期的上限。根据采样定理，采样周期应满足

$$T \leqslant \pi / \omega_{\max}$$

其中 $\omega_{\max}$ 为被采样信号的上限角频率。采样周期的下限为计算机执行控制程序和输入输出所耗费的时间，系统的采样周期只能在 $T_{\min}$ 与 $T_{\max}$ 之间选择。采样周期 T 既不能太大也不能太小，T 太小时，一方面增加了微型计算机的负担，不利于发挥计算机的功能；另一方面，两次采样间的偏差变化太小，数字控制器的输出值变化不大。因此，采样周期 T 应在 $T_{\min}$ 和 $T_{\max}$ 之间，即

$$T_{\min} \leqslant T \leqslant T_{\max}$$

若选择采样周期在 T 与 $T_{\max}$ 之间，则系统可以稳定工作，但控制质量较差。若采样周期选择在 $T_{\min}$ 与 T 之间，满足采样定理，可得到较好的控制质量。

2）其次要考虑以下各方面的因素

① 给定值的变化频率：加到被控对象上的给定值变化频率越高，采样频率应越高。这样给定值的改变可以迅速得到反映。

② 被控对象的特性：若被控对象是慢速的热工或化工对象时，采样周期一般取得较

大;若被控对象是较快速的系统时,采样周期应取得较小。

③ 执行机构的类型:执行机构动作惯性大,采样周期也应大一些,否则执行机构来不及反映数字控制器输出值的变化。

④ 控制算法的类型:当采用 PID 算式时,积分作用和微分作用与采样周期 T 的选择有关。选择采样周期 T 太小,将使微分积分作用不明显。因为当 T 小到一定程度后,由于受计算精度的限制,偏差 $e(k)$ 始终为 0。另外,各种控制算法也需要计算时间。

⑤ 控制的回路数:控制的回路数 n 与采样周期 T 有下列关系

$$T \geqslant \sum_{j=1}^{n} T_j$$

式中,T_j 指第 j 回路控制程序执行时间和输入输出时间。

2. 按简易工程法整定 PID 参数

在连续控制系统中,模拟调节器的参数整定方法较多,但简单易行的方法还是简易工程法。这种方法最大的优点在于,整定参数时不必依赖被控对象的数学模型。一般情况下,难于准确得到数学模型。简易工程整定法是由经典的频率法简化而来的,虽然稍微粗糙一点,但是简单易行,适于现场应用。

1) 扩充临界比例度法

扩充临界比例度法是对模拟调节器中使用的临界比例度法的扩充。下面叙述用来整定数字控制器参数的步骤。

① 选择一个足够短的采样周期,具体地说就是选择采样周期为被控对象纯滞后时间的 1/10 以下。

② 用选定的采样周期使系统工作。这时,数字控制器去掉积分作用和微分作用,只保留比例作用。然后逐渐减小比例度 $\delta(\delta=1/K_P)$,直到系统发生持续等幅振荡。记下使系统发生振荡的临界比例度 δ_k 及系统的临界振荡周期 T_k。

③ 选择控制度。所谓控制度就是以模拟调节器为基准,将 DDC 的控制效果与模拟调节器的控制效果相比较。控制效果的评价函数通常用误差平方积分 $\int_0^\infty e^2(t)\mathrm{d}t$ 表示。

$$控制度 = \frac{\left[\int_0^\infty e^2(t)\mathrm{d}t\right]_{DDC}}{\left[\int_0^\infty e^2(t)\mathrm{d}t\right]_{模拟}}$$

实际应用中并不需要计算出两个误差平方积分,控制度仅表示控制效果的物理概念。例如,当控制度为 1.05 时,就是指 DDC 与模拟控制效果相当;控制度为 2.0 时,是指 DDC 比模拟控制效果差。

④ 根据选定的控制度,查表 4-1,求得 T、K_P、T_I、T_D 的值。

2) 扩充响应曲线法

在模拟控制系统中,与用响应曲线法代替临界比例度法一样,在 DDC 中也可以用扩充响应曲线法代替扩充临界比例度法。用扩充响应曲线法整定 T 和 K_P、T_I、T_D 的步骤如下。

表 4-1　按扩充临界比例度法整定参数

控制度	控制规律	T	K_P	T_I	T_D
1.05	PI	$0.03T_k$	$0.53\delta_k$	$0.88T_k$	
	PID	$0.014T_k$	$0.63\delta_k$	$0.49T_k$	$0.14T_k$
1.2	PI	$0.05T_k$	$0.49\delta_k$	$0.91T_k$	
	PID	$0.043T_k$	$0.47\delta_k$	$0.47T_k$	$0.16T_k$
1.5	PI	$0.14T_k$	$0.42\delta_k$	$0.99T_k$	
	PID	$0.09T_k$	$0.34\delta_k$	$0.43T_k$	$0.20T_k$
2.0	PI	$0.22T_k$	$0.36\delta_k$	$1.05T_k$	
	PID	$0.16T_k$	$0.27\delta_k$	$0.40T_k$	$0.22T_k$

① 数字控制器不接入控制系统,让系统处于手动操作状态下,将被调量调节到给定值附近,并使之稳定下来。然后突然改变给定值,给对象一个阶跃输入信号。

② 用记录仪表记录被调量在阶跃输入下的整个变化过程曲线,如图 4-13 所示。

③ 在曲线最大斜率处作切线,求得滞后时间 τ,被控对象时间常数 T_τ 以及它们的比值 T_τ/τ,查表 4-2,即可得数字控制器的 K_P、T_I、T_D 及采样周期 T。

图 4-13　被调量在阶跃输入下的变化过程曲线

表 4-2　按扩充响应曲线整定参数

控制度	控制规律	T	K_P	T_I	T_D
1.05	PI	0.1τ	$0.84T_\tau/\tau$	0.34τ	
	PID	0.05τ	$1.15T_\tau/\tau$	2.0τ	0.45τ
1.2	PI	0.2τ	$0.78T_\tau/\tau$	3.6τ	
	PID	0.16τ	$1.0T_\tau/\tau$	1.9τ	0.55τ
1.5	PI	0.5τ	$0.68T_\tau/\tau$	3.9τ	
	PID	0.34τ	$0.85T_\tau/\tau$	1.62τ	0.65τ
2.0	PI	0.8τ	$0.57T_\tau/\tau$	4.2τ	
	PID	0.6τ	$0.6T_\tau/\tau$	1.5τ	0.82τ

3) 归一参数整定法

除了上面讲的一般的扩充临界比例度法而外,Roberts P.D 在 1974 年提出一种简化扩充临界比例度整定法。由于该方法只需整定一个参数即可,故称其归一参数整定法。

已知增量型 PID 控制的公式为：

$$\Delta u(k) = K_P \left\{ e(k) - e(k-1) + \frac{T}{T_I} e(k) + \frac{T_D}{T} \left[e(k) - 2e(k-1) + e(k-2) \right] \right\}$$

如令 $T = 0.1T_k$；$T_I = 0.5T_k$；$T_D = 0.125T_k$。式中 T_k 为纯比例作用下的临界振荡周期。则：

$$\Delta u(k) = K_P [2.45e(k) - 3.5e(k-1) + 1.25e(k-2)]$$

这样，整个问题便简化为只要整定一个参数 K_P。改变 K_P，观察控制效果，直到满意为止。该法为实现简易的自整定控制带来方便。

3. 优选法

由于实际生产过程错综复杂，参数千变万化，因此，如果确定被调对象的动态特性并非容易之事。有时即使能找出来，不仅计算麻烦，工作量大，而且其结果与实际相差较远。因此，目前应用最多的还是经验法。即根据具体的调节规律，不同调节对象的特征，经过闭环试验，反复凑试，找出最佳调节参数。这里向大家介绍的也是经验法的一种，即用优选法对自动调节参数进行整定的方法。

其具体做法是根据经验，先把其他参数固定，然后用 0.618 法对其中某一参数进行优选，待选出最佳参数后，再换另一个参数进行优选，直到把所有的参数优选完毕为止。最后根据 T、K_P、T_I、T_D 诸参数优选的结果取一组最佳值即可。

4. 凑试法确定 PID 参数

增大比例系数 K_P 一般将加快系统的响应，在有静差的情况下有利于减小静差。但过大的比例系数会使系统有较大的超调，并产生振荡，使稳定性变坏。增大积分时间 T_I 有利于减小超调，减小振荡，使系统更加稳定，但系统静差的消除将随之减慢。增大微分时间 T_D 亦有利于加快系统响应，使超调量减小，稳定性增加，但系统对扰动的抑制能力减弱，对扰动有较敏感的响应。

在凑试时，可参考以上参数对控制过程的影响趋势，对参数实行先比例，后积分，再微分的整定步骤。

(1) 首先只整定比例部分。即将比例系数由小变大，并观察相应的系统响应，直到得到反应快，超调小的响应曲线。如果系统没有静差或静差已小到允许范围内，并且响应曲线已属满意，那么只须用比例调节器即可，最优比例系数可由此确定。

(2) 如果在比例调节的基础上系统的静差不能满足设计要求，则须加入积分环节。整定时首先置积分时间 T_I 为一较大值，并将经第一步整定得到的比例系数略为缩小（如缩小为原值的 0.8 倍），然后减小积分时间，使在保持系统良好动态性能的情况下，静差得到消除。在此过程中，可根据响应曲线的好坏反复改变比例系数与积分时间，以期得到满意的控制过程与整定参数。

(3) 若使用比例积分调节器消除了静差，但动态过程经反复调整仍不能满意，则可加入微分环节，构成比例积分微分调节器。在整定时，可先置微分时间 T_D 为 0。在第二步整定的基础上,增大 T_D,同时相应地改变比例系数和积分时间,逐步凑试,以获得满意的调节效果和控制参数。

5. PID 控制参数的自整定法

被控对象大多用近似一阶惯性加纯滞后环节来表示,其传递函数为 $G_c(s) = \dfrac{Ke^{-\tau s}}{1+Ts}$,对于典型 PID 控制器 $G_C(s) = K_P \left(1 + \dfrac{1}{T_I s} + T_D s\right)$,有 Ziegler-Nichols 整定公式

$$\begin{cases} K_P = \dfrac{1.2T}{K\tau} \\ T_I = 2\tau \\ T_D = 0.5\tau \end{cases} \tag{4.2.43}$$

实际应用时,通常根据图 4-14 所示的阶跃响应曲线,人工测量出 K、T、τ 参数,然后按式(4.2.43)计算 K_P、T_I、T_D。用计算机进行辅助设计时,一是可以用模式辨识的方法辨识出这些特征参数;二是可用曲线拟合的方法将阶跃响应数据拟合成近似的一阶惯性加纯滞后环节的模型。

参数自整定就是在被控对象特性发生变化后,立即使 PID 控制参数随之作相应的调整,使得 PID 控制器具有一定的"自调整"或"自适应"能力。在此引入特征参数法,来描述 PID 参数的自整定技术。

所谓特征参数法就是抽取被控对象的某

图 4-14　阶跃响应曲线

些特征参数,以其为依据自动整定 PID 控制参数。基于被控对象参数的 PID 控制参数自整定法的首要工作是,在线辨识被控对象某些特征参数,比如临界增益 K 和临界周期 T(频率 $\omega = 2\pi/T$)。这种在线辨识特征参数占用计算机较少的软硬件资料,在工业中应用比较方便。典型的有上面介绍的齐格勒-尼科尔斯(Ziegler-Nichols)研究出的临界振荡法,在此基础上 K. J. Åsröm 又进行了改进,采用具有滞环的继电器非线性反馈控制系统,如图 4-15 所示。其中继电器型非线性特性的幅值为 D,滞环宽度为 h,继电器输出为周期性的对称方波。

首先通过人工控制使系统进入稳定工况,然后将整定开关 S 接通 T,获得极限环,使被控量 y 出现临界等幅振荡。其振荡幅度为 a,振荡周期即为临界周期 T_k,临界增益为 $K = 4d/\pi a$。一旦获得 T_k 和 $\delta_k (\delta_k = 1/K)$,再根据表 4-1 即可求得 PID 控制器的整定参数。最后,将整定开关 S 接通 A,使 PID 控制器投入正常运行。

该方法简单、概念清楚。但是,有时因噪声干扰会对被控量 y 的采样值带来误差,从而影响 T 和 K 的精度,使之因为系统干扰太大,不存在稳定的极限环。

图 4-15 采用继电器反馈

4.3 数字控制器的离散化设计技术

数字控制器的连续化设计技术,是立足于连续控制系统控制器的设计,然后在计算机上进行数字模拟来实现的,这种方法在被控对象的特性不太清楚的情况下,人们可以充分利用技术成熟的连续化设计技术(如 PID 控制器的设计技术),并把它移植到计算机上予以实现,以达到满意的控制效果。但是连续化设计技术要求相当短的采样周期,因此只能实现较简单的控制算法。由于控制任务的需要,当所选择的采样周期比较大或对控制质量要求比较高时,必须从被控对象的特性出发,直接根据计算机控制理论(采样控制理论)来设计数字控制器,这类方法称为离散化设计方法。离散化设计技术比连续化设计技术更具有一般意义,它完全是根据采样控制系统的特点进行分析和综合,并导出相应的控制规律和算法。

4.3.1 数字控制器的离散化设计步骤

在图 4-16 所示的计算机控制系统框图中,$G_c(s)$ 是被控对象的连续传递函数,$D(z)$ 是数字控制器的脉冲传递函数,$H(s)$ 是零阶保持器的传递函数,T 为采样周期。

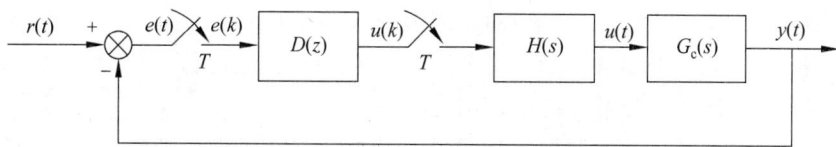

图 4-16 计算机控制系统框图

在图 4-16 中,定义广义对象的脉冲传递函数为

$$G(z) = \frac{B(z)}{A(z)} = Z\left[H(s)G_C(s)\right] = Z\left[\frac{1-e^{-Ts}}{S}G_C(s)\right] \quad (4.3.1)$$

可得图 4-16 对应的闭环脉冲传递函数为

$$\Phi(z) = \frac{D(z)G(z)}{1+D(z)G(z)} \quad (4.3.2)$$

由上式可求得

$$D(z) = \frac{1}{G(z)} \frac{\Phi(z)}{1-\Phi(z)} \qquad (4.3.3)$$

设数字控制器 $D(z)$ 的一般形式为

$$D(z) = \frac{U(z)}{E(z)} = \frac{\sum_{i=0}^{m} b_i z^{-i}}{1 + \sum_{i=1}^{n} a_i z^{-i}}, \quad (n \geqslant m) \qquad (4.3.4)$$

数字控制器的输出 $U(z)$ 为

$$U(z) = \sum_{i=0}^{m} b_i z^{-i} E(z) - \sum_{i=1}^{n} a_i z^{-i} U(z) \qquad (4.3.5)$$

因此，数字控制器 $D(z)$ 的计算机控制算法为

$$u(k) = \sum_{i=0}^{m} b_i e(k-i) - \sum_{i=1}^{n} a_i u(k-i) \qquad (4.3.6)$$

按照式(4.3.6)，就可编写出控制算法程序。

若已知 $G_c(s)$ 且可根据控制系统性能指标要求构造 $\Phi(z)$，则可由式(4.3.1)和式(4.3.3)求得 $D(z)$。由此可得出数字控制器的离散化设计步骤如下：

(1) 根据控制系统的性能指标要求和其他约束条件，确定所需的闭环脉冲传递函数 $\Phi(z)$。

(2) 根据式(4.3.1)求广义对象的脉冲传递函数 $G(z)$。

(3) 根据式(4.3.3)求取数字控制器的脉冲传递函数 $D(z)$。

(4) 根据式(4.3.4)求取控制量 $u(k)$ 的递推计算公式(4.3.6)。

4.3.2 根轨迹法

根轨迹法是分析和设计连续系统的一个重要工具。对于离散系统，在 z 平面中绘制根轨迹的方法与连续系统在 s 平面绘制根轨迹的方法完全相同。因此，根轨迹的设计方法同样可以用于离散系统的设计，其差别仅在于，z 平面中的零极点分布与系统响应性能的关系与在连续系统中的情况有不同的物理解释。在 s 平面中，$s = j\omega$（即虚轴）是稳定边界，而在 z 平面中 $|z| = 1$（即单位圆周）是稳定边界。只要注意到这个差别。那么离散系统的根轨迹设计方法便和连续系统的情况完全一样。

根轨迹法实质上是一种按照极点配置的设计方法。通过设计控制器，使闭环系统的极点放置到所需要的位置。出于绘制根轨迹需要比较复杂的计算，因此，可以利用计算机来进行辅助设计。

由于根轨迹法本质上是一种"试凑"的方法，因此没有一成不变的规程。下面给出一种参考的设计步骤。设离散控制系统具有如图 4-17 所示的结构图。

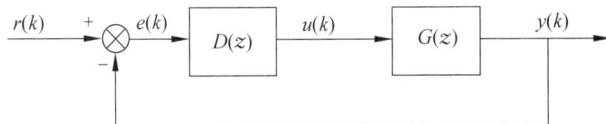

图 4-17 假想的控制系统结构图

（1）设 $D(z)=k$，绘制系统的根轨迹，根据根轨迹的形状进一步确定闭环系统的零极点分布是否能够满足性能指标的要求。若能，说明系统采用比例控制即可；若不能，则转入下一步。

（2）设 $D(z)=\dfrac{k\,(z-z_1)}{(z-p_1)}$，其中 p_1 和 z_1 需要根据设计者的经验给定。然后绘制系统的根轨迹。同时可以通过修正 p_1 和 z_1 来进行反复的比较，直到尽可能达到比较满意的闭环系统的零极点的配置。若满足要求，则设计完成；若仍不能满足要求，则可取 $D(z)$ 为二阶环节，继续上述步骤，直到满意为止。

（3）对最后所设计的系统进行仿真，以校核闭环系统的各项性能。

离散系统的根轨迹设计方法与连续系统完全相同，对于熟悉连续系统设计方法的设计人员来说，这是一个很大的优点。同时，该设计方法直接在 z 域进行，因而采样周期的选择只取决于问题本身，而不受设计方法的限制。该方法的缺点是，若没有计算机辅助设计程序，绘制根轨迹是一件比较复杂的工作。另外，在 z 平面中，零极点的分布与系统性能的关系不很直观，因而需借助于仿真，不断地"试凑"才能获得比较满意的设计效果。

4.3.3 最少拍控制器的设计

在数字随动控制系统中，要求系统的输出值尽快地跟踪给定值的变化，最少拍控制就是为满足这一要求的一种离散化设计方法。所谓最少拍控制，就是要求闭环系统对于某种特定的输入在最少个采样周期内达到无静差的稳态，且闭环脉冲传递函数具有以下形式

$$\Phi(z) = \phi_1 z^{-1} + \phi_2 z^{-2} + \cdots + \phi_N z^{-N} \tag{4.3.7}$$

式中 N 是可能情况下的最小正整数。这一形式表明闭环系统的脉冲响应在 N 个采样周期后变为 0，从而意味着系统在 N 拍之内达到稳态。

1. 闭环脉冲传递函数 $\Phi(z)$ 的确定

由图 4-16 可知，误差 $E(z)$ 的脉冲传递函数为

$$\Phi_e(z) = \frac{E(z)}{R(z)} = \frac{R(z)-Y(z)}{R(z)} = 1 - \Phi(z) \tag{4.3.8}$$

式中，$E(z)$ 为误差信号 $e(t)$ 的 Z 变换，$R(z)$ 为输入函数 $r(t)$ 的 z 变换，$Y(z)$ 为输出量 $y(t)$ 的 Z 变换。于是误差 $E(z)$ 为

$$E(z) = R(z)\Phi_e(z) \tag{4.3.9}$$

对于典型输入函数

$$r(t) = \frac{1}{(q-1)!}t^{q-1} \tag{4.3.10}$$

对应的 z 变换为

$$R(z) = \frac{B(z)}{(1-z^{-1})^q} \tag{4.3.11}$$

式中，$B(z)$ 是不包含 $(1-z^{-1})$ 因子的关于 z^{-1} 的多项式，当 q 分别等于 1、2、3 时，对应的

典型输入为单位阶跃、单位速度、单位加速度输入函数。

根据 z 变换的终值定理，系统的稳态误差为

$$e(\infty) = \lim_{z \to 1}(1 - z^{-1})E(z) = \lim_{z \to 1}(1 - z^{-1})R(z)\Phi_e(z)$$

$$= \lim_{z \to 1}(1 - z^{-1})\frac{B(z)}{(1 - z^{-1})^q}\Phi_e(z) \qquad (4.3.12)$$

由于 $B(z)$ 没有 $(1 - z^{-1})$ 因子，因此要使稳态误差 $e(\infty)$ 为零，必须有

$$\Phi_e(z) = 1 - \Phi(z) = (1 - z^{-1})^q F(z) \qquad (4.3.13)$$

即有

$$\Phi(z) = 1 - \Phi_e(z) = 1 - (1 - z^{-1})^q F(z) \qquad (4.3.14)$$

这里 $F(z)$ 是关于 z^{-1} 的待定系数多项式。显然，为了使 $\Phi(z)$ 能够实现，$F(z)$ 中的首项应取为 1，即

$$F(z) = 1 + f_1 z^{-1} + f_2 z^{-2} + \cdots + f_p z^{-p} \qquad (4.3.15)$$

可以看出，$\Phi(z)$ 具有 z^{-1} 的最高幂次为 $N = p + q$，这表明系统闭环响应在采样点的值经 N 拍可达到稳态。特别当 $p = 0$ 时，即 $F(z) = 1$ 时，系统在采样点的输出可在最少拍（$N_{\min} = q$ 拍）内达到稳态，即为最少拍控制。因此最少拍控制器设计时选择 $\Phi(z)$ 为

$$\Phi(z) = 1 - \Phi_e(z) = 1 - (1 - z^{-1})^q \qquad (4.3.16)$$

由式(4.3.3)可知，最少拍控制器 $D(z)$ 为

$$D(z) = \frac{1}{G(z)}\frac{\Phi(z)}{1 - \Phi(z)} = \frac{1 - (1 - z^{-1})^q}{G(z)\,(1 - z^{-1})^q} \qquad (4.3.17)$$

2. 典型输入下的最少拍控制系统分析

1）单位阶跃输入（$q = 1$）

输入函数 $r(t) = 1(t)$，其 z 变换为

$$R(z) = \frac{1}{1 - z^{-1}}$$

由式(4.3.16)可知

$$\Phi(z) = 1 - (1 - z^{-1})^q = z^{-1}$$

因而有

$$E(z) = R(z)\Phi_e(z) = R(z)\left[1 - \Phi(z)\right] = \frac{1}{1 - z^{-1}}(1 - z^{-1}) = 1$$

$$= 1 \cdot z^0 + 0 \cdot z^{-1} + 0 \cdot z^{-2} + \cdots$$

进一步求得

$$Y(z) = R(z)\Phi(z) = \frac{1}{1 - z^{-1}}z^{-1} = z^{-1} + z^{-2} + z^{-3} + \cdots$$

以上两式说明，只需一拍（一个采样周期）输出就能跟踪输入，误差为 0，过渡过程结束。

2）单位速度输入（$q = 2$）

输入函数 $r(t) = t$ 的 z 变换为

$$R(z) = \frac{Tz^{-1}}{(1-z^{-1})^2}$$

由式(4.3.16)知,有

$$\Phi(z) = 1 - (1-z^{-1})^2 = 2z^{-1} - z^{-2}$$

且有

$$E(z) = R(z)\Phi_e(z) = R(z)[1-\Phi(z)] = \frac{Tz^{-1}}{(1-z^{-1})^2}(1-2z^{-1}+z^{-2}) = Tz^{-1}$$

$$Y(z) = R(z)\Phi(z) = 2Tz^{-2} + 3Tz^{-3} + 4Tz^{-4} + \cdots$$

以上两式说明,只需二拍(两个采样周期)输出就能跟踪输入,达到稳态。

3) 单位加速度输入($q=3$)

单位加速度输入 $r(t) = \frac{1}{2}t^2$ 的 Z 变换为

$$R(z) = \frac{T^2 z^{-1}(1+z^{-1})}{2(1-z^{-1})^3}$$

根据式(4.3.16),有

$$\Phi(z) = 1 - (1-z^{-1})^3 = 3z^{-1} - 3z^{-2} + z^{-3}$$

同理

$$E(z) = \frac{1}{2}T^2 z^{-1} + \frac{1}{2}T^2 z^{-2}$$

上试说明,只需三拍(三个采样周期)输出就能跟踪输入,达到稳态。

3. 最少拍控制器的局限性

1) 最少拍控制器对典型输入的适应性差

最少拍控制器的设计是使系统对某一典型输入的响应为最少拍,但对于其他典型输入不一定为最少拍,甚至会引起大的超调和静差。例如,当 $\Phi(z)$ 是按等速输入设计时有

$$\Phi(z) = 1 - (1-z^{-1})^2 = 2z^{-1} - z^{-2}$$

3 种不同输入时对应的输出如下:

阶跃输入时

$$r(t) = 1(t), \quad R(z) = 1/(1-z^{-1})$$

$$Y(z) = R(z)\Phi(z) = \frac{2z^{-1}-z^{-2}}{1-z^{-1}} = 2z^{-1} + z^{-2} + z^{-3} + \cdots$$

等速输入时

$$r(t) = t, \quad R(z) = \frac{Tz^{-1}}{(1-z^{-1})^2}$$

$$Y(z) = \frac{Tz^{-1}}{(1-z^{-1})^2}(2z^{-1}-z^{-2}) = 2Tz^{-2} + 3Tz^{-3} + 4Tz^{-4} + \cdots$$

等加速输入时

$$r(t) = \frac{1}{2}t^2, \quad R(z) = \frac{T^2 z^{-1}(1+z^{-1})}{2(1-z^{-1})^3}$$

$$Y(z) = R(z)\Phi(z) = \frac{T^2 z^{-1}(1+z^{-1})}{2(1-z^{-1})^3}(2z^{-1}-z^{-2})$$

$$= T^2 z^{-2} + 3.5 T^2 z^{-3} + 7 T^2 z^{-4} + 11.5 T^2 z^{-5} + \cdots$$

对于上述 3 种情况，进行 z 反变换后得到输出序列，如图 4-18 所示。从图中可见，阶跃输入时，超调严重（达 100%），加速输入时有静差。

| (a)阶跃输入 | (b)等速输入 | (c)等加速度输入 |

图 4-18 按等速输入设计的最少拍控制器对不同输入的响应

一般来说，针对一种典型的输入函数 $R(z)$ 设计，得到系统的闭环脉冲传递函数 $\Phi(z)$，用于次数较低的输入函数 $R(z)$ 时，系统将出现较大的超调，响应时间也会增加，但稳态时在采样时刻的误差为 0。反之，当一种典型的最少拍特性用于次数较高的输入函数时，输出将不能完全跟踪输入以致产生稳态误差。由此可见，一种典型的最少拍闭环脉冲传递函数 $\Phi(z)$ 只适应一种特定的输入而不能适应于各种输入。

2）最少拍控制器的可实现性问题

设图 4-15 和式（4.3.1）所示的广义对象的脉冲传递函数为

$$G(z) = \frac{B(z)}{A(z)} \tag{4.3.18}$$

若用 $\deg A(z)$ 和 $\deg B(z)$ 分别表示 $A(z)$ 和 $B(z)$ 的阶数，显然有

$$\deg A(z) > \deg B(z) \tag{4.3.19}$$

设数字控制器 $D(z)$ 为

$$D(z) = \frac{Q(z)}{P(z)} \tag{4.3.20}$$

要使 $D(z)$ 物理上是可实现的，则必须要求

$$\deg P(z) \geqslant \deg Q(z) \tag{4.3.21}$$

上式的含义是：要产生 k 时刻的控制量 $u(k)$，最多只能利用直到 k 时刻的误差 $e(k)$、$e(k-1)$……以及过去时刻的控制量 $u(k-1)$、$u(k-2)$……。

闭环系统的脉冲传递函数为

$$\Phi(z) = \frac{D(z)G(z)}{1 + D(z)G(z)} = \frac{B(z)Q(z)}{A(z)P(z) + B(z)Q(z)} = \frac{B_m(z)}{A_m(z)} \tag{4.3.22}$$

由上式可得

$$\deg A_m(z) - \deg B_m(z) = \deg [A(z)P(z) + B(z)Q(z)] - \deg [B(z)Q(z)]$$
$$= \deg [A(z)P(z)] - \deg [B(z)Q(z)]$$
$$= \deg A(z) - \deg B(z) + \deg P(z) - \deg Q(z) \tag{4.3.23}$$

所以

$$\deg A_m(z) - \deg B_m(z) \geqslant \deg A(z) - \deg B(z) \tag{4.3.24}$$

式(4.3.24)给出了为使 $D(z)$ 物理上可实现时 $\varPhi(z)$ 应满足的条件,该条件的物理意义是:若 $G(z)$ 的分母比分子高 N 阶,则确定 $\varPhi(z)$ 时必须至少分母比分子高 N 阶。

设给定连续被控对象有 d 个采样周期的纯滞后,相应于图 4-15 的广义对象脉冲传递函数为

$$G(z) = \frac{B(z)}{A(z)} z^{-d} \tag{4.3.25}$$

则所设计的闭环脉冲传递函数 $\varPhi(z)$ 中必须含有纯滞后,且滞后时间至少要等于被控对象的滞后时间。否则系统的响应超前于被控对象的输入,这实际上是实现不了的。

3) 最少拍控制的稳定性问题

在前面讨论的设计过程中,对 $G(z)$ 并没有提出限制条件。实际上,只有当 $G(z)$ 是稳定的(即在 z 平面单位圆上和圆外没有极点),且不含有纯滞后环节时,式(4.3.16)才成立。如果 $G(z)$ 不满足稳定条件,则需对设计原则作相应的限制。

由式

$$\varPhi(z) = \frac{D(z)G(z)}{1 + D(z)G(z)} \tag{4.3.26}$$

可以看出,$D(z)$ 和 $G(z)$ 总是成对出现的,但却不允许它们的零点、极点互相对消。这是因为,简单地利用 $D(z)$ 的零点去对消 $G(z)$ 中的不稳定极点,虽然从理论上可以得到一个稳定的闭环系统,但是这种稳定是建立在零极点完全对消的基础上的。当系统的参数产生漂移,或辨识的参数有误差时,这种零极点对消不可能准确实现,从而将引起闭环系统不稳定。上述分析说明,在单位圆外或圆上 $D(z)$ 和 $G(z)$ 不能对消零极点,但并不意味含有这种现象的系统不能补偿成稳定的系统,只是在选择 $\varPhi(z)$ 时必须加一个约束条件,这个约束条件称为稳定性条件。

4.3.4　最少拍有纹波控制器的设计

在图 4-15 所示的系统中,被控对象的传递函数为

$$G_c(s) = G_c'(s) e^{-\tau s} \tag{4.3.27}$$

式中,$G_c'(s)$ 是不含滞后部分的传递函数,τ 为纯滞后时间。

若令

$$d = \tau / T \tag{4.3.28}$$

则有

$$\begin{aligned}
G(z) &= Z\left[\frac{1 - e^{-Ts}}{s} G_c(s)\right] = Z\left[\frac{1 - e^{-Ts}}{s} G_c'(s) e^{-\tau s}\right] \\
&= z^{-d} \cdot Z\left[\frac{1 - e^{-Ts}}{s} G_c'(s)\right] = z^{-d} \cdot \frac{B(z)}{A(z)}
\end{aligned} \tag{4.3.29}$$

这里,当连续被控对象 $G_c(s)$ 中不含纯滞后时,$d = 0$;当 $G(s)$ 中含有纯滞后时,$d \geqslant 1$,即有 d 个采样周期的纯滞后。

设 $A(z)$ 的阶次为 m，$B(z)$ 的阶次为 n，$m > n$，于是，上式可改写为

$$G(z) = z^{-d} \cdot \frac{B(z)}{A(z)} = z^{-d} \cdot \frac{z^{-(m-n)}(c_0 + c_1 z^{-1} + \cdots + c_n z^{-n})}{d_0 + d_1 z^{-1} + \cdots + d_m z^{-m}} \quad (4.3.30)$$

设 $G(z)$ 有 u 个零点 $b_1, b_2, \cdots, b_u$ 和 v 个极点 $a_1, a_2, \cdots, a_v$ 在 z 平面的单位圆上或圆外，$G'(z)$ 是 $G(z)$ 中不含单位圆上或圆外的零极点部分，则广义对象的传递函数可表示为

$$G(z) = \frac{z^{-(d+m-n)} \prod\limits_{i=1}^{u}(1 - b_i z^{-1})}{\prod\limits_{i=1}^{v}(1 - a_i z^{-1})} G'(z) \quad (4.3.31)$$

由式(4.3.3)可以看出，为了避免使 $G(z)$ 在单位圆外或圆上的零点、极点与 $D(z)$ 的极点、零点对消，同时又能实现对系统的补偿，选择系统的闭环脉冲传递函数时必须满足下面的约束条件。

1. $\Phi_e(z)$ 零点的选择

$\Phi_e(z)$ 的零点中，必须包含 $G(z)$ 在 z 平面单位圆外或圆上的所有极点，即

$$\Phi_e(z) = 1 - \Phi(z) = \left[\prod\limits_{i=1}^{v}(1 - a_i z^{-1}) \right](1 - z^{-1})^q \Psi(z) \quad (4.3.32)$$

式中，$\Psi(z)$ 是关于 z^{-1} 的待定多项式，且不含 $G(z)$ 中的不稳定极点 a_i。为了使 $\Phi_e(z)$ 能够实现，$\Psi(z)$ 应具有以下形式

$$\Psi(z) = 1 + \psi_1 z^{-1} + \psi_2 z^{-2} + \cdots + \psi_k z^{-k} \quad (4.3.33)$$

式中，$\psi_1, \psi_2, \cdots, \psi_k$ 为待定系数。

实际上，若 $G(z)$ 有 j 个极点在单位圆上，即在 $z = 1$ 处，则由式(4.3.12)和式(4.3.13)可知，$\Phi_e(z)$ 的选择方法应对式(4.3.33)进行修改，可按以下方法确定 $\Phi_e(z)$：

(1) 若 $j \leqslant q$，则

$$\Phi_e(z) = 1 - \Phi(z) = \left[\prod\limits_{i=1}^{v-j}(1 - a_i z^{-1}) \right](1 - z^{-1})^q \Psi(z) \quad (4.3.34)$$

(2) 若 $j > q$，则

$$\Phi_e(z) = 1 - \Phi(z) = \left[\prod\limits_{i=1}^{v-j}(1 - a_i z^{-1}) \right](1 - z^{-1})^j \Psi(z) \quad (4.3.35)$$

2. $\Phi(z)$ 零点的选择

$\Phi(z)$ 的零点中，必须包含 $G(z)$ 在 z 平面单位圆外或圆上的所有零点，即

$$\Phi(z) = z^{-(d+m-n)} \left[\prod\limits_{i=1}^{u}(1 - b_i z^{-1}) \right] F(z) \quad (4.3.36)$$

式中，$F(z)$ 是关于 z^{-1} 的待定多项式，且不含 $G(z)$ 中的不稳定零点 b_i。$F_2(z)$ 具有以下形式

$$F_2(z) = f_0 + f_1 z^{-1} + f_2 z^{-2} + \cdots + f_p z^{-p} \quad (4.3.37)$$

式中，f_0、$f_1 \cdots \cdots f_p$ 为待定系数。

3. 待定多项式 $\Psi(z)$ 和 $F(z)$ 阶次的确定

因 $\Phi_e(z)=1-\Phi(z)$，故 $\Phi_e(z)$ 和 $\Phi(z)$ 关于 z^{-1} 的多项式阶次相同。对于最少拍控制，式(4.3.33)中的 k 是使 $\Phi_e(z)$ 与 $\Phi(z)$ 阶次相同时的最小值，以此求取 k 值。又因式(4.3.36)与式(4.3.34)或与式(4.3.35)的阶次相同，故有

(1) 若 $G(z)$ 中有 j 个极点在单位圆上，当 $j\leqslant q$ 时，有

$$p=q+v-j-u-d-m+n+k$$
$$F(z)=f_0+f_1z^{-1}+f_2z^{-2}+\cdots+f_{q+v-j-u-d-m+n+k}z^{-(q+v-j-u-d-m+n+k)} \quad (4.3.38)$$

(2) 若 $G(z)$ 中有 j 个极点在单位圆上，当 $j>q$ 时，有

$$p=v-u-d-m+n+k$$
$$F(z)=f_0+f_1z^{-1}+f_2z^{-2}+\cdots+f_{v-u-d-m+n+k}z^{-(v-u-d-m+n+k)} \quad (4.3.39)$$

4. $\Psi(z)$ 和 $F(z)$ 中待定系数的确定

$\Psi(z)$ 和 $F(z)$ 阶次的确定以后，利用等式 $\Phi_e(z)=1-\Phi(z)$ 两边对应 z^{-1} 指数项系数相等的方法求取 $\Psi(z)$ 和 $F(z)$ 中的待定系数。

以上给出了确定 $\Phi(z)$ 时必须满足的约束条件。根据此约束条件，可求得最少拍控制器为

$$D(z)=\frac{1}{G(z)}\frac{\Phi(z)}{1-\Phi(z)}=\begin{cases}\dfrac{F(z)}{G'(z)(1-z^{-1})^{q-j}\Psi(z)},&j\leqslant q\\[3mm]\dfrac{F(z)}{G'(z)\Psi(z)},&j>q\end{cases} \quad (4.3.40)$$

仅根据上述约束条件设计的最少拍控制系统，只保证了在最少的几个采样周期后系统的响应在采样点时是稳态误差为 0，而不能保证任意两个采样点之间的稳态误差为 0。这种控制系统输出信号 $y(t)$ 有纹波存在，故称为最少拍有纹波控制系统，式(4.3.40)的控制器为最少拍有纹波控制器。$y(t)$ 的纹波在采样点上观测不到，要用修正 z 变换方能计算得出两个采样点之间的输出值，这种纹波称为**隐蔽振荡(hidden oscillations)**。

【例 4-1】　在图 4-19 所示的计算机控制系统中，被控对象的传递函数和零阶保持器的传递函数分别为 $G_c(s)=\dfrac{10}{s(s+1)}$ 和 $H(s)=\dfrac{1-e^{-Ts}}{s}$。采样周期 $T=1s$，试针对单位速度输入函数设计最少拍有纹波系统，画出数字控制器和系统的输出波形。

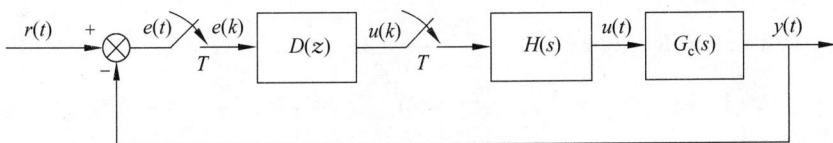

图 4-19　计算机控制系统框图

【解】　首先求取广义对象的脉冲传递函数

$$G(z)=Z\left[\frac{1-e^{-Ts}}{s}\cdot\frac{10}{s(s+1)}\right]=(1-z^{-1})Z\left[\frac{10}{s^2(s+1)}\right]$$

$$= 10(1-z^{-1})\left[\frac{z^{-1}}{(1-z^{-1})^2} - \frac{1}{1-z^{-1}} + \frac{1}{1-0.3679z^{-1}}\right]$$

$$= \frac{3.679z^{-1}(1+0.718z^{-1})}{(1-z^{-1})(1-0.3679z^{-1})}$$

上式中,$d=0,m=2,n=1,q=2,u=0,v=1,j=1$,且 $j<q$。对单位速度输入信号,根据式(4.3.33)选择 $k=0$,可使 $\Phi_e(z)$ 与 $\Phi(z)$ 阶次相同。于是由式(4.3.34)得

$$\Phi_e(z) = 1-\Phi(z) = \left[\prod_{i=1}^{v-j}(1-a_i z^{-1})\right](1-z^{-1})^q\Psi(z) = (1-z^{-1})^2$$

依式(4.3.39)有

$$F(z) = f_0 + f_1 z^{-1}$$

由式(4.3.36)和式(4.3.39)得

$$\Phi(z) = z^{-(d+m-n)}\left[\prod_{i=1}^{u}(1-b_i z^{-1})\right]F(z) = z^{-1}(f_0 + f_1 z^{-1})$$

因为

$$\Phi_e(z) = 1-\Phi(z)$$

所以

$$(1-z^{-1})^2 = 1-z^{-1}(f_0 + f_1 z^{-1})$$

由上式等号两边对应项的系数相等得

$$\begin{cases} f_0 = 2 \\ f_1 = -1 \end{cases}$$

故

$$\Phi(z) = 2z^{-1} - z^{-2}$$

$$D(z) = \frac{1}{G(z)}\frac{\Phi(z)}{1-\Phi(z)}$$

$$= \frac{(1-z^{-1})(1-0.3679z^{-1})(2z^{-1}-z^{-2})}{3.679z^{-1}(1+0.718z^{-1})(1-z^{-1})^2}$$

$$= \frac{0.5434(1-0.5z^{-1})(1-0.3679z^{-1})}{(1-z^{-1})(1+0.718z^{-1})}$$

进一步求得

$$E(z) = \Phi_e(z)R(z) = (1-z^{-1})^2\frac{Tz^{-1}}{(1-z^{-1})^2} = z^{-1}$$

$$Y(z) = R(z)\Phi(z) = \frac{Tz^{-1}}{(1-z^{-1})^2}(2z^{-1}-z^{-2})$$

$$= 2z^{-2} + 3z^{-3} + 4z^{-4} + \cdots$$

$$U(z) = E(z)D(z)$$

$$= z^{-1}\frac{0.5434(1-0.5z^{-1})(1-0.3679z^{-1})}{(1-z^{-1})(1+0.718z^{-1})}$$

$$= 0.54z^{-1} - 0.32z^{-2} + 0.40z^{-3} - 0.12z^{-4} + 0.25z^{-5} + \cdots$$

由此,可画出数字控制器和系统的输出波形,见图 4-20(a)和图 4-20(b)。

(a) 控制器输出　　　　　(b) 系统输出

图 4-20　输出序列波形

4.3.5　最少拍无纹波控制器的设计

按最少拍有纹波系统设计的控制器,其系统的输出值跟踪输入值后,在非采样点有纹波存在。原因在于数字控制器的输出序列 $u(k)$ 经过若干拍后,不为常值或 0,而是振荡收敛的。非采样时刻的纹波现象不仅造成非采样时刻有偏差,而且浪费执行机构的功率,增加机械磨损,因此必须消除。

1. 设计最少拍无纹波控制器的必要条件

无纹波系统要求系统的输出信号在采样点之间不出现纹波,必须满足:

(1) 对阶跃输入,当 $t \geqslant NT$ 时,有 $y(t)=$ 常数;

(2) 对速度输入,当 $t \geqslant NT$ 时,有 $\dot{y}(t)=$ 常数;

(3) 对加速度输入,当 $t \geqslant NT$ 时,有 $\ddot{y}(t)=$ 常数。

这样,被控对象 $G_c(s)$ 必须有能力给出与系统输入 $r(t)$ 相同的且平滑的输出 $y(t)$。如果针对速度输入函数进行设计,那么稳态过程中 $G_c(s)$ 的输出也必须是速度函数,为了产生这样的速度输出函数,$G_c(s)$ 中必须至少有一个积分环节,使得控制信号 $u(k)$ 为常值(包括零)时,$G_c(s)$ 的稳态输出是所要求的速度函数。同理,若针对加速度输入函数设计的无纹波控制器,则 $G_c(s)$ 中必须至少有两个积分环节。因此,设计最少拍无纹波控制器时,$G_c(s)$ 中必须含有足够的积分环节,以保证 $u(t)$ 为常数时,$G_c(s)$ 的稳态输出完全跟踪输入,且无纹波。

2. 最少拍无纹波系统确定 $\Phi(z)$ 的约束条件

要使系统的稳态输出无纹波,就要求稳态时的控制信号 $u(k)$ 为常数或零。控制信号 $u(k)$ 的 z 变换为

$$U(z) = \sum_{k=0}^{\infty} u(k)z^{-k} = u(0) + u(1)z^{-1} + u(2)z^{-2} + \cdots \\ + u(l)z^{-l} + u(l+1)z^{-(l+1)} + \cdots \tag{4.3.41}$$

如果系统经过 l 个采样周期到达稳态,无纹波系统要求 $u(l)=u(l+1)=u(l+2)=\cdots=$

常数或 0。

设广义对象 $G(z)$ 含有 d 个采样周期的纯滞后

$$G(z) = \frac{B(z)}{A(z)} z^{-d} \qquad (4.3.42)$$

而

$$U(z) = \frac{Y(z)}{G(z)} = \frac{\Phi(z)}{G(z)} R(z)$$

将式(4.3.42)代入上式,得

$$U(z) = \frac{\Phi(z)}{z^{-d} B(z)} A(z) R(z) = \Phi_u(z) R(z) \qquad (4.3.43)$$

其中

$$\Phi_u(z) = \frac{\Phi(z)}{z^{-d} B(z)} A(z) \qquad (4.3.44)$$

要使控制信号 $u(k)$ 在稳态过程中为常数或 0,那么 $\Phi_u(z)$ 只能是关于 z^{-1} 的有限多项式。因此式(4.3.44)中的 $\Phi(z)$ 必须包含 $G(z)$ 的分子多项式 $B(z)$,即 $\Phi(z)$ 必须包含 $G(z)$ 的所有零点。这样,原来最少拍有纹波系统设计时确定 $\Phi(z)$ 的公式(4.3.36)应修改为

$$\Phi(z) = z^{-(d+m-n)} \left[\prod_{i=1}^{\omega} (1 - b_i z^{-1}) \right] F(z) \qquad (4.3.45)$$

式中,ω 为 $G(z)$ 的所有零点数;$b_1, b_2, \cdots, b_\omega$ 为 $G(z)$ 的所有零点;$F(z)$ 是关于 z^{-1} 的多项式,且不含 $G(z)$ 中的不稳定零点 b_i。

$F(z)$ 具有以下形式

$$F(z) = f_0 + f_1 z^{-1} + f_2 z^{-2} + \cdots + f_p z^{-p} \qquad (4.3.46)$$

式中,$f_0, f_1, \cdots, f_p$ 为待定系数。

3. 多项式 $\Psi(z)$ 和 $F(z)$ 中阶次的确定

因 $\Phi_e(z) = 1 - \Phi(z)$,故 $\Phi_e(z)$ 和 $\Phi(z)$ 关于 z^{-1} 的多项式阶次相同。对于最少拍控制,式(4.3.33)中的 k 是使 $\Phi_e(z)$ 与 $\Phi(z)$ 阶次相同时的最小值。又因式(4.3.36)与式(4.3.34)或与式(4.3.45)的阶次相同,故有待定系数 $f_0, f_1, \cdots, f_p$ 可由以下求得。

(1) 若 $G(z)$ 中有 j 个极点在单位圆上,当 $j \leqslant q$ 时,有

$$p = q + v - j - \omega - d - m + n + k$$
$$F(z) = f_0 + f_1 z^{-1} + f_2 z^{-2} + \cdots + f_{q+v-j-\omega-d-m+n+k} z^{-(q+v-j-\omega-d-m+n+k)} \qquad (4.3.47)$$

(2) 若 $G(z)$ 中有 j 个极点在单位圆上,当 $j > q$ 时,有

$$p = v - \omega - d - m + n + k$$
$$F(z) = f_0 + f_1 z^{-1} + f_2 z^{-2} + \cdots + f_{v-\omega-d-m+n+k} z^{-(v-\omega-d-m+n+k)} \qquad (4.3.48)$$

4. $\Psi(z)$ 和 $F(z)$ 中待定系数的确定

$\Psi(z)$ 和 $F(z)$ 阶次的确定以后,利用等式 $\Phi_e(z) = 1 - \Phi(z)$ 两边对应 z^{-1} 指数项系数相等的方法求取 $\Psi(z)$ 和 $F(z)$ 中的待定系数。

5. 调整时间的变化

无纹波系统的调整时间要增加若干拍,增加的拍数等于 $G(z)$ 在单位圆内的零点数。

【例 4-2】 在例 4-1 中,广义对象为($T=1\mathrm{s}$)

$$G(z) = \frac{3.679z^{-1}(1+0.718z^{-1})}{(1-z^{-1})(1-0.3679z^{-1})}$$

试针对单位速度输入函数,设计最少拍无纹波系统,并绘出数字控制器和系统的输出波形图。

【解】 由 $G(z)$ 的表达式和 $G_c(s)$ 知,满足无纹波设计的必要条件,且 $d=0,m=2$, $n=1,q=2,w=1,v=1,j=1$,且 $j<q$。由于选择 $k=0$ 时,$1-\Phi(z)\neq\Phi_e(z)$,因此,根据式(4.3.33)只能选择最小 k 的为 $k=1$,于是由式(4.2.34)得

$$\Phi_e(z) = 1-\Phi(z) = \left[\prod_{i=1}^{v-j}(1-a_iz^{-1})\right](1-z^{-1})^q\Psi(z) = (1-z^{-1})^2(1+\psi_1z^{-1})$$

依式(4.2.47)有

$$F(z) = f_0 + f_1z^{-1}$$

由式(4.3.45)和式(4.3.47)选择

$$\Phi(z) = z^{-(d+m-n)}\left[\prod_{i=1}^{\omega}(1-b_iz^{-1})\right]F(z) = z^{-1}(1+0.718z^{-1})(f_0+f_1z^{-1})$$

因

$$1-\Phi(z) = \Phi_e(z)$$

故

$$1 - f_0z^{-1} - (f_1+0.718f_0)z^{-2} - 0.718f_1z^{-3}$$
$$= 1 + (\psi_1-2)z^{-1} + (1-2\psi_1)z^{-2} + \psi_1z^{-3}$$

$$\begin{cases}\psi_1-2=-f_0\\1-2\psi_1=-(f_1+0.718f_0)\Rightarrow\\\psi_1=-0.718f_1\end{cases}\begin{cases}\psi_1=0.592\\f_0=1.408\\f_1=-0.825\end{cases}$$

故有

$$\Phi(z) = (1+0.718z^{-1})(1.408z^{-1}-0.852z^{-2})$$
$$\Phi_e(z) = (1-z^{-1})^2(1+0.592z^{-1})$$
$$D(z) = \frac{1}{G(z)}\frac{\Phi(z)}{1-\Phi(z)} = \frac{0.272(1-0.3679z^{-1})(1.408-0.825z^{-1})}{(1-z^{-1})(1+0.592z^{-1})}$$
$$Y(z) = R(z)\Phi(z) = \frac{Tz^{-1}}{(1-z^{-1})^2}(1+0.718z^{-1})(1.408z^{-1}-0.825z^{-2})$$
$$= 1.41z^{-2} + 3z^{-3} + 4z^{-4} + 5z^{-5} + \cdots$$
$$U(z) = \frac{Y(z)}{G(z)} = \frac{R(z)\Phi(z)}{G(z)}$$
$$= \frac{Tz^{-1}}{(1-z^{-1})^2}\times(1+0.718z^{-1})(1.408z^{-1}-0.825z^{-2})$$
$$\times\frac{(1-z^{-1})(1-0.3679z^{-1})}{3.679z^{-1}(1+0.718z^{-1})}$$
$$= 0.38z^{-1} + 0.02z^{-2} + 0.09z^{-3} + 0.09z^{-4} + \cdots$$

数字控制器和系统的输出波形如图 4-21 所示。

(a) 数字控制输出 　　　　　　　　　　(b) 系统输出

图 4-21　输出序列波形图

比较例 4-1 和例 4-2 的输出序列波形图,可以看出,有纹波系统的调整时间为两个采样周期,无纹波系统的调整时间为 3 个采样周期,比有纹波系统调整时间增加一拍,因为 $G(z)$ 在单位圆内有一个零点。

4.4　纯滞后控制技术

在工业过程(如热工、化工)控制中,由于物料或能量的传输延迟,许多被控制对象具有纯滞后性质。对象的这种纯滞后性质常引起系统产生超调或者振荡。早在 20 世纪 50 年代,国外就对工业生产过程中纯滞后对象进行了深入的研究。

4.4.1　施密斯预估控制

施密斯(Smith)提出了一种纯滞后补偿模型,但由于模拟仪表不能实现这种补偿,致使这种方法在工程中无法实现。现在人们利用微型计算机可以方便地实现纯滞后补偿。

1. 施密斯预估控制原理

在图 4-22 所示的单回路控制系统中,$D(s)$ 表示调节器的传递函数,用于校正 $G_P(s)$ 部分;$G_P(s)e^{-\tau s}$ 表示被控对象的传递函数,$G_P(s)$ 为被控制对象中不包含纯滞后部分的传递函数,$e^{-\tau s}$ 为被控制对象纯滞后部分的传递函数。

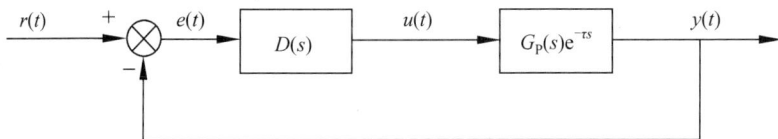

图 4-22　带纯滞后环节的控制系统

施密斯预估控制原理是:与 $D(s)$ 并接一补偿环节,用来补偿被控制对象中的纯滞后部分。这个补偿环节称为预估器，其传递函数为 $G_P(s)(1-e^{-\tau s})$，τ 为纯滞后时间，补偿后的系统框图如图 4-23 所示。

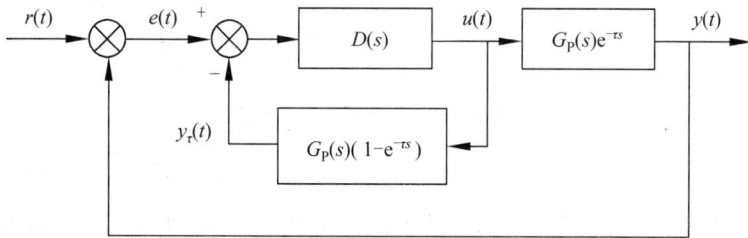

图 4-23　带施密斯预估器的控制系统

由施密斯预估器和调节器 $D(s)$ 组成的补偿回路称为纯滞后补偿器，其传递函数为 $D'(s)$，即

$$D'(s) = \frac{D(s)}{1+D(s)G_P(s)(1-e^{-\tau s})}$$

经补偿后的系统闭环传递函数为

$$\Phi(s) = \frac{D'(s)G_P(s)e^{-\tau s}}{1+D'(s)G_P(s)e^{-\tau s}} = \frac{D(s)G_P(s)}{1+D(s)G_P(s)}e^{-\tau s} \tag{4.4.1}$$

式(4.4.1)说明，经补偿后，消除了纯滞后部分对控制系统的影响，因为式中的 $e^{-\tau s}$ 在闭环控制回路之外，不影响系统的稳定性，拉氏变换的位移定理说明，$e^{-\tau s}$ 仅将控制作用在时间坐标上推移了一个时间 τ，控制系统的过渡过程及其他性能指标都与对象特性为 $G_P(s)$ 时完全相同。

2. 具有纯滞后补偿的数字控制器

由图 4-24 可见，纯滞后补偿的数字控制器由两部分组成：一部分是数字 PID 控制器（由 $D(s)$ 离散化得到）；一部分是施密斯预估器。

图 4-24　具有纯滞后补偿的控制系统

1) 施密斯预估器

滞后环节使信号延迟，为此，在内存中专门设定 N 个单元作为存放信号 $m(k)$ 的历史数据，存储单元的个数 N 由下式决定。

$$N = \tau/T$$

式中：τ 为纯滞后时间；T 为采样周期。

每采样一次，把 $m(k)$ 记入 0 单元，同时把 0 单元原来存放数据移到 1 单元，1 单元原来存放数据移到 2 单元……，依此类推。从单元 N 输出的信号，就是滞后 N 个采样周期

的 $m(k-N)$ 信号。

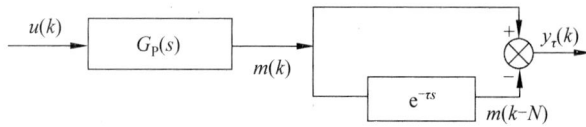

图 4-25   施密斯预估器方框图

施密斯预估器的输出可按图 4-25 的顺序计算。图 4-25 中，$u(k)$ 是 PID 数字控制器的输出，$y_\tau(k)$ 是施密斯预估器的输出。从图 4-25 中可知，必须先计算传递函数 $G_P(s)$ 的输出 $m(k)$ 后，才能计算预估器的输出：

$$y_\tau(k) = m(k) - m(k-N)$$

许多工业对象可近似用一阶惯性环节和纯滞后环节的串联来表示：

$$G_c(s) = G_P(s) \mathrm{e}^{-\tau s} = \frac{K_f}{1 + T_f s} \mathrm{e}^{\tau s}$$

式中，K_f 为被控对象的放大系数；T_f 为被控对象的时间常数；τ 为纯滞后时间。

预估器的传递函数为

$$G_\tau(s) = G_P(s)(1 - \mathrm{e}^{\tau s}) = \frac{K_f}{1 + T_f s}(1 - \mathrm{e}^{\tau s})$$

2) 纯滞后补偿控制算法步骤

① 计算反馈回路的偏差 $e_1(k)$。

$$e_1(k) = r(k) - y(k)$$

② 计算纯滞后补偿器的输出 $y_\tau(k)$。

$$\frac{Y_\tau(s)}{U(s)} = G_P(s)(1 - \mathrm{e}^{-\tau s}) = \frac{K_f(1 - \mathrm{e}^{-NTS})}{T_f s + 1}$$

化成微分方程式，则可写成

$$T_f \frac{\mathrm{d}y_\tau(t)}{\mathrm{d}t} + y_\tau(t) = K_f \left[u(t) - u(t - NT) \right]$$

利用后向差分代替微分，上式相应的差分方程为

$$y_\tau(k) = a y_\tau(k-1) + b \left[u(k) - u(k-N) \right] \tag{4.4.2}$$

式中，$a = \dfrac{T_f}{T_f + T}$，$b = K_f \dfrac{T}{T_f + T}$。式(4.3.2)称为施密斯预估控制算式。

③ 计算偏差 $e_2(k)$。

$$e_2(k) = e_1(k) - y_\tau(k)$$

④ 计算控制器的输出 $u(k)$。

当控制器采用 PID 控制算法时，则

$$
\begin{aligned}
u(k) &= u(k-1) + \Delta u(k) \\
&= u(k-1) + K_P \left[e_2(k) - e_2(k-1) \right] + K_I e_2(k) \\
&\quad + K_D \left[e_2(k) - 2 e_2(k-1) + e_2(k-2) \right]
\end{aligned}
$$

式中，K_P 为 PID 控制的比例系数；$K_I = K_P T / T_I$ 为积分系数；$K_D = K_P T_D / T$ 为微分系数。

4.4.2　达林算法

1. 数字控制器 $D(z)$ 的形式

被控对象 $G_c(s)$ 是带有纯滞后的一阶或二阶惯性环节,即

$$G_c(s) = \frac{K}{1 + T_1 s} e^{-\tau s} \tag{4.4.3}$$

或

$$G_c(s) = \frac{K}{(1 + T_1 s)(1 + T_2 s)} e^{-\tau s} \tag{4.4.4}$$

式中:τ 为纯滞后时间;T_1、T_2 为时间常数;K 为放大系数。

达林(Dahlin)算法的设计目标是使整个闭系统所期望的传递函数 $\Phi(s)$ 相当于一个延迟环节和一个惯性环节相串联,即

$$\Phi(s) = \frac{1}{T_\tau s + 1} e^{-\tau s} \tag{4.4.5}$$

并期望整个闭环系统的纯滞后时间和被控对象 $G_c(s)$ 的纯滞后时间 τ 相同。式(4.4.5)中 T_τ 为闭环系统的时间常数,纯滞后时间 τ 与采样周期 T 有整数倍关系。

$$\tau = NT \quad (N = 1, 2, \cdots)$$

由微型机组成的数字控制系统如图 4-16 所示。

用脉冲传递函数近似法求得与 $\Phi(s)$ 对应的闭环脉冲传递函数 $\Phi(z)$

$$\Phi(z) = \frac{Y(z)}{R(z)} = Z\left[\frac{1 - e^{-Ts}}{s} \cdot \frac{e^{-\tau s}}{T_\tau s + 1}\right]$$

代入 $\tau = NT$,并进行 z 变换

$$\Phi(z) = \frac{(1 - e^{-T/T_\tau}) z^{-N-1}}{1 - e^{-T/T_\tau} z^{-1}} \tag{4.4.6}$$

由式(4.2.3)有

$$\begin{aligned}
D(z) &= \frac{1}{G(z)} \frac{\Phi(z)}{1 - \Phi(z)} \\
&= \frac{1}{G(z)} \frac{z^{-N-1}(1 - e^{-T/T_\tau})}{1 - e^{-T/T_\tau} z^{-1} - (1 - e^{-T/T_\tau}) z^{-N-1}}
\end{aligned} \tag{4.4.7}$$

假若已知被控对象的脉冲传递函数 $G(z)$,就可由式(4.4.7)求出数字控制器的脉冲传递函数 $D(z)$。

(1) 被控对象为带纯滞后的一阶惯性环节,其脉冲传递函数为

$$G(z) = Z\left[\frac{1 - e^{-Ts}}{s} \cdot \frac{K e^{-\tau s}}{T_1 s + 1}\right]$$

代以 $\tau = NT$,得

$$G(z) = Z\left[\frac{1 - e^{-Ts}}{s} \cdot \frac{K e^{-\tau s}}{T_1 s + 1}\right] = K z^{-N-1} \frac{1 - e^{-T/T_1}}{1 - e^{-T/T_1} z^{-1}} \tag{4.4.8}$$

将式(4.4.8)代入式(4.4.7)得到数字控制器的算式

$$D(z) = \frac{(1 - e^{-T/T_\tau})(1 - e^{-T/T_1} z^{-1})}{K(1 - e^{-T/T_1})[1 - e^{-T/T_\tau} z^{-1} - (1 - e^{-T/T_\tau}) z^{-N-1}]}$$

(2) 被控对象为带纯滞后的二阶惯性环节,其脉冲传递函数为

$$G(z) = Z\left[\frac{1-\mathrm{e}^{-Ts}}{s} \cdot \frac{K\mathrm{e}^{-\tau s}}{(T_1 s+1)(T_2 s+1)}\right]$$

代以 $\tau=NT$,并进行 z 变换,得到

$$G(z) = \frac{K(C_1+C_2 z^{-1})z^{-N-1}}{(1-\mathrm{e}^{-T/T_1}z^{-1})(1-\mathrm{e}^{-T/T_2}z^{-1})} \tag{4.4.9}$$

其中

$$\begin{cases} C_1 = 1 + \dfrac{1}{T_2-T_1}(T_1\mathrm{e}^{-T/T_1} - T_2\mathrm{e}^{-T/T_2}) \\ C_2 = \mathrm{e}^{-T(1/T_1+1/T_2)} + \dfrac{1}{T_2-T_1}(T_1\mathrm{e}^{-T/T_2} - T_2\mathrm{e}^{-T/T_1}) \end{cases} \tag{4.4.10}$$

将式(4.4.9)代入式(4.4.7)得

$$D(z) = \frac{(1-\mathrm{e}^{-T/T_\tau})(1-\mathrm{e}^{T/T_1}z^{-1})(1-\mathrm{e}^{-T/T_2}z^{-1})}{K(C_1+C_2 z^{-1})\left[1-\mathrm{e}^{T/T_\tau}z^{-1}-(1-\mathrm{e}^{-T/T_\tau})z^{-N-1}\right]}$$

2. 振铃现象及其消除

所谓振铃(ringing)现象,是指数字控制器的输出以 1/2 采样频率大幅度衰减的振荡。这与前面所介绍的快速有纹波系统中的纹波是不一样的。纹波是由于控制器输出一直是振荡的,影响到系统的输出一直有纹波。而振铃现象中的振荡是衰减的。由于被控对象中惯性环节的低通特性,使得这种振荡对系统的输出几乎无任何影响。但是振铃现象却会增加执行机构的磨损,在有交互作用的多参数控制系统中,振铃现象还有可能影响到系统的稳定性。

1) 振铃现象的分析

如图 4-16 所示,系统的输出 $Y(z)$ 和数字控制器的输出 $U(z)$ 间有下列关系:

$$Y(z) = U(z)G(z)$$

系统的输出 $Y(z)$ 和输入函数的 $R(z)$ 之间有下列关系:

$$Y(z) = R(z)\Phi(z)$$

由上面两式得到数字控制器的输出 $U(z)$ 与输入函数的 $R(z)$ 之间的关系:

$$\frac{U(z)}{R(z)} = \frac{\Phi(z)}{G(z)} \tag{4.4.11}$$

令

$$\Phi_u(z) = \frac{\Phi(z)}{G(z)} \tag{4.4.12}$$

显然可由式(4.4.11)得到

$$U(z) = \Phi_u(z)R(z)$$

$\Phi_u(z)$ 表达了数字控制器的输出与输入函数在闭环时的关系,是分析振铃现象的基础。

对于单位阶跃输入函数 $R(z)=1/(1-z^{-1})$,含有极点 $z=1$,如果 $\Phi_u(z)$ 的极点在 z 平面的负实轴上,且与 $z=-1$ 点相近,那么数字控制器的输出序列 $u(k)$ 中将含有这两种幅值相近的瞬态项,而且瞬态项的符号在不同时刻是不相同的。当两瞬态项符号相同

时,数字控制器的输出控制作用加强,符号相反时,控制作用减弱,从而造成数字控制器的输出序列大幅度波动。分析 $\Phi_u(z)$ 在 z 平面负实轴上的极点分布情况,就可得出振铃现象的有关结论。下面分析带纯滞后的一阶或二阶惯性环节系统中的振铃现象。

(1) 带纯滞后的一阶惯性环节

被控对象为带纯滞后的一阶惯性环节时,其脉冲传递函数 $G(z)$ 为式(4.4.8),闭环系统的期望传递函数为式(4.4.6),将二式代入式(4.4.12),有

$$\Phi_u(z) = \frac{\Phi(z)}{G(z)} = \frac{(1 - e^{-T/T_\tau})(1 - e^{-T/T_1}z^{-1})}{K(1 - e^{-T/T_1})(1 - e^{-T/T_\tau}z^{-1})} \tag{4.4.13}$$

求得极点 $z = e^{-T/T_\tau}$,显然 z 永远是大于 0 的。故得出结论:在带纯滞后的一阶惯性环节组成的系统中,数字控制器输出对输入的脉冲传递函数不存在负实轴上的极点,这种系统不存在振铃现象。

(2) 带纯滞后的二阶惯性环节

被控制对象为带纯滞后的二阶惯性环节时,其脉冲传递函数 $G(z)$ 为式(4.4.9),闭环系统的期望传递函数仍为式(4.4.6),把二式代入式(4.4.12)后有

$$\Phi_u(z) = \frac{\Phi(z)}{G(z)} = \frac{(1 - e^{-T/T_\tau})(1 - e^{-T/T_1}z^{-1})(1 - e^{-T/T_2}z^{-1})}{KC_1(1 - e^{-T/T_\tau}z^{-1})\left(1 + \dfrac{C_2}{C_1}z^{-1}\right)} \tag{4.4.14}$$

式(4.4.14)有两个极点,第一个极点在 $z = e^{-T/T_\tau}$,不会引起振铃现象;第二个极点在 $z = -\dfrac{C_2}{C_1}$。由式(4.4.10),在 $T \to 0$ 时,有

$$\lim_{T \to 0}\left[-\frac{C_2}{C_1}\right] = -1$$

说明可能出现负实轴上与 $z = -1$ 相近的极点,这一极点将引起振铃现象。

2) 振铃幅度 RA

振铃幅度 RA 用来衡量振铃强烈的程度。为了描述振铃强烈的程度,应找出数字控制器输出量的最大值 $u_{\max}$。由于这一最大值与系统参数的关系难于用解析的式子描述出来,所以常用单位阶跃作用下数字控制器第 0 次输出量与第一次输出量的差值来衡量振铃现象强烈的程度。

由式(4.4.12),$\Phi_u(z) = \Phi(z)/G(z)$ 是 z 的有理分式,写成一般形式为

$$\Phi_u(z) = \frac{1 + b_1 z^{-1} + b_2 z^{-2} + \cdots}{1 + a_1 z^{-1} + a_2 z^{-2} + \cdots} \tag{4.4.15}$$

在单位阶跃输入函数的作用下,数字控制器输出量的 z 变换是

$$U(z) = R(z)\Phi_u(z) = \frac{1}{1 - z^{-1}} \cdot \frac{1 + b_1 z^{-1} + b_2 z^{-2} + \cdots}{1 + a_1 z^{-1} + a_2 z^{-2} + \cdots}$$

$$= \frac{1 + b_1 z^{-1} + b_2 z^{-2} + \cdots}{1 + (a_1 - 1)z^{-1} + (a_2 - a_1)z^{-2} + \cdots}$$

$$= 1 + (b_1 - a_1 + 1)z^{-1} + \cdots$$

所以

$$\text{RA} = 1 - (b_1 - a_1 + 1) = a_1 - b_1 \tag{4.4.16}$$

对于带纯滞后的二阶惯性环节组成的系统,其振铃幅度由式(4.4.14)可得

$$\mathrm{RA} = \frac{C_2}{C_1} - \mathrm{e}^{-T/T_\tau} + \mathrm{e}^{-T/T_1} + e^{-T/T_2} \qquad (4.4.17)$$

根据式(4.4.10)及式(4.4.17),当 $T \to 0$ 时,可得

$$\lim_{T \to 0} \mathrm{RA} = 2$$

3) 振铃现象的消除

有两种方法可用来消除振铃现象。第一种方法是先找出 $D(z)$ 中引起振铃现象的因子($z=-1$ 附近的极点),然后令其中的 $z=1$,根据终值定理,这样处理不影响输出量的稳态值。下面具体说明这种处理方法。

前面已介绍在带纯滞后的二阶惯性环节系统中,数字控制器的 $D(z)$ 为

$$D(z) = \frac{(1-\mathrm{e}^{-T/T_\tau})(1-\mathrm{e}^{-T/T_1}z^{-1})(1-\mathrm{e}^{-T/T_2}z^{-1})}{K(C_1+C_2 z^{-1})\left[1-\mathrm{e}^{-T/T_\tau}z^{-1}-(1-\mathrm{e}^{-T/T_\tau})z^{-N-1}\right]}$$

其极点 $z=-\dfrac{C_2}{C_1}$ 将引起振铃现象。令极点因子 $(C_1+C_2 z^{-1})$ 中的 $z=1$,就可消除这个振铃极点。由式(4.4.10)得:

$$C_1+C_2 = (1-\mathrm{e}^{-T/T_1})(1-\mathrm{e}^{-T/T_2})$$

消除振铃极点 $z=-C_2/C_1$ 后,有

$$D(z) = \frac{(1-\mathrm{e}^{-T/T_\tau})(1-\mathrm{e}^{-T/T_1}z^{-1})(1-\mathrm{e}^{-T/T_2}z^{-1})}{K(1-\mathrm{e}^{-T/T_1})(1-\mathrm{e}^{-T/T_2})\left[1-\mathrm{e}^{-T/T_\tau}z^{-1}-(1-\mathrm{e}^{-T/T_\tau})z^{-N-1}\right]}$$

这种消除振铃现象的方法虽然不影响输出稳态值,但却改变了数字控制器的动态特性,将影响闭环系统的瞬态性能。

第二种方法是从保证闭环系统的特性出发,选择合适的采样周期 T 及系统闭环时间常数 T_τ,使得数字控制器的输出避免产生强烈的振铃现象。从式(4.4.17)中可以看出,带纯滞后的二阶惯性环节组成的系统中,振铃幅度与被控对象的参数 T_1、T_2 有关,与闭环系统期望的时间常数 T_τ 以及采样周期 T 有关。通过适当选择 T 和 T_τ,可以把振铃幅度抑制在最低限度以内。有的情况下,系统闭环时间常数 T_τ 作为控制系统的性能指标被首先确定了,但仍可通过式(4.4.17)选择采样周期 T 来抑制振铃现象。

3. 达林算法的设计步骤

具有纯滞后系统中直接设计数字控制器所考虑的主要性能是控制系统不允许产生超调并要求系统稳定。系统设计中一个值得注意的问题是振铃现象。下面是考虑振铃现象影响时设计数字控制器的一般步骤。

(1) 根据系统的性能,确定闭环系统的参数 T_τ,给出振铃幅度 RA 的指标。

(2) 由式(4.4.7)所确定的振铃幅度 RA 与采样周期 T 的关系,解出给定振铃幅度下对应的采样周期,如果 T 有多解,则选择较大的采样周期。

(3) 确定纯滞后时间 τ 与采样周期 T 之比(τ/T)的最大整数 N。

(4) 求广义对象的脉冲传递函数 $G(z)$ 及闭环系统的脉冲传递函数 $\Phi(z)$。

(5) 求数字控制器的脉冲传递函数 $D(z)$。

4.5　串级控制技术

串级控制是在单回路 PID 控制的基础上发展起来的一种控制技术。当 PID 控制应用于单回路控制一个被控量时,其控制结构简单,控制参数易于整定。但是,当系统中同时有几个因素影响同一个被控量时,如果只控制其中一个因素,将难以满足系统的控制性能。串级控制针对上述情况,在原控制回路中,增加一个或几个控制内回路,用以控制可能引起被控量变化的其他因素,从而有效地抑制了被控对象的时滞特性,提高了系统动态响应的快速性。

4.5.1　串级控制的结构和原理

图 4-26 是一个炉温控制系统,其控制目的是使炉温保持恒定。假如煤气管道中的压力是恒定的,管道阀门的开度对应一定的煤气流量,这时为了保持炉温恒定,只需测量实际炉温,并与炉温设定值进行比较,利用二者的偏差以 PID 控制规律控制煤气管道阀门的开度。

图 4-26　炉温控制系统

但是,实际上,煤气总管道同时向许多炉子供应煤气,管道中的压力可能波动。对于同样的阀位,由于煤气压力的变化,煤气流量要发生变化,最终将引起炉温的变化。系统只有检测到炉温偏离设定值时,才能进行控制,但这种已产生了控制滞后。为了及时检测系统中可能引起被控量变化的某些因素并加以控制,本例中,在炉温控制主回路中,增加煤气流量控制副回路,构成串级控制结构,如图 4-27 所示,图中主控制器 $D_1(s)$ 和副控制器 $D_2(s)$ 分别表示温度调节器 TC 和流量调节器 FC 的传递函数。

图 4-27　炉温和煤气流量的串级控制结构

4.5.2 数字串级控制算法

根据图 4-27，$D_1(s)$ 和 $D_2(s)$ 若由计算机来实现时，则计算机串级控制系统如图 4-28 所示，图中的 $D_1(z)$ 和 $D_2(z)$ 是由计算机实现的数字控制器，$H(s)$ 是零阶保持器，T 为采样周期，$D_1(z)$ 和 $D_2(z)$ 通常是 PID 控制规律。

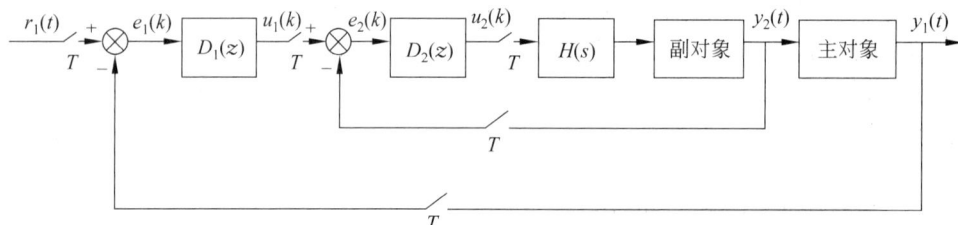

图 4-28　计算机串级控制系统

不管串级控制有多少级，计算的顺序总是从最外面的回路向内进行。对图 4-28 所示的双回路串级控制系统，其计算顺序为

（1）计算主回路的偏差 $e_1(k)$。

$$e_1(k) = r_1(k) - y_1(k) \qquad (4.5.1)$$

（2）计算主回路控制器 $D_1(z)$ 的输出 $u_1(k)$。

$$u_1(k) = u_1(k-1) + \Delta u_1(k) \qquad (4.5.2)$$

$$\begin{aligned}\Delta u(k) = &K_{P_1}[e_1(k) - e_1(k-1)] + K_{I_1}e_1(k) \\ &+ K_{D_1}[e_1(k) - 2e_1(k-1) + e_1(k-2)]\end{aligned} \qquad (4.5.3)$$

其中：K_{P_1} 为比例增益，$K_{I_1} = K_{P_1}\dfrac{T}{T_{I_1}}$ 为积分系数，$K_{D_1} = K_{P_1}\dfrac{T_{D_1}}{T}$ 为微分系数。

（3）计算副回路的偏差 $e_2(k)$。

$$e_2(k) = u_1(k) - y_2(k) \qquad (4.5.4)$$

（4）计算副回路控制器 $D_2(z)$ 的输出 $u_2(k)$。

$$\begin{aligned}\Delta u_2(k) = &K_{P_2}[e_2(k) - e_2(k-1)] + K_{I_2}e_2(k) \\ &+ K_{D_2}[e_2(k) - 2e_2(k-1) + e_2(k-2)]\end{aligned} \qquad (4.5.5)$$

其中：K_{P_2} 为比例增益，$K_{I_2} = K_{P_2}\dfrac{T}{T_{I_2}}$ 为积分系数，$K_{D_2} = K_{P_2}\dfrac{T_{D_2}}{T}$ 为微分系数。

且

$$u_2(k) = u_2(k-1) + \Delta u_2(k) \qquad (4.5.6)$$

4.5.3 副回路微分先行串级控制算法

为了防止主控制器输出（也就是副控制器的给定值）过大而引起副回路的不稳定，同时，也为了克服副对象惯性较大而引起调节品质的恶化，在副回路的反馈通道中加入微分控制，称为副回路微分先行，系统的结构如图 4-29 所示。

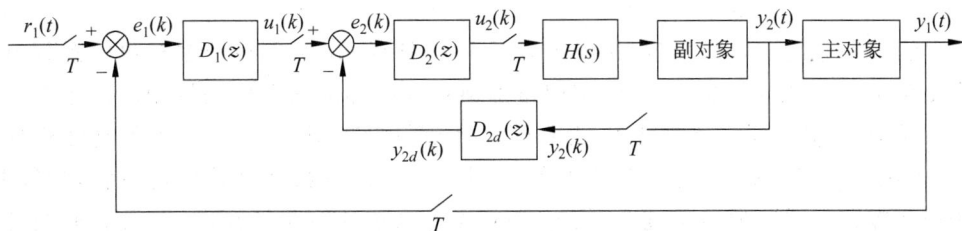

图 4-29　副回路微分先行的串级控制系统

微分先行部分的传递函数为

$$D_{2d}(s) = \frac{Y_{2d}(s)}{Y_2(s)} = \frac{T_2(s)}{\alpha T_2(s) + 1} \tag{4.5.7}$$

其中，α 为微分放大系数。式(4.5.7)相应的微分方程为

$$\alpha T_2 \frac{\mathrm{d}y_{2d}(t)}{\mathrm{d}t} + y_{2d}(t) = T_2 \frac{\mathrm{d}y_2(t)}{\mathrm{d}t} + y_2(t) \tag{4.5.8}$$

写成差分方程为

$$\frac{\alpha T_2}{T} \left[y_{2d}(k) - y_{2d}(k-1) \right] + y_{2d}(k) = \frac{T_2}{T} \left[y_2(k) - y_2(k-1) \right] + y_2(k) \tag{4.5.9}$$

整理得

$$\begin{aligned}
y_{2d}(k) &= \frac{\alpha T_2}{\alpha T_2 + T} y_{2d}(k-1) + \frac{T_2 + T}{\alpha T_2 + T} y_2(k) - \frac{T_2}{\alpha T_2 + T} y_2(k-1) \\
&= \phi_1 y_{2d}(k-1) + \phi_2 y_2(k) - \phi_3 y_2(k-1)
\end{aligned} \tag{4.5.10}$$

式中：

$$\phi_1 = \frac{\alpha T_2}{\alpha T_2 + T}, \quad \phi_2 = \frac{T_2 + T}{\alpha T_2 + T}, \quad \phi_3 = \frac{T_2}{\alpha T_2 + T}$$

系数 ϕ_1、ϕ_2、ϕ_3 可先离线计算，并存入内存指定单元，以备控制计算时调用。下面给出副回路微分先行的串级控制算法。

（1）计算主回路的偏差 $e_1(k)$。

$$e_1(k) = r_1(k) - y_1(k) \tag{4.5.11}$$

（2）计算主控制器的输出 $u_1(k)$。

$$u_1(k) = u_1(k-1) + \Delta u_1(k) \tag{4.5.12}$$

$$\begin{aligned}
\Delta u_1(k) = {} & K_{P_1} \left[e_1(k) - e_1(k-1) \right] + K_{I_1} e_1(k) \\
& + K_{D_1} \left[e_1(k) - 2e_1(k-1) + e_1(k-2) \right]
\end{aligned} \tag{4.5.13}$$

（3）计算微分先行部分的输出 $y_{2d}(k)$。

$$y_{2d}(k) = \phi_1 y_{2d}(k-1) + \phi_2 y_2(k) - \phi_3 y_2(k-1) \tag{4.5.14}$$

（4）计算副回路的偏差 $e_2(k)$。

$$e_2(k) = u_1(k) - y_{2d}(k) \tag{4.5.15}$$

（5）计算副控制器的输出 $u_2(k)$。

$$u_2(k) = u_2(k-1) + \Delta u_2(k) \tag{4.5.16}$$

$$\Delta u_2(k) = K_{P_2}\left[e_2(k) - e_2(k-1)\right] + K_{I_2}e_2(k) \qquad (4.5.17)$$

串级控制系统中,副回路给系统带来了一系列的优点:串级控制较单回路控制系统有更强的抑制扰动的能力,通常副回路抑制扰动的能力比单回路控制高出十几倍乃至上百倍,因此设计此类系统时应把主要的扰动包含在副回路中;对象的纯滞后比较大时,若用单回路控制,则过渡过程时间长,超调量大,参数恢复较慢,控制质量较差,采用串级控制可以克服对象纯滞后的影响,改善系统的控制性能;对于具有非线性的对象,采用单回路控制,在负荷变化时,不相应地改变控制器参数,系统的性能很难满足要求,若采用串级控制,把非线性对象包含在副回路中,由于副控回路是随动系统,能够适应操作条件和负荷的变化,自动改变副控调节器的给定值,因而控制系统仍有良好的控制性能。

在串级控制系统中,主、副控制器的选型非常重要。对于主控制器,为了减少稳态误差,提高控制精度,应具有积分控制,为了使系统反应灵敏,动作迅速,应加入微分控制,因此主控制器应具有 PID 控制规律;对于副控制器,通常可以选用比例控制,当副控制器的比例系数不能太大时,则应加入积分控制,即采用 PI 控制规律,副回路较少采用 PID 控制规律。

4.6 前馈-反馈控制技术

按偏差的反馈控制能够产生作用的前提是,被控量必须偏离设定值。就是说,在干扰作用下,生产过程的被控量,必然是先偏离设定值,然后通过对偏差进行控制,以抵消干扰的影响。如果干扰不断增加,则系统总是跟在干扰作用之后波动,特别是系统滞后严重时波动就更为严重。前馈控制则是按扰动量进行控制的,当系统出现扰动时,前馈控制就按扰动量直接产生校正作用,以抵消扰动的影响。这是一种开环控制形式,在控制算法和参数选择合适的情况下,可以达到很高的精度。

4.6.1 前馈控制的结构和原理

前馈控制的典型结构如图 4-30 所示。

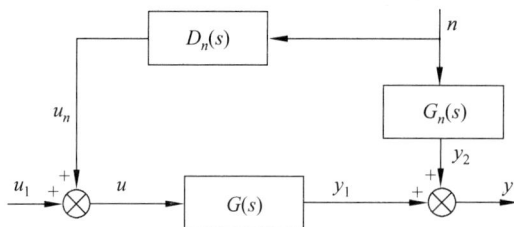

图 4-30 前馈控制结构

图 4-30 中,$G_n(s)$ 是被控对象扰动通道的传递函数,$D_n(s)$ 是前馈控制器的传递函数,$G(s)$ 是被控对象控制通道的传递函数,n、u、y 分别为扰动量、控制量、被控量。

为了便于分析扰动量的影响,假定 $u_1 = 0$,则有

$$Y(s) = Y_1(s) + Y_2(s) = [D_n(s)G(s) + G_n(s)]N(s) \tag{4.6.1}$$

若要使前馈作用完全补偿扰动作用,则应使扰动引起的被控量变化为 0,即 $Y(s) = 0$,因此

$$D_n(s)G(s) + G_n(s) = 0 \tag{4.6.2}$$

由此可得前馈控制器的传递函数为

$$D_n(s) = -\frac{G_n(s)}{D_n(s)} \tag{4.6.3}$$

在实际生产过程控制中,因为前馈控制是一个开环系统,因此,很少只采用前馈控制的方案,常常采用前馈-反馈控制相结合的方案。

4.6.2 前馈-反馈控制结构

采有前馈与反馈控制相结合的控制结构,既能发挥前馈控制对扰动的补偿作用,又能保留反馈控制对偏差的控制作用。图 4-31 给出了前馈-反馈控制结构。

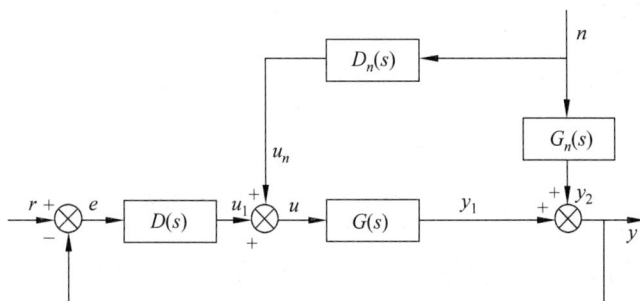

图 4-31 前馈-反馈控制结构图

由图 4-31 可知,前馈-反馈控制结构是在反馈控制的基础上,增加了一个扰动的前馈控制,由于完全补偿的条件未变,因此仍有

$$D_n(s) = -\frac{G_n(s)}{G(s)}$$

实用应用中,还常采用前馈-串级控制结构,如图 4-32 所示。图中,$D_1(s)$、$D_2(s)$ 分别为主、副控制器的传递函数;$G_1(s)$、$G_2(s)$ 分别为主、副对象。

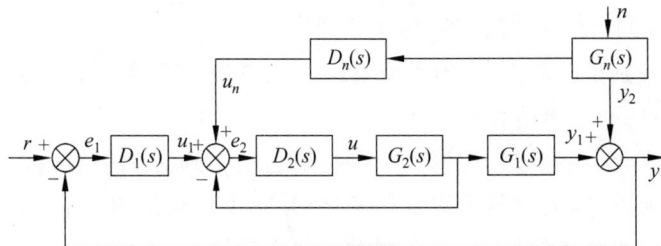

图 4-32 前馈-串级控制结构图

前馈-串级控制能及时克服进入前馈回路和串级副回路的干扰对被控量的影响,因前馈控制的输出不是直接作用于执行机构,而是补充到串级控制副回路的给定值中,这样就降低了对执行机构动态响应性能的要求,这也是前馈-反馈控制结构广泛被采用的原因。

【例 4-3】 在锅炉的水位控制系统中,锅炉汽包水位控制系统的控制目标是:保持给水流量 D 和蒸气流量 Q 平衡,以控制水位 H 为设定值 H_0。

参见图 4-33,锅炉的给水流量 D 和蒸汽流量 Q(表征系统负荷)的变化是引起汽包水位 H 变化的主要扰动。为了控制锅炉水位 H,采用了前馈-串级反馈控制结构,以前馈控制蒸汽流量 Q,以串级控制的内控制回路控制给水流量 D,水位 H 作为系统的最终输出量,以串级控制的外控制回路进行闭环控制。

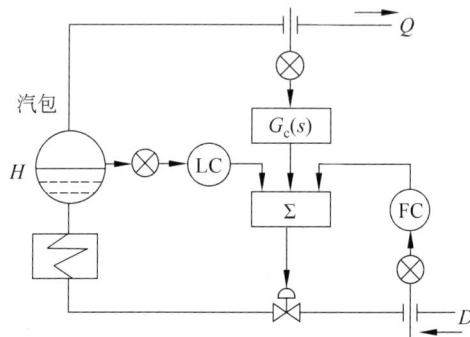

图 4-33   锅炉汽包水位控制系统示意

由于整个控制系统要求控制蒸汽流量 Q、给水流量 D 以及锅炉水位 H 3 个现场信号,故又称为三冲量水位控制系统。

图 4-33 为火电厂锅炉汽包三冲量水位控制系统示意图,图 4-34 为控制系统结构框图。其中:

$G_g(s)$ 为蒸汽流量水位通道的传递函数;

$G_o(s)$ 为给水流量水位通道的传递函数;

$G_d(s)$ 为给水流量反馈通道的传递函数;

$G_c(s)$ 为蒸汽流量前馈补偿环节传递函数;

$G_{p2}(s)$ 为副控制器(给水控制器)传递函数;

$G_{p1}(s)$ 为主控制器(水位控制器)传递函数;

K_g,K_d,K_h 分别是蒸汽流量、给水流量、锅炉水位等测量装置的传递函数;

K_u 为执行机构的传递函数。

当系统负荷变化引起蒸汽流量的变化时,通过前馈通道和串级内回路的补偿控制,将迅速改变给水流量,以适应蒸汽流量的变化,并减小对水位的影响;流量 D_2 表征由于各种原因引起的给水流量的扰动,这个扰动主要由内回路闭环反馈控制进行补偿;不管由于何种原因(包括前馈控制未能对蒸汽流量变化进行完全补偿的情况),锅炉水位偏离设定值时,串级主控回路以闭环反馈控制进行总补偿控制,使锅炉水位维持在设定值。

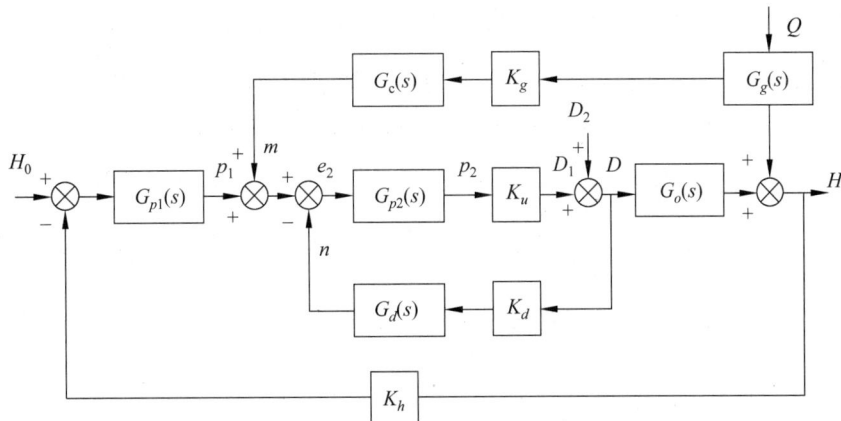

图 4-34　锅炉汽包水位控制系统框图

4.6.3　数字前馈-反馈控制算法

以前馈-反馈控制系统为例,介绍计算机前馈控制系统的算法步骤和算法流程图。图 4-35 是计算机前馈-反馈控制系统的方框图。图 4-35 中,T 为采样周期,$D_n(z)$ 为前馈控制器,$D(z)$ 为反馈控制器,$H(s)$ 为零阶保持器。

图 4-35　计算机前馈-反馈控制系统

$D_n(z)$、$D(z)$ 是由数字计算机实现的。

若 $G_n(s) = \dfrac{K_1}{1+T_1s} \mathrm{e}^{-\tau_1 s}$ 和 $G(s) = \dfrac{K_2}{1+T_2s} \mathrm{e}^{-\tau_2 s}$,令 $\tau = \tau_1 - \tau_2$,则

$$D_n(s) = \frac{U_n(s)}{N(s)} = K_f \frac{s + \dfrac{1}{T_2}}{s + \dfrac{1}{T_1}} \mathrm{e}^{-\tau s} \tag{4.6.4}$$

式中,$K_f = -\dfrac{K_1 T_2}{K_2 T_1}$。

由式(4.6.4)可得前馈调节器的微分方程

$$\frac{\mathrm{d}u_n(t)}{\mathrm{d}t} + \frac{1}{T_1}u_n(t) = K_f \left[\frac{\mathrm{d}n(t-\tau)}{\mathrm{d}t} + \frac{1}{T_2}n(t-\tau) \right] \tag{4.6.5}$$

假如选择采样频率 f_s 足够高。也即采样周期 $T = \dfrac{1}{f_s}$ 足够短,可对微分离散化,得到差分方程。设纯滞后时间 τ 是采样周期 T 的整数倍,即 $\tau = mT$,离散化时,令

$$u_n(t) \approx u_n(k), n(t - \tau) \approx n(k - m), \mathrm{d}t \approx T$$

$$\frac{\mathrm{d}u_n(t)}{\mathrm{d}t} \approx \frac{u_n(k) - u_n(k-1)}{T}$$

$$\frac{\mathrm{d}n(t - \tau)}{\mathrm{d}t} \approx \frac{n(k-m) - n(k-m-1)}{T}$$

由式(4.6.4)和式(4.6.5)可得到差分方程

$$u_n(k) = A_1 u_n(k-1) + B_m n(k-m) + B_{m+1} n(k-m+1) \tag{4.6.6}$$

式中:

$$A_1 = \frac{T_1}{T + T_1}, \quad B_m = K_f \frac{T_1(T + T_2)}{T_2(T + T_1)}, \quad B_{m+1} = -K_f \frac{T_1}{T + T_1}$$

根据差分方程式(4.6.6),便可编制出相应的软件,由计算机实现前馈调节器了。

下面推导计算机前馈-反馈控制的算法步骤:

(1) 计算反馈控制的偏差 $e(k)$。

$$e(k) = r(k) - y(k) \tag{4.6.7}$$

(2) 计算反馈控制器(PID)的输出 $u_1(k)$。

$$\Delta u_1(k) = K_p \Delta e(k) + K_I e(k) + K_D [\Delta e(k) - \Delta e(k-1)] \tag{4.6.8}$$

$$u_1(k) = u_1(k-1) + \Delta u_1(k) \tag{4.6.9}$$

(3) 计算前馈调节器 $D_n(s)$ 的输出 $u_n(k)$。

$$\Delta u_n(k) = A_1 \Delta u_n(k-1) + B_m \Delta n(k-m) + B_{m+1} \Delta n(k-m+1) \tag{4.6.10}$$

$$u_n(k) = u_n(k-1) + \Delta u_n(k) \tag{4.6.11}$$

(4) 计算前馈-反馈调节器的输出 $u(k)$。

$$u(k) = u_n(k) + u_1(k) \tag{4.6.12}$$

4.7 解耦控制技术

早期的过程系统,主要是单回路单变量的调节,随着石油、化工、冶金等生产过程对控制的要求越来越高,往往在系统中用若干个控制回路来控制多个变量。由于各控制回路之间可能存在相互关联、相互耦合,因而构成了多输入多输出的多变量控制系统。

例如,化工生产中的精馏塔,它的两端组分的控制采用如图 4-36 所示的控制方案。D_1 为塔顶组分控制器,它的输出 u_1 用来控制调节阀 RV_1,调节进入塔顶的回流量 q_r,以便控制塔顶的组分 y_1。D_2 为塔釜组分控制器,它的输出 u_2 用来控制调节阀 RV_2,调节进入再沸器的加热蒸汽量 q_s,以便控制塔底的组分 y_2。显然,u_2 的改变不仅影响 y_2,还会引起 y_1 的变化;同样,u_1 的改变不仅对 y_1 有影响,还会引起 y_2 的变化。因此,这两个控制回路之间存在着相互关联、相互耦合。

图 4-36 精馏塔组分控制示意图

两个控制回路之间的耦合,往往会造成两个回路久久不能平衡,以致无法正常工作,这种耦合关系如图 4-37 所示。

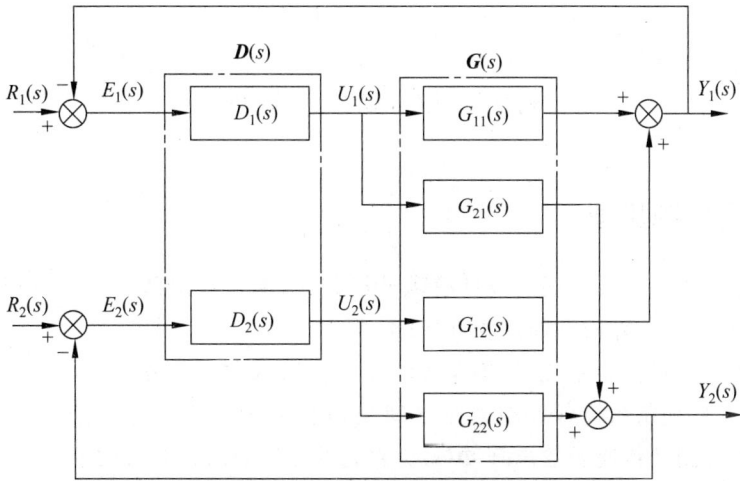

图 4-37 精馏塔组分的耦合关系

图 4-37 中,$R_1(s)$、$R_2(s)$ 分别为两个组分系统的给定值;$Y_1(s)$、$Y_2(s)$ 分别为两个组分系统的被控量;$D_1(s)$、$D_2(s)$ 分别为两个组分调节器的传递函数。

被控对象的传递函数矩阵为

$$\boldsymbol{G}(s) = \begin{bmatrix} G_{11}(s) & G_{12}(s) \\ G_{21}(s) & G_{22}(s) \end{bmatrix} \tag{4.7.1}$$

则被控对象输入输出间的传递关系为

$$\begin{bmatrix} Y_1(s) \\ Y_2(s) \end{bmatrix} = \boldsymbol{G}(s) \begin{bmatrix} U_1(s) \\ U_2(s) \end{bmatrix} \tag{4.7.2}$$

而

$$\begin{bmatrix} U_1(s) \\ U_2(s) \end{bmatrix} = \begin{bmatrix} D_1(s) & 0 \\ 0 & D_2(s) \end{bmatrix} \begin{bmatrix} E_1(s) \\ E_2(s) \end{bmatrix} = \boldsymbol{D}(s) \begin{bmatrix} E_1(s) \\ E_2(s) \end{bmatrix} \tag{4.7.3}$$

式中,$\boldsymbol{D}(s) = \begin{bmatrix} D_1(s) & 0 \\ 0 & D_2(s) \end{bmatrix}$ 为控制矩阵。

根据以上分析,可画出多变量控制系统框图,如图 4-38 所示。

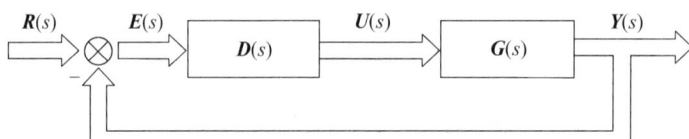

图 4-38   多变量控制系统框图

由图 4-38 可知,多变量控制系统的开环传递函数矩阵为

$$\boldsymbol{G}_k(s) = \boldsymbol{G}(s)\boldsymbol{D}(s) \tag{4.7.4}$$

闭环传递函数矩阵为

$$\boldsymbol{\Phi}(s) = [\boldsymbol{I} + \boldsymbol{G}_k(s)]^{-1}\boldsymbol{G}_k(s) \tag{4.7.5}$$

式中,$\boldsymbol{I}$ 为单位矩阵。

4.7.1   解耦控制原理

解耦控制的主要目标是通过设计解耦补偿装置,使各控制器只对各自相应的被控量施加控制作用,从而消除回路间的相互影响。

对于一个多变量控制系统,如果系统的闭环传递函数矩阵 $\boldsymbol{\Phi}(s)$ 为一个对角线矩阵,那么,这个多变量控制系统各控制回路之间是相互独立的。因此,多变量控制系统解耦的条件是系统的闭环传递函数矩阵 $\boldsymbol{\Phi}(s)$ 为对角线矩阵,如式(4.7.6)所示。

$$\boldsymbol{\Phi}(s) = \begin{bmatrix} \Phi_{11}(s) & 0 & \cdots & 0 \\ 0 & \Phi_{22}(s) & \cdots & 0 \\ \vdots & \vdots & & \vdots \\ 0 & 0 & \cdots & \Phi_{nn}(s) \end{bmatrix} \tag{4.7.6}$$

为了达到解耦的目的,必须在多变量控制系统中引入解耦补偿装置 $F(s)$,如图 4-39 所示。

由式(4.7.5)可知,为了使系统的闭环传递函数矩阵 $\boldsymbol{\Phi}(s)$ 为对角线矩阵,必须使系统的开环传递函数矩阵 $\boldsymbol{G}_k(s)$ 为对角线矩阵。因为 $\boldsymbol{G}_k(s)$ 为对角线矩阵时,$[\boldsymbol{I} + \boldsymbol{G}_k(s)]^{-1}$ 也必为对角线矩阵,那么 $\boldsymbol{\Phi}(s)$ 必为对角线矩阵。

引入解耦补偿装置后,系统的开环传递函数矩阵变为

$$\boldsymbol{G}_{kf}(s) = \boldsymbol{G}(s)\boldsymbol{F}(s)\boldsymbol{D}(s) \tag{4.7.7}$$

式中，$\boldsymbol{F}(s)=\begin{bmatrix} F_{11}(s) & F_{12}(s) \\ F_{21}(s) & F_{22}(s) \end{bmatrix}$ 为解耦补偿矩阵。

由于各控制回路的控制器一般是相互独立的，控制矩阵 $\boldsymbol{D}(s)$ 本身已为对角线矩阵，因此，在设计时，只要使 $\boldsymbol{G}(s)$ 与 $\boldsymbol{F}(s)$ 的乘积为对角线矩阵，就可使 $\boldsymbol{G}_{kf}(s)$ 为对角线矩阵，即

$$\begin{bmatrix} G_{11}(s) & G_{12}(s) \\ G_{21}(s) & G_{22}(s) \end{bmatrix}\begin{bmatrix} F_{11}(s) & F_{12}(s) \\ F_{21}(s) & F_{22}(s) \end{bmatrix}=\begin{bmatrix} G_{11}(s) & 0 \\ 0 & G_{22}(s) \end{bmatrix}$$

因而，解耦补偿矩阵 $\boldsymbol{F}(s)$ 为

$$\begin{bmatrix} F_{11}(s) & F_{12}(s) \\ F_{21}(s) & F_{22}(s) \end{bmatrix}=\begin{bmatrix} G_{11}(s) & G_{12}(s) \\ G_{21}(s) & G_{22}(s) \end{bmatrix}^{-1}\begin{bmatrix} G_{11}(s) & 0 \\ 0 & G_{22}(s) \end{bmatrix} \tag{4.7.8}$$

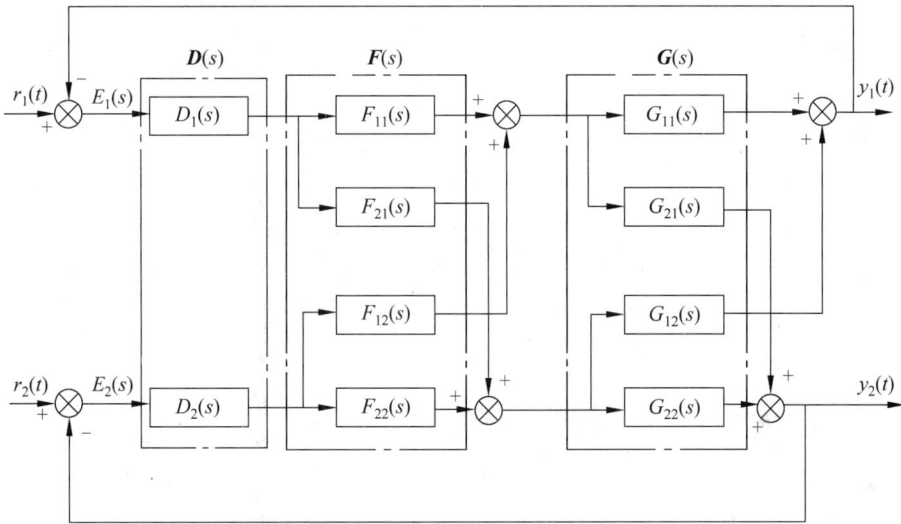

图 4-39　多变量解耦控制系统框图

根据上述分析，采用对角线矩阵综合方法，解耦之后的两个控制回路相互独立，如图 4-40 所示。

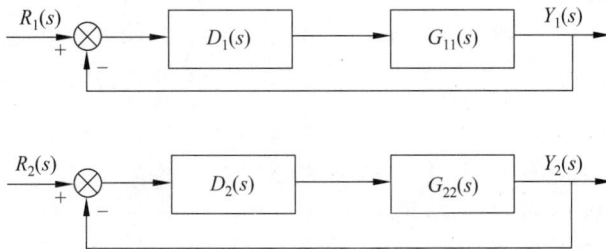

图 4-40　多变量解耦后的等效框图

4.7.2 数字解耦控制算法

当采用计算机控制时,图 4-39 所对应的离散化形式如图 4-41 所示。图 4-41 中,$D_1(z)$、$D_2(z)$ 分别为回路 1 和回路 2 的控制器脉冲传递函数,$F_{11}(z)$、$F_{12}(z)$、$F_{21}(z)$、$F_{22}(z)$ 为解耦补偿装置的脉冲传递函数,$H(s)$ 为零阶保持器的传递函数,并有广义对象的脉冲传递函数为

$$G_{11}(z) = Z[H(s)G_{11}(s)], G_{12}(z) = Z[H(s)G_{12}(s)]$$

$$G_{21}(z) = Z[H(s)G_{21}(s)], G_{22}(z) = Z[H(s)G_{22}(s)]$$

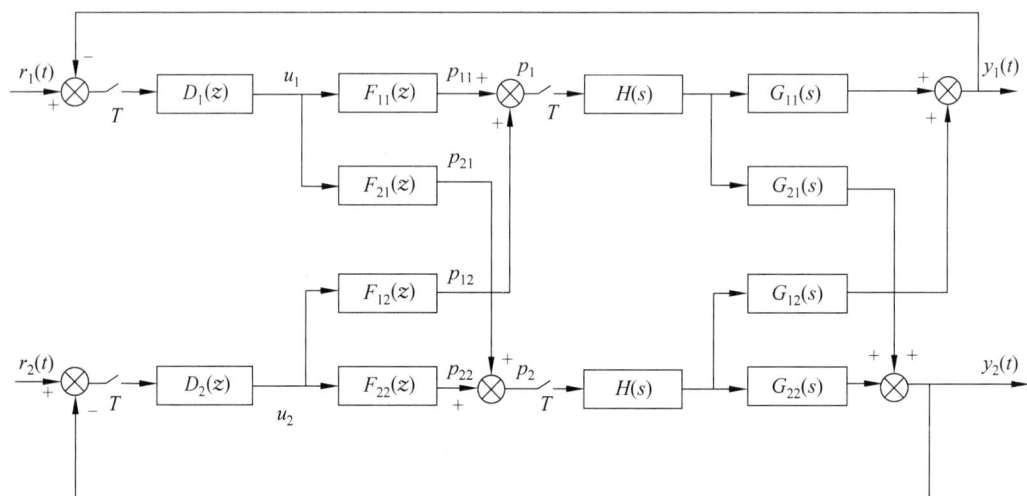

图 4-41 计算机解耦控制系统

由此可得

$$\begin{bmatrix} Y_1(z) \\ Y_2(z) \end{bmatrix} = \begin{bmatrix} G_{11}(z) & G_{12}(z) \\ G_{21}(z) & G_{22}(z) \end{bmatrix} \begin{bmatrix} P_1(z) \\ P_2(z) \end{bmatrix} \tag{4.7.9}$$

$$\begin{bmatrix} P_1(z) \\ P_2(z) \end{bmatrix} = \begin{bmatrix} F_{11}(z) & F_{12}(z) \\ F_{21}(z) & F_{22}(z) \end{bmatrix} \begin{bmatrix} U_1(z) \\ U_2(z) \end{bmatrix} \tag{4.7.10}$$

由式(4.7.9)和式(4.7.10)可得

$$\begin{bmatrix} Y_1(z) \\ Y_2(z) \end{bmatrix} = \begin{bmatrix} G_{11}(z) & G_{12}(z) \\ G_{21}(z) & G_{22}(z) \end{bmatrix} \begin{bmatrix} F_{11}(z) & F_{12}(z) \\ F_{21}(z) & F_{22}(z) \end{bmatrix} \begin{bmatrix} U_1(z) \\ U_2(z) \end{bmatrix} \tag{4.7.11}$$

根据解耦控制的条件,可知

$$\begin{bmatrix} G_{11}(z) & G_{12}(z) \\ G_{21}(z) & G_{22}(z) \end{bmatrix} \begin{bmatrix} F_{11}(z) & F_{12}(z) \\ F_{21}(z) & F_{22}(z) \end{bmatrix} = \begin{bmatrix} G_{11}(z) & 0 \\ 0 & G_{22}(z) \end{bmatrix} \tag{4.7.12}$$

由此,可求得解耦补偿矩阵为

$$\begin{bmatrix} F_{11}(z) & F_{12}(z) \\ F_{21}(z) & F_{22}(z) \end{bmatrix} = \begin{bmatrix} G_{11}(z) & G_{12}(z) \\ G_{21}(z) & G_{22}(z) \end{bmatrix}^{-1} \begin{bmatrix} G_{11}(z) & 0 \\ 0 & G_{22}(z) \end{bmatrix} \tag{4.7.13}$$

将式(4.7.13)求得的解耦补偿矩阵 $F(z)$ 化为差分方程形式,即可用计算机编程来

实现。

以上解耦控制方法,虽然以两变量控制系统为例来讨论的,但对三变量以上相关联的系统,解耦控制方法同样适用。

4.8　模糊控制技术

在日常生活中,人们往往用"较少"、"较多"、"小一些"、"很少"等模糊语言来进行控制。例如,当我们拧开水阀向水桶放水时,有这样的经验:桶里没有水或水较少时,应开大水阀门;桶里的水比较多时,水阀应拧小一些;水桶快满时应把阀门拧很小;水桶里的水满时,应迅速关掉水阀。

"模糊"是人类感知万物、获取知识、思维推理、决策实施的重要特征。"模糊"比"清晰"所拥有的信息容量更大,内涵更丰富,更符合客观世界。模糊控制理论是由美国著名学者加利福尼亚大学教授 L. A. ZaDeh 于 1965 年首先提出,它以模糊数学为基础,用语言规则表示方法和先进的计算机技术,由模糊推理进行决策的一种高级控制策略,而且发展至今已成为人工智能领域中的一个重要分支。

1974 年,英国伦敦大学教授 E. H. MamDani 研制成功第一个模糊控制器,充分展示了模糊控制技术的应用前景。模糊控制技术是由模糊数学、计算机科学、人工智能、知识工程等多门学科相互渗透,且理论性很强的科学技术。

4.8.1　模糊控制的数学基础

1. 模糊集合

在人类的思维中,有许多模糊的概念,如大、小、冷、热等,都没有明确的内涵和外延,只能用模糊集合来描述;有的概念具有清晰的内涵和外延,如男人和女人。我们把前者称为模糊集合,用 $\underset{\sim}{A}$ 表示,后者叫做普通集合(或经典集合)。

如果把模糊集合的特征函数称为隶属函数,记作 $\mu_{\underset{\sim}{A}}(x)$,则 $\mu_{\underset{\sim}{A}}(x)$ 表示元素 x 属于模糊集合 $\underset{\sim}{A}$ 的程度。隶属函数是模糊数学中最基本的概念,我们用隶属函数来给出模糊集合:在论域 U 上的模糊集合 $\underset{\sim}{A}$,由隶属函数 $\mu_{\underset{\sim}{A}}(x)$ 来表征,$\mu_{\underset{\sim}{A}}(x)$ 在 $[0,1]$ 区间内连续取值。$\mu_{\underset{\sim}{A}}(x)$ 的大小反映了元素 x 对于模糊集合 $\underset{\sim}{A}$ 的隶属程度。

例如,我们研究人这个论域的集合,某人是否属于老年人集合的隶属函数,可用下式进行计算:

$$\mu_{老年人}(x) = \frac{1}{1+\left(\dfrac{5}{x-50}\right)^2}$$

式中的 x 表示 50 岁以上的年龄(即 $x>50$),由计算可得

$$u_{老年人}(55) = 0.5; \quad u_{老年人}(60) = 0.8; \quad u_{老年人}(70) = 0.94$$

这表明 55 岁的只能是"半老",而 70 岁的人属于"老年人"集合的隶属程度为 0.94。

2. 模糊集合的运算

对于给定论域 U 上的模糊集合 $\underset{\sim}{A}$、$\underset{\sim}{B}$、$\underset{\sim}{C}$,借助于隶属函数定义它们之间的运算如下。

(1) 相等: $\forall \wedge \triangle \forall x \in U$,都有 $\mu_{\underset{\sim}{A}}(x)=\mu_{\underset{\sim}{B}}(x)$,则称 $\underset{\sim}{A}$ 与 $\underset{\sim}{B}$ 相等,记作 $\underset{\sim}{A}=\underset{\sim}{B}$。

(2) 补集: $\forall x \in U$,都有 $\mu_{\underset{\sim}{B}}(x)=1-\mu_{\underset{\sim}{A}}(x)$,则称 $\underset{\sim}{B}$ 是 $\underset{\sim}{A}$ 的补集,记作 $\underset{\sim}{B}=1-\overline{\underset{\sim}{A}}$。

(3) 包含: $\forall x \in U$,都有 $\mu_{\underset{\sim}{A}}(x) \geqslant \mu_{\underset{\sim}{B}}(x)$,则称 $\underset{\sim}{A}$ 包含 $\underset{\sim}{B}$,记作 $\underset{\sim}{A} \supseteq \underset{\sim}{B}$。

(4) 并集: $\forall x \in U$,都有 $\mu_{\underset{\sim}{C}}(x)=\max\{\mu_{\underset{\sim}{A}}(x),\ \mu_{\underset{\sim}{B}}(x)\}=\mu_{\underset{\sim}{A}}(x) \vee \mu_{\underset{\sim}{B}}(x)$,则称 $\underset{\sim}{C}$ 是 $\underset{\sim}{A}$ 与 $\underset{\sim}{B}$ 的并集,记作 $\underset{\sim}{C}=\underset{\sim}{A} \cup \underset{\sim}{B}$。

(5) 交集: $\forall x \in U$,都有 $\mu_{\underset{\sim}{C}}(x)=\min\{\mu_{\underset{\sim}{B}}(x),\mu_{\underset{\sim}{A}}(x)\}=\mu_{\underset{\sim}{A}}(x) \wedge \mu_{\underset{\sim}{B}}(x)$,则称 $\underset{\sim}{C}$ 是 $\underset{\sim}{A}$ 与 $\underset{\sim}{B}$ 的交集,记作 $\underset{\sim}{C}=\underset{\sim}{A} \cap \underset{\sim}{B}$。

另外,普通集合中交换律、幂等律、结合律、分配律、吸收律、摩根定律也同样适用于模糊集合的运算。

3. 模糊关系

1) 关系

客观世界的各事物之间普遍存在着联系,描写事物之间联系的数学模型之一就是关系。关系常用符号 R 表示。

(1) 关系的概念

若 R 为由集合 X 到集合 Y 的普通关系,则对任意 $x \in X$,$y \in Y$ 都只能有以下两种情况:

① x 与 y 有某种关系,即 xRy;

② x 与 y 无某种关系,即 $x\overline{R}y$。

(2) 直积集

由 X 到 Y 的关系 R,也可用序对 (x,y) 来表示,其中 $x \in X$,$y \in Y$。所有有关系 R 的序对可以构成一个 R 集。

在集 X 与集 Y 中各取出一元素排成序对,所有这样序对的集合称为 X 和 Y 的直积集(也称笛卡儿乘积集),记为

$$X \times Y = \{(x,y) \mid x \in X, y \in Y\}$$

显然,R 集是 X 和 Y 的直积集的一个子集,即

$$R \subset X \times Y$$

例如,有两个集合甲和乙,其中

$$甲 = \{x \mid x\ 为甲班乒乓队队员\}$$
$$乙 = \{y \mid y\ 为乙班乒乓队队员\}$$

若 R 表示甲与乙之间对抗赛关系,甲队的 1 和乙队的 a 建立对打关系记为 1Ra;甲对 2 和乙队的 b 建立对打关系,记为 2Rb;同理有 3Rc。则有

$$甲 \times 乙 = \{(1,a)(1,b)(1,c)(2,a)(2,b)(2,c),(3,a),(3,b),(3,c)\}$$

而

$$R = \{(1,a),(2,b),(3,c)\}$$

显然

$$R \subset 甲 \times 乙$$

(3) 几个常见的关系

我们常见的关系有自返性、对称性和传递性等关系。

自返性关系：一个关系 R，若对 $\forall x \in X$，都有 xRX，即集合的每一个元素 x 都与自身有这一关系，则称 R 为具有自返性的关系。例如，把 X 看作是集合，同族关系便具有自返性，但父子关系不具有自返性。

对称性关系：一个 X 中的关系 R，对比 $\forall x,y \in X$，若有 xRy，必有 yRx，即满足这一关系的两个元素的地位可以对调，则称 R 为具有对称性关系。例如，兄弟关系和朋友关系都具有对称性，但父与子关系不具有对称性。

传递性关系：一个 X 中的关系 R，若对 $\forall x,y,z \in X$，且有 xRy,yRz，则必有 xRz，则称 R 具有传递性关系。例如，兄弟关系和同族关系具有传递性，但父子关系不具有传递性。

具有自返性和对称性的关系称为相容关系，具有传递性的相容关系称为等价关系。

2) 模糊关系

两组事物之间的关系不宜用"有"或"无"作肯定或否定回答时，可以用模糊关系来描述。

集合 X 到集合 Y 中的一个模糊关系 $\underset{\sim}{R}$ 是直积空间 $X \times Y$ 中的一个模糊子集合。集合 X 到集合 X 中的模糊关系，称为集合 X 上的模糊关系。

一般说来，只要给出直积空间 $X \times Y$ 中的模糊集 $\underset{\sim}{R}$ 的隶属函数 $\mu_R(x,y)$，集合 X 到集合 Y 的模糊关系 $\underset{\sim}{R}$ 也就确定了。模糊关系也有自返性、对称性、传递性等关系。

自返性：一个模糊关系 $\underset{\sim}{R}$，若对 $\forall x \in X$，必有 $\mu_R(x,y)=1$，即每一个元素 x 与自身隶属于模糊关系 $\underset{\sim}{R}$ 的程度为 1，则称 $\underset{\sim}{R}$ 为具有自返性的模糊关系。例如，相象关系就具有自返性，仇敌关系就不具有自返性。

对称性：一个模糊关系 $\underset{\sim}{R}$，若 $\forall x,y \in X$，均有 $\mu_R(x,y)=\mu_R(y,z)$，即 x 与 y 隶属于模糊关系 $\underset{\sim}{R}$ 的程度和 y 与 x 隶属于模糊关系 $\underset{\sim}{R}$ 的程度相同，则称 $\underset{\sim}{R}$ 为具有对称性的模糊关系。例如，相象关系就具有对称性，而相爱关系就不具有对称性。

传递性：一个模糊关系 $\underset{\sim}{R}$，若对 $\forall x,y,z \in X$，均有 $\mu_R(x,z) \geqslant \min[\mu_R(x,y), \mu_R(y,z)]$，即 x 与 y 隶属于模糊关系 $\underset{\sim}{R}$ 的程度和 y 与 z 隶属于模糊关系 $\underset{\sim}{R}$ 的程度中较小的一个值都小于 x 和 z 隶属于关系 $\underset{\sim}{R}$ 的程度，则称 $\underset{\sim}{R}$ 为具有传递性的模糊关系。

3) 模糊矩阵

当用矩阵来表示模糊关系时，矩阵中的 a_{ij} 表示集合 X 中第 i 个元素和集合 Y 中第 j 个元素隶属于模糊关系 $\underset{\sim}{R}$ 的程度，记为 $\mu_R(x,y)$。其中 $\mu_R(x,y)$ 在闭区间 $[0,1]$ 中取值，我们把元素在闭区间 $[0,1]$ 中取值的矩阵称为模糊矩阵。

模糊矩阵的一般形式为

$$\underset{\sim}{A} = \begin{bmatrix} a_{11} & a_{12} & \cdots & a_{1n} \\ a_{21} & a_{22} & \cdots & a_{2n} \\ \vdots & \vdots & \ddots & \vdots \\ a_{m1} & a_{m2} & \cdots & a_{mn} \end{bmatrix} \tag{4.8.1}$$

其中，$0 \leqslant a_{ij} \leqslant 1$，$1 \leqslant i \leqslant m$，$1 \leqslant j \leqslant n$，矩阵 $\underset{\sim}{A}$ 可记为 $\underset{\sim}{A} = [a_{ij}]$。

① 对于 $\underset{\sim}{A} = [a_{ij}]$ 和 $\underset{\sim}{B} = [b_{ij}]$，若有 $c_{ij} = \max[a_{ij}, b_{ij}] = a_{ij} \vee b_{ij}$，则称 $\underset{\sim}{C} = [c_{ij}]$ 为 $\underset{\sim}{A}$ 和 $\underset{\sim}{B}$ 的并，记为 $\underset{\sim}{C} = \underset{\sim}{A} \bigcup \underset{\sim}{B}$。

② 对于 $\underset{\sim}{A} = [a_{ij}]$ 和 $\underset{\sim}{B} = [b_{ij}]$，若有 $c_{ij} = \min[a_{ij}, b_{ij}] = a_{ij} \wedge b_{ij}$，则称 $\underset{\sim}{C} = [c_{ij}]$ 为 $\underset{\sim}{A}$ 和 $\underset{\sim}{B}$ 的交，记为 $\underset{\sim}{C} = \underset{\sim}{A} \bigcap \underset{\sim}{B}$。

③ 对于 $\underset{\sim}{A} = [a_{ij}]$ 则 $[1 - a_{ij}]$ 为 $\underset{\sim}{A}$ 的补矩阵，记为 $\overline{\underset{\sim}{A}}$。

④ 模糊矩阵的乘法运算与普通矩阵乘法类似，所不同的是并非两项相乘后再相加，而是先取小后取大。若 $\underset{\sim}{C} = \underset{\sim}{A} \circ \underset{\sim}{B}$(符号。表示矩阵乘法)，则 $\underset{\sim}{C}$ 中的元素

$$C_{ij} = \max\{\min[a_{ik}, b_{kj}]\} = \vee [a_{ik} \wedge b_{kj}]$$

若有

$$\underset{\sim}{A} = \begin{bmatrix} a_{11} & a_{12} \\ a_{21} & a_{22} \end{bmatrix} \quad \underset{\sim}{B} = \begin{bmatrix} b_{11} & b_{12} \\ b_{21} & b_{22} \end{bmatrix} \tag{4.8.2}$$

则

$$\underset{\sim}{A} \circ \underset{\sim}{B} = \begin{bmatrix} (a_{11} \wedge b_{11}) \vee (a_{12} \wedge b_{21}) & (a_{11} \wedge b_{12}) \vee (a_{12} \wedge b_{22}) \\ (a_{21} \wedge b_{11}) \vee (a_{22} \wedge b_{21}) & (a_{21} \wedge b_{12}) \vee (a_{22} \wedge b_{22}) \end{bmatrix} \tag{4.8.3}$$

4. 模糊逻辑

建立在取真 1 和取假 0 二值基础上的数理逻辑，已成为计算机科学的基础理论。然而，在研究复杂的大系统时，二值逻辑就显得无能为力了。因为复杂系统不仅结构和功能复杂，涉及大量的参数和变量，而且具有模糊的特点。

模糊逻辑的真值 x 在区间 $[0,1]$ 中连续取值，x 越接近 1，说明真的程度越大。模糊逻辑是二值逻辑的直接推广，因此，模糊逻辑是无限多值逻辑，也就是连续值逻辑。模糊逻辑仍有二值逻辑的逻辑并(析取)、逻辑交(合取)、逻辑补(否定)的运算。

5. 模糊推理

应用模糊理论，可以对模糊命题进行模糊的演绎推理和归纳推理。本节主要讨论假言推理和条件语句。

1) 假言推理

设 a、b 分别被描述为 X 与 Y 中之模糊子集 $\underset{\sim}{A}$ 与 $\underset{\sim}{B}$，$(a) \rightarrow (b)$ 表示从 X 到 Y 的一个模糊关系，它是 $X \times Y$ 的一个模糊子集，记作 $\underset{\sim}{A} \rightarrow \underset{\sim}{B}$(如 $\underset{\sim}{A}$ 则 $\underset{\sim}{B}$)，它的隶属函数为

$$\mu_{\underset{\sim}{A} \rightarrow \underset{\sim}{B}}(\pmb{x}, \pmb{y}) = \mu_{\underset{\sim}{A} \rightarrow \underset{\sim}{B}}(x, y) = [\mu_{\underset{\sim}{A}}(x) \wedge \mu_{\underset{\sim}{B}}(x)] \vee [1 - \mu_{\underset{\sim}{A}}(x)] \tag{4.8.4}$$

例如，若 x 小则 y 大，已给 x 较小，试问 y 如何？

设论域

$$X = \{1,2,3,4,5\} = Y$$

$$[小] = \frac{1}{1} + \frac{0.5}{2} + \frac{0}{3} + \frac{0}{4} + \frac{0}{5}$$

$$[较小] = \frac{1}{1} + \frac{0.5}{2} + \frac{0.2}{3} + \frac{0}{4} + \frac{0}{5}$$

$$[大] = \frac{0}{1} + \frac{0}{2} + \frac{0}{3} + \frac{0.5}{4} + \frac{1}{5}$$

则 $A \rightarrow B = [若\ x\ 小则\ y\ 大](x,y) = ([小](x) \wedge [大]y \vee [1-[小](x)])$
算得矩阵 $\underset{\sim}{R}$ 如下:

$$\mu_{小\rightarrow大}(x,y) = \begin{bmatrix} 0 & 0 & 0 & 0.5 & 1 \\ 0.5 & 0.5 & 0.5 & 0.5 & 0.5 \\ 1 & 1 & 1 & 1 & 1 \\ 1 & 1 & 1 & 1 & 1 \\ 1 & 1 & 1 & 1 & 1 \end{bmatrix} = \underset{\sim}{R}$$

矩阵中各元素的值是按隶属函数算出来的。如第二行第四列中的 0.5 是这样算得的

$$\mu_{小\rightarrow大}(2,4) = [\mu_{小(2)} \wedge \mu_{大(4)}] \vee [1 - \mu_{小(2)}]$$
$$= [0.5 \wedge 0.5] \vee [1 - 0.5] = 0.5$$

然后,进行合成运算,由模糊集合较小的定义,可进行如下的合成运算:

$$[较小] \circ [若\ x\ 小则\ y\ 大] = \underset{\sim}{A_1} \bullet \underset{\sim}{R} = (1 \quad 0.4 \quad 0.2 \quad 0 \quad 0) \circ \underset{\sim}{R}$$
$$= (0.4 \quad 0.4 \quad 0.4 \quad 0.5 \quad 1)$$

结果与 $[大] = 0/1+0/2+0/3+0.5/4+1/5$ 相比较,可得到"Y 比较大"。

2) 模糊条件语句

在模糊自动控制中,应用较多的是模糊条件语句。它的一般语言格式为"若 $\underset{\sim}{A}$ 则 $\underset{\sim}{B}$,否则 $\underset{\sim}{C}$"。用模糊关系表示为

$$\underset{\sim}{R} = (\underset{\sim}{A} \times \underset{\sim}{B}) \bigcup (\overline{\underset{\sim}{A}} \times \underset{\sim}{C}) \tag{4.8.5}$$

或表示为

$$\underset{\sim}{R} = (a \rightarrow b) \vee (\overline{a} \rightarrow c) \tag{4.8.6}$$

其中,a 在论域 X 上,对应于 X 上的模糊子集 $\underset{\sim}{A}$;b,c 在论域 Y 上,对应于 Y 上的模糊子集 $\underset{\sim}{B},\underset{\sim}{C}$。$(a \rightarrow b) \vee (\overline{a} \rightarrow c)$ 表示 $X \times Y$ 的一个模糊子集 $\underset{\sim}{R}$,$\underset{\sim}{R} = (\underset{\sim}{A} \times \underset{\sim}{B}) \bigcup (\overline{\underset{\sim}{A}} \times \underset{\sim}{C})$,则隶属函数:

$$\mu(\underset{\sim}{A} \rightarrow \underset{\sim}{B}) \vee (\overline{\underset{\sim}{A}} \rightarrow \underset{\sim}{C})(x,y) = [\mu_{\underset{\sim}{A}}(x) \wedge \mu_{\underset{\sim}{B}}(y)] \vee [1 - \mu_{\underset{\sim}{A}}(x) \wedge \mu_{\underset{\sim}{C}}(y)] \tag{4.8.7}$$

若输入 $\underset{\sim}{A}$ 时,根据模糊关系的合成规则,即可按下式求得输出 $\underset{\sim}{B}$

$$\underset{\sim}{B} = \underset{\sim}{A} \circ \underset{\sim}{R} = \underset{\sim}{A}[(\underset{\sim}{A} \times \underset{\sim}{B}) \bigcup (\overline{\underset{\sim}{A}} \times \underset{\sim}{C})] \tag{4.8.8}$$

即

$$\underset{\sim}{B} = \underset{\sim}{A} \circ [(\underset{\sim}{A} \rightarrow \underset{\sim}{B}) \vee (\overline{\underset{\sim}{A}} \rightarrow \underset{\sim}{C})] \tag{4.8.9}$$

例如,若 x 轻则 y 重,否则 y 不很重,已知 x 很轻,试问 y 如何? 已知 $X = Y = \{1, 2, 3, 4, 5\}$。

$$A = [\text{轻}] = \frac{1}{1} + \frac{0.8}{2} + \frac{0.6}{3} + \frac{0.4}{4} + \frac{0.2}{5}$$

$$B = [\text{重}] = \frac{0.2}{1} + \frac{0.4}{2} + \frac{0.6}{3} + \frac{0.8}{4} + \frac{1}{5}$$

$$C = [\text{不很重}] = \frac{0.96}{1} + \frac{0.84}{2} + \frac{0.64}{3} + \frac{0.36}{4} + \frac{0}{5}$$

$$A' = [\text{很轻}] = \frac{1}{1} + \frac{0.64}{2} + \frac{0.36}{3} + \frac{0.16}{4} + \frac{0.04}{5}$$

为了求得输出,首先利用公式算出 $(A \rightarrow B) \vee (\overline{A} \rightarrow C)$ 的模糊矩阵 R 为

$$R = \begin{bmatrix} 0.2 & 0.4 & 0.6 & 0.8 & 1 \\ 0.2 & 0.4 & 0.6 & 0.8 & 0.8 \\ 0.4 & 0.4 & 0.6 & 0.6 & 0.6 \\ 0.6 & 0.6 & 0.6 & 0.4 & 0.4 \\ 0.8 & 0.8 & 0.64 & 0.36 & 0.2 \end{bmatrix}$$

矩阵中各元素的值是按照隶属函数计算而得出的。如矩阵中第 5 行第 4 列的 0.36 是这样得到的:

$$\mu(A \rightarrow B) \vee (\overline{A} \rightarrow C) = [\mu_{\text{轻}(5)} \wedge \mu_{\text{重}(4)}] \vee [(1 - \mu_{\text{轻}(5)} \wedge \mu_{\text{不很重}(4)})]$$

于是

$$B' = A' \circ (A \rightarrow B) \vee (\overline{A} \rightarrow C) = A' \circ R = (0.36 \quad 0.4 \quad 0.6 \quad 0.8 \quad 1)$$

即

$$B' = \frac{0.36}{1} + \frac{0.4}{2} + \frac{0.6}{3} + \frac{0.8}{4} + \frac{1}{5}$$

用模糊语言来说,就是近似于[重]。

条件语句在模糊控制中得到了广泛的应用,实际上模糊控制规律都是模糊条件语句。

4.8.2　模糊控制原理

模糊控制系统通常由模糊控制器、输入输出接口、执行机构、测量装置和被控对象等 5 部分组成,如图 4-42 所示。

图 4-42　模糊控制系统的组成

根据图 4-42 可知,模糊控制系统与通常的计算机控制系统的主要区别是采用了模糊控制器。模糊控制器是模糊控制系统的核心,一个模糊系统的性能优劣,主要取决于

模糊控制器的结构,所采用的模糊规则、合成推理算法以及模糊决策的方法等因素。下面我们来讨论模糊控制器的组成和各部分的工作原理。

模糊控制器主要包括输入量模糊化接口、知识库、推理机、输出清晰化接口 4 部分,如图 4-43 所示。

图 4-43　模糊控制器的组成

1. 模糊化接口

模糊控制器的确定量输入必须经过模糊化接口模糊化后,转换成一个模糊矢量才能用于模糊控制,具体可按模糊化等级进行模糊化。

例如,取值在 $[a,b]$ 间的连续量 x 经公式

$$y = \frac{12}{b-a}\left(x - \frac{a+b}{2}\right) \tag{4.8.10}$$

变换为取值在 $[-6,6]$ 之间的连续量 y,再将 y 模糊化为七级,相应的模糊量用模糊语言表示如下:

在 -6 附近称为负大,记为 NL;

在 -4 附近称为负中,记为 NM;

在 -2 附近称为负小,记为 NS;

在 0 附近称为适中,记为 ZO;

在 2 附近称为正小,记为 PS;

在 4 附近称为正中,记为 PM;

在 6 附近称为正大,记为 PL。

因此,对于模糊输入变量 y,其模糊子集为 $y=\{NL,NM,NS,ZO,PS,PM,PL\}$。

这样,它们对应的模糊子集可用表 4-3 表示。表中的数为对应元素在对应模糊集中的隶属度。当然,这仅是一个示意性的表,目的在于说明从精确量向模糊量的转换过程。实际的模糊集要根据具体问题来规定。

2. 知识库

知识库由数据库和规则库两部分组成。

数据库所存放的是所有输入输出变量的全部模糊子集的隶属度矢量值,若论域为连续域,则为隶属度函数。对于以上例子,需要将表 4-2 中内容存放于数据库,在规则推理的模糊关系方程求解过程中,向推理机提供数据。但要说明的是,输入变量和输出变量的测量数据集不属于数据库存放范畴。

表 4-3　模糊变量 y 不同等级的隶属度值

模糊变量 \ 等级 隶属度	−6	−5	−4	−3	−2	−1	0	1	2	3	4	5	6
PL	0	0	0	0	0	0	0	0	0.2	0.4	0.7	0.8	1
PM	0	0	0	0	0	0	0	0	0.2	0.7	1	0.7	0.2
PS	0	0	0	0	0	0	0.3	0.8	1	0.7	0.5	0.2	0
ZO	0	0	0	0	0.1	0.6	1	0.6	0.1	0	0	0	0
NS	0	0.2	0.5	0.7	1	0.8	0.3	0	0	0	0	0	0
NM	0.2	0.7	1	0.7	0.2	0	0	0	0	0	0	0	0
NL	1	0.8	0.7	0.4	0.2	0	0	0	0	0	0	0	0

　　规则库就是用来存放全部模糊控制规则的,在推理时为"推理机"提供控制规则。模糊控制器的规则是基于专家知识或手动操作经验来建立的,它是按人的直觉推理的一种语言表示形式。模糊规则通常由一系列的关系词连接而成,如 if-then、else、also、and、or等。关系词必须经过"翻译",才能将模糊规则数值化。如果某模糊控制器的输入变量为 e(误差)和 ec(误差变化),它们相应的语言变量为 E 与 EC。对于控制变量 U,给出下述一族模糊规则。

R_1：if E is NL and EC is NL then U is PL

R_2：if E is NL and EC is NM then U is PL

R_3：if E is NL and EC is NS then U is PM

R_4：if E is NL and EC is ZO then U is PM

R_5：if E is NM and EC is NL then U is PL

R_6：if E is NM and EC is NM then U is PL

R_7：if E is NM and EC is NS then U is PM

R_8：if E is NM and EC is ZO then U is PM

R_9：if E is NS and EC is NL then U is PL

R_{10}：if E is NS and EC is NM then U is PL

R_{11}：if E is NS and EC is NS then U is PM

R_{12}：if E is NS and EC is ZO then U is PS

R_{13}：if E is ZO and EC is NL then U is PL

R_{14}：if E is ZO and EC is NM then U is PM

R_{15}：if E is ZO and EC is NS then U is PM

R_{16}：if E is ZO and EC is ZO then U is ZO

　　通常把 if…部分称为"前提部";而 then…部分称为"结论部",语言变量 E 与 EC 为输入变量,而 U 为输出变量。

3. 推理机

推理机是模糊控制器中,根据输入模糊量和知识库(数据库、规则库)完成模糊推理,并求解模糊关系方程,从而获得模糊控制量的功能部分。模糊控制规则也就是模糊决策,它是人们在控制生产过程中的经验总结。这些经验可以写成下列形式:

"如 $\underset{\sim}{A}$ 则 $\underset{\sim}{B}$"型,也可以写成 if $\underset{\sim}{A}$ then $\underset{\sim}{B}$。

"如 $\underset{\sim}{A}$ 则 $\underset{\sim}{B}$ 否则 $\underset{\sim}{C}$"型,也可以写成 if $\underset{\sim}{A}$ then $\underset{\sim}{B}$ else $\underset{\sim}{C}$。

"如 $\underset{\sim}{A}$ 且 $\underset{\sim}{B}$ 则 $\underset{\sim}{C}$"型,也可以写成 if $\underset{\sim}{A}$ and $\underset{\sim}{B}$ then $\underset{\sim}{C}$。

对于更复杂的系统,控制语言可能更复杂。例如,"如 $\underset{\sim}{A}$ 且 $\underset{\sim}{B}$ 且 $\underset{\sim}{C}$ 则 $\underset{\sim}{D}$"等。

最简单的单输入单输出的控制系统如下所示:

论域 X → $\underset{\sim}{A}$ → [模糊关系 $\underset{\sim}{R}$] → 论域 Y → $\underset{\sim}{B}$

则控制决策可用"如 A 则 B"语言来描述,即若输入为 $\underset{\sim}{A_1}$,则输出 $\underset{\sim}{B_1}$ 为

$$B_1 = \underset{\sim}{A_1} \circ \underset{\sim}{R} = \underset{\sim}{A_1} \circ (\underset{\sim}{A} \times \underset{\sim}{B}) \tag{4.8.11}$$

双输入单输出的控制系统表示如下:

论域 X → $\underset{\sim}{A}$　论域 Y → $\underset{\sim}{B}$ → [模糊关系 $\underset{\sim}{R}$] → 论域 Z → $\underset{\sim}{C}$

其控制决策可用"如 $\underset{\sim}{A}$ 且 $\underset{\sim}{B}$ 则 $\underset{\sim}{C}$"型控制语言来描述。若输入为 $\underset{\sim}{A_1}$、$\underset{\sim}{B_1}$ 则输出 $\underset{\sim}{C_1}$ 为

$$\underset{\sim}{C_1} = (\underset{\sim}{A_1} \times \underset{\sim}{B_1}) \circ \underset{\sim}{R} = (\underset{\sim}{A_1} \times \underset{\sim}{B_1}) \circ (\underset{\sim}{A} \times \underset{\sim}{B} \times \underset{\sim}{C}) \tag{4.8.12}$$

确定一个控制系统的模糊规则就是要求得模糊关系 $\underset{\sim}{R}$,而模糊关系 $\underset{\sim}{R}$ 的求得又取决于控制的模糊语言。

4. 清晰化接口

通过模糊决策所得到的输出是模糊量,要进行控制必须经过清晰化接口将其转换成精确量。若通过模糊决策所得的输出量为

$$\underset{\sim}{B_1} = \{\mu_{\underset{\sim}{C}(\mu_1)/\mu_1}, \mu_{\underset{\sim}{C}(\mu_2)/\mu_2}, \cdots, \mu_{\underset{\sim}{C}(\mu_n)/\mu_n}\} \tag{4.8.13}$$

经常采用下面 3 种方法,将其转换成精确的执行量。

1) 选择隶属度大的原则

若对应的模糊决策的模糊集 $\underset{\sim}{C}$ 中,元素 $u^* \in U$ 满足:

$$\mu_{\underset{\sim}{C}(u^*)} \geqslant \mu_{\underset{\sim}{C}(u)} \quad u \in U \tag{4.8.14}$$

则取 u^*(精确量)作为输出控制量。

如果这样的隶属度最大点 u^* 不唯一,就取它们的平均值 $\overline{u^*}$ 或 $[u_1^*, u_p^*]$ 的中点 $(\overline{u_1^*} + \overline{u_p^*})/2$ 作为输出执行量(其中 $u_1^* \leqslant u_2^* \leqslant \cdots \leqslant u_p^*$)作为输出执行量。这种方法简单、易行、实时性好,但它概括的信息量少。

例如,若

$$C = \frac{0.2}{2} + \frac{0.7}{3} + \frac{1}{4} + \frac{0.7}{5} + \frac{0.2}{6}$$

则按最大隶属度原则应取执行量 $u^* = 4$。

又如,若

$$C = \frac{0.1}{-4} + \frac{0.4}{-3} + \frac{0.8}{-2} + \frac{1}{-1} + \frac{1}{0} + \frac{0.4}{1}$$

则按平均值法,应取 $u^* = \frac{0 + (-1)}{2} = \frac{-1}{2} = -0.5$。

2)加权平均原则

该方法的输出控制量 u^* 的值由下式来决定

$$u^* = \frac{\sum\limits_i \mu_{C(u_i)} \cdot u_i}{\sum\limits_i \mu_{C(u_i)}} \tag{4.8.15}$$

在这种方法中,可以选择权系数 K_i,其计算公式为

$$u^* = \frac{\sum\limits_i K_i u_i}{\sum\limits_i K_i} \tag{4.8.16}$$

加权直接影响着系统的响应特性,因此该方法可以通过修改加权系数,以改善系统的响应特性。例如,若 $C = \frac{0.2}{2} + \frac{0.7}{3} + \frac{1}{4} + \frac{0.7}{5} + \frac{0.2}{6}$,则可求得 u^* 为

$$u^* = \frac{2 \times 0.2 + 3 \times 0.7 + 4 \times 1 + 5 \times 0.7 + 6 \times 0.2}{0.2 + 0.7 + 1 + 0.7 + 0.2} = 4$$

3)中位数判决

在最大隶属度判决法中,只考虑了最大隶属数,而忽略了其他信息的影响。中位数判决法是将隶属函数曲线与横坐标所围成的面积平均分成两部分,以分界点所对应的论域元素 u_i 作为判决输出。

4.8.3　模糊控制器设计

根据图 4-42 和图 4-43 可知,设计一个模糊控制系统的关键是设计模糊控制器,而设计一个模糊控制器需要:选择模糊控制器的结构、选取模糊规则、确定模糊化和清晰化方法、确定模糊控制器的参数、编写模糊控制算法程序。

1. 模糊控制器的结构设计

1)单输入单输出结构

在单输入单输出系统中,受人类控制过程的启发,一般可设计成一维或二维模糊控制器。在极少情况下,才有设计成三维控制器的要求。这里所讲的模糊控制器的维数,通常是指其输入变量的个数。

（1）一维模糊控制器

这是一种最为简单的模糊控制器，其输入和输出变量均只有一个。假设模糊控制器输入变量为 X，输出变量为 Y，此时的模糊规则（X 一般为控制误差，Y 为控制量）为

$$R_1 : \text{if} \quad X \quad \text{is} \quad A_1 \quad \text{then} \quad Y \quad \text{is} \quad B_1$$

$$\vdots$$

$$R_n : \text{if} \quad X \quad \text{is} \quad A_n \quad \text{then} \quad Y \quad \text{is} \quad B_n$$

这里，$A_1, \cdots, A_n$ 和 $B_1, \cdots, B_n$ 均为输入输出论域上的模糊子集。这类模糊规则的模糊关系为

$$R = \bigcup_{i=1}^{n} A_i \times B_i \qquad (4.8.17)$$

（2）二维模糊控制器

这里的二维指的是模糊控制器的输入变量有两个，而控制器的输出只有一个。这类模糊规则的一般形式为

$$R_i : \text{if} \quad X_1 \quad \text{is} \quad A_i^1 \quad \text{and} \quad X_2 \quad \text{is} \quad A_i^2 \quad \text{then} \quad Y \quad \text{is} \quad B_i$$

这里，A_i^1、A_i^2 和 B_i 均为论域上的模糊子集。这类模糊规则的模糊关系为

$$R(x, y) = \bigcup_{i=1}^{n} (A_i^1 \times A_i^2) \times B_i \qquad (4.8.18)$$

在实际系统中，X_1 一般取为误差，X_2 一般取为误差变化率，Y 一般取为控制量。

2）多输入多输出结构

工业过程中的许多被控对象比较复杂，往往具有一个以上的输入和输出变量。

以二输入三输出为例，则有

$$R_i : \text{if}(X_1 \text{ is } A_i^1 \text{ and } X_2 \text{ is } A_i^2) \text{ then}(Y_1 \text{ is } B_i^1 \text{ and } Y_2 \text{ is } B_i^2 \text{ and } Y_3 \text{ is } B_i^3)$$

由于人对具体事物的逻辑思维一般不超过三维，因而很难对多输入多输出系统直接提取控制规则。例如，已有样本数据 $(X_1, X_2, Y_1, Y_2, Y_3)$，则可将之变换为 (X_1, X_2, Y_1)，(X_1, X_2, Y_2)，(X_1, X_2, Y_3)。这样，首先把多输入多输出系统化为多输入单输出的结构形式，然后用单输入单输出系统的设计方法进行模糊控制器设计。这样做，不仅设计简单，而且经人们的长期实践检验，也是可行的，这就是多变量控制系统的模糊解耦问题。

2. 模糊规则的选择和模糊推理

1）模糊规则的选择

（1）模糊语言变量的确定

一般说来，一个语言变量的语言值越多，对事物的描述就越准确，可能得到的控制效果就越好。当然，过细的划分反而使控制规则变得复杂，因此应视具体情况而定。如误差等的语言变量的语言值一般取为{负大，负中，负小，负零，正零，正小，正中，正大}。

（2）语言值隶属函数的确定

语言值的隶属函数又称为语言值的语义规则，它有时以连续函数的形式出现，有时以离散的量化等级形式出现。连续的隶属函数描述比较准确，而离散的量化等级简洁直观。

（3）模糊控制规则的建立

模糊控制规则的建立常采用经验归纳法和推理合成法。所谓经验归纳法，就是根据人的控制经验和直觉推理，经整理、加工和提炼后构成模糊规则的方法，它实质上是从感性认识上升到理性认识的一个飞跃过程。推理合成法是根据已有的输入输出数据对，通过模糊推理合成，求取模糊控制规则。

2）模糊推理

模糊推理有时也称为似然推理，其一般形式为

（1）一维形式

$$\text{if } X \text{ is } \underset{\sim}{A} \text{ then } Y \text{ is } \underset{\sim}{B}$$

$$\text{if } X \text{ is } \underset{\sim}{A_1} \text{ then } Y \text{ is ?}$$

（2）二维形式

$$\text{if } X \text{ is } \underset{\sim}{A} \text{ and } Y \text{ is } \underset{\sim}{B} \text{ then } Z \text{ is } \underset{\sim}{C}$$

3. 清晰化

清晰化的目的是根据模糊推理的结果，求得最能反映控制量的真实分布。目前常用的方法有 3 种，即最大隶属度法、加权平均原则和中位数判决法。

4. 模糊控制器论域及比例因子的确定

众所周知，任何系统的信号都是有界的。在模糊控制系统中，这个有限界一般称为该变量的基本论域，它是实际系统的变化范围。以两输入单输出的模糊控制系统为例，设定误差的基本论域为$(-|e_{\max}|, |e_{\max}|)$，误差变化率的基本论域为$(-|ec_{\max}|, |ec_{\max}|)$，控制量的变化范围为$(-|u_{\max}|, |u_{\max}|)$。类似地，设误差的模糊论域为

$$E = \{-l, -(l-1), \cdots, 0, 1, 2, \cdots, l\}$$

误差变化率的论域为

$$E_c = \{-m, -(m-1), \cdots, 0, 1, 2, \cdots, m\}$$

控制量所取的论域为

$$N = \{-n, -(n-1), \cdots, 0, 1, 2, \cdots, n\}$$

若用 $\alpha_e, \alpha_c, \alpha_u$ 分别表示误差、误差变化率和控制量的比例因子，则有

$$\alpha_e = l / |e_{\max}| \tag{4.8.19}$$

$$\alpha_c = m / |ec_{\max}| \tag{4.8.20}$$

$$\alpha_u = n / |u_{\max}| \tag{4.8.21}$$

一般说来，α_e 越大，系统的超调越大，过渡过程就越长；α_e 越小，则系统变化越慢，稳态精度降低。α_c 越大，则系统输出变化率越小，系统变化越慢；若 α_c 越小，则系统反应越加快，但超调增大。

5. 编写模糊控制器的算法程序

（1）设置输入输出变量及控制量的基本论域，即 $e \in (-|e_{\max}|, |e_{\max}|)$，

$ec \in (-|ec_{max}|, |ec_{max}|), u \in (-|u_{max}|, |u_{max}|)$。预置量化常数 α_e、α_c、α_u、采样周期 T。

（2）判断采样时间到否，若时间已到，则转（3），否则转（2）。

（3）启动 A/D 转换，进行数据采集和数字滤波等。

（4）计算 e 和 ec，并判断它们是否已超过上（下）限值，若已超过，则将其设定为上（下）限值。

（5）按给定的输入比例因子 α_e、α_c 量化（模糊化）并由此查询控制表。

（6）查得控制量的量化值清晰化后，乘上适当的比例因子 α_u。若 u 已超过上（下）限值，则设置为上（下）限值。

（7）启动 D/A 转换，作为模糊控制器实际模拟量输出。

（8）判断控制时间是否已到，若是则停机；否则，转（2）。

6．双输入单输出模糊控制器设计

一般的模糊控制器都是采用双输入单输出的系统，即在控制过程中，不仅对实际偏差自动进行调节，还要求对实际误差变化率进行调节，这样才能保证系统稳定，不致产生振荡。

1）模糊控制器的基本结构

对于双输入单输出系统，采用模糊控制器的闭环系统框如图 4-44 所示。

图 4-44　双输入单输出模糊控制结构图

其中：e 为实际偏差，α_e 为偏差比例因子；ec 为实际偏差变化率，α_c 为偏差变化率比例因子；u 为控制量，α_u 为控制量的比例因子。

2）模糊化

设置输入输出变量的论域，并预置常数 α_e、α_c、α_u，如果偏差 $e \in (-|e_{max}|, |e_{max}|)$，且 $l = 6$，则由式（4.8.19）知误差的比例因子为 $\alpha_e = 6/|e_{max}|$，这样就有

$$E = \alpha_e \cdot e$$

采用就近取整的原则,得 E 的论域为

$\{-6,-5,-4,-3,-2,-1,-0,+0,+1,+2,+3,+4,+5,+6\}$

利用负大[NL]、负中[NM]、负小[NS]、负零[NO]、正零[PO]、正小[PS]、正中[PM]、正大[PL]8 个模糊状态来描述变量 E,那么 E 的赋值如表 4-4 所示。

表 4-4　偏差 E 的赋值表

模糊变量 \ 隶属度 \ E	−6	−5	−4	−3	−2	−1	−0	+0	1	2	3	4	5	6
PL	0	0	0	0	0	0	0	0	0	0	0.1	0.4	0.8	1.0
PM	0	0	0	0	0	0	0	0	0	0.2	0.7	1.0	0.7	0.2
PS	0	0	0	0	0	0	0	0.3	0.8	1.0	0.5	0.1	0	0
PO	0	0	0	0	0	0	0	1.0	0.6	0.1	0	0	0	0
NO	0	0	0	0	0.1	0.6	1.0	0	0	0	0	0	0	0
NS	0	0	0.1	0.5	1.0	0.8	0.3	0	0	0	0	0	0	0
NM	0.2	0.7	1.0	0.7	0.2	0	0	0	0	0	0	0	0	0
NL	1.0	0.8	0.4	0.1	0	0	0	0	0	0	0	0	0	0

如果偏差变化率 $ec \in (-|ec_{max}|, |ec_{max}|)$,且 $m=6$,则由式(4.8.20)采用类似方法得 EC 的论域为 $\{-6,-5,-4,-3,-2,-1,0,1,2,3,4,5,6\}$

若采用负大[NL]、负中[NM]、负小[NS]、零[O]、正小[PS]、正中[PM]、正大[PL]7 个模糊状态来描述 EC,那么 EC 的赋值如表 4-5 所示。

表 4-5　偏差变化率 EC 的赋值表

模糊变量 \ 隶属度 \ EC	−6	−5	−4	−3	−2	−1	0	1	2	3	4	5	6
PL	0	0	0	0	0	0	0	0	0	0.1	0.4	0.8	1.0
PM	0	0	0	0	0	0	0	0	0.2	0.7	1.0	0.7	0.2
PS	0	0	0	0	0	0	0	0.9	1.0	0.7	0.2	0	0
O	0	0	0	0	0	0.5	1.0	0.5	0	0	0	0	0
NS	0	0	0.2	0.7	1.0	0.9	0	0	0	0	0	0	0
NM	0.2	0.7	1.0	0.7	0.2	0	0	0	0	0	0	0	0
NL	1.0	0.8	0.4	0.1	0	0	0	0	0	0	0	0	0

类似地,得到输出 U 的论域(由式(4.8.21)得到)$\{-7,-6,-5,-4,-3,-2,-1,0,1,2,3,4,5,6,7\}$,也采用 NL、NM、NS、O、PS、PM、PL 7 个模糊状态来描述 U,那么 U 的赋值如表 4-6 所示。

表 4-6　输出 U 的赋值表

模糊变量 \ 隶属度 \ U	−7	−6	−5	−4	−3	−2	−1	0	1	2	3	4	5	6	7
PL	0	0	0	0	0	0	0	0	0	0	0	0.1	0.4	0.8	1.0
PM	0	0	0	0	0	0	0	0	0	0.2	0.7	1.0	0.7	0.2	0
PS	0	0	0	0	0	0	0	0.4	1.0	0.8	0.4	0.1	0	0	0
O	0	0	0	0	0	0	0.5	1.0	0.5	0	0	0	0	0	0
NS	0	0	0	0.1	0.4	0.8	1.0	0.4	0	0	0	0	0	0	0
NM	0	0.2	0.7	1.0	0.7	0.2	0	0	0	0	0	0	0	0	0
NL	1.0	0.8	0.4	0.1	0	0	0	0	0	0	0	0	0	0	0

3）模糊控制规则、模糊关系和模糊推理

对于双输入单输出的系统，一般都采用"If $\underset{\sim}{A}$ and $\underset{\sim}{B}$ then $\underset{\sim}{C}$"来描述。因此，模糊关系为

$$\underset{\sim}{R} = \underset{\sim}{A} \times \underset{\sim}{B} \times \underset{\sim}{C}$$

模糊控制器在某一时刻的输出值为

$$\underset{\sim}{U}(k) = \left[\underset{\sim}{E}(k) \times \underset{\sim}{EC}(k) \right] \circ \mathbf{R}$$

为了节省 CPU 的运算时间，增强系统的实时性，节省系统存储空间的开销，通常离线进行模糊矩阵 $\mathbf{R}$ 的计算、输出 $\underset{\sim}{U}(k)$ 的计算。本模糊控制器把实际的控制策略归纳为控制规则表，如表 4-7 所示，表中 * 表示在控制过程中不可能出现的情况，称之为"死区"。

表 4-7　推理语言规则表

EC \ 输出 U \ E	NL	NM	NS	NO	PO	PS	PM	PL
PL	PL	PM	NL	NL	NL	NL	*	*
PM	PL	PM	NM	NM	NS	NS	*	*
PS	PL	PM	NS	NS	NS	NS	NM	NL
O	PL	PM	PS	O	O	NS	NM	NL
NS	PL	PM	PS	PS	PS	PS	NM	NL
NM	*	*	PS	PM	PM	PM	NM	NL
NL	*	*	PL	PL	PL	PL	NM	NL

4）清晰化

采用隶属度大的规则进行模糊决策，将 $U(k)$ 经过清晰化转换成相应的确定量。把

运算的结果存储在系统中,如表 4-8 所示。系统运行时通过查表得到确定的输出控制量,然后输出控制量乘上适当的比例因子 α_u,其结果用来进行 D/A 转换输出控制,完成控制生产过程的任务。

表 4-8　控制表

E / U ＼ EC	−6	−5	−4	−3	−2	−1	−0	+0	1	2	3	4	5	6
−6	7	6	7	6	4	4	4	4	2	1	0	0	0	0
−5	6	6	6	6	4	4	4	4	2	1	0	0	0	0
−4	7	6	7	6	4	4	4	4	2	1	0	0	0	0
−3	6	6	6	6	5	5	5	5	2	−2	0	−2	−2	−2
−2	7	6	7	6	4	4	1	1	0	−3	−3	−4	−4	−4
−1	7	6	7	6	4	4	1	1	0	−3	−3	−7	−6	−7
0	7	6	7	6	4	1	0	0	−1	−4	−6	−7	−6	−7
1	4	4	4	3	1	0	−1	−1	−4	−4	−6	−7	−6	−7
2	4	4	4	2	0	0	−1	−1	−4	−4	−6	−7	−6	−7
3	2	2	2	0	0	0	−1	−1	−3	−3	−6	−6	−6	−6
4	0	0	0	−1	−1	−3	−4	−4	−4	−4	−6	−7	−6	−7
5	0	0	0	−1	−1	−2	−4	−4	−4	−4	−6	−7	−6	−6
6	0	0	0	−1	−1	−1	−4	−4	−4	−4	−6	−7	−6	−7

习　　题

1. 数字控制器的连续化设计步骤是什么?

2. 某系统的连续控制器设计为

$$D(s) = \frac{U(s)}{E(s)} = \frac{1 + T_1 s}{1 + T_2 s}$$

试用双线性变换法、前向差分法、后向差分法分别求取数字控制器 $D(z)$,并分别给出 3 种方法对应的递推控制算法。

3. 什么是数字 PID 位置型控制算法和增量型控制算法? 试比较它们的优缺点。

4. 已知模拟调节器的传递函数为

$$D(s) = \frac{U(s)}{E(s)} = \frac{1 + 0.17s}{1 + 0.085s}$$

试写出相应数字控制器的位置型和增量型控制算式,设采样周期 $T = 0.2\text{s}$。

5. 什么叫积分饱和? 它是怎样引起的? 如何消除?

6. 选择采样周期需要考虑哪些因素？

7. 试叙述试凑法、扩充临界比例度法、扩充响应曲线法整定 PID 参数的步骤。

8. 数字控制器的离散化设计步骤是什么？

9. 已知被控对象的传递函数为

$$G_c(s) = \frac{10}{s(0.1s+1)}$$

采样周期 $T=1\text{s}$，采用零阶保持器。要求：

（1）针对单位速度输入信号设计最少拍无纹波系统的 $D(z)$，并计算输出响应 $y(k)$、控制信号 $u(k)$ 和误差 $e(k)$ 序列，画出它们对时间变化的波形。

（2）针对单位阶跃输入信号设计最少拍有纹波系统 $D(z)$，并计算 $y(k)$、$u(k)$、$e(k)$ 序列，画出它们对时间变化的波形。

10. 被控对象的传递函数为

$$G_c(s) = \frac{1}{s^2}$$

采样周期 $T=1\text{s}$，采用零阶保持器，针对单位速度输入函数，按以下要求设计：

（1）用最少拍无纹波系统的设计方法，设计 $\Phi(z)$ 和 $D(z)$；

（2）求出数字控制器输出序列 $u(k)$ 的递推形式；

（3）画出采样瞬间数字控制器的输出和系统的输出曲线。

11. 被控对象的传递函数为

$$G_c(s) = \frac{1}{s+1}e^{-s}$$

采样周期 $T=1\text{s}$。要求：

（1）采用施密斯预估控制，并按图 4.21 所示的结构，求取控制器的输出 $u(k)$；

（2）试用达林算法设计数字控制器 $D(z)$，并求取 $u(k)$ 的递推形式。

12. 在图 4.28 所示的计算机串级控制系统中，已知采样周期为 T，且有

$$D_1(z) = \frac{a_0 - a_1z^{-1} + a_2z^{-2}}{1 - z^{-1}}, \quad D_2(z) = \frac{b_0 - b_1z^{-1}}{1 - z^{-1}}$$

其中，a_0、a_1、a_2、b_0、b_1 是使 $D_1(z)$ 和 $D_2(z)$ 能够实现的常数，试写出计算机串级控制算法。

13. 前馈控制完全补偿的条件是什么？前馈和反馈相结合有什么好处？

14. 多变量控制系统解耦的条件是什么？

15. 模糊控制系统由哪几部分组成？常用的清晰化方法有哪几种？

第 5 章

现代控制技术

在经典控制理论中,用传递函数模型来设计和分析单输入单输出系统,但传递函数模型只能反映出系统的输出变量与输入变量之间的关系,而不能了解到系统内部的变化情况。在现代理论中,用状态空间模型来设计和分析多输入多输出系统,便于计算机求解,同时也为多变量系统的分析研究提供了有力的工具。

5.1 采用状态空间的输出反馈设计法

设线性定常系统被控对象的连续状态方程为

$$\begin{cases} \dot{x}(t) = Ax(t) + Bu(t) & x(t)\big|_{t=t_0} = x(t_0) \\ y(t) = Cx(t) \end{cases} \tag{5.1.1}$$

式中,$x(t)$ 是 n 维状态向量;$u(t)$ 是 r 维控制向量;$y(t)$ 是 m 维输出向量;A 是 $n \times n$ 维状态矩阵;B 是 $n \times r$ 维控制矩阵;C 是 $n \times m$ 维输出矩阵。采用状态空间的输出反馈设计法的目的是:利用状态空间表达式,设计出数字控制器 $D(z)$,使得多变量计算机控制系统满足所需要的性能指标,即在控制器 $D(z)$ 的作用下,系统输出 $y(t)$ 经过 N 次采样(N 拍)后,跟踪参考输入函数 $r(t)$ 的瞬变响应时间为最小。设系统的闭环结构形式如图 5-1 所示。

图 5-1 具有输出反馈的多变量计算机控制系统

假设参考输入函数 $r(t)$ 是 m 维阶跃函数向量,即

$$r(t) = r_0 \cdot 1(t) = [r_{01}\ r_{02}\cdots r_{0m}]^T \cdot 1(t) \tag{5.1.2}$$

先找出在 $D(z)$ 的作用下,输出是最少 N 拍跟踪输入的条件。设计时,应首先把被控对象离散化,用离散状态空间方程表示被控对象。

5.1.1　连续状态方程的离散化

在 $\boldsymbol{u}(t)$ 的作用下,式(5.1.1)的解为

$$\boldsymbol{x}(t) = \mathrm{e}^{\boldsymbol{A}(t-t_0)}\boldsymbol{x}(t_0) + \int_{t_0}^{t} \mathrm{e}^{\boldsymbol{A}(t-\tau)}\boldsymbol{B}\boldsymbol{u}(\tau)\mathrm{d}\tau \tag{5.1.3}$$

其中,$\mathrm{e}^{\boldsymbol{A}(t-t_0)}$ 是被控对象的状态转移矩阵,$\boldsymbol{x}(t_0)$ 是初始状态向量。若已知被控对象的前面有一零阶保持器,即

$$\boldsymbol{u}(t) = \boldsymbol{u}(k), kT \leqslant t < (k+1)T \tag{5.1.4}$$

其中,T 为采样周期,现在要求将连续被控对象模型连同零阶保持器一起进行离散化。

在式(5.1.3)中,若令 $t_0 = kT, t = (k+1)T$,同时考虑到零阶保持器的作用,则式(5.1.3)变为

$$\boldsymbol{x}(k+1) = \mathrm{e}^{\boldsymbol{A}T}\boldsymbol{x}(k) + \int_{kT}^{(k+1)T} \mathrm{e}^{\boldsymbol{A}(kT+T-\tau)}\mathrm{d}\tau\boldsymbol{B}\boldsymbol{u}(k) \tag{5.1.5}$$

若令 $t = kT + T - \tau$,则上式可进一步化为离散状态方程

$$\begin{cases} \boldsymbol{x}(k+1) = \boldsymbol{F}\boldsymbol{x}(k) + \boldsymbol{G}\boldsymbol{u}(k) \\ \boldsymbol{y}(k) = \boldsymbol{C}\boldsymbol{x}(k) \end{cases} \tag{5.1.6}$$

$$\boldsymbol{F} = \mathrm{e}^{\boldsymbol{A}T}, \quad \boldsymbol{G} = \int_0^T \mathrm{e}^{\boldsymbol{A}\tau}\mathrm{d}\tau\boldsymbol{B} \tag{5.1.7}$$

式(5.1.6)便是式(5.1.1)的等效离散状态方程。可见离散化的关键,是式(5.1.7)中矩阵指数及其积分的计算。

5.1.2　最少拍无纹波系统的跟踪条件

由式(5.1.1)中的系统输出方程可知,$\boldsymbol{y}(t)$ 以最少的 N 拍跟踪参考输入 $\boldsymbol{r}(t)$,必须满足条件

$$\boldsymbol{y}(N) = \boldsymbol{C}\boldsymbol{x}(N) = \boldsymbol{r}_0 \tag{5.1.8}$$

仅按条件式(5.1.8)设计的系统,将是有纹波系统,为设计无纹波系统,还必须满足条件

$$\dot{\boldsymbol{x}}(N) = 0 \tag{5.1.9}$$

这是因为,在 $NT \leqslant t \leqslant (N+1)T$ 的间隔内,控制信号 $\boldsymbol{u}(t) = \boldsymbol{u}(N)$ 为常向量,由式(5.1.1)知,当 $\dot{\boldsymbol{x}}(N) = 0$ 时,则在 $NT \leqslant t \leqslant (N+1)T$ 的间隔内 $\boldsymbol{x}(t) = \boldsymbol{x}(N)$,而且不改变。就是说,若使 $t \geqslant NT$ 时的控制信号满足

$$\boldsymbol{u}(t) = \boldsymbol{u}(N), \quad (t \geqslant NT) \tag{5.1.10}$$

此时,$\boldsymbol{x}(t) = \boldsymbol{x}(N)$ 且不改变,则使条件式(5.1.8)对 $t \geqslant NT$ 时始终满足下式

$$\boldsymbol{y}(t) = \boldsymbol{C}\boldsymbol{x}(t) = \boldsymbol{C}\boldsymbol{x}(N) = \boldsymbol{r}_0, \quad (t \geqslant NT) \tag{5.1.11}$$

下面讨论系统的输出跟踪参考输入所用最少拍数 N 的确定方法。式(5.1.8)确定的跟踪条件为 m 个,式(5.1.9)确定的附加跟踪条件为 n 个,为满足式(5.1.8)和式(5.1.9)组成的 $(m+n)$ 个跟踪条件,$(N+1)$ 个 r 维的控制向量 $\{\boldsymbol{u}(0) \quad \boldsymbol{u}(1) \quad \cdots \quad \boldsymbol{u}(N-1) \quad \boldsymbol{u}(N)\}$

必须至少提供$(m+n)$个控制参数,亦即

$$(N+1)r \geqslant (m+n) \tag{5.1.12}$$

最少拍数 N 应取满足式(5.1.12)的最小整数。

5.1.3 输出反馈设计法的设计步骤

1. 将连续状态方程进行离散化

对于由式(5.1.1)给出的被控对象的连续状态方程,用采样周期 T 对其进行离散化,通过计算式(5.1.7),可求得离散状态方程为式(5.1.6)。

2. 求满足跟踪条件式(5.1.8)和附加条件式(5.1.9)的 $U(z)$

被控对象的离散状态方程式(5.1.6)的解为

$$\boldsymbol{x}(k) = \boldsymbol{F}^k \boldsymbol{x}(0) + \sum_{j=0}^{k-1} \boldsymbol{F}^{k-j-1} \boldsymbol{G} \boldsymbol{u}(j) \tag{5.1.13}$$

被控对象在 N 步控制信号$\{\boldsymbol{u}(0) \quad \boldsymbol{u}(1) \quad \cdots \quad \boldsymbol{u}(N-1)\}$作用下的状态为

$$\boldsymbol{x}(N) = \boldsymbol{F}^N \boldsymbol{x}(0) + \sum_{j=0}^{N-1} \boldsymbol{F}^{N-j-1} \boldsymbol{G} \boldsymbol{u}(j)$$

假定系统的初始条件 $x(0)=0$,则有

$$\boldsymbol{x}(N) = \sum_{j=0}^{N-1} \boldsymbol{F}^{N-j-1} \boldsymbol{G} \boldsymbol{u}(j) \tag{5.1.14}$$

根据条件式(5.1.8),有

$$\boldsymbol{r}_0 = \boldsymbol{y}(N) = \boldsymbol{C}\boldsymbol{x}(N) = \sum_{j=0}^{N-1} \boldsymbol{C}\boldsymbol{F}^{N-j-1} \boldsymbol{G} \boldsymbol{u}(j)$$

用分块矩阵形式来表示,得到

$$\boldsymbol{r}_0 = \sum_{j=0}^{N-1} \boldsymbol{C}\boldsymbol{F}^{N-j-1} \boldsymbol{G} \boldsymbol{u}(j)$$

$$= \left[\boldsymbol{C}\boldsymbol{F}^{N-1}\boldsymbol{G} \vdots \boldsymbol{C}\boldsymbol{F}^{N-2}\boldsymbol{G} \vdots \cdots \vdots \boldsymbol{C}\boldsymbol{F}\boldsymbol{G} \vdots \boldsymbol{C}\boldsymbol{G}\right] \begin{bmatrix} \boldsymbol{u}(0) \\ \boldsymbol{u}(1) \\ \vdots \\ \boldsymbol{u}(N-2) \\ \boldsymbol{u}(N-1) \end{bmatrix} \tag{5.1.15}$$

再由条件式(5.1.9)和式(5.1.1)知,有

$$\dot{\boldsymbol{x}}(N) = \boldsymbol{A}\boldsymbol{x}(N) + \boldsymbol{B}\boldsymbol{u}(N) = 0$$

将式(5.1.4)代入上式,得

$$\sum_{j=0}^{N-1} \boldsymbol{A}\boldsymbol{F}^{N-j-1} \boldsymbol{G} \boldsymbol{u}(j) + \boldsymbol{B}\boldsymbol{u}(N) = 0$$

或

$$\begin{bmatrix} AF^{N-1}G & \vdots & AF^{N-2}G & \vdots & \cdots & \vdots & AG & \vdots & B \end{bmatrix} \begin{bmatrix} u(0) \\ u(1) \\ \vdots \\ u(N-1) \\ u(N) \end{bmatrix} = 0 \qquad (5.1.16)$$

由式(5.1.15)和式(5.1.16)可以组成确定($N+1$)个控制序列$\{u(0) \quad u(1) \quad \cdots \quad u(N-1) \quad u(N)\}$的统一方程组为

$$\begin{bmatrix} CF^{N-1}G & \vdots & CF^{N-2}G & \vdots & & \vdots & CG & \vdots & 0 \\ & \vdots & & \vdots & \cdots & \vdots & & \vdots & \\ AF^{N-1}G & \vdots & AF^{N-2}G & \vdots & & \vdots & AG & \vdots & B \end{bmatrix} \begin{bmatrix} u(0) \\ u(1) \\ \vdots \\ u(N-1) \\ u(N) \end{bmatrix} = \begin{bmatrix} r_0 \\ \\ 0 \end{bmatrix} \qquad (5.1.17)$$

若方程(5.1.17)有解,并设解为

$$u(j) = P(j) r_0 \quad (j = 0,1,2,\cdots,N) \qquad (5.1.18)$$

当 $k = N$ 时,控制信号 $u(k)$ 应满足

$$u(k) = u(N) = P(N) r_0 \quad (k \geqslant N)$$

这样就由跟踪条件求得了控制序列$\{y(k)\}$,其 Z 变换为

$$U(z) = \sum_{k=0}^{\infty} u(k)z^{-k} = \left[\sum_{k=0}^{N-1} P(k)z^{-k} + P(N) \sum_{k=N}^{\infty} z^{-k} \right] r_0$$

$$= \left[\sum_{k=0}^{N-1} P(k)z^{-k} + \frac{P(N)z^{-N}}{1 - z^{-1}} \right] r_0 \qquad (5.1.19)$$

3. 求取误差序列$\{e(k)\}$的 Z 变换 $E(z)$

误差向量为

$$e(k) = r(k) - y(k) = r_0 - Cx(k)$$

假定 $x(0) = 0$,将式(5.1.3)代入上式,得

$$e(k) = r_0 - \sum_{j=0}^{k-1} CF^{(k-j-1)}Gu(j)$$

再将式(5.1.18)代入上式,则

$$e(k) = \left[I - \sum_{j=0}^{k-1} CF^{(k-j-1)}GP(j) \right] r_0$$

误差序列$\{e(k)\}$的 Z 变换为

$$E(z) = \sum_{k=0}^{\infty} e(k)z^{-k} = \sum_{k=0}^{N-1} e(k)z^{-k} + \sum_{k=N}^{\infty} e(k)z^{-k}$$

式中 $\sum_{k=N}^{\infty} e(k)z^{-k} = 0$,因为满足跟踪条件式(5.1.8)和附加条件式(5.1.9),即当 $k \geqslant N$ 时误差信号应消失,因此

$$E(z) = \sum_{k=0}^{N-1} e(k)z^{-k} = \sum_{k=0}^{N-1} \left[I - \sum_{j=0}^{k-1} CF^{(k-j-1)}GP(j) \right] r_0 z^{-k} \qquad (5.1.20)$$

4. 求控制器的脉冲传递函数 $D(z)$

根据式(5.1.19)和式(5.1.20)可求得 $D(z)$ 为

$$D(z) = \frac{U(z)}{E(z)} \tag{5.1.21}$$

【例 5-1】 设二阶单输入单输出系统,其状态方程为

$$\begin{cases} \dot{\boldsymbol{x}}(t) = \boldsymbol{A}\boldsymbol{x}(t) + \boldsymbol{B}\boldsymbol{u}(t) \\ \boldsymbol{y}(t) = \boldsymbol{C}\boldsymbol{x}(t) \end{cases}$$

其中 $\boldsymbol{A} = \begin{bmatrix} -1 & 0 \\ 1 & 0 \end{bmatrix}, \boldsymbol{B} = \begin{bmatrix} 1 \\ 0 \end{bmatrix}, \boldsymbol{C} = \begin{bmatrix} 0 & 1 \end{bmatrix}$,采样周期 $T = 1\text{s}$,试设计最少拍无纹波控制器 $D(z)$。

【解】 $\boldsymbol{F} = \text{e}^{\boldsymbol{A}T} = \begin{bmatrix} \text{e}^{-1} & 0 \\ 1-\text{e}^{-1} & 1 \end{bmatrix} = \begin{bmatrix} 0.368 & 0 \\ 0.632 & 1 \end{bmatrix}, \boldsymbol{G} = \int_0^T \text{e}^{\boldsymbol{A}t}\,\text{d}t\boldsymbol{B} = \begin{bmatrix} 1-\text{e}^{-1} \\ \text{e}^{-1} \end{bmatrix} = \begin{bmatrix} 0.632 \\ 0.368 \end{bmatrix}$

离散状态方程为

$$\begin{cases} \boldsymbol{x}(k+1) = \boldsymbol{F}\boldsymbol{x}(k) + \boldsymbol{G}\boldsymbol{u}(k) \\ \boldsymbol{y}(k) = \boldsymbol{C}\boldsymbol{x}(k) \end{cases}$$

要设计无纹波系统,跟踪条件应满足

$$(N+1)r \geqslant (m+n)$$

而 $n=2, r=2, m=2$,因此取 $N=2$ 即可满足上式条件。

由式(5.1.17)可得

$$\begin{bmatrix} \boldsymbol{CFG} & \boldsymbol{CG} & \boldsymbol{0} \\ \boldsymbol{AFG} & \boldsymbol{AG} & \boldsymbol{B} \end{bmatrix} \begin{bmatrix} \boldsymbol{u}(0) \\ \boldsymbol{u}(1) \\ \boldsymbol{u}(2) \end{bmatrix} = \begin{bmatrix} \boldsymbol{r}_0 \\ 0 \\ 0 \end{bmatrix}$$

即

$$\begin{bmatrix} 0.768 & 0.368 & 0 \\ -0.232 & -0.632 & 1 \\ 0.232 & 0.632 & 0 \end{bmatrix} \begin{bmatrix} \boldsymbol{u}(0) \\ \boldsymbol{u}(1) \\ \boldsymbol{u}(2) \end{bmatrix} = \begin{bmatrix} \boldsymbol{r}_0 \\ 0 \\ 0 \end{bmatrix}$$

进一步得

$$\begin{bmatrix} \boldsymbol{u}(0) \\ \boldsymbol{u}(1) \\ \boldsymbol{u}(2) \end{bmatrix} = \begin{bmatrix} \boldsymbol{P}(0) \\ \boldsymbol{P}(1) \\ \boldsymbol{P}(2) \end{bmatrix} \boldsymbol{r}_0 = \begin{bmatrix} 1.58 \\ -1.58 \\ 0 \end{bmatrix} \boldsymbol{r}_0$$

$$\boldsymbol{P}(0) = 1.58, \quad \boldsymbol{P}(1) = -1.58, \quad \boldsymbol{P}(2) = 0$$

由式(5.1.19)和 $N=2$ 知:

$$U(z) = \left[\sum_{k=0}^{N-1} \boldsymbol{P}(k)z^{-k} + \frac{\boldsymbol{P}(N)z^{-N}}{1-z^{-1}} \right] \boldsymbol{r}_0 = \left[\boldsymbol{P}(0) + \boldsymbol{P}(1)z^{-1} + \frac{\boldsymbol{P}(2)z^{-2}}{1-z^{-1}} \right] \boldsymbol{r}_0$$

$$= (1.58 - 1.58z^{-1})\boldsymbol{r}_0$$

由式(5.1.20)和 $N=2$ 知：

$$E(z) = \sum_{k=0}^{N-1} \left[I - \sum_{j=0}^{k-1} CF^{(k-j-1)} GP(j) \right] r_0 z^{-k} = \{ I + [I - CGP(0)] z^{-1} \} r_0$$

$$= (1 + 0.418z^{-1}) r_0$$

所以数字控制器 $D(z)$ 为

$$D(z) = \frac{U(z)}{E(z)} = \frac{1.58 - 1.58z^{-1}}{1 + 0.418z^{-1}}$$

5.2　采用状态空间的极点配置设计法

在计算机控制系统中，除了使用输出反馈控制外，还较多地使用状态反馈控制，因为由状态输入就可以完全地确定系统的未来行为。图 5-2 给出了计算机控制系统的典型结构。在 5.1.1 节中，讨论了连续的被控对象同零阶保持器一起进行离散化的问题，同时忽略数字控制器的量化效应，则图 5-2 可以简化为如图 5-3 所示的离散系统。

图 5-2　计算机控制系统的典型结构图

图 5-3　简化的离散系统结构图

下面按离散系统的情况来讨论控制器的设计。本节讨论利用状态反馈的极点配置方法来进行设计控制规律，首先讨论调节系统($r(k)=0$)的情况，然后讨论跟踪系统，即如何引入外界参考输入 $r(k)$。

按极点配置设计的控制器通常有两部分组成。一部分是状态观测器，它根据所量测到的输出量 $y(k)$ 重构出全部状态 $\hat{x}(k)$，另一部分是控制规律，它直接反馈重构的全部状态。图 5-4 给出了调节系统的情况(即 $r(k)=0$)。

图 5-4　调节系统($r(k)=0$)中控制器的结构

5.2.1　按极点配置设计控制规律

为了按极点配置设计控制规律,暂设控制规律反馈的是实际对象的全部状态,而不是重构的状态,如图 5-5 所示。

图 5-5　按极点配置设计控制规律

设连续被控对象的状态方程为

$$\begin{cases} \dot{\boldsymbol{x}}(t) = \boldsymbol{A}\boldsymbol{x}(t) + \boldsymbol{B}\boldsymbol{u}(t) \\ \boldsymbol{y}(t) = \boldsymbol{C}\boldsymbol{x}(t) \end{cases} \tag{5.2.1}$$

由第 5.1.1 节知,相应的离散状态方程为

$$\begin{cases} \boldsymbol{x}(k+1) = \boldsymbol{F}\boldsymbol{x}(k) + \boldsymbol{G}\boldsymbol{u}(k) \\ \boldsymbol{y}(k) = \boldsymbol{C}\boldsymbol{x}(k) \end{cases} \tag{5.2.2}$$

且

$$\begin{cases} \boldsymbol{F} = \mathrm{e}^{\boldsymbol{A}T} \\ \boldsymbol{G} = \int_0^T \mathrm{e}^{\boldsymbol{A}t}\,\mathrm{d}t\,\boldsymbol{B} \end{cases} \tag{5.2.3}$$

T 为采样周期。若图 5-5 中的控制规律为线性状态反馈,即

$$\boldsymbol{u}(k) = -\boldsymbol{L}\boldsymbol{x}(k) \tag{5.2.4}$$

则要设计出反馈控制规律 L,以使闭环系统具有所需要的极点配置。

将式(5.2.4)代入式(5.2.2)得到闭环系统的状态方程为

$$\boldsymbol{x}(k+1) = (\boldsymbol{F} - \boldsymbol{G}\boldsymbol{L})\boldsymbol{x}(k) \tag{5.2.5}$$

显然,闭环系统的特征方程为

$$|z\boldsymbol{I} - \boldsymbol{F} + \boldsymbol{G}\boldsymbol{L}| = 0 \tag{5.2.6}$$

设给定所需要的闭环系统的极点为 $z_i (i=1,2,\cdots,n)$,则很容易求得要求的闭环系统特征方程为

$$\begin{aligned} \beta(z) &= (z - z_1)(z - z_2)\cdots(z - z_n) \\ &= z^n + \beta_1 z^{n-1} + \cdots + \beta_n = 0 \end{aligned} \tag{5.2.7}$$

由式(5.2.6)和式(5.2.7)可知,反馈控制规律 L 应满足如下方程

$$|z\boldsymbol{I} - \boldsymbol{F} + \boldsymbol{G}\boldsymbol{L}| = \beta(z) \tag{5.2.8}$$

若将上式的行列式展开,并比较两边 z 的同次幂的系数,则一共可得到 n 个代数方程。对于单输入的情况,L 中未知元素的个数与方程的个数相等,因此一般情况下可获得 L 的唯一解。而对于多输入的情况,仅根据式(5.2.8)并不能完全确定 L,设计计算比较复杂,这时需同时附加其他的限制条件才能完全确定 L。本节只讨论单输入的情况。

可以证明,对于任意的极点配置,L 具有唯一解的充分必要条件是被控对象完全能

控,即

$$\text{rank}\begin{bmatrix} G & FG & \cdots & F^{n-1}G \end{bmatrix} = n \tag{5.2.9}$$

这个结论的物理意义也是很明显的,只有当系统的所有状态都是能控的,才能通过适当的状态反馈控制,使得闭环系统的极点配置在任意指定的位置。

由于人们对于 s 平面中的极点分布与系统性能的关系比较熟悉,因此可首先根据相应连续系统性能指标的要求来给定 s 平面中的极点,然后再根据 $z_i = \mathrm{e}^{s_i T}(i=1,2,\cdots,n)$ 的关系求得 z 平面中的极点分布,其中 T 为采样周期。

【例 5-2】 被控对象的传递函数 $G(s)=\dfrac{1}{s^2}$,采样周期 $T=0.1\mathrm{s}$,采用零阶保持器。现要求闭环系统的动态响应相当于阻尼系数为 $\xi=0.5$,无阻尼自然振荡频率 $\omega_n=3.6$ 的二阶连续系统,用极点配置方法设计状态反馈控制规律 $\boldsymbol{L}$,并求 $u(k)$。

【解】 被控对象的微分方程为 $\ddot{y}(t)=u(t)$,定义两个状态变量分别为 $x_1(t)=y(t)$,$x_2(t)=\dot{x}_1(t)=\dot{y}(t)$ 得到 $\dot{x}_1(t)=x_2(t)$,$\dot{x}_2(t)=\ddot{y}(t)=u(t)$,故有

$$\begin{bmatrix} \dot{x}_1(t) \\ \dot{x}_2(t) \end{bmatrix} = \begin{bmatrix} 0 & 1 \\ 0 & 0 \end{bmatrix} \begin{bmatrix} x_1(t) \\ x_2(t) \end{bmatrix} + \begin{bmatrix} 0 \\ 1 \end{bmatrix} u(t)$$

$$y(t) = \begin{bmatrix} 1 & 0 \end{bmatrix} \begin{bmatrix} x_1(t) \\ x_2(t) \end{bmatrix}$$

对应的离散状态方程为

$$\begin{cases} \boldsymbol{x}(k+1) = \begin{bmatrix} 1 & T \\ 0 & 1 \end{bmatrix} \boldsymbol{x}(k) + \begin{bmatrix} \dfrac{T^2}{2} \\ T \end{bmatrix} u(k) \\ y(k) = \begin{bmatrix} 1 & 0 \end{bmatrix} \boldsymbol{x}(k) \end{cases}$$

代入 $T=0.1\mathrm{s}$ 得

$$\begin{cases} \boldsymbol{x}(k+1) = \begin{bmatrix} 1 & 0.1 \\ 0 & 1 \end{bmatrix} \boldsymbol{x}(k) + \begin{bmatrix} 0.005 \\ 0.1 \end{bmatrix} u(k) \\ y(k) = \begin{bmatrix} 1 & 0 \end{bmatrix} \boldsymbol{x}(k) \end{cases}$$

且

$$\begin{cases} \dot{\boldsymbol{x}}(t) = \boldsymbol{A}\boldsymbol{x}(t) + \boldsymbol{B}u(t) \\ y(t) = \boldsymbol{C}\boldsymbol{x}(t) \end{cases}$$

$$\begin{bmatrix} G & FG \end{bmatrix} = \begin{bmatrix} 0.005 & 0.015 \\ 0.1 & 0.1 \end{bmatrix}$$

因为 $\begin{vmatrix} 0.005 & 0.015 \\ 0.1 & 0.1 \end{vmatrix} \neq 0$,所以系统能控。

根据要求,求得 s 平面上两个期望的极点为

$$s_{1,2} = -\xi\omega_n \pm \mathrm{j}\sqrt{1-\xi^2}\,\omega_n = -1.8 \pm \mathrm{j}3.12$$

利用 $z=\mathrm{e}^{sT}$ 的关系,可求得 z 平面上的两个期望的极点为

$$z_{1,2} = 0.835\mathrm{e}^{\pm \mathrm{j}0.312}$$

于是得到期望的闭环系统特征方程为

$$\beta(z) = (z-z_1)(z-z_2) = z^2 - 1.6z + 0.7 \qquad (5.2.10)$$

若状态反馈控制规律为

$$L = \begin{bmatrix} L_1 & L_2 \end{bmatrix}$$

则闭环系统的特征方程为

$$|zI - F + GL| = \left| \begin{bmatrix} z & 0 \\ 0 & z \end{bmatrix} - \begin{bmatrix} 1 & 0.1 \\ 0 & 1 \end{bmatrix} + \begin{bmatrix} 0.005 \\ 0.1 \end{bmatrix} \begin{bmatrix} L_1 & L_2 \end{bmatrix} \right|$$

$$= z^2 + (0.1L_2 + 0.005L_1 - 2)z$$

$$+ 0.005L_1 - 0.1L_2 + 1 \qquad (5.2.11)$$

比较式(5.2.10)和式(5.2.11),可得

$$\begin{cases} 0.1L_2 + 0.005L_1 - 2 = -1.6 \\ 0.005L_1 - 0.1L_2 + 1 = 0.7 \end{cases}$$

求解上式,得 $L_1=10, L_2=3.5$,即 $L = \begin{bmatrix} 10 & 3.5 \end{bmatrix}$

$$u(k) = -Lx(k) = -\begin{bmatrix} 10 & 3.5 \end{bmatrix} x(k)$$

5.2.2 按极点配置设计状态观测器

前面讨论的按点配置设计控制规律时,假定全部状态均可直接用于反馈,实际上,难以做到,因为有些状态无法量测。因此必须设计状态观测器,根据所量测的输出 $y(k)$ 和 $u(k)$ 重构全部状态。因而实际反馈的是重构状态 $\hat{x}(k)$,而不是真实的状态 $x(k)$,即 $u(k) = -L\hat{x}(k)$,如图5-2所示。常用的状态观测器有3种:预报观测器、现时观测器和降阶观测器。

1. 预报观测器

常用的观测器方程为

$$\hat{x}(k+1) = F\hat{x}(k) + Gu(k) + K[y(x) - C\hat{x}(k)] \qquad (5.2.12)$$

其中,$\hat{x}$ 是 x 的状态重构,K 为观测器的增益矩阵。由于$(k+1)$时刻的状态重构只用到了kT时刻的量测量 $y(k)$,因此称式(5.2.12)为预报观测器,其结构如图5-6所示。

图5-6 预报观测器

设计观测器的关键在于如何合理地选择观测器的增益矩阵 K。定义状态重构误差为

$$\tilde{x} = x - \hat{x} \qquad (5.2.13)$$

则

$$\bar{x}(k+1) = x(k+1) - \hat{x}(k+1)$$

$$= Fx(k) + Gu(k) - F\hat{x}(k) - Gu(k) - K[Cx(k) - C\hat{x}(k)]$$

$$= [F - KC][x(k) - \hat{x}(k)] = [F - KC]\bar{x}(k) \qquad (5.2.14)$$

因此,如果选择 K 使系统式(5.2.14)渐近稳定,那么重构误差必定会收敛到 0,即使系统式(5.2.2)是不稳定的,在重构中引入观测量反馈,也能使误差趋于 0。式(5.2.14)称为观测器的误差动态方程,该式表明,可以通过选择 K,使状态重构误差动态方程的极点配置在期望的位置上。

如果出现观测器期望的极点 $Z_i(i=1,2,\cdots,n)$,那么求得观测器期望的特征方程为

$$\alpha(z) = (z - z_1)(z - z_2)\cdots(z - z_n) = z^n + \alpha_1 z^{n-1} + \cdots + \alpha_n = 0 \quad (5.2.15)$$

由式(5.2.14)可得观测器的特征方程(即状态重构误差的特征方程)为

$$|zI - F + KC| = 0 \qquad (5.2.16)$$

为了获得期望的状态重构性能,由式(5.2.15)和式(5.2.16)可得

$$\alpha(z) = |zI - F + KC| \qquad (5.2.17)$$

对于单输入单输出系统,通过比较式(5.2.17)两边 Z 的同次幂的系数,可求得 K 中 n 个未知数。对于任意的极点配置,K 具有唯一解的充分必要条件是系统完全能观,即

$$\text{rank} \begin{bmatrix} C \\ CF \\ \vdots \\ CF^{n-1} \end{bmatrix} = n \qquad (5.2.18)$$

2. 现时观测器

采用预报观测器时,现时的状态重构 $\hat{x}(k)$ 只用了前一时刻的输出量 $y(k-1)$,使得现时的控制信号 $u(k)$ 中也包含了前一时刻的输出量。当采样周期较长时,这种控制方式将影响系统的性能。为此,可采用如下的观测器方程

$$\begin{cases} \bar{x}(k+1) = F\hat{x}(k) + Gu(k) \\ \hat{x}(k+1) = \bar{x}(k+1) + K[y(k+1) - C\bar{x}(k+1)] \end{cases} \qquad (5.2.19)$$

由于 $(k+1)T$ 时刻的状态重构 $\hat{x}(k+1)$ 用到了现时刻的量测量 $y(k+1)$,因此称式(5.2.19)为现时观测器。

由式(5.2.2)和式(5.2.19)可得状态重构误差为

$$\bar{x}(k+1) = x(k+1) - \hat{x}(k+1)$$

$$= [Fx(k) + Gu(k)] - \{\bar{x}(k+1) + K[Cx(k+1) - C\bar{x}(k+1)]\}$$

$$= [F - KCF]\bar{x}(k) \qquad (5.2.20)$$

从而求得现时观测器状态重构误差的特征方程为

$$|zI - F + KC| = 0 \qquad (5.2.21)$$

同样,为了获得期望的状态重构性能,可由下式确定 K 的值

$$\alpha(z) = |zI - F + KC| \qquad (5.2.22)$$

和预报观测器的设计一样,系统必须完全能观时才能求得 K。

3. 降阶观测器

预报和现时观测器都是根据输出量重构全部状态,即观测器的阶数等于状态的个数,因此称为全阶观测器。实际系统中,所能量测到的 $y(k)$ 中,已直接给出了一部分状态变量,这部分状态变量不必通过估计获得。因此,只要估计其余的状态变量就可以了,这种阶数低于全阶的观测器称为降阶观测器。

将原状态向量分成两部分,即

$$\boldsymbol{x}(k) = \begin{bmatrix} \boldsymbol{x}_a(k) \\ \boldsymbol{x}_b(k) \end{bmatrix} \tag{5.2.23}$$

其中,$\boldsymbol{x}_a(k)$ 是能够量测到的部分状态,$\boldsymbol{x}_b(k)$ 是需要重构的部分状态。据此,原被控对象的状态方程式(5.2.2)可以分块写成

$$\begin{bmatrix} \boldsymbol{x}_a(k+1) \\ \boldsymbol{x}_b(k+1) \end{bmatrix} = \begin{bmatrix} \boldsymbol{F}_{aa} & \boldsymbol{F}_{ab} \\ \boldsymbol{F}_{ba} & \boldsymbol{F}_{bb} \end{bmatrix} \begin{bmatrix} \boldsymbol{x}_a(k) \\ \boldsymbol{x}_b(k) \end{bmatrix} + \begin{bmatrix} \boldsymbol{G}_a \\ \boldsymbol{G}_b \end{bmatrix} u(k) \tag{5.2.24}$$

上式展开并写成

$$\begin{cases} \boldsymbol{x}_b(k+1) = \boldsymbol{F}_{bb}\,\boldsymbol{x}_b(k) + \big[\boldsymbol{F}_{ba}\,\boldsymbol{x}_a(k) + \boldsymbol{G}_b u(k)\big] \\ \boldsymbol{x}_a(k+1) - \boldsymbol{F}_{aa}\,\boldsymbol{x}_a(k) - \boldsymbol{G}_a u(k) = \boldsymbol{F}_{ab}\,\boldsymbol{x}_b(k) \end{cases} \tag{5.2.25}$$

将式(5.2.25)与式(5.2.2)比较后,可建立如下的对应关系

式(5.2.2)	式(5.2.25)
$\boldsymbol{x}(k)$	$\boldsymbol{x}_b(k)$
$\boldsymbol{F}$	$\boldsymbol{F}_{bb}$
$\boldsymbol{G}u(k)$	$\boldsymbol{F}_{ba}\,\boldsymbol{x}_a(k) + \boldsymbol{G}_b u(k)$
$y(k)$	$\boldsymbol{x}_a(k+1) - \boldsymbol{F}_{aa}\,\boldsymbol{x}_a(k) - \boldsymbol{G}_a u(k)$
$\boldsymbol{C}$	$\boldsymbol{F}_{ab}$

参考预报观测器方程式(5.2.12),可以写出相应于式(5.2.25)的观测器方程为

$$\hat{\boldsymbol{x}}_b(k+1) = \boldsymbol{F}_{bb}\,\hat{\boldsymbol{x}}_b(k) + \big[\boldsymbol{F}_{ba}\,\boldsymbol{x}_a(k) + \boldsymbol{G}_b u(k)\big] +$$
$$\boldsymbol{K}\big[\boldsymbol{x}_a(k+1) - \boldsymbol{F}_{aa}\,\boldsymbol{x}_a(k) - \boldsymbol{G}_a u(k) - \boldsymbol{F}_{ab}\,\hat{\boldsymbol{x}}_b(k)\big] \tag{5.2.26}$$

上式便是根据已量测到的状态 $\boldsymbol{x}_a(k)$,重构其余状态 $\hat{\boldsymbol{x}}_b(k)$ 的观测器方程。由于 $\boldsymbol{x}_b(k)$ 的阶数低于 $\boldsymbol{x}(k)$ 的阶数,所以称为降阶观测器。

由式(5.2.25)和式(5.2.26)可得状态重构误差为

$$\tilde{\boldsymbol{x}}_b(k+1) = \boldsymbol{x}_b(k+1) - \hat{\boldsymbol{x}}_b(k+1) = (\boldsymbol{F}_{bb} - \boldsymbol{K}\boldsymbol{F}_{ab})\big[\boldsymbol{x}_b(k) - \hat{\boldsymbol{x}}_b(k)\big]$$
$$= (\boldsymbol{F}_{bb} - \boldsymbol{K}\boldsymbol{F}_{ab})\,\tilde{\boldsymbol{x}}_b(k) \tag{5.2.27}$$

从而求得降阶观测器状态重构误差的特征方程为

$$|z\boldsymbol{I} - \boldsymbol{F}_{bb} + \boldsymbol{K}\boldsymbol{F}_{ab}| = 0 \tag{5.2.28}$$

同理,为了获得期望的状态重构性能,式(5.2.15)和式(5.2.28)可得

$$\alpha(z) = |z\boldsymbol{I} - \boldsymbol{F}_{bb} + \boldsymbol{K}\boldsymbol{F}_{ab}| \tag{5.2.29}$$

观测器的增益矩阵 $\boldsymbol{K}$ 可由上式求得。若给定降阶观测器的极点,也即 $\alpha(z)$ 为已知,如果

仍只考虑单输出(即$x_a(k)$的维数为 1)的情况,根据式(5.2.29)即可解得增益矩阵 K。这里,对于任意给定的极点,K 具有唯一解的充分必要条件也是系统完全能观,即式(5.2.18)成立。

【例 5-3】　设被控对象的连续状态方程为

$$\begin{cases} \dot{x}(t) = Ax(t) + Bu(t) \\ y(t) = Cx(t) \end{cases} \tag{5.2.30}$$

其中:

$$A = \begin{bmatrix} 0 & 1 \\ 0 & 0 \end{bmatrix}, \quad B = \begin{bmatrix} 0 \\ 1 \end{bmatrix}, \quad C = \begin{bmatrix} 1 & 0 \end{bmatrix}$$

采样周期为 $T=0.1\mathrm{s}$,要求确定 K。

(1) 设计预报观测器,并将观测器特征方程的两个极点配置在 $z_{1,2}=0.2$ 处。

(2) 设计现时预测器,并将观测器特征方程的两个极点配置在 $z_{1,2}=0.2$ 处。

(3) 假定 x_1 是能够量测的状态,x_2 是需要估计的状态,设计降阶观测器,并将观测器特征方程的极点配置在 $z=0.2$ 处。

【解】　将式(5.2.30)离散化,得离散状态方程为

$$\begin{cases} x(k+1) = Fx(k) + Gu(k) \\ y(k) = Cx(k) \end{cases} \tag{5.2.31}$$

其中

$$F = \mathrm{e}^{AT} = \begin{bmatrix} 1 & T \\ 0 & 1 \end{bmatrix}, \quad G = \int_0^T \mathrm{e}^{AT} \mathrm{d}tB = \begin{bmatrix} \dfrac{T^2}{2} \\ T \end{bmatrix} \tag{5.2.32}$$

将 $T=0.1\mathrm{s}$ 代入式(5.2.32)得

$$F = \begin{bmatrix} 1 & 0.1 \\ 0 & 1 \end{bmatrix}, \quad G = \begin{bmatrix} 0.005 \\ 0.1 \end{bmatrix}$$

(1) 由已知条件知

$$\alpha(z) = (z - z_1)(z - z_2) = (z - 0.2)^2 = z^2 - 0.4z + 0.04 = 0 \tag{5.2.33}$$

$$|zI - F + KC| = \left| \begin{bmatrix} z & 0 \\ 0 & z \end{bmatrix} - \begin{bmatrix} 1 & 0.1 \\ 0 & 1 \end{bmatrix} + \begin{bmatrix} k_1 \\ k_2 \end{bmatrix} \begin{bmatrix} 1 & 0 \end{bmatrix} \right|$$

$$= z^2 - (2 - k_1) + 1 - k_1 + 0.1k_2 = 0 \tag{5.2.34}$$

比较式(5.2.33)和式(5.2.34),得

$$\begin{cases} 2 - k_1 = 0.4 \\ 1 - k_1 + 0.1k_2 = 0.04 \end{cases}$$

解得

$$\begin{cases} k_1 = 1.6 \\ k_2 = 6.4 \end{cases} \quad 即 \quad K = \begin{bmatrix} 1.6 \\ 6.4 \end{bmatrix}$$

(2) 由已知条件知

$$\alpha(z) = (z - z_1)(z - z_2) = (z - 0.2)^2 = z^2 - 0.4z + 0.04 = 0 \tag{5.2.35}$$

$$| z\mathbf{I} - \mathbf{F} + \mathbf{KCF} | = \left| \begin{bmatrix} z & 0 \\ 0 & z \end{bmatrix} - \begin{bmatrix} 1 & 0.1 \\ 0 & 1 \end{bmatrix} + \begin{bmatrix} k_1 \\ k_2 \end{bmatrix} \begin{bmatrix} 1 & 0 \end{bmatrix} \begin{bmatrix} 1 & 0.1 \\ 0 & 1 \end{bmatrix} \right|$$

$$= z^2 + (k_1 + 0.1k_2 - 2)z + 1 - k_1 = 0 \qquad (5.2.36)$$

比较式(5.2.35)和式(5.2.36),得

$$\begin{cases} k_1 + 0.1k_2 - 2 = -0.4 \\ 1 - k_1 = 0.04 \end{cases}$$

解得

$$\begin{cases} k_1 = 0.96 \\ k_2 = 6.4 \end{cases} \quad 即 \quad \mathbf{K} = \begin{bmatrix} 0.96 \\ 6.4 \end{bmatrix}$$

(3) 由前面知

$$\mathbf{F} = \begin{bmatrix} 1 & 0.1 \\ 0 & 1 \end{bmatrix} = \begin{bmatrix} \mathbf{F}_{aa} & \mathbf{F}_{ab} \\ \mathbf{F}_{ba} & \mathbf{F}_{bb} \end{bmatrix}$$

$$\alpha(z) = z - 0.2 = 0 \qquad (5.2.37)$$

$$| z\mathbf{I} - \mathbf{F}_{bb} + \mathbf{K}\mathbf{F}_{ab} | = z - 1 + 0.1\mathbf{K} \qquad (5.2.38)$$

比较式(5.2.37)和式(5.2.38),得

$$\mathbf{K} = 0.8$$

5.2.3　按极点配置设计控制器

前面分别讨论了按极点配置设计的控制规律和状态观测器,这两部分组成了状态反馈控制器,如图 5-4 所示的调节系统($r(k)=0$ 的情况)。

1. 控制器的组成

设被控对象的离散状态方程为

$$\begin{cases} \mathbf{x}(k+1) = \mathbf{F}\mathbf{x}(k) + \mathbf{G}u(k) \\ y(k) = \mathbf{C}\mathbf{x}(k) \end{cases} \qquad (5.2.39)$$

设控制器由预报观测器和状态反馈控制规律组合而成,即

$$\begin{cases} \hat{\mathbf{x}}(k+1) = \mathbf{F}\hat{\mathbf{x}}(k) + \mathbf{G}u(k) + \mathbf{K}[y(k) - \mathbf{C}\hat{\mathbf{x}}(k)] \\ u(k) = -\mathbf{L}\hat{\mathbf{x}}(k) \end{cases} \qquad (5.2.40)$$

2. 分离性原理

由式(5.2.39)和式(5.2.40)构成的闭环系统(见图 5-4)的状态方程可写成

$$\begin{cases} \mathbf{x}(k+1) = \mathbf{F}\mathbf{x}(k) - \mathbf{G}\mathbf{L}\hat{\mathbf{x}}(k) \\ \hat{\mathbf{x}}(k+1) = \mathbf{K}\mathbf{C}\mathbf{x}(k) + (\mathbf{F} - \mathbf{G}\mathbf{L} - \mathbf{K}\mathbf{C})\hat{\mathbf{x}}(k) \end{cases} \qquad (5.2.41)$$

再将上式改写成

$$\begin{bmatrix} \mathbf{x}(k+1) \\ \hat{\mathbf{x}}(k+1) \end{bmatrix} = \begin{bmatrix} \mathbf{F} & -\mathbf{G}\mathbf{L} \\ \mathbf{K}\mathbf{C} & \mathbf{F} - \mathbf{G}\mathbf{L} - \mathbf{K}\mathbf{C} \end{bmatrix} \begin{bmatrix} \mathbf{x}(k) \\ \hat{\mathbf{x}}(k) \end{bmatrix} \qquad (5.2.42)$$

由上式构成的闭环系统的特征主程为

$$\gamma(z) = \left| zI - \begin{bmatrix} F & -GL \\ KC & F-GL-KC \end{bmatrix} \right|$$

$$= \left| \begin{matrix} zI-F & GL \\ -KC & zI-F+GL+KC \end{matrix} \right|$$

$$= \left| \begin{matrix} zI-F+GL & GL \\ zI-F+GL & zI-F+GL+KC \end{matrix} \right| \text{(第二列加到第一列得)}$$

$$= \left| \begin{matrix} zI-F+GL & GL \\ 0 & zI-F+KC \end{matrix} \right| \text{(第二列减去加到第一列得)}$$

$$= \left| zI-F+GL \right| \cdot \left| zI-F+KC \right|$$

$$= \beta(z) \cdot \alpha(z) = 0$$

即

$$\gamma(z) = \alpha(z) \cdot \beta(z) \tag{5.2.43}$$

由此可见,式(5.2.42)构成的闭环系统的 $2n$ 个极点由两部分组成:一部分是按状态反馈控制规律设计所给定的 n 个控制极点;另一部分是按状态观测器设计所给定的 n 个观测器极点,这就是"**分离性原理**"。根据这一原理,可分别设计系统的控制规律和观测器,从而简化了控制器的设计。

3. 状态反馈控制器的设计步骤

综上可归纳出采用状态反馈的极点配置法设计控制器的步骤如下:

(1) 按闭环系统的性能要求给定几个控制极点。

(2) 按极点配置设计状态反馈控制规律,计算 **L**。

(3) 合理地给定观测器的极点,并选择观测器的类型,计算观测器增益矩阵 **K**。

(4) 最后根据所设计的控制规律和观测器,由计算机来实现。

4. 观测器及观测器类型选择

以上讨论了采用状态反馈控制器的设计,控制极点是按闭环系统的性能要求来设置的,因而控制极点成为整个系统的主导极点。观测器极点的设置应使状态重构具有较快的跟踪速度。如果量测输出中无大的误差或噪声,则可考虑观测器极点都设置在 Z 平面的原点。如果量测输出中含有较大的误差或噪声,则可考虑按观测器极点所对应的衰减速度比控制极点对应的衰减速度快约 4 或 5 倍的要求来设置。观测器的类型选择应考虑以下两点:

(1) 如果控制器的计算延时与采样周期处于同一数量级,则可考虑选用预报观测器,否则可用现时观测器。

(2) 如果量测输出比较准确,而且它是系统的一个状态,则可考虑用降阶观测器,否则用全阶观测器。

【**例 5-4**】　在例 5-2 中的系统的离散状态方程为

$$x(k+1) = \begin{bmatrix} 1 & 0.1 \\ 0 & 1 \end{bmatrix} x(k) + \begin{bmatrix} 0.005 \\ 0.1 \end{bmatrix} u(k)$$

并知系统是能控的。系统的输出方程为

$$y(k) = \begin{bmatrix} 1 & 0 \end{bmatrix} x(k)$$

系统的采样周期为 0.1s,试设计状态反馈控制器,以使控制极点配置在 $z_1 = 0.6, z_2 = 0.$ 8,使观测器(预报观测器)的极点配置在 $0.9 \pm \text{j}0.1$ 处。

【解】 由例 5-2 和例 5-3 可知,系统是能控和能观的。根据分离性原理,系统控制器设计可按以下进行。

(1) 设计控制规律

求对应控制极点 $z_1 = 0.6, z_2 = 0.8$ 的特征方程

$$\beta(z) = (z - 0.6)(z - 0.8) = z^2 - 1.4z + 0.48 = 0$$

而

$$\left| z\boldsymbol{I} - \boldsymbol{F} + \boldsymbol{GL} \right| = z^2 + (0.005L_1 + 0.1L_2 - 2)z + 1 + 0.005L_1 - 0.1L_2 = 0$$

由

$$\beta(z) = \left| z\boldsymbol{I} - \boldsymbol{F} + \boldsymbol{GL} \right|$$

可解得

$$\begin{cases} 0.005L_1 + 0.1L_2 - 2 = -1.4 \\ 1 + 0.005L_1 - 0.1L_2 = 0.48 \end{cases} \quad \text{即} \quad \begin{cases} L_1 = 8 \\ L_2 = 5.6 \end{cases}$$

故有

$$\boldsymbol{L} = \begin{bmatrix} 8 & 5.6 \end{bmatrix}$$

(2) 设计预报观测器

求对应观测器极点 $0.9 \pm \text{j}0.1$ 的特征方程

$$\alpha(z) = (z - 0.9 - \text{j}0.1)(z - 0.9 + \text{j}0.1) = z - 1.8z + 0.82 = 0$$

而

$$\left| z\boldsymbol{I} - \boldsymbol{F} + \boldsymbol{KC} \right| = z^2 - (2 - k_1)z + 1 - k_1 + 0.1k_2 = 0$$

由

$$\alpha(z) = \left| z\boldsymbol{I} - \boldsymbol{F} + \boldsymbol{KC} \right|$$

可解得

$$\begin{cases} 2 - k_1 = 1.8 \\ 1 - k_1 + 0.1k_2 = 0.82 \end{cases} \quad \text{即} \quad \begin{cases} k_1 = 0.2 \\ k_2 = 0.2 \end{cases}$$

故有

$$\boldsymbol{K} = \begin{bmatrix} 0.2 \\ 0.2 \end{bmatrix}$$

(3) 设计控制器

系统的状态反馈控制器为

$$\begin{cases} \hat{\boldsymbol{x}}(k+1) = \boldsymbol{F}\hat{\boldsymbol{x}}(k) + \boldsymbol{G}u(k) + \boldsymbol{K}\left[y(k) - \boldsymbol{C}\hat{\boldsymbol{x}}(k) \right] \\ \boldsymbol{u}(k) = -\boldsymbol{L}\hat{\boldsymbol{x}}(k) \end{cases}$$

且有

$$\boldsymbol{L} = \begin{bmatrix} 8 & 5.6 \end{bmatrix}, \quad \boldsymbol{K} = \begin{bmatrix} 0.2 \\ 0.2 \end{bmatrix}$$

前面讨论了调节系统的设计，即在图 5-4 中 $r(k)=0$ 的情况。在调节系统中，控制的目的在于有效地克服干扰的影响，使系统维持在平衡状态。不失一般性，系统的平衡状态可取为零状态，假设干扰为随机的脉冲型干扰，且相邻脉冲干扰之间的间隔大于系统的响应时间。当出现脉冲干扰时，它将引起系统偏离零状态。当脉冲干扰撤除后，系统将从偏离的状态逐渐回到零状态。

然而，对于阶跃型或常值干扰，前面所设计的控制器不一定使系统具有满意的性能。按照前面的设计，其控制规律为状态的比例反馈，因此若在干扰加入点的前面不存在积分作用，则对于常值干扰，系统的输出将存在稳态误差。克服稳态误差的一个有效方法是加入积分控制。下面来研究如何按极点配置设计 PI（比例积分）控制器，以克服常值干扰所引起的稳态误差。

设被控对象的离散状态方程为

$$\begin{cases} \boldsymbol{x}(k+1) = \boldsymbol{Fx}(k) + \boldsymbol{Gu}(k) + \boldsymbol{v}(k) \\ \boldsymbol{y}(k) = \boldsymbol{Cx}(k) \end{cases} \tag{5.2.44}$$

其中 $\boldsymbol{v}(k)$ 为阶跃干扰。显然，当 $k \geqslant 1$ 时，$\Delta\boldsymbol{v}(k)=0$。对上式两边取差分得

$$\begin{cases} \Delta\boldsymbol{x}(k+1) = \boldsymbol{F}\Delta\boldsymbol{x}(k) + \boldsymbol{G}\Delta\boldsymbol{u}(k), k \geqslant 1 \\ \Delta\boldsymbol{y}(k+1) = \boldsymbol{C}\Delta\boldsymbol{x}(k+1) \end{cases} \tag{5.2.45}$$

将上式改写成

$$\begin{cases} \boldsymbol{y}(k+1) = \boldsymbol{y}(k) + \boldsymbol{CF}\Delta\boldsymbol{x}(k) + \boldsymbol{CG}\Delta\boldsymbol{u}(k), k \geqslant 1 \\ \Delta\boldsymbol{x}(k+1) = \boldsymbol{F}\Delta\boldsymbol{x}(k) + \boldsymbol{G}\Delta\boldsymbol{u}(k) \end{cases} \tag{5.2.46}$$

令

$$\boldsymbol{m}(k) = \begin{bmatrix} \boldsymbol{y}(k) \\ \Delta\boldsymbol{x}(k) \end{bmatrix} \quad \bar{\boldsymbol{F}} = \begin{bmatrix} \boldsymbol{I} & \boldsymbol{CF} \\ \boldsymbol{0} & \boldsymbol{F} \end{bmatrix} \quad \bar{\boldsymbol{G}} = \begin{bmatrix} \boldsymbol{CG} \\ \boldsymbol{G} \end{bmatrix} \tag{5.2.47}$$

则有

$$\boldsymbol{m}(k+1) = \bar{\boldsymbol{F}}\boldsymbol{m}(k) + \bar{\boldsymbol{G}}\Delta\boldsymbol{u}(k) \tag{5.2.48}$$

仍然利用按极点配置设计控制规律的算法，针对式(5.2.48)设计如下的状态反馈控制规律

$$\Delta\boldsymbol{u}(k) = -\boldsymbol{Lm}(k) = -\boldsymbol{L}_1\boldsymbol{y}(k) - \boldsymbol{L}_2\Delta\boldsymbol{u}(k) \tag{5.2.49}$$

其中

$$\boldsymbol{L} = \begin{bmatrix} \boldsymbol{L}_1 & \boldsymbol{L}_2 \end{bmatrix} \tag{5.2.50}$$

再对式(5.2.49)两边作求和运算得

$$\boldsymbol{u}(k) = -\boldsymbol{L}_1\sum_{i=1}^{k}\boldsymbol{y}(i) - \boldsymbol{L}_2\boldsymbol{x}(k) \tag{5.2.51}$$

显然，上式 $\boldsymbol{u}(k)$ 由两部分组成：前项代表积分控制，由于假设 $r(k)=0$，平衡状态又取为零状态，所以式(5.2.51)是输出量的积分控制；后项代表状态的比例控制，并要求全部状态直接反馈。式(5.2.51)称为按极点配置设计的 PI 控制规律。图 5-7 为采用 PI 控制规律的系统结构图。

下面说明为什么这样的控制规律能够抑制阶跃型干扰而无稳态误差。将式(5.2.49)代入式(5.2.48)得

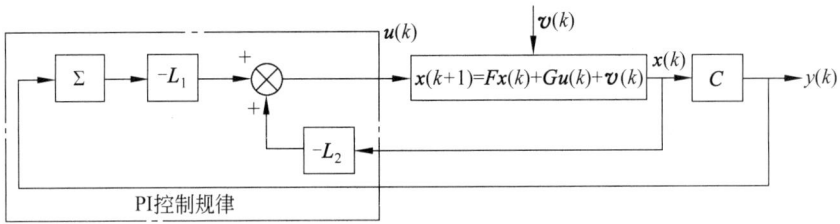

图 5-7   按极点配置设计的 PI 控制规律

$$\boldsymbol{m}(k+1) = (\overline{\boldsymbol{F}} - \overline{\boldsymbol{GL}})\boldsymbol{m}(k) \tag{5.2.52}$$

矩阵$(\overline{\boldsymbol{F}} - \overline{\boldsymbol{GL}})$的特征值即为给定的闭环极点,显然它们都应在单位圆内,也即式(5.2.52)所示的闭环系统一定是渐近稳定的。从而对于任何初始条件均有

$$\lim_{k \to \infty} \boldsymbol{m}(k) = 0 \tag{5.2.53}$$

由于$\boldsymbol{y}(k)$是$\boldsymbol{m}(k)$的一个状态,显然也应有

$$\lim_{k \to \infty} \boldsymbol{y}(k) = 0 \tag{5.2.54}$$

该式表明,尽管存在常值干扰$\boldsymbol{v}(k)$,输出的稳态值终将回到 0,也即不存在稳态误差。

在图 5-7 中,PI 控制规律要求全部状态直接反馈,这在实际上往往是不现实的。因此可仿照前面类似的方法,通过构造观测器来获得状态重构$\hat{\boldsymbol{x}}(k)$,然后再线性反馈$\hat{\boldsymbol{x}}(k)$。图 5-8 给出了含有观测器的 PI 控制器的系统结构图。

图 5-8   按极点配置设计的 PI 控制器

5.2.4   跟踪系统设计

为了消除常值干扰所产生的稳态误差,前面讨论了调节系统$(r(k)=0)$的 PI 控制规律设计(如图 5-7 所示,这里暂不考虑观测器)。在图 5-7 的基础上,很容易画出引入参考输入时相应的跟踪系统的结构图,如图 5-9 所示。

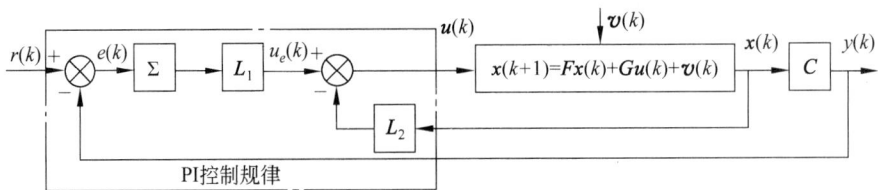

图 5-9   带 PI 控制规律的跟踪系统

根据图 5-9 可得控制规律为

$$u(k) = L_1 \sum_{i=1}^{k} e(i) - L_2 x(k) \tag{5.2.55}$$

其中，L_1 和 L_2 仍按极点配置方法进行设计，如式(5.2.49)。对于这样的控制规律，在常值参考输入以及在常值干扰作用下均不存在稳态误差，下面来说明这一点。

根据迭加原理，可分别考虑以下两种情况：

(1) $r(k)=0$，$v(k)=$ 常数；

(2) $r(k)=$ 常数，$v(k)=0$。

对于情况(1)，图 5-9 即化简为图 5-7，前面已经说明图 5-7 的控制规律对常值干扰不存在稳态误差。对于情况(2)，即只考虑常值参数输入的情况，系统可描述为

$$x(k+1) = Fx(k) + Gu(k) \tag{5.2.56}$$

$$y(k) = Cx(k) \tag{5.2.57}$$

$$u(k) = u_e(k) - L_2 x(k) \tag{5.2.58}$$

$$u_e(k) = L_1 \sum_{i=0}^{k} e(i) \tag{5.2.59}$$

将式(5.2.58)代入式(5.2.56)可得

$$x(k+1) = (F - GL_2)x(k) + Gu_e(k) \tag{5.2.60}$$

$$x(\infty) = (I - F + GL_2)^{-1} Gu_e(\infty) \tag{5.2.61}$$

由式(5.2.57)得

$$y(\infty) = Cx(\infty) = C(I - F + GL_2)^{-1} Gu_e(\infty) \tag{5.2.62}$$

由于按极点配置法设计的闭环系统是渐近稳定的，所以当 $r(k)=$ 常数时一定有 $y(\infty)=$ 常数，从而根据式(5.2.62)也一定有 $u_e(\infty)=$ 常数。根据式(5.2.59)，$u_e(\infty)$ 是误差 $e(k)=r(k)-y(k)$ 的积分，所以一定有 $e(\infty)=0$，即 $y(\infty)=r(\infty)$，也就是说，对于常值参考输入，系统的稳态误差等于 0。事实上，由图 5-9 可知，因在系统的开环回路中有一个积分环节，故上面的结论是很明显的。

为了进一步提高系统的无静差度，还可引入参考输入 $r(k)$ 的顺馈控制，如图 5-10 所示。

图 5-10　带 PI 控制和输入顺馈的跟踪系统

图 5-10 比图 5-9 多了一个输入顺馈通道，控制规律中的其他参数 L_1 和 L_2 仍用和以前一样的方法进行设计。剩下的问题是如何确定顺馈增益系数 L_3。仿照和前面式(5.2.62)的

推导不难求得当 $r(k)=$ 常数时

$$y(\infty) = C(I-F+GL_2)^{-1}G\big[u_r(\infty)+u_e(\infty)\big] \qquad (5.2.63)$$

稳态时有 $y(\infty)=r(\infty)$，同时希望在上式中 $u_e(\infty)=0$ 以提高系统的无静差度，因此得到

$$u_r(\infty) = \frac{1}{C(I-F+GL_2)^{-1}G}r(\infty) = L_3 r(\infty) \qquad (5.2.64)$$

从而得

$$L_3 = \frac{1}{C(I-F+GL_2)^{-1}G} \qquad (5.2.65)$$

在图 5-10 中，仍然要求全部状态直接反馈，这在实际上常常也是不现实的。因此可仿照与前面类似的方法，通过构造观测器来获得状态重构 $\hat{x}(k)$，然后再反馈 $\hat{x}(k)$。最后画出包含观测器及积分的控制器如图 5-11 所示。在图 5-11 中，可根据需要选用前面讨论过的任何一种形式的观测器。

图 5-11　带观测器及 PI 和顺馈控制的跟踪系统

5.3　采用状态空间的最优化设计法

前面我们用极点配置法解决了系统的综合问题，其主要设计参数是闭环极点的位置，而且仅限于说明单输入单输出系统。本节将讨论更一般的控制问题。假设过程对象是线性的，且可以是时变的并有多个输入和多个输出，另外在模型中还加入了过程噪声和量测噪声。若性能指标是状态和控制信号的二次型函数，则综合的问题被形式化为使此性能指标为最小的问题，由此可得到的最优控制器是线性的，这样的问题称为线性二次型(linear quadratic，LQ)控制问题。如果在过程模型中考虑了高斯随机扰动，则称为线性二次型高斯(linear quadratic gaussian，LQG)控制问题。

本节首先在所有状态都可用的条件下导出了 LQ 问题的最优控制规律，如果全部状态是不可测的，就必须估计出它们，这可用状态观测器来完成。然后对随机扰动过程，可以求出使估计误差的方差为最小的最优估计器，它称为卡尔曼滤波器，这种估计器的结构与状态观测器相同，但其增益矩阵 K 的确定方法是不同的，而且它一般为时变的。最后根据分离性原理来求解 LQG 问题的最优控制，并采用卡尔曼(Kalman)滤波器来估计

状态。采用 LQG 最优控制器的调节系统($r(k)=0$),如图 5-12 所示。

图 5-12   调节系统($r(k)=0$)中 LGQ 最优控制器的结构

5.3.1   LQ 最优控制器设计

现在来求解完全状态信息情况下的 LQ 最优控制问题。其最优控制器由离散动态规划来确定。

1. 问题的描述

首先考虑确定性的情况,即无过程干扰 $v_c(k)$ 和量测噪声 $w(k)$ 的情况。设被控对象的连续状态方程为

$$\begin{cases} \dot{x}(t) = Ax(t) + Bu(t), \quad x(0) \text{ 给定} \\ y(t) = Cx(t) \end{cases} \tag{5.3.1}$$

且连续的被控对象和离散控制器之间采用零阶保持器连接,即

$$u(t) = u(k) \quad kT \leqslant T \leqslant (k+1)T \tag{5.3.2}$$

其中: T 为采样周期。

为了便于分析和设计,先将式(5.3.1)按 5.1.1 节的离散化算法,求得离散状态方程为

$$\begin{cases} x(k+1) = Fx(k) + Gu(k) \\ y(k) = Cx(k) \end{cases} \tag{5.3.3}$$

其中

$$\begin{cases} F = \mathrm{e}^{AT} \\ G = \int_0^T \mathrm{e}^{AT} \mathrm{d}t B \end{cases} \tag{5.3.4}$$

系统控制的目的是按线性二次型性能指标函数

$$J = x^T(NT)Q_0 x(NT) + \int_0^{NT} [x^T(t)\bar{Q}_1 x(t) + u^T(t)\bar{Q}_2 u(t)]\mathrm{d}t \tag{5.3.5}$$

为最小,来设计离散的最优控制器 L,使

$$u(k) = -Lx(t) \tag{5.3.6}$$

其中,加权矩阵 Q_0 和 $\bar{Q}_1$ 为非负定对称矩阵,$\bar{Q}_2$ 为正定对称阵,N 为正整数。

式(5.3.5)即为 LQ 最优控制器。带 LQ 最优控制器调节系统($r(k)=0$)如图 5-13

所示。

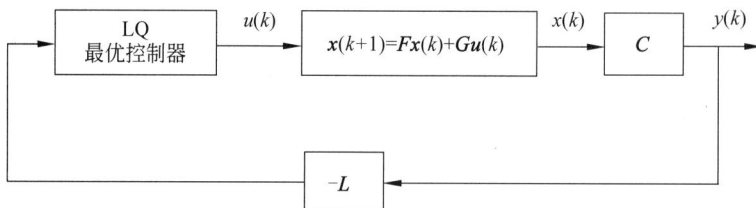

图 5-13　调节系统($r(k)＝0$)中 LG 最优控制器的结构

当 N 为有限时,称为有限时间最优调节器问题。实际上应用最多的是要求 $N＝\infty$,设计无限时间最优调节器,计算 $L(k)$ 的稳态解。

2. 二次型性能指标函数的离散化

二次型性能指标函数式(5.3.5)是以连续时间形式表示的,并可进一步表示为

$$J = \boldsymbol{x}^T(NT)\boldsymbol{Q}_0\boldsymbol{x}(NT) + \sum_{k=0}^{N-1} J(k) \tag{5.3.7}$$

且

$$J(k) = \int_{kT}^{(k+1)T} \left[\boldsymbol{x}^T(t)\,\overline{\boldsymbol{Q}}_1\boldsymbol{x}(t) + \boldsymbol{u}^T(t)\,\overline{\boldsymbol{Q}}_2\boldsymbol{u}(t)\right]\mathrm{d}t \tag{5.3.8}$$

根据式(5.3.1)和式(5.3.2),当 $kT \leqslant t \leqslant (k+1)T$ 时可以解得

$$\begin{aligned}
\boldsymbol{x}(t) &= \mathrm{e}^{\boldsymbol{A}(t-kT)}\boldsymbol{x}(k) + \int_{kT}^{t}\mathrm{e}^{\boldsymbol{A}(t-\tau)}\boldsymbol{B}\boldsymbol{u}(\tau)\mathrm{d}\tau \\
&= \mathrm{e}^{\boldsymbol{A}(t-kT)}\boldsymbol{x}(k) + \int_{kT}^{t}\mathrm{e}^{\boldsymbol{A}(t-\tau)}\mathrm{d}\tau\boldsymbol{B}\boldsymbol{u}(k)
\end{aligned} \tag{5.3.9}$$

将式(5.3.9)和式(5.3.2)代入式(5.3.8),并整理得

$$J(k) = \boldsymbol{x}^T(k)\boldsymbol{Q}_1\boldsymbol{x}(k) + 2\boldsymbol{x}^T(k)\boldsymbol{Q}_{12}\boldsymbol{u}(k) + \boldsymbol{u}^T(k)\boldsymbol{Q}_2\boldsymbol{u}(k) \tag{5.3.10}$$

其中

$$\boldsymbol{Q}_1 = \int_0^T \mathrm{e}^{\boldsymbol{A}^T t}\,\overline{\boldsymbol{Q}}_1\mathrm{e}^{\boldsymbol{A}t}\,\mathrm{d}t \tag{5.3.11}$$

$$\boldsymbol{Q}_{12} = \left[\int_0^T \mathrm{e}^{\boldsymbol{A}^T t}\,\overline{\boldsymbol{Q}}_1\left(\int_0^t \mathrm{e}^{\boldsymbol{A}\tau}\mathrm{d}\tau\right)\mathrm{d}t\right]\boldsymbol{B} \tag{5.3.12}$$

$$\boldsymbol{Q}_2 = \boldsymbol{B}^T\left[\int_0^T \left(\int_0^t \mathrm{e}^{\boldsymbol{A}^T\tau}\mathrm{d}\tau\right)\overline{\boldsymbol{Q}}_1\left(\int_0^t \mathrm{e}^{\boldsymbol{A}\tau}\mathrm{d}\tau\right)\mathrm{d}t\right]\boldsymbol{B} + \overline{\boldsymbol{Q}}_2 T \tag{5.3.13}$$

将式(5.3.10)代入式(5.3.7)得到等效的离散二次型性能指标函数为

$$J = \boldsymbol{x}^T(N)\boldsymbol{Q}_0\boldsymbol{x}(N) + \sum_{k=0}^{N-1}\left[\boldsymbol{x}^T(k)\boldsymbol{Q}_1\boldsymbol{x}(k) + 2\boldsymbol{x}^T(k)\boldsymbol{Q}_{12}\boldsymbol{u}(k) + \boldsymbol{u}^T(k)\boldsymbol{Q}_2\boldsymbol{u}(k)\right]$$

$$\tag{5.3.14}$$

3. 最优控制规律计算

对式(5.3.3)所示的离散被控对象,若使式(5.3.14)所示的离散二次型性能指标函数为最小,则式(5.3.6)所示的离散控制规律 $\boldsymbol{L}$ 的递推公式为

$$u(k) = -L(k)x(k) \tag{5.3.15}$$

$$L(k) = [Q_2 + G^TS(k+1)G]^{-1}[G^TS(k+1)F + Q_{12}^T] \tag{5.3.16}$$

$$S(k) = [F - GL(k)]^TS(k+1)[F - GL(k)] + L^T(k)Q_2L(k)$$
$$+ Q_1 - L^T(k)Q_{12}^T - Q_{12}L(k) \tag{5.3.17}$$

$$S(N) = Q_0 \tag{5.3.18}$$

并有

$$J_{\min} = x^T(0)S(0)x(0) \tag{5.3.19}$$

其中,$k = N-1, N-2, \cdots$

下面用离散动态规划证明以上的结论。在证明以上结论之前,我们利用配方的方法求下式的最小值

$$F(u) = u^Tsu + r^Tu + u^Tr \tag{5.3.20}$$

其中,s 是对称正定的 $n \times n$ 阶矩阵,而 u 和 r 都是 n 维向量。把 $F(u)$ 重写成

$$F(u) = u^Tsu + r^Tu + u^Tr$$
$$= u^Tsu + r^Tu + u^Tr + r^Ts^{-1}r - r^Ts^{-1}r$$
$$= (u + s^{-1}r)^Ts(u + s^{-1}r) - r^Ts^{-1}r \tag{5.3.21}$$

就可以求出函数的最小值。

上式第一项总是非负的,因此当

$$u = -s^{-1}r \tag{5.3.22}$$

时就得到 $F(u)$ 的最小值为

$$F_{\min} = -r^Tsr \tag{5.3.23}$$

利用以上配方的方法,就可证明式(5.3.15)~式(5.3.19)成立,令

$$J_i = x^T(N)Q_0x(N) + \sum_{k=0}^{N-1}[x^T(k)Q_1x(k) + 2x^T(k)Q_{12}u(k) + u^T(k)Q_2u(k)] \tag{5.3.24}$$

当 $i = N$ 时,由式(5.3.24)可得

$$J_N = x^T(N)s(N)x(N) \tag{5.3.25}$$

其中

$$S(N) = Q_0$$

当 $i = N-1$ 时,由式(5.3.24)和式(5.3.25)有

$$J(N-1) = J_N + x^T(N-1)Q_1x(N-1) + 2x^T(N-1)Q_{12}u(N-1)$$
$$+ u^T(N-1)Q_2u(N-1) \tag{5.3.26}$$

利用式(5.3.3)和式(5.3.25)得

$$J(N-1) = [Fx(N-1) + Gu(N-1)]^TS(N)[Fx(N-1) + Gu(N-1)]$$
$$+ x^T(N-1)Q_1x(N-1) + x^T(N-1)Q_{12}u(N-1)$$
$$+ u^T(N-1)Q_{12}^Tx(N-1) + u^T(N-1)Q_2u(N-1) \tag{5.3.27}$$

上式进一步表示为

$$J(N-1) = \boldsymbol{x}^T(N-1)[\boldsymbol{Q}_1 + \boldsymbol{F}^T\boldsymbol{S}(N)\boldsymbol{F}]\boldsymbol{x}(N-1)$$
$$+ \boldsymbol{u}^T(N-1)[\boldsymbol{Q}_2 + \boldsymbol{G}^T\boldsymbol{S}(N)\boldsymbol{G}]\boldsymbol{u}(N-1)$$
$$+ \boldsymbol{x}^T(N-1)[\boldsymbol{Q}_{12} + \boldsymbol{F}^T\boldsymbol{S}(N)\boldsymbol{G}]\boldsymbol{u}(N-1)$$
$$+ \boldsymbol{u}^T(N-1)[\boldsymbol{Q}_{12}^T + \boldsymbol{G}^T\boldsymbol{S}(N)\boldsymbol{F}]\boldsymbol{x}(N-1) \tag{5.3.28}$$

利用式(5.3.22)和式(5.3.23),可求得控制规律为

$$\boldsymbol{u}(N-1) = -\boldsymbol{L}(N-1)\boldsymbol{x}(N-1) \tag{5.3.29}$$

且

$$\boldsymbol{L}(N-1) = [\boldsymbol{Q}_2 + \boldsymbol{G}^T\boldsymbol{S}(N)\boldsymbol{G}]^{-1}[\boldsymbol{Q}_{12}^T + \boldsymbol{G}^T\boldsymbol{S}(N)\boldsymbol{F}] \tag{5.3.30}$$

将式(5.3.29)和式(5.3.30)代入式(5.3.27)得

$$[J(N-1)]_{\min} = \boldsymbol{x}^T(N-1)\boldsymbol{S}(N-1)\boldsymbol{x}(N-1) \tag{5.3.31}$$

且

$$\boldsymbol{S}(N-1) = [\boldsymbol{F} - \boldsymbol{G}\boldsymbol{L}(N-1)]^T\boldsymbol{S}(N)[\boldsymbol{F} - \boldsymbol{G}\boldsymbol{L}(N-1)]$$
$$+ \boldsymbol{L}^T(N-1)\boldsymbol{Q}_2\boldsymbol{L}(N-1)$$
$$+ \boldsymbol{Q}_1 - \boldsymbol{L}^T(N-1)\boldsymbol{Q}_{12}^T - \boldsymbol{Q}_{12}\boldsymbol{L}(N-1)$$

仿照以上类似的方法和步骤可求得 $\boldsymbol{u}(N-2),\boldsymbol{u}(N-3),\cdots,\boldsymbol{u}(k)$,最后将以上计算 $\boldsymbol{u}(k)$ 的公式归纳为式(5.3.15)~式(5.3.19),即证得结论。

当终端时刻 (NT) 为有限时,利用递推公式(5.3.16)~式(5.3.18)可求得 $\boldsymbol{L}(k)$ 的时变解。实际应用最多的是要求 $(NT) \to \infty$ 的情况,因而需要计算 $\boldsymbol{L}(k)$ 的定常解,这时可利用该递推公式进行计算,直到 $\boldsymbol{S}(k)$ 和 $\boldsymbol{L}(k)$ 收敛到稳态值为止。

【例 5-5】 设被控对象的连续状态方程为

$$\dot{\boldsymbol{x}}(t) = \boldsymbol{A}\boldsymbol{x}(t) + \boldsymbol{B}\boldsymbol{u}(t)$$

其中:$\boldsymbol{A} = \begin{bmatrix} 0 & 1 \\ 0 & -1 \end{bmatrix}$,$\boldsymbol{B} = \begin{bmatrix} 0 \\ 1 \end{bmatrix}$,连续二次型性能指标函数中的加权矩阵为

$$\boldsymbol{Q}_0 = \begin{bmatrix} 1 & 0 \\ 0 & 0 \end{bmatrix}, \quad \overline{\boldsymbol{Q}}_1 = \begin{bmatrix} 1 & 0 \\ 0 & 0 \end{bmatrix}, \quad \overline{\boldsymbol{Q}}_2 = 0.01$$

采样周期 $T = 0.5\text{s}$。求解 LQ 最优控制器 $\boldsymbol{L}$。

【解】 利用式(5.3.4)求得

$$\boldsymbol{F} = \begin{bmatrix} 1 & 0.39347 \\ 0 & 0.60653 \end{bmatrix}, \quad \boldsymbol{G} = \begin{bmatrix} 0.10653 \\ 0.39347 \end{bmatrix}$$

利用式(5.3.11)~式(5.3.13)求得

$$\boldsymbol{Q}_1 = \begin{bmatrix} 0.5 & 0.10653 \\ 0.10653 & 0.02912 \end{bmatrix}, \quad \boldsymbol{Q}_{12} = \begin{bmatrix} 0.018469 \\ 0.005674 \end{bmatrix}, \boldsymbol{Q}_2 = 0.0061963$$

由式(5.3.16)~式(5.3.18)求得

$$\begin{cases} \boldsymbol{L} = \begin{bmatrix} 4.2379 & 2.2216 \end{bmatrix} \\ \boldsymbol{S} = \begin{bmatrix} 0.51032 & 0.11479 \\ 0.11479 & 0.040289 \end{bmatrix} \end{cases}$$

5.3.2　状态最优估计器设计

所有状态全用于反馈,这在实际上是难于做到的,因为有些状态无法量测,即使量测到的信号中还可能含有量测噪声,下面讨论状态最优估计。

设连续被控对象的状态方程(如图 5-12 所示)为

$$\begin{cases} \dot{\boldsymbol{x}} = \boldsymbol{Ax} + \boldsymbol{Bu} + \boldsymbol{v}_c \\ \boldsymbol{y} = \boldsymbol{Cx} + \boldsymbol{w} \end{cases} \qquad (5.3.32)$$

其中,$\boldsymbol{v}_c$ 为过程干扰,$\boldsymbol{w}$ 为量测噪声。设 $\boldsymbol{v}_c$ 和 $\boldsymbol{w}$ 为高斯白噪声,即

$$E\boldsymbol{v}_c(t) = 0, \quad E\boldsymbol{v}_c(t)\boldsymbol{v}_c^T(\tau) = \boldsymbol{V}_c\delta(t-\tau) \qquad (5.3.33)$$

$$E\boldsymbol{w}(t) = 0, \quad E\boldsymbol{w}(t)\boldsymbol{w}^T(t) = \boldsymbol{W}\delta(t-\tau) \qquad (5.3.34)$$

其中,$\boldsymbol{V}_c$ 是非负定对称阵,$\boldsymbol{W}$ 是正定对称阵,并假设 $\boldsymbol{v}_c(t)$ 和 $\boldsymbol{w}(t)$ 互不相关。

1. 连续被控对象的状态方程的离散化

为了设计离散的 Kalman 滤波器,可首先将式(5.3.32)所示的连续模型进行离散化,从而采样系统的 Kalman 滤波问题便转化为相应的离散系统的设计问题。

方程(5.3.32)的解可写为

$$\boldsymbol{x}(t) = \mathrm{e}^{A(t-t_0)}\boldsymbol{x}(t_0) + \int_{t_0}^{t} \mathrm{e}^{A(t-\tau)}\boldsymbol{Bu}(\tau)\mathrm{d}\tau + \int_{t_0}^{t} \mathrm{e}^{A(t-\tau)}\boldsymbol{v}_c(\tau)\mathrm{d}\tau \qquad (5.3.35)$$

这里也假定在连续的被控对象前面有一个零阶保持器,因而有

$$\boldsymbol{u}(t) = \boldsymbol{u}(kT) \quad kT \leqslant t \leqslant (k+1)T \qquad (5.3.36)$$

其中,T 为采样周期,令 $t_0 = kT, t = (k+1)T$,则由式(5.3.35)可得

$$\boldsymbol{x}(k+1) = \mathrm{e}^{AT}\boldsymbol{x}(k) + \int_0^T \mathrm{e}^{At}\mathrm{d}t\boldsymbol{Bu}(k) + \int_0^T \mathrm{e}^{At}\boldsymbol{v}_c(kT+T-t)\mathrm{d}t \qquad (5.3.37)$$

上式可写成

$$\boldsymbol{x}(k+1) = \boldsymbol{Fx}(k) + \boldsymbol{Gu}(k) + \boldsymbol{v}_d(k) \qquad (5.3.38)$$

其中

$$\boldsymbol{F} = \mathrm{e}^{AT}, \quad \boldsymbol{G} = \int_0^T \mathrm{e}^{At}\mathrm{d}t\boldsymbol{B} \qquad (5.3.39)$$

$$\boldsymbol{v}_d(k) = \int_0^T \mathrm{e}^{At}\boldsymbol{v}_c(kT+T-t)\mathrm{d}t \qquad (5.3.40)$$

式(5.3.38)便于等效的离散模型,$\boldsymbol{v}_d(k)$ 是等效的离散随机序列,可以求得

$$E\boldsymbol{v}_d(k) = E\left[\int_0^T \mathrm{e}^{At}\boldsymbol{v}_c(kT+T-t)\mathrm{d}t\right]$$

$$= \int_0^T \mathrm{e}^{At}\left[E\boldsymbol{v}_c(kT+T-t)\right]\mathrm{d}t = 0 \qquad (5.3.41)$$

$$E\boldsymbol{v}_d(k)\boldsymbol{v}_d^T(j) = E\left[\left[\int_0^T \mathrm{e}^{At}\boldsymbol{v}_c(kT+T-t)\mathrm{d}t\right]\left[\int_0^T \mathrm{e}^{A\tau}\boldsymbol{v}_c(jT+T-\tau)\mathrm{d}\tau\right]^T\right]$$

$$= \int_0^T \int_0^T \mathrm{e}^{At}\left[E\boldsymbol{v}_c(kT+T-t)\boldsymbol{v}_c^T(jT+T-t)\right]\mathrm{e}^{A^T\tau}\mathrm{d}t\mathrm{d}\tau$$

$$= \boldsymbol{V}\delta_{kj} \qquad (5.3.42)$$

其中

$$V = \int_0^T \int_0^T e^{At} \boldsymbol{V}_c \delta(\tau - t) e^{A^T \tau} dt d\tau = \int_0^T e^{A\tau} \boldsymbol{V}_c e^{A^T \tau} d\tau \qquad (5.3.43)$$

$$\delta_{kj} = \begin{cases} 1, & k = j \\ 0, & k \neq j \end{cases} \text{故有} \qquad \begin{array}{c}(5.3.44)\\(5.3.45)\end{array}$$

$$E\boldsymbol{v}_d(k) = 0, \quad E\boldsymbol{v}_d(k)\boldsymbol{v}_d^T(j) = \boldsymbol{V}\delta_{kj} \qquad (5.3.46)$$

同理,有

$$E\boldsymbol{w}(k)\boldsymbol{w}^T(j) = \boldsymbol{W}\delta_{kj} \qquad (5.3.47)$$

可见,$\boldsymbol{v}_d(k)$是等效的离散自噪声序列,其协方差可以由式(5.3.43)计算出来。

进一步将系统的量测方程离散化为

$$\boldsymbol{y}(k) = \boldsymbol{C}\boldsymbol{x}(k) + \boldsymbol{w}(k) \qquad (5.3.48)$$

这样,就得到连续被控对象式(5.3.32)所对应的离散被控对象为

$$\boldsymbol{x}(k+1) = \boldsymbol{F}\boldsymbol{x}(k) + \boldsymbol{G}\boldsymbol{u}(k) + \boldsymbol{v}_d(k) \qquad (5.3.49)$$

$$\boldsymbol{y}(k) = \boldsymbol{C}\boldsymbol{x}(k) + \boldsymbol{w}(k) \qquad (5.3.50)$$

从而系统式(5.3.32)的状态最优估计问题便转化成了离散系统式(5.3.49)、式(5.3.50)的 Kalman 滤波问题。

2. Kalman 滤波公式的推导

在方程式(5.3.49)中,由于存在随机的干扰 $\boldsymbol{v}_d(k)$ 和随机的测量噪声 $\boldsymbol{w}(k)$。因此系统的状态向量 $\boldsymbol{x}(k)$ 也为随机向量。其中 $\boldsymbol{y}(k)$ 是能够量测的输出量。问题是根据量测量 $\boldsymbol{y}(k)$ 估计 $\boldsymbol{x}(k)$,若记 $\boldsymbol{x}(k)$ 的估计量为 $\hat{\boldsymbol{x}}(k)$,则

$$\tilde{\boldsymbol{x}} = \boldsymbol{x}(k) - \hat{\boldsymbol{x}}(k) \qquad (5.3.51)$$

为状态估计误差,因而

$$\boldsymbol{P}(k) = E\tilde{\boldsymbol{x}}(k)\tilde{\boldsymbol{x}}^T(k) \qquad (5.3.52)$$

为状态估计误差的协方差阵。显然 $\boldsymbol{P}(k)$ 为对称非负定阵。这里估计的准则为:根据量测 $\boldsymbol{y}(k), \boldsymbol{y}(k-1), \cdots$,最优地估计出 $\hat{\boldsymbol{x}}(k)$ 以使 $\boldsymbol{P}(k)$ 极小(由于 $\boldsymbol{P}(k)$ 是非负定阵,因而可以比较其大小),这样的估计称为最小方差估计。

根据最优估计理论,最小方差估计为

$$\hat{\boldsymbol{x}}(k) = E[\boldsymbol{x}(k) \mid \boldsymbol{y}(k), \boldsymbol{y}(k-1), \cdots] \qquad (5.3.53)$$

即 $\boldsymbol{x}(k)$ 的最小方差估计 $\hat{\boldsymbol{x}}(k)$ 等于在给定直到 k 时刻的所有量测量 $\boldsymbol{y}$ 的情况下 $\boldsymbol{x}(k)$ 的条件期望。为了后面推导的方便,下面引入更一般的记号

$$\hat{\boldsymbol{x}}(k)(j \mid k) = E[\boldsymbol{x}(j) \mid \boldsymbol{y}(k), \boldsymbol{y}(k-1), \cdots] \qquad (5.3.54)$$

若 $k > j$,表示根据直到现时刻的量测量来估计过去时刻的状态,通常称这样的情况为平滑或内插;若 $k < j$,表示根据直到现时刻的量测量来估计将来时刻的状态,通常称这样的情况为预报或外推;若 $k = j$,表示根据直到现时刻的量测量来估计现时刻的状态,通常称这样的情况为滤波。本节所讨论的状态最优估计问题即是指的滤波问题。为了便于后面的推导,根据式(5.3.54)进一步引入如下记号:

$$\hat{\boldsymbol{x}}(k-1) \triangleq \hat{\boldsymbol{x}}(k-1 \mid k-1) \qquad \qquad \text{为 } k-1 \text{ 时刻的状态估计}$$

$$\tilde{x}(k-1)=x(k-1)-\hat{x}(k-1) \qquad 为\ k-1\ 时刻的状态估计误差$$

$$P(k-1)=E\tilde{x}(k-1)\tilde{x}^T(k-1) \qquad 为\ k-1\ 时刻状态估计误差协方差阵$$

$$\hat{x}(k\mid k-1) \qquad 为进一步预报估计$$

$$\tilde{x}(k\mid k-1)=x(k)-\hat{x}(k\mid k-1) \qquad 为一步预报估计误差$$

$$P(k\mid k-1)=E\tilde{x}(k\mid k-1)\tilde{x}^T(k\mid k-1) \qquad 为一步预报估计误差协方差阵$$

$$\hat{x}(k)\triangleq\hat{x}(k\mid k) \qquad 为\ k\ 时刻的状态估计$$

$$\tilde{x}(k)=x(k)-\hat{x}(k) \qquad 为\ k\ 时刻的状态估计误差$$

$$P(k)=E\tilde{x}(k)\tilde{x}^T(k) \qquad 为\ k\ 时刻状态估计误差协方差阵$$

先求一步预报,根据式(5.3.54)和式(5.3.49)可得

$$
\begin{aligned}
\hat{x}(k\mid k-1)&=E[x(k)\mid y(k-1),y(k-2),\cdots]\\
&=E\{[Fx(k-1)+Gu(k-1)+v_d(k-1)]\mid y(k-1),y(k-2),\cdots\}\\
&=E[Fx(k-1)\mid y(k-1),y(k-2),\cdots]\\
&\quad+E[Gu(k-1)\mid y(k-1),y(k-2),\cdots]\\
&\quad+E[v_d(k-1)\mid y(k-1),y(k-2),\cdots]
\end{aligned}
\tag{5.3.55}
$$

根据前面的定义,上式中的第一项即为 $F\hat{x}(k-1)$。由于 $u(k-1)$ 是输入到被控对象的确定性量,因此上式中的第二项仍为 $Gu(k-1)$。第三项中由于 $y(k-1),y(k-2),\cdots$ 均为与 $v_d(k-1)$ 不相关,因此根据式(5.3.41)第三项应为 0。从而求得一步预报方程为

$$\hat{x}(k\mid k-1)=F\hat{x}(k-1)+Gu(k-1) \tag{5.3.56}$$

根据式(5.3.49)和式(5.3.56),可以求得一步预报估计误差为

$$
\begin{aligned}
\tilde{x}(k\mid k-1)&=x(k)-\hat{x}(k\mid k-1)\\
&=[Fx(k-1)+Gu(k-1)+v_d(k-1)]-F\hat{x}(k-1)+Gu(k-1)\\
&=F\tilde{x}(k-1)+v_d(k-1)
\end{aligned}
\tag{5.3.57}
$$

从而可进一步求得一步预报估计误差的协方差阵为

$$
\begin{aligned}
P(k\mid k-1)&=E\tilde{x}(k\mid k-1)\tilde{x}^T(k\mid k-1)\\
&=E[F\tilde{x}(k-1)+v_d(k-1)][F\tilde{x}(k-1)+v_d(k-1)]^T\\
&=F[E\tilde{x}(k-1)\tilde{x}^T(k-1)]F^i+F[E\tilde{x}(k-1)v_d^T(k-1)]\\
&\quad+[Ev_d(k-1)\tilde{x}^T(k-1)]F^T+Ev_d(k-1)v_d^T(k-1)
\end{aligned}
\tag{5.3.58}
$$

根据前面的定义,上式中第一项为 $FP(k-1)F^T$。根据式(5.3.49),$v_d(k-1)$ 只影响 $x(k)$ 而与 $x(k-1)$ 不相关,因此 $v_d(k-1)$ 也与 $y(k-1)=Cx(k-1)+w(k-1)$ 不相关,而 $\tilde{x}(k-1)=x(k-1)-\hat{x}(k-1)$,$\hat{x}(k-1)$ 中也只包含了直到 $k-1$ 时刻的量测量 y 的信息,因此 $v_d(k-1)$ 与 $\hat{x}(k-1)$ 也不相关,从而上式中的第二和第三项均为 0。根据式(5.3.42)显然上式中的第四项应等于 V,从而上式简化为

$$P(k\mid k-1)=FP(k-1)F^T+V \tag{5.3.59}$$

设 $x(k)$ 的最小方差估计具有如下形式

$$\hat{x}(k)=\hat{x}(k\mid k-1)+K(k)[y(k)-C\hat{x}(k\mid k-1)] \tag{5.3.60}$$

其中 $K(k)$ 称为状态估计器或 Kalman 滤波增益矩阵。该估计器方程具有明显的物理意

义,式中第一项$\hat{x}(k|k-1)$是$x(k)$的一步最优预报估计,它是根据直到$k-1$时刻的所有量测量的信息而得到的关于$x(k)$的最优估计,式中第二项是修正项,它根据最新的量测量信息$y(k)$来对最优预报估计进行修正。在第二项中

$$\hat{x}(k|k-1) = C\hat{x}(k|k-1) \tag{5.3.61}$$

是关于量测量$y(k)$的一步预报估计,而

$$\tilde{y}(k|k-1) = y(k) - \hat{y}(k|k-1) = y(k) - C\hat{x}(k|k-1) \tag{5.3.62}$$

是关于量测量$y(k)$的一步预报误差,也称新息(innovation),即它包含了最新量测量的信息,因此式(5.3.60)所表示的状态最优估计可以看成是一步最优预报与新息的加权平均,其中增强矩阵$K(k)$可认为是加权矩阵。从而问题变为如何合适地选择$K(k)$,以获得$x(k)$的最小方差估计,即使得状态估计误差协方差

$$P(k) = E\tilde{x}(k)\tilde{x}^T(k) = E[x(k) - \hat{x}(k)][x(k) - \hat{x}(k)]^T \tag{5.3.63}$$

为最小。由于式(5.3.60)是关于$y(k)$的线性方程,因此使上式最小的估计是关于$x(k)$的线性最小方差估计,由于前面假设了$v_d(k)$和$w(k)$均为高斯白噪声序列,因此$x(k)$和$y(k)$也将均为正态分布的随机序列,根据估计理论可知,所得线性最小方差估计即最小方差估计。如果只是假设$v_d(k)$和$w(k)$是白噪声序列,那么所得状态最优估计是线性最小方差估计,但不一定是最小方差估计。

现在的问题变为,寻求$K(k)$以使$P(k)$极小。可以证明,使$P(k) = E\tilde{x}(k)\tilde{x}^T(k)$极小等价于使如下的标量函数

$$J = E\tilde{x}(k)\tilde{x}^T(k) \tag{5.3.64}$$

极小。其中J表示$x(k)$的各个分量的方差之和,因而它是标量。下面即按此准则来寻求$K(k)$。根据式(5.3.50)和式(5.3.60)可求得$x(k)$的状态估计误差为

$$
\begin{aligned}
\tilde{x}(k) &= x(k) - \hat{x}(k) \\
&= x(k) - \hat{x}(k|k-1) - K(k)[y(k) - C\hat{x}(k|k-1)] \\
&= \tilde{x}(k|k-1) - K(k)C\tilde{x}(k|k-1) - K(k)w(k) \\
&= [I - K(k)C]\tilde{x}(k|k-1) - K(k)w(k)
\end{aligned} \tag{5.3.65}
$$

根据上式,进一步求得状态估计误差的协方差阵为

$$
\begin{aligned}
P(k) &= E\tilde{x}(k)\tilde{x}^T(k) \\
&= E\{[I - K(k)C]\tilde{x}(k|k-1) - K(k)w(k)\} \\
&\quad \{[I - K(k)C]\tilde{x}(k|k-1) - K(k)w(k)\}^T \\
&= [I - K(k)C]P(k|k-1)[I - K(k)C]^T + K(k)WK^T(k)
\end{aligned} \tag{5.3.66}
$$

在上式中,由于$w(k)$与$\tilde{x}(k|k-1)$不相关,因此交叉相乘项的期望值为0。

为了在式(5.3.66)中寻求$K(k)$以使$P(k)$极小,可让$K(k)$取得一个增量$\Delta K(k)$,即$K(k)$变为$K(k) + \Delta K(k)$,从而$P(k)$相应地变为$P(k) + \Delta P(k)$。根据式(5.3.66)可以求得

$$
\begin{aligned}
\Delta P(k) &= [-\Delta K(k)C]P(k|k-1)[I - K(k)C]^T \\
&\quad + [I - K(k)C]P(k|k-1)[-C^T\Delta K^T(k)] \\
&\quad + \Delta K(k)WK^T(k) + K(k)W\Delta K^T(k) \\
&= -\Delta K(k)R^T - R\Delta K^T(k)
\end{aligned} \tag{5.3.67}
$$

其中
$$R = [I - K(k)C]P(k|k-1)C^T - K(k)W \tag{5.3.68}$$

如果 $K(k)$ 能够使得式(5.3.66)中的 $P(k)$ 取极小值,那么对于任意的增益 $\Delta K(k)$ 均应有 $\Delta P(k) = 0$,要使该点成立,则必须有

$$R = [I - K(k)C]P(k|k-1)C^T - K(k)W$$
$$= P(k|k-1)C^T - K(k)[CP(k|k-1)C^T + W] = 0 \tag{5.3.69}$$

$$K(k) = P(k|k-1)C^T[CP(k|k-1)C^T + W]^{-1} \tag{5.3.70}$$

从该式可以看出,原先假设 W 为正定对称阵的条件可以放宽为 $[W + CP(k|k-1)C^T]$ 为正定对称阵。

最后将所有的 Kalman 滤波递推公式归纳如下

$$\hat{x}(k|k-1) = F\hat{x}(k-1) + Gu(k-1) \tag{5.3.71}$$

$$\hat{x}(k) = \hat{x}(k|k-1) + K(k)[y(k) - C\hat{x}(k|k-1)] \tag{5.3.72}$$

$$K(k) = P(k|k-1)C^T[CP(k|k-1)C^T + W]^{-1} \tag{5.3.73}$$

$$P(k|k-1) = FP(k-1)F^T + V \tag{5.3.74}$$

$$P(k) = [I - K(k)C]P(k|k-1)[I - K(k)C]^T + K(k)WK^T(k) \tag{5.3.75}$$

$\hat{x}(0)$ 和 $P(0)$ 给定,$k = 1, 2, \cdots$

从上面的递推公式可以看出,若 Kalman 滤波增益矩阵 $K(k)$ 已知,则根据式(5.3.71)和式(5.3.72)便可依次计算出状态最优估计 $x(k)$,$k = 1, 2, \cdots$,因此必须先计算出 $K(k)$。

3. Kalman 滤波增益矩阵 $K(k)$ 的计算

$K(k)$ 可以直接根据式(5.3.73)~式(5.3.75)的递推公式进行计算,下面给出迭代计算的程序流程:

(1) 给定参数 F、C、V、W、$P(0)$,给定迭代计算总步数 N,并置 $k = 1$。

(2) 按式(5.3.74)计算 $P(k|k-1)$。

(3) 按式(5.3.75)计算 $P(k)$。

(4) 按式(5.3.73)计算 $K(k)$。

(5) 如果 $k = N$,转(7);否则,转(6)。

(6) $k \leftarrow k + 1$,转(2)。

(7) 输出 $K(k)$ 和 $P(k)$,$k = 1, 2, \cdots, N$。

在上述迭代过程中,当 k 逐渐增加时,$K(k)$ 和 $P(k)$ 将趋于稳态值。而且只要初始 $P(0)$ 是非负定对称阵,则 $K(k)$ 和的稳态值将与 $P(0)$ 无关。因此,如果只需要计算 $K(k)$ 的稳态值,则可取 $P(0) = 0$ 或 $P(0) = I$。

5.3.3 LQG 最优控制器设计

由 LQ 最优控制器和状态最优估计器两部分,就组成了 LQG 最优控制器。设连续被控对象即式(5.3.32)的离散状态方程即式(5.3.49)为

$$\begin{cases} \boldsymbol{x}(k+1) = \boldsymbol{F}\boldsymbol{x}(k) + \boldsymbol{G}\boldsymbol{u}(k) + \boldsymbol{v}_d(k) \\ \boldsymbol{y}(k) = \boldsymbol{C}\boldsymbol{x}(k) + \boldsymbol{w}(k) \end{cases} \tag{5.3.76}$$

由状态最优估计器和 LQ 最优控制器组成的 LQG 最优控制器的方程为

$$\hat{\boldsymbol{x}}(k \mid k-1) = \boldsymbol{F}\hat{\boldsymbol{x}}(k-1) + \boldsymbol{G}\boldsymbol{u}(k-1) \tag{5.3.77}$$

$$\hat{\boldsymbol{x}}(k) = \hat{\boldsymbol{x}}(k \mid k-1) + \boldsymbol{K}(k)\big[\boldsymbol{y}(k) - \boldsymbol{C}\hat{\boldsymbol{x}}(k \mid k-1)\big] \tag{5.3.78}$$

$$\boldsymbol{u}(k) = -\boldsymbol{L}(k)\hat{\boldsymbol{x}}(k) \tag{5.3.79}$$

显然,设计 LQG 最优控制器的关键是按分离性原理分别计算 Kalman 滤波器增益矩阵 $\boldsymbol{K}$ 和最优控制器 $\boldsymbol{L}$。图 5-12 已给出了采用 LQG 最优控制器的系统框图。

为了计算 LQG 最优控制器,首先按式(5.3.73)~式(5.3.75)迭代计算 $\boldsymbol{K}(k)$,直至趋于稳态值 $\boldsymbol{K}$ 为止;然后按式(5.3.34)~式(5.3.36)迭代计算 $\boldsymbol{L}(k)$,直到趋于稳态值 $\boldsymbol{L}$ 为止。闭环系统的调节性能取决于最优控制器,而最优控制器的设计又依赖于被控对象的模型(矩阵 $\boldsymbol{A},\boldsymbol{B},\boldsymbol{C}$)、干扰模型(协方差阵 $\boldsymbol{V},\boldsymbol{W}$)和二次型性能指标函数中加权矩阵($\boldsymbol{Q}_0$, $\overline{\boldsymbol{Q}}_1, \overline{\boldsymbol{Q}}_2$)的选取。被控对象的模型可通过机理分析方法、实验方法和系统辨识方法来获取。Kalman 滤波器增益矩阵 $\boldsymbol{K}$ 的计算取决于过程干扰协方差阵 $\boldsymbol{V}$ 和量测噪声协方差阵 $\boldsymbol{W}$,而最优控制器 $\boldsymbol{L}$ 的计算又取决于加权矩阵。在设计过程中,一般凭经验或试凑给出 $\boldsymbol{V}$ 和 $\boldsymbol{W}$ 加权矩阵,通过计算不断调整,逐步达到满意的调节系统。

5.3.4 跟踪系统的设计

前面讨论了调节系统(如图 5-12 所示)的设计,它主要考虑了系统的抗干扰性能。对于跟踪系统,除了考虑系统应有好的抗干扰性能外,还要求系统对参考输入具有好的跟踪响应性能。因此,对于跟踪系统,可首先按调节系统来设计,使其具有好的抗干扰性能,然后再按一定的方式引入参考输入,使其满足跟踪性能的要求。

由于这里的 LQG 系统与 5.2 节的采用状态空间的极点配置法设计的系统具有完全相同的结构,因此这里可与 5.2.4 节所介绍的同样方法来引入参考输入。在 5.2 节中主要讨论了单输入单输出的情况,本节 LQG 问题可适合于一般的多变量系统。为了消除由于模型参数不准所引起的跟踪稳态误差和常值干扰所产生的稳态误差,可采用与图 5-11 相类似的系统结构,如图 5-14 所示。

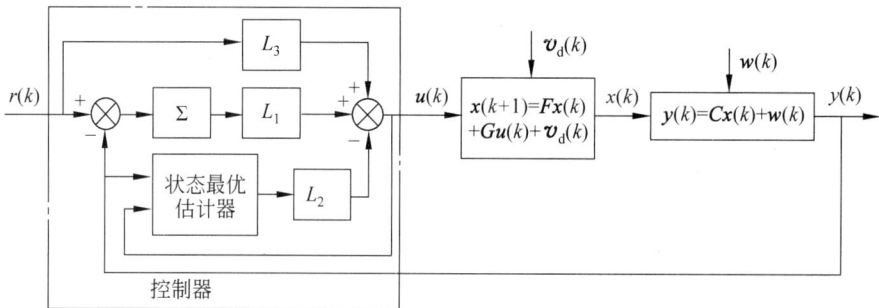

图 5-14　带最优估计器及 PI 和顺馈控制的跟踪系统

在图 5-14 中,状态最优估计按 5.3.2 节中给出的方法进行设计,L_1 和 L_2 按 5.3.4 节中介绍 PI 调节的方法进行设计。如果进一步提高系统的无静差度,可以引入顺馈增益矩阵 L_3,参考式(5.2.65)可求得(假设控制量和输出量的维数相等):

$$L_3 = \left[C(I - F + GL_2)^{-1} G \right]^{-1} \qquad (5.3.80)$$

习 题

1. 设一阶单输入单输出系统的状态方程为
$$\begin{cases} \dot{x}(t) = ax(t) + bu(t) \\ y(t) = cx(t) \end{cases}$$
采样周期为 T,试设计最少拍无纹波控制器 $D(z)$。

2. 被控对象的传递函数为
$$G(s) = \frac{1}{s(0.1s + 1)}$$
采样周期 $T = 0.1\text{s}$,采用零阶保持器。按极点配置方法设计状态反馈控制规律 L,使闭环系统的极点配置在 z 平面 $z_{1,2} = 0.8 \pm \text{j}0.25$ 处,求 L 和 $u(k)$。

3. 在题 5.2 中,进行全状态直接反馈,但只能测到一个状态变量。现设计一个状态观测器(预报观测器),极点配置在 $z_{1,2} = 0.3 \pm \text{j}0.5$ 处,试求观测器的增益矩阵。

4. 什么是分离性原理? 该原理有何指导意义?

第6章

chapter 6

应用程序设计与实现技术

在计算机控制系统中,除了硬件电路外,还有软件。软件是工业控制机的程序系统,可分为系统软件和应用软件。所谓应用软件,就是面向控制系统本身的程序,它是根据系统的具体要求,由用户自己设计的。软件设计的方法有两种,一种是由用户利用计算机语言编制需要的应用程序;另一种就是利用组态软件,选择相应的模块,进行功能的综合。本章将详细介绍程序设计技术、人机接口(HMI/SCADA)技术、测量数据预处理技术、数字控制器的工程实现、系统的有限字长数值问题和软件抗干扰技术。

6.1 程序设计技术

一个完整的程序设计过程可以用图 6-1 说明。首先要分析用户的要求,约占整个程序设计工作量的 10%;然后编写程序的说明,大约也占 10%;接着进行程序的设计与编码,大约占 40%,其中设计与编码几乎各占 20%;最后进行测试和调试,需要花费整个程序设计工作量的 40%。

一个控制系统要完成的任务往往是错综复杂的。程序设计的首要一步,就是要把程序承担的各项任务明确地定义出来。应用程序设计的每一步都是相互影响的。设计者往往同时在几个步骤上进行设计,如手编程序、查错、文件编制可以同时进行。

6.1.1 模块化与结构化程序设计

1. 模块化程序设计

模块化程序设计的出发点是把一个复杂的系统软件,分解为若干个功能模块,每个模块执行单一的功能,并且具有单入口单出口结构。模块化程序设计的传统方法是建立在把系统功能分解为程序过程或宏指令的基础上。但在很大的系统里,这种分解往往导致大量过程,这些过程虽然容易理解,但却有复杂的内部依赖关系,因此带来一些问题不好解决。

图 6-1 程序设计过程

1）自底向上模块化设计

首先对最低层模块进行编码、测试和调试。这些模块正常工作后，就可以用它们开发较高层的模块。例如，在编主程序前，先开发各个子程序，然后，用一个测试用的主程序测试每一个子程序。这种方法是汇编语言设计常用的方法。

2）自顶向下模块化设计

首先对最高层进行编码、测试和调试。为了测试这些最高层模块，可以用"节点"代替还未编码的较低层模块，这些"节点"的输入和输出满足程序的说明部分要求，但功能少得多。该方法一般适合用高级语言设计程序。

上述两种方法各有优缺点。在自底向上开发中，高层模块设计中的根本错误也许要很晚才能发现。在自顶向下开发中，程序大小和性能往往要开发关键性的低层模块时才会表现出来。实际工作中，最好使用两种方法相结合，先开发高层模块和关键性低层模块，并用"节点"代替以后开发的不太重要的模块。

2. 结构化程序设计

结构化程序设计的概念最早由 E. W. Dijkstra 提出。1965 年他在一次会议上指出："可以从高级语言中取消 GO TO 语句""程序的质量与程序中所包含的 GO TO 语句的数量成反比。"1966 年，C. Böhm 和 G. Jacopini 证明了只用 3 种基本的控制结构就能实现任何单入口单出口程序。这 3 种基本的控制结构是顺序结构、选择结构和循环结构，它们的流程图如图 6-2 所示。

(a) 顺序结构　　　　(b) 选择结构

(c) 循环结构

图 6-2　程序的基本控制结构

实际上用顺序结构和循环结构(又称 do-while 结构)完全可以实现选择结构(又称 if-then-else 结构),因此理论上最基本的控制结构只有两种。Böhm 和 Jacopini 的证明给结构化程序设计技术奠定了理论基础。

结构化程序设计是一种程序设计技术,它采用自顶向下逐步求精的设计方法和单入口单出口的控制结构。关于逐步求精方法 Niklaus Wirth 曾作过如下说明:"我们对付复杂问题的最重要的办法是抽象,因此,对一个复杂的问题不应该立即用计算机指令、数字和逻辑符号来表示,而应该用较自然的抽象语句表示,从而得出抽象程序。抽象程序对抽象的数据进行某些特定的运算,并用某些合适的记号(可以是自然语言)表示。对抽象程序做进一步的分解,并进入下一个抽象层次,这样的精细化过程一直进行下去,直到程序能被计算机接受为止。这时的程序可能是用某种高级语言或机器指令书写的。"在总体设计阶段,采用自顶向下逐步求精的方法,可以把一个复杂问题的解法分解和细化成由许多模块组成的层次结构的软件系统。在详细设计或编码阶段采用自顶向下逐步求精的方法,可以把一个模块的功能逐步分解细化为一系列具体的处理步骤或某种高级语言的语句。

程序设计通常分为 5 个步骤,即问题定义、程序设计、编码、调试、改进和再设计。问题定义阶段需要明确计算机完成哪些任务、执行什么程序,决定输入输出的形式,与接口硬件电路的连接配合以及出错处理方法;程序设计是利用程序对任务作出描述,使用的方法有模块程序设计法和结构化程序设计法;编码是指程序设计人员选取一种适当的高级(或汇编)语言,书写程序;调试就是利用各种测试方法检查程序的正确性;改进和再设计是根据调试中的问题对原设计进行修改,并对程序进行改进设计和补充。

6.1.2　面向过程与面向对象的程序设计

1. 面向过程的程序设计及其局限性

过程式程序设计是面向功能的。编写程序时首先定义所要实现的功能,然后设计为实现这些功能所要执行的步骤。这些步骤就是过程。编写代码实际上等于分解这些步骤,使每一步直接对应一行代码。这就是过程式编程中的"逐步求精"的过程。所谓程序就是过程和顺序。为实现代码的重用,代码按照功能被组织到过程和函数中,以便需要时可反复调用。

这种方式不利于中大型软件的开发与维护,小部分数据或功能的改变会涉及很多相关程序。分析其原因主要有两点:一是由于结构化方法将过程和数据分离为相互独立的实体,程序员在编程时必须时刻考虑所要处理数据的格式,对于不同的数据格式做相同的处理或对于相同的数据格式做不同处理时都需要编写不同的程序,所以结构化程序的可重用性不好。二是当数据和过程相对独立时,总存在着使用错误的数据调用这个正确的程序模块,或使用正确的数据调用错误的程序模块的危险,这就要求程序员必须尽可能地保持数据与程序间的相容性和一致性,显然这比较困难。而应用面向对象方法,可以较好地解决上述问题。

2. 面向对象的程序设计

与结构化方法采用的许多符合人类思维习惯的原则和策略(如自顶向下、逐步求精等)方法不同,面向对象方法更强调运用人类在逻辑思维中经常采用的思想方法与原则,例如抽象、分类、继承、封装等,使软件开发人员能用自然思维的方法思考问题,用其他人也能理解的方法表达求解问题的方法。这两种方法在概念上主要存在以下区别:

(1) 模块与对象。结构化方法中的模块是对功能的抽象,每个模块是一个处理单位,具有输入和输出功能。而面向对象方法的对象也具有模块性,但它是包括数据和操作的整体,是对数据和功能的抽象和统一。可以说,对象包含了模块的概念。

(2) 过程调用和消息传递。在结构化程序设计中,过程是一个独立的实体,可以显示被其他过程(模块)调用,调用数据或信息可以通过实参传递。而在面向对象程序设计中,方法是隶属于对象的,是对象功能的体现,不能有独立存在的方法。消息传递机制很自然地与分布式并行程序、多机系统和网络通信模型取得一致。在结构化设计中,同一个参数的调用,其结果是相同的。但在面向对象中的消息传递则不同,同一消息的多次传递可能会产生不同的结果。

(3) 类型和类。类型和类都是对数据和操作的抽象,即定义了一组具有共同特征的数据和可以作用于其上的一组操作。但是,类型比较偏重于操作抽象,类则集成了数据抽象和操作抽象。另外,类引入了继承机制,实现了可扩充性。

(4) 静态链接和动态链接。在面向对象系统中,通过消息的激活机制,可以把对象之间的静态链接联系在一起,使整个机体运转起来,实现系统的动态链接。

面向对象方法学的基本原则是在用计算机解决问题时,按人们通常的思维方式建立问题域的模型,设计尽可能自然地表现求解方法的软件。因此,采用了面向对象的设计方法后,程序不仅易于被人理解,而且易于维护和修改,从而提高了程序的可靠性和可维护性;同时,可以提高公共问题域中程序模块化和重用化的可能性。

6.1.3　高级语言 I/O 控制台编程

对于 PC 总线工业控制机,我们以 Turbo C 为例说明其访问 I/O 端口的编程。Turbo C 通常有库函数,允许直接访问 I/O 端口,头文件〈conio. h〉中定义了 I/O 端口例程。inportb 和 outportb 分别从指定端口读一个字节数据和向指定端口写一个字节数据,inportw 和 outportw 分别从指定端口读一个字数据和向指定端口写一个字数据。

例如:

```
a=inportw(0x210);
b=inportb(0x220);
```

第一条指令表示将端口 210H 的 16 位二进制数(一个字)输入给变量 a,第二条指令表示将端口 220H 的 8 位二进制数(一个字节)输入给变量 b。在 C 语言中,0x 起头的是十六进制数。

又如:

```
outportw(0x230,0x3435);
outportb(0x240,0x26);
```

第一条指令表示将二字节数 3435H 输出到端口 230H 中,第二条指令表示将单字节数 26H 输出到端口 240H 中。详细内容请参阅 Turbo C 的相关资料。

6.2　测量数据预处理技术

在计算机控制系统中,经常需对生产过程的各种信号进行测量。测量时,一般先用传感器把生产过程的信号转换成电信号,然后用 A/D 转换器把模拟信号变成数字信号,读入计算机中。对于这样得到的数据,一般要进行一些预处理,其中最基本的为线性化处理、标度变换和系统误差的自动标准。

6.2.1　误差自动标准

系统误差是指在相同条件下,经过多次测量,误差的数值(包括大小和符号)保持恒定,或按某种已知的规律变化的误差。这种误差的特点是,在一定的测量条件下,其变化规律是可以掌握的,产生误差的原因一般也是知道的。因此,原则上讲系统误差是可以通过适当的技术途径确定并校正的。在系统的测量输入通道中,一般均存在零点偏移和漂移,产生放大电路的增益误差及器件参数的不稳定等现象,会影响测量数据的准确性,这些误差都属于系统误差。有时必须对这些系统误差进行自动校准。其中偏移校准在实际中应用最多,并且常采用程序实现,称为数字调零。调零电路如图 6-3 所示。

图 6-3　数字调零电路

在测量时,先把多路输入接到所需测量的一组输入电压上进行测量,测出这时的输入值为 x_1,然后把多路开关的输入接地,测出零输入时 A/D 转换器的输出为 x_0,用 x_1 减去 x_0 即为实际输入电压 x。采用这种方法,可去掉输入电路,放大电路及 A/D 转换器本身的偏移及随时间和温度而发生的各种漂移的影响,从而极大地降低对这些电路器件的偏移值的要求,简化硬件成本。

除了数字调零外,还可以采用偏移和增益误差的自动校准。自动校准的基本思想是在系统开机后或每隔一定时间自动测量基准参数,如数字电压表中的基准参数为基准电压和零电压,然后计算误差模型,获得并存储误差补偿因子。在正式测量时,根据测量结果和误差补偿因子,计算校准方程,从而消除误差。自动校准技术有各种各样,下面介绍两种比较常用的方法。

1. 全自动校准

全自动校准由系统自动完成,无须人的介入,其电路结构如图 6-4 所示。该电路的输入部分加有一个多路开关。系统在刚上电或每隔一定时间时,自动进行一次校准。这时,先把开关接地,测出这时的输入值 x_0,然后把开关接 V_R,测出输入值 x_1,并存放 x_1、x_0,在正式测量时,如测出的输入值为 x,则这时的 V 可用下式计算得出

$$V = (\frac{x - x_0}{x_1 - x_0}) \cdot V_R \qquad (6.2.1)$$

采用这种方法测得的 V 与放大器的漂移和增益变化无关,与 V_R 的精度也无关。这样可极大地提高测量精度,降低对电路器件的要求。

图 6-4　全自动校准电路

2. 人工自动校准

全自动校准只适于基准参数是电信号的场合,并且它不能校正由传感器引入的误差。为了克服这一缺点,可采用人工自动校准。

人工自动校准的原理与全自动校准差不多。只是现在不是自动定时进行校准,而是由人工在需要时接入标准的参数进行校准测量,把测得的数据存储起来,供以后使用。一般人工自动校准只测一个标准输入信号 y_R,零信号的补偿由数字调零完成。设数字调零后测出的数据分别为 x_R(接校准输入 y_R 时)和 x(接被测输入 y 时),则可按下式计算 y。

$$y = \frac{y_R}{x_R} \cdot x \qquad (6.2.2)$$

如果在校准时,计算并存放 y_R/x_R 的值,则测量校准时只需进行一次乘法即可。

有时校准输入信号 y_R 不容易得到,这时可采用现时的输入信号 y_i。校准时,计算机测出这时的对应输入 x_i,而人采用其他高精度仪器测出这时的 y_i,并输入计算机,由计算机计算并存放 y_i/x_i 的值,代替前面的 y_R/x_R 作校准系数。

人工自动校准特别适于传感器特性随时间会发生变化的场合。如常用的湿敏电容等湿度传感器,其特性随着时间的变化会发生变化,一般一年以上变化会大于精度容许值,这时可采用人工自动校准。即每隔一段时间(例如一个月或三个月),用其他方法测出这时的湿度值,然后把它作为校准值输入测量系统,以后测量时,计算机将自动用该输入值校准以后的测量值。

6.2.2 线性化处理和非线性补偿

1. 铂热电阻的阻值与温度的关系

P_t100 铂热电阻适用于-200~850℃全部或部分范围内测温,其主要特性是测温精度高、稳定性好。根据 IEC 751—1983 标准规定,P_t100 铂热电阻的阻值与温度的关系如下:

在-200~0℃范围内,有

$$R_t = R_0[1 + AT + BT^2 + C(T - 100)T^3] \tag{6.2.3}$$

在 0~850℃范围内,有

$$R_t = R_0(1 + AT + BT^2) \tag{6.2.4}$$

其中,$A = 3.90802 \times 10^{-3}℃^{-1}$,$B = -802 \times 10^{-7}℃^{-2}$,$C = -4.27350 \times 10^{-12}℃^{-4}$,$R_0 = 100\Omega$(0℃时的电阻值)。

若已知铂热电阻的阻值 R_t,按照式(6.2.3)或式(6.2.4)计算温度 t,对于工业控制机来说,占用的计算量比较大。一般地,先离线计算出温度与铂热电阻阻值的对应关系表即分度表,然后分段进行线性化,即用多段折线代替曲线。线性化过程,首先判断测量数据处于哪一折线段内,然后按相应段的线性化公式计算出线性值。也可以采用查表法求出温度值。

2. 热电偶的热电势与温度的关系

热电偶的热电势与所测温度之间也是非线性关系。例如,铁-康铜热电偶,在 0~400℃范围内,当允许误差<±1℃,按下式计算温度

$$T = a_4 E^4 + a_3 E^3 + a_2 E^2 + a_1 E^1 \tag{6.2.5}$$

式中,E 为热电势[mV],T 为温度[℃]

$$a_1 = 1.9750953 \times 10, \quad a_2 = -1.8542600 \times 10^{-1}$$
$$a_3 = 8.3683958 \times 10^{-1}, \quad a_4 = -1.3280568 \times 10^{-4}$$

又例如,镍铬-镍铝热电偶,在 400~1000℃范围内,按下式计算温度

$$T = b_4 E^4 + b_3 E^3 + b_2 E^2 + b_1 E^1 + b_0 \tag{6.2.6}$$

式中,E 为热电势[mV],T 为温度[℃]

$$b_0 = -2.4707112 \times 10$$
$$b_1 = -2.9465633 \times 10, \quad b_2 = -3.1332620 \times 10^{-1}$$
$$b_2 = 6.5075717 \times 10^{-3}, \quad b_4 = -3.9663834 \times 10^{-5}$$

已知热电偶的热电势,按照上述公式计算温度,对于小型工业控制机,占用的计算量比较大。为了简单起见,可分段进行线性化,即用多段折线代替曲线。线性化过程是,首先判断测量数据处于哪一折线段内,然后按相应段的线性化公式计算出线性值。折线段的分法并不是唯一的,可以视具体情况和要求确定。当然,折线段数越多,线性化精度就越高,软件开销也相应增加。

3. 孔板差压与流量的关系

用孔板测量气体或液体的流量,差压变送器输出的孔板差压信号 ΔP,与实际流量 F 成平方根关系,即

$$F = K \sqrt{\Delta P} \tag{6.2.7}$$

式中,K 是流量系数。为了计算平方根,可采用牛顿(Newton)迭代法。设

$$y = \sqrt{x}, \quad x > 0$$

$$y(n) = \frac{1}{2} \left[y(n-1) + \frac{x}{y(n-1)} \right] \tag{6.2.8}$$

或

$$y(n) = y(n-1) + \frac{1}{2} \left[\frac{x}{y(n-1)} - y(n-1) \right] \tag{6.2.9}$$

关于牛顿迭代法的原理,以及初始值 $y(0)$ 的选取,读者可参考相关文献。

4. 气体体积流量的非线性补偿

来自被控对象的某些检测信号,与真实值有偏差。例如,用孔板测量气体的体积流量,当被测气体的温度和压力与设计孔板的基准温度和基准压力不同时,必须对用式(6.3.7)计算出的流量 F 进行温度和压力补偿。一种简单的补偿公式为

$$F_0 = F \sqrt{\frac{T_0 P_1}{T_1 P_0}} \tag{6.2.10}$$

式中,T_0 为设计孔板的基准绝对温度[K],P_0 为设计孔板的基准绝对压力,T_1 为被测气体的实际绝对温度[K],P_1 为被测气体的实际绝对压力。

对于某些无法直接测量的参数,必须首先检测与其有关的参数,然后依照某种计算公式,才能间接求出它的真实数值。例如,精馏塔的内回流流量是可检测的外回流流量、塔顶气相温度与回流液温度之差的函数,即

$$F_1 = F_2 \left(1 + \frac{C_P}{\lambda} \Delta T \right) \tag{6.2.11}$$

式中,F_1 为内回流流量,F_2 为外回流流量,C_P 为液体比热,λ 为液体汽化潜热,ΔT 为塔顶气相温度与回流液温度之差。

6.2.3 标度变换方法

计算机控制系统在读入被测模拟信号并转换成数字量后,往往需要转换成操作人员所熟悉的工程值。这是因为被测量对象的各种数据的量纲与 A/D 转换的输入值是不一样的。例如,压力的单位为 Pa,流量的单位为 m^3/h,温度的单位为℃等。这些参数经传感器和 A/D 转换后得到一系列数码,这些数码值并不一定等于原来带量纲的参数值,它仅仅对应于参数值的大小,故必须把它转换成带有量纲的数值后才能运算、显示或打印输出,这种转换就是标度变换。标度变换有各种类型,它取决于被测参数的传感器的类型,应根据实际要求选用适当的标度变换方法。

1．线性变换公式

这种标度变换的前提是参数值与 A/D 转换结果之间为线性关系，是最常用的变换方法。它的变换公式如下：

$$Y = (Y_{max} - Y_{min})(X - N_{min})/(N_{max} - N_{min}) + Y_{min} \tag{6.2.12}$$

其中，Y 表示参数测量值，Y_{max} 表示参数量程最大值，Y_{min} 表示参数量程最小值，N_{max} 表示 Y_{max} 对应的 A/D 转换后的输入值，N_{min} 表示量程起点 Y_{min} 对应的 A/D 转换后的输入值，X 表示测量值 Y 对应的 A/D 转换值。

一般情况下，在编程序时，Y_{max}、Y_{min}、N_{max}、N_{min} 都是已知的，因而可把式（6.2.12）变成如下形式：

$$Y = SC_1 \cdot X + SC_0 \tag{6.2.13}$$

式中，SC_1、SC_0 为一次多项式的二个系数，SC_0 取决于零点值，SC_1 为扩大因子。使用式（6.2.13）进行标度变换时，只需进行一次乘法和一次加法。如直接按式（6.3.12）计算，则需进行 4 次加减法、1 次乘法、1 次除法。在编程前，应根据 Y_{max}、Y_{min}、N_{max}、N_{min} 先计算出 SC_1 和 SC_0，然后编出按 X 计算 Y 的程序。

2．公式转换法

有些传感器测出的数据与实际的参数不是线性关系，它们有由传感器和测量方法决定的函数关系，并且这些函数关系可用解析式表示，这时可采用直接按解析式计算。

例如，当用差压变送器测量信号时，由于差压与流量的平方成正比，这样实际流量 Y 与差压变送器并经 A/D 转换后的测量值 X 呈平方根关系。这时可采用如下计算公式：

$$Y = (Y_{max} - Y_{min}) \cdot \sqrt{\frac{X - N_{min}}{N_{max} - N_{min}}} + Y_{min} \tag{6.2.14}$$

式中各参数的意义与式（6.2.12）相同。在实际编程序时，这个公式也可像前面一样，变换成如下容易计算的形式：

$$Y = SC_2 \cdot \sqrt{X - SC_1} + SC_0 \tag{6.2.15}$$

式中，SC_2、SC_1、SC_0 均由 Y_{max}、Y_{min}、N_{max}、N_{min} 按式（6.2.14）计算得出。

3．其他标度变换法

许多非线性传感器并不像上面讲的流量传感器那样，可以写出一个简单的计算公式，或者虽然能够写出，但计算相当困难。这时可采用多项式插值法，也可以用线性插值法或查表进行标度变换。

6.2.4　越限报警处理

由采样读入的数据或经计算机处理后的数据是否超出工艺参数的范围，计算机要加以判别，如果超越了规定数值，就需要通知操作人员采取相应的措施，确保生产安全。

越限报警是工业控制过程常见而又实用的一种报警形式，它分为上限报警、下限报警及上下限报警。如果需要判断的报警参数是 x_n，该参数的上下限约束值分别是 x_{max} 和 x_{min}，则上下限报警的物理意义如下。

（1）上限报警：若 $x_n > x_{max}$，则上限报警，否则继续执行原定操作。

（2）下限报警：若 $x_n < x_{min}$，则下限报警，否则继续执行原定操作。

（3）上下限报警：若 $x_n > x_{max}$，则上限报警，否则对下式做判别：$x_n < x_{min}$ 否？若是则下限报警，否则继续原定操作。

根据上述规定，程序可以实现对被控参数 y、偏差 e 及控制量 u 进行上下限检查。

6.2.5　量化误差来源

到目前为止，所讨论的计算机控制系统均只考虑了信号在时间上的离散化问题，并未考虑幅值上的量化效应。图 6-5 画出了计算机控制系统的典型结构，为便于分析，图中将采样过程单独画出，而实际的 A/D 转换器中包含了采样过程。

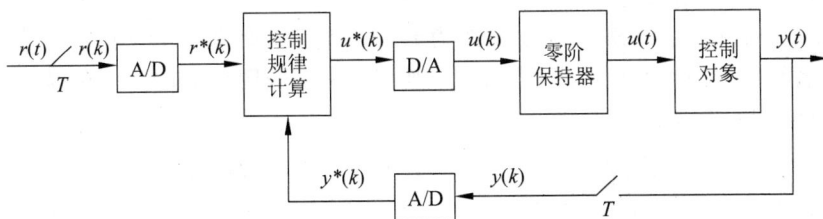

图 6-5　计算机控制系统的典型结构

1. 量化误差

设计算机字长为 n_1，采用定点无符号整数，则机内数的最小单位

$$q = \frac{1}{2^{n_1} - 1} \approx 2^{-n_1}$$

称为量化单位。

为了便于理解 q，下面举例说明。设模拟电压是 $0 \sim 5\text{V}$，采用 8 位、12 位 A/D 转换器，则可表示的最小单位分别是

$$q_1 = \frac{5000}{2^8 - 1} = 19.6078(\text{mV})$$

$$q_2 = \frac{5000}{2^{12} - 1} = 1.2210(\text{mV})$$

通过 A/D 转换，可计算出模拟电压 x 相当于多少个整量化单位，即

$$x = Lq + \varepsilon \tag{6.2.16}$$

式中，L 为整数，对于余数 $\varepsilon(\varepsilon < q)$ 可以用截尾或舍入处理。

所谓截尾就是舍掉数值中小于 q 的余数 $\varepsilon(\varepsilon < q)$，其截尾误差 ε_t 为

$$\varepsilon_t = x_t - x \tag{6.2.17}$$

式中，x 为实际数值，x_t 为截尾后的数值。显然 $-q < \varepsilon_t \leq 0$。

所谓舍入是指当被舍掉的余数 ε 大于或等于量化单位的一半时，则最小有效位加 1；

而当余数 ε 小于量化单位的一半时,则舍掉 ε。这时舍入误差为

$$\varepsilon_r = x_r - x \tag{6.2.18}$$

式中,x 为实际数值,x_r 舍入后的数值。显然,$-q/2 \leqslant \varepsilon_r \leqslant q/2$。

在计算机控制系统中数值误差源有 3 个:首先被测参数(模拟量)经 A/D 转换器变成数字量时产生了第一次量化误差。在运算之前,运算式的参数(如 PID 算式中的 K_p、T_I、T_D 等)必须预先置入指定的内存单元。由于字长有限,对参数可采用截尾或舍入处理。另外在运算过程中,也会产生误差。这些是在 CPU 内产生的第二次量化误差。计算机输出的数字控制量经 D/A 转换器变成模拟量,在模拟量输出装置内产生了第三次量化误差。

2. 量化误差来源

从图 6-14 可以看出,产生量化误差的原因主要有以下几个方面。

1) A/D 转换的量化效应

经过 A/D 转换,它将模拟信号变换为时间上离散、幅值上量化的数字信号,根据 A/D 转换装置的不同的实现原理,它将实现如图 6-6(a)或图 6-6(b)所示的两种输入输出关系(图中以 $y(k)$ 为例)。

(a) 四舍五入　　　(b) 截尾

图 6-6　A/D 转换器的输出关系

图 6-6 中,q 称为量化单位,它的大小取决于 A/D 转换信号的最大幅度及转换的字长,设 $y(k)$ 的最大信号为 $\pm y_m$,转换字长为 n_1,若转换后的二进制数用原码表示,则总共可表示 $2^{n_1}-1$ 个数,若用补码表示,则总共可产生 2^{n_1} 个数。由于在计算机中的数一般采用补码表示,因此可以算得量化单位 q 的大小为

$$q = \frac{2y_m}{2^{n_1}} = \frac{y_m}{2^{n_1-1}} \tag{6.2.19}$$

q 的大小反映了 A/D 转换装置的分辨能力。通常称 $q/2y_m = 2^{-n_1}$ 为 A/D 转换的分辨率,典型的 A/D 转换的位数为 8、10、12 或 14 位,其分辨率分别为 0.4%、0.1%、0.025% 或 0.006%。

图 6-6 所示的输入输出关系显示了典型的非线性特性,当 n_1 比较大例如 $n_1 \geqslant 12$,即 A/D 转换的分辨率较高时,A/D 转换的量化效应对系统性能的影响较小,一般可以忽略它的影响;但当 $n_1 \leqslant 10$ 时,它将对系统性能产生影响,后面将要具体地分析它的影响。

2) 控制规律计算中的量化效应

根据图 6-5,经过量化的数字信号送入计算机的中央处理单元进行控制规律的计算,设计算所用的字长 n_2,一般 $n_2 \geqslant n_1$ 由于计算所用字长也是有限的,因此计算过程中也产生量化误差。另外,在计算过程中,采用定点还是浮点运算也是很关键的问题。由于浮点运算一般均需要用双倍字长,因此量化误差通常很小,可以忽略不计。但是浮点数运算速度较慢,而在计算机实时控制中,常对计算速度有很高的要求,因此,很多地方仍主要采用定点运算。对于定点数表示,加或减的运算是准确的。问题是合适地选定比例因子,以避免出现上溢或下溢问题。对于乘或除的运算,结果产生双倍字长,但是结果数仍只能用单字长表示,因而这里也产生量化问题,这里对于低位数也可采用四舍五入或截尾两种方法进行处理。

3) 控制参数的量化效应

在进行控制规律的计算时,其中的一些参数与要求的参数值也会存在一定的误差,字长越长,误差便越小。在工程上,由于控制对象的模型也是不准确的,其参数误差有时可高达 20%,因此,一般说来也不必要求控制器参数非常准确。因此,控制参数的量化效应通常可以忽略,但是在有些问题中,问题本身对控制器参数很灵敏,因此参数的量化效应也可能对系统性能产生很大的影响。

4) D/A 转换的量化效应

由于计算所用的字长通常要比 D/A 转换的字长要长,因此,经过 D/A 转换后,从 $u^*(k)$ 到 $u(k)$ 之间(见图 6-5),也存在如图 6-6 所示的量化效应。

6.2.6　A/D、D/A 及运算字长的选择

为减少量化误差,在条件允许的情况下,可尽量加大字长。下面分别讨论 A/D 转换器、D/A 转换器和运算的字长选取。

1. A/D 转换器的字长选择

为把量化误差限制在所允许的范围内,应使 A/D 转换器有足够的字长。确定字长要考虑的因素是:输入信号 x 的动态范围和分辨率。

1) 输入信号的动态范围

设输入信号的最大值和最小值之差为

$$x_{\max} - x_{\min} = (2^{n_1} - 1)\lambda \tag{6.2.20}$$

式中,n_1 为 A/D 转换器的字长,λ 为转换当量(mV/b)。则动态范围为

$$2^{n_1} - 1 = \frac{x_{\max} - x_{\min}}{\lambda} \tag{6.2.21}$$

因此,A/D 转换器字长

$$n_1 \geqslant \text{lb}\left(1 + \frac{x_{\max} - x_{\min}}{\lambda}\right) \tag{6.2.22}$$

2）分辨率

有时对 A/D 转换器的字长要求以分辨率形式给出。分辨率定义为

$$D = \frac{1}{2^{n_1} - 1} \tag{6.2.23}$$

例如,8 位的分辨率为

$$D = \frac{1}{2^8 - 1} \approx 0.003\ 921\ 5$$

16 位的分辨率为

$$D = \frac{1}{2^{16} - 1} \approx 0.000\ 015\ 2$$

如果所要求的分辨率为 D_0,则字长

$$n_1 \geqslant \log_2\left(1 + \frac{1}{D_0}\right) \tag{6.2.24}$$

例如,某温度控制系统的温度范围为 0～200℃,要求分辨为 0.005(即相当于 1℃),可求出 A/D 转换器字长

$$n_1 \geqslant \log_2\left(1 + \frac{1}{D_0}\right) = \log_2\left(1 + \frac{1}{0.005}\right) \approx 7.65$$

因此,取 A/D 转换器字长 n_1 为 8 位。

2. D/A 转换器的字长选择

D/A 转换器输出一般都通过功率放大器推动执行机构。设执行机构的最大输入值为 $u_{\max}$,最小输入值为 $u_{\min}$,灵敏度为 λ,参照式(6.5.7)可得 D/A 转换器的字长

$$n_1 \geqslant \log_2\left(1 + \frac{u_{\max} - u_{\min}}{\lambda}\right) \tag{6.2.25}$$

即 D/A 转换器的输出应满足执行机构动态范围的要求。一般情况下,可选 D/A 字长小于或等于 A/D 字长。

在计算机控制中,常用的 A/D 和 D/A 转换器字长为 8 位、10 位和 12 位,按照上述公式估算出的字长取整后再选这 3 种之一。特殊被控对象,可选更高分辨率(如 14 位、16 位)的 A/D 和 D/A 转换器。

6.3 数字控制器的工程实现

数字控制器的算法程序可被所有控制回路公用,只是各控制回路提供的原始数据不同。因此,必须为每个回路提供一段内存数据区(即线性表),以便存放参数。既然数字控制器是公共子程序,就应该在设计时,必须考虑各种工程实际问题,并含有多种功能,以便用户选择。数字控制器算法的工程实现可分为 6 部分,如图 6-7 所示。此外,为了便于数字控制器的操作显示,通常给每个数字控制器配置一个回路操作显示器,它与模拟

的调节器的面板操作显示相类似。下面以数字 PID 控制器为例来说明数字控制器的工程实现。

图 6-7　数字控制器(PID)的控制模块

6.3.1　给定值和被控量处理

1. 给定值处理

给定值处理包括选择给定值 SV 和给定值变化率限制 SR 两部分,如图 6-8 所示。通过选择软开关 CL/CR,可以构成内给定状态或外给定状态;通过选择软开关 CAS/SCC,可以构成串级控制或 SCC 控制。

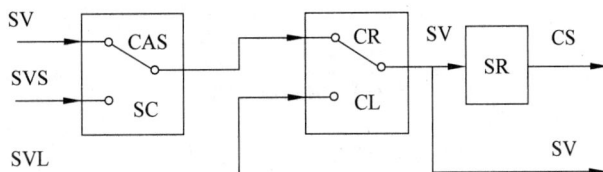

图 6-8　给定值处理

1) 内给定状态

当软开关 CL/CR 切向 CL 位置时,选择操作员设置的给定值 SVL。这时系统处于单回路控制的内给定状态,利用给定值键可以改变给定值。

2) 外给定状态

当软开关 CL/CR 切向 CR 位置时,给定值来自上位计算机、主回路或运算模块。这时系统处于外给定状态。在此状态下,可以实现以下两种控制方式。

(1) SCC 控制

当软开关 CAS/SCC 切向 SCC 位置时,接收来自上位计算机的给定值 SVS,以便实现二级计算机控制。

(2) 串级控制

当软开关 CAS/SCC 切向 CAS 位置时,给定值 SVS 来自主调节模块,实现串级控制。

3）给定值变化率限制

为了减少给定值突变对控制系统的扰动，防止比例、微分饱和，以实现平稳控制，需要对给定值的变化率 SR 加以限制。变化率的选取要适中，过小会使响应变慢，过大则达不到限制的目的。

综上所述，在如图 6-6 所示的给定值处理框中，共具有 3 个输入量（SVL、SVC、SVS），两个输出量（SV、CSV），两个开关量（CL/CR、CAS/SCC），一个变化率（SR）。为了便于 PID 控制程序调用这些量，需要给每个 PID 控制模块提供一段内存数据区，存储以上变量。

2. 被控量处理

为了安全运行，需要对被控量 PV 进行上下限报警处理，其原理如图 6-9 所示，即

图 6-9　控制量处理

当 PV＞PH（上限值）时，则上限报警状态（PHA）为 1；

当 PV＜PL（下限值）时，则下限报警状态（PLA）为 1。

当出现上、下限报警状态（PHA、PLA）时，它们通过驱动电路发出声或光，以便提醒操作员注意。为了不使 PHA/PLA 的状态频繁改变，可以设置一定的报警死区（HY）。为了实现平稳控制，需要对参与控制的被控量的变化率 PR 加以限制。变化率的选取要适中，过小会使响应变慢，过大则达不到限制的目的。

被控量处理数据区存放 1 个输入量 PV，3 个输出量 PHA、PLA 和 CPV，4 个参数 PH、PL、HY 和 PR。

6.3.2　偏差处理

偏差处理分为计算偏差、偏差报警、非线性特性和输入补偿 4 部分，如图 6-10 所示。

1. 计算偏差

根据正/反作用方式（D/R）计算偏差 DV，即

当 D/R＝0，代表正作用，此时偏差 $DV_+ = CPV - CSV$；

当 D/R＝1，代表反作用，此时偏差 $DV_- = CSV - CPV$。

图 6-10 偏差处理

2. 偏差报警

对于控制要求较高的对象,不仅要设置被控制量 PV 的上、下限报警,而且要设置偏差报警。当偏差绝对值 $|DV| > DL$ 时,则偏差报警状态 DLA 为 1。

3. 输入补偿

根据输入补偿方式 ICM 状态,决定偏差 DVC 与输入补偿量 ICV 之间的关系,即

当 ICM＝0,代表无补偿,此时 CDV＝DVC;

当 ICM＝1,代表加补偿,此时 CDV＝DVC＋ICV;

当 ICM＝2,代表减补偿,此时 CDV＝DVC－ICV;

当 ICM＝3,代表置换补偿,此时 CDV＝ICV。

利用加、减输入补偿,可以分别实现前馈控制和纯滞后补偿(smith)控制。

4. 非线性特性

为了实现非线性 PID 控制或带死区的 PID 控制,设置了非线性区－A 至＋A 和非线性增益 K,非线性特性如图 6-11 所示。即

当 $K＝0$ 时,为带死区的 PID 控制;

当 $0 < K < 1$ 时,为非线性 PID 控制;

当 $K＝1$ 时,为正常的 PID 控制。

偏差处理数据区共存放一个输入补偿量 ICV,两个输出量 DLA 和 CDV,两个状态量 D/R 和 ICM,以及 4 个参数 DL、－A、＋A 和 K。

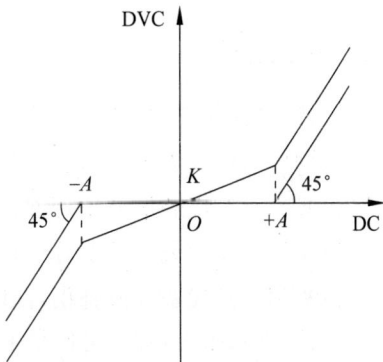

图 6-11 非线性特性

6.3.3 控制算法的实现

在自动状态下,需要进行控制计算,即按照各种控制算法的差分方程,计算控制量 U,并进行上、下限限幅处理,如图 6-12 所示。以 PID 控制算法为例,当软开关 DV/PV 切向 DV 位置时,则选用偏差微分方式;当软开关 DV/PV 切向 PV 位置时,则选用测量 (即被控量)微分方式。

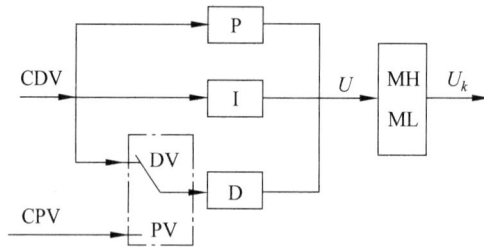

图 6-12　PID 计算

在 PID 计算数据区,不仅要存放 PID 参数(K_P 或 δ、T_I、T_D)和采控制周期 T,还要存放微分方式 DV/PV、积分分离值 ε,控制量上限限值 MH 和下限限值 ML,以及控制量 U_K。为了进行递推运算,还应保存历史数据,如 $e(k-1)$、$e(k-2)$ 和 $u(k-1)$。

6.3.4　控制量处理

一般情况下,在输出控制量 U_k 以前,还应经过图 6-13 所示的各项处理和判断,以便扩展控制功能,实现安全平稳操作。

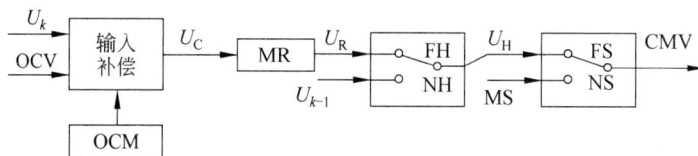

图 6-13　控制量处理

1. 输入补偿

根据输出补偿方式 OCM 的状态,决定控制量 U_K 与输出补偿量 OCV 之间的关系,即当 OCM=0,代表无补偿,此时 $U_c = U_k$;

当 OCM=1,代表加补偿,此时 $U_c = U_k + OCV$;

当 OCM=2,代表减补偿,此时 $U_c = U_k - OCV$;

当 OCM=3,代表置换补偿,此时 $U_c = OCV$。

利用输出和输入补偿,可以扩大实际应用范围,灵活组成复杂的数字控制器,以便组成复杂的自动控制系统。

2. 变化率限制

为了实现平稳操作,需要对控制量的变化率 MR 加以限制。变化率的选取应适中,过小会使操作缓慢,过大则达不到限制的目的。

3. 输出保持

当软开关 FH/NH 切向 NH 位置时,当前时刻的控制量 $u(k)$ 等于前一时刻的控制量

$u(k-1)$。也就是说,输出控制量保持不变。当软开关 FH/NH 切向 FH 位置时,又恢复正常输出方式。软开关 FH/NH 状态一般来自系统安全报警开关。

4. 安全输出

当软开关 FS/NS 切向 NS 位置时,当前时刻的控制量等于预置的安全输出量 MS。当软开关 FS/NS 切向 FS 位置时,又恢复正常输出方式。软开关 FS/NS 状态一般来自系统安全报警开关。

控制量处理数据区需要存放输出补偿量 OCV 和补偿方式 OCM,变化率限制值 MR,软开关 FH/NH 和 FS/NS,安全输出量 MS,以及控制量 CMV。

6.3.5 自动/手动切换

在正常运行时,系统处于自动状态;而在调试阶段或出现故障时,系统处于手动状态。图 6-14 为自动/手动切换处理框图。

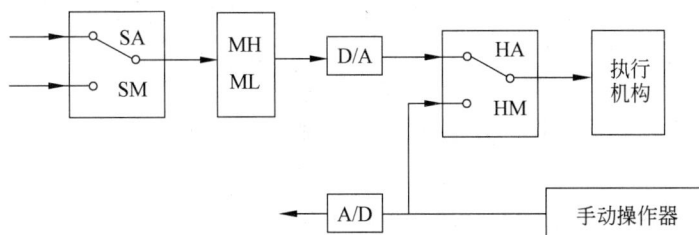

图 6-14　自动手动切换

1. 软自动/软手动

当软开关 SA/SM 切向 SA 位置时,系统处于正常的自动状态,称为软自动(SA);反之,切向 SM 位置时,控制量来自操作键盘或上位计算机,此时系统处于计算机手动状态,称为软手动(SM)。一般在调试阶段,采用软手动(SM)方式。

2. 控制量限幅

为了保证执行机构工作在有效范围内,需要对控制量 U_s 进行上、下限限幅处理,使得 MH≤MV≤ML,再经 D/A 转换器输出 0～10mA DC 或 4～20mA DC。

3. 自动/手动

对于一般的计算机控制系统,可采用手动操作器作为计算机的后备操作。当切换开关处于 HA 位置时,控制量 MV 通过 D/A 输出,此时系统处于正常的计算机控制方式,称为自动状态(HA 状态);反之,若切向 HM 位置,则计算机不再承担控制任务,由运行人员通过手动操作器输出 0～10mA DC 或 4～20mA DC 信号,对执行机构进行远方操作,则称为手动状态(HM 状态)。

4. 无平衡无扰动切换

所谓无平衡无扰动切换,是指在进行手动到自动或自动到手动的切换之前,无须由人工进行手动输出控制信号与自动输出控制信号之间的对位平衡操作,就可以保证切换时不会对执行机构的现有位置产生扰动。为此,应采取以下措施。

为了实现从手动到自动的无平衡无扰动切换,在手动(SM 或 HM)状态下,尽管并不进行 PID 计算,但应使给定值(CSV)跟踪被控量(CPV),同时也要把历史数据,如 $e(k-1)$ 和 $e(k-2)$ 清 0,还要使 $u(k-1)$ 跟踪手动控制量(MV 或 VM)。这样,一旦切向自动而 $u(k-1)$ 又等于切换瞬间的手动控制量,就保证了 PID 控制量的连续性。当然,这一切需要有相应的硬件电路配合。

当从自动(SA 与 HA)切向软手动(SM)时,只要计算机应用程序工作正常,就能自动保证无扰动切换。当从自动(SA 与 HA)切向硬手动(HM)时,通过手动操作器电路,也能保证无扰动切换。

从输出保持状态或安全输出状态切向正常的自动工作状态时,同样需要进行无扰动切换,为此可采取类似的措施,不再赘述。

自动手动切换数据区需要存放软手动控制量 SMV,软开关 SA/SM 状态,控制量上限限值(MH)和下限限值(ML),控制量 MV,切换开关 HA/HM 状态,以及手动操作器输出 VM。

以上讨论了 PID 控制程序的各部分功能及相应的数据区。完整的 PID 控制模块数据区除了上述各部分外,还有被控量量程上限 RH 和量程下限 RL,工程单位代码、采样(控制)周期等。该数据区是 PID 控制模块存在的标志,可把它看作是数字 PID 控制器的实体。只有正确地填写 PID 数据区后,才能实现 PID 控制系统。

采用上述数字控制器,不仅可以组成单回路控制系统,而且可以组成串级、前馈、纯滞后补偿等复杂控制系统,对于后面两种系统还应增加补偿器运算模块。利用该控制模块和各种功能运算模块的组合,可以组成各种控制系统满足生产过程控制的要求。

6.4 软件抗干扰技术

为了提高工业控制系统的可靠性,仅靠硬件抗干扰措施是不够的,需要进一步借助于软件措施克服某些干扰。在计算机控制系统中,如能正确地采用软件抗干扰措施,与硬件抗干扰措施构成双道抗干扰防线,无疑将极大地提高工业控制系统的可靠性。经常采用的软件抗干扰技术是数字滤波技术、开关量的软件抗干扰技术、指令冗余技术、软件陷阱技术等。下面分别加以介绍。

6.4.1 数字滤波技术

一般微机应用系统的模拟输入信号中,均含有各种噪音和干扰,它们来自被测信号源本身、传感器、外界干扰等。为了进行准确测量和控制,必须消除被测信号中的噪音和干扰。噪音有两大类：一类为周期性的；另一类为不规则的。前者的典型代表为 50Hz 的工频干扰。对于这类信号，采用积分时间等于 20ms 的整数倍的双积分 A/D 转换器，可有效地消除其影响。后者为随机信号，它不是周期信号。对于随机干扰，可以用数字滤波方法予以削弱或滤除。所谓数字滤波，就是通过一定的计算或判断程序减少干扰在有用信号中的比重，故实质上它是一种程序滤波。数字滤波克服了模拟滤波器的不足，它与模拟滤波器相比，有以下优点：

- 数字滤波是用程序实现的，不需要增加硬设备，所以可靠性高，稳定性好。
- 数字滤波可以对频率很低（如 0.01Hz）的信号实现滤波，克服了模拟滤波器的缺陷。
- 数字滤波器可以根据信号的不同，采用不同的滤波方法或滤波参数，具有灵活、方便、功能强的特点。

由于数字滤波器具有以上优点，数字滤波在微机应用系统中应用广泛。

1. 算术平均值法

算术平均值法是要按输入的 N 个采样为数据 $x_i(i=1,2,\cdots,N)$，寻找这样一个 y，使 y 与各采样值间的偏差的平方和为最小，使

$$E = \min\left[\sum_{i=1}^{N}(y-x_i)^2\right] \tag{6.4.1}$$

由一元函数求极值原理可得

$$y = \frac{1}{N}\sum_{i=1}^{N}x_i \tag{6.4.2}$$

这时，可满足式(6.6.1)。式(6.6.2)即是算术平均值的算法。

设第二次测量的测量值包括信号成分 s_i 和噪音成要 c_i，则进行 N 次测量信号成分之和为

$$\sum_{i=1}^{N}s_i = N \cdot s \tag{6.4.3}$$

噪音的强度是用均方根衡量的，当噪音为随机信号时，进行 N 次测量的噪音强度之和为

$$\sqrt{\sum_{i=1}^{N}C_i^2} = \sqrt{N} \cdot C \tag{6.4.4}$$

以上二式中，S、C 分别表示进行 N 次测量后信号和噪音的平均幅度。

这样，对 N 次测量进行算术平均后的信噪比为

$$\frac{N \cdot s}{\sqrt{N} \cdot C} = \sqrt{N} \cdot \frac{s}{C} \tag{6.4.5}$$

式中，s/C 是求算术平均值前的信噪比。因此采用算术平均值法后，使信噪比提高了 $\sqrt{N}$ 倍。

算术平均值法适用于对一般的具有随机干扰信号的滤波。它特别适于信号本身在某一数值范围附近上下波动的情况，如流量、液平面等信号的测量。由式(6.6.5)可知，算术平均值法对信号的平滑滤波程度完全取决于 N。当 N 较大时，平滑度高，但灵敏度

低,即外界信号的变化对测量计算结果 y 的影响小;当 N 较小时,平滑度较低,但灵敏度高。应按具体情况选取 N,如对一般流量测量,可取 $N=8,9,\cdots,16$;对压力等测量,可取 $N=4$。

2. 中位值滤波法

中位值滤波法的原理是对被测参数连续采样 m 次($m\geqslant3$)且是奇数,并按大小顺序排列;再取中间值作为本次采样的有效数据。中位值滤波法和平均值滤波法结合起来使用,滤波效果会更好。即在每个采样周期,先用中位值滤波法得到 m 个滤波值,再对这 m 个滤波值进行算术平均,得到可用的被测参数。

3. 限幅滤波法

由于大的随机干扰或采样器的不稳定,使得采样数据偏离实际值太远,为此采用上、下限限幅,即

当 $y(n)\geqslant y_H$ 时,取 $y(n)=y_H$(上限值);

当 $y(n)\leqslant y_L$ 时,取 $y(n)=y_L$(下限值);

当 $y_L<y(n)<y_H$ 时,取 $y(n)$。

而且采用限速(亦称限制变化率),即

当 $|y(n)-y(n-1)|\leqslant\Delta y_0$ 时,取 $y(n)$;

当 $|y(n)-y(n-1)|>\Delta y_0$ 时,取 $y(n)=y(n-1)$。

其中,Δy_0 为两次相邻采样值之差的可能最大变化量。Δy_0 值的选取,取决于采样周期 T 及被测参数 y 应有的正常变化率。因此,一定要按照实际情况确定 Δy_0、y_H 及 y_L,否则,非但达不到滤波效果,反而会降低控制品质。

4. 惯性滤波法

常用的 RC 滤波器的传递函数是

$$\frac{y(s)}{x(s)}=\frac{1}{1+T_f s} \tag{6.4.6}$$

其中,$T_f=RC$,它的滤波效果取决于滤波时间常数 T_f。因此,RC 滤波器不可能对极低频率的信号进行滤波。为此,人们模仿式(6.6.6)做成一阶惯性滤波器亦称低通滤波器。即将式(6.6.6)写成差分方程

$$T_f\frac{y(n)-y(n-1)}{T_s}+y(n)=x(n) \tag{6.4.7}$$

稍加整理得

$$y(n)=\frac{T_s}{T_f+T_s}x(n)+\frac{T_f}{T_f+T_s}y(n-1)=(1-\alpha)x(n)+\alpha y(n-1) \tag{6.4.8}$$

其中,$\alpha=\dfrac{T_f}{T_f+T_s}$ 称为滤波系数,且 $0<\alpha<1$,T_s 为采样周期,T_f 为滤波器时间常数。

根据惯性滤波器的频率特性,若滤波系数 α 越大,则带宽越窄,滤波频率也越低。因

此,需要根据实际情况,适当选取 α 值,使得被测参数既不出现明显的纹波,反应又不太迟缓。

以上讨论了 4 种数字滤波方法,在实际应用中,究竟选取哪种数字滤波方法,应视具体情况而定。平均值滤波法适用于周期性干扰,中位值滤波法和限幅滤波法适用于偶然的脉冲干扰,惯性滤波法适用于高频及低频的干扰信号,加权平均值滤波法适用于纯迟延较大的被控对象。如果同时采用几种滤波方法,一般先用中位值滤波法或限幅滤波法,然后再用平均值滤波法。如果应用不恰当,非但达不到滤波效果,反而会降低控制品质。

6.4.2　开关量的软件抗干扰技术

1. 开关量(数字量)信号输入抗干扰措施

干扰信号多呈毛刺状,作用时间短,利用这一特点,在采集某一开关量信号时可进行多次重复采集,直到连续两次或两次以上结果完全一致方为有效。若多次采样后,信号总是变化不定,可停止采集,给出报警信号。由于开关量信号主要是来自各类开关型状态传感器,如限位开关、操作按钮、电气触点等,对这些信号的采集不能用多次平均方法,必须绝对一致才行。

如果开关量信号超过 8 个,可按 8 个一组进行分组处理,也可定义多字节信息暂存区,按类似方法处理。在满足实时性要求的前提下,如果在各次采集数字信号之间接入一段延时,效果会好一些,就能对抗较宽的干扰。

2. 开关量(数字量)信号输出抗干扰措施

输出设备是电位控制型还是同步锁存型,对干扰的敏感性相差较大。前者有良好的抗"毛刺"干扰能力,后者则不耐干扰;当锁存线上出现干扰时,它就会盲目锁存当前的数据,也不管此时数据是否有效。输出设备和惯性(响应速度)与干扰的耐受能力也有很大关系。惯性大的输出设备(如各类电磁执行机构)对"毛刺"干扰有一定的耐受能力。惯性小的输出设备(如通信口、显示设备)耐受能力就小一些。在软件上,最为有效的方法就是重复输出同一个数据。只要有可能,其重复周期尽可能短些。外设设备接收到一个被干扰的错误信息后,还来不及作出有效的反应,一个正确的输出信息又来到了,就可及时防止错误动作的产生。另外,各类数据锁存器尽可能和 CPU 安装在同一电路板上,使传输线上传送的都是已锁存好的电位控制信号,对于重要的输出设备,最好建立检测通道,CPU 可以通过检测通道确定输出结果的正确性。

6.4.3　指令冗余技术

当 CPU 受到干扰后,往往将一些操作数当作指令码执行,引起程序混乱。当程序弹飞到某一单字节指令上时,便自动纳入正轨。当弹飞到某一双字节指令上时,有可能落到其操作数上,从而继续出错。当程序弹飞到三字节指令上时,因它有两个操作数,继续出错的机会就更大。因此,应多采用单字节指令,并在关键的地方人为地插入一些单字节指令(NOP)或将有效单字节指令重复书写,这便是指令冗余。指令冗余无疑会降低系统的效率,但在绝大多数情况下,CPU 还不至于忙到不能多执行几条指令的程度,故这种方法被广泛采用。

在一些对程序流向起决定作用的指令之前插入两条 NOP 指令,以保证弹飞的程序迅速纳入正确轨道。在某些对系统工作状态重要的指令前也可插入两条 NOP 指令,以保证正确执行。指令冗余技术可以减少程序弹飞的次数,使其很快纳入程序轨道,但这并不能保证在失控期间不干坏事,更不能保证程序纳入正常轨道后就太平无事了,解决这个问题必须采用软件容错技术。

6.4.4　软件陷阱技术

指令冗余使弹飞的程序安定下来是有条件的,首先弹飞的程序必须落到程序区,其次必须执行到冗余指令。所谓软件陷阱,就是一条引导指令,强行将捕获的程序引向一个指定的地址,在那里有一段专门对程序出错进行处理的程序。如果把这段程序的入口标号记为 ERR 的话,软件陷阱即为一条无条件转移指令,为了加强其捕捉效果,一般还在它前面加两条 NOP 指令,因此真正的软件陷阱由 3 条指令构成:

```
NOP
NOP
JMP ERR
```

软件陷阱安排在以下 4 种地方:
(1) 未使用的中断向量区。
(2) 未使用的大片 ROM 空间。
(3) 表格。
(4) 程序区。

由于软件陷阱都安排在正常程序执行不到的地方,故不影响程序执行效率,在当前 EPROM 容量不成问题的条件下,还是多多益善。

习　　题

1. 什么是模块化程序设计和结构化程序设计? 程序设计通常分为哪 5 个步骤?

2. 某热处理炉温度变化范围为 0~1350℃,经温度变送器变换为 1~5V 电压送至 ADC0809,ADC0809 的输入范围为 0~5V。当 $t = KT$ 时,ADC0809 的转换结果为 6AH,问此时的炉内温度为多少度?

3. 为使数字 PID 控制器实现从手动到自动的无平衡无扰动切换,应采取哪些措施?

4. 某炉温度变化范围为 0~1500℃,要求分辨率为 3℃,温度变送器输出范围为 0~

5V。若 A/D 转换器的输入范围也为 0～5V,则求 A/D 转换器的字长应为多少位? 若 A/D 转换器的字长不变,现在通过变送器零点迁移而将信号零点迁移到 600℃,此时系统对炉温变化的分辨率为多少?

5. 某执行机构的输入变化范围为 4～20mA,灵敏度为 0.05mA,应选 D/A 转换器的字长为多少位?

6. 编制一个能完成中位值滤波加上算术平均值滤波的子程序。设对变量采样测量 7 次,7 个采样值排序后取中间的 3 个采样值平均,每个采样值为 12 位二进制数。

第7章

人机接口技术与监控组态软件

本章主要介绍人机接口（HMI/SCADA）技术、监控组态软件概述、基于监控组态软件设计人机交互界面、实时数据库、监控组态软件的 I/O 设备驱动、监控组态软件的网络通信、监控组态软件的控制功能、计算机控制系统中的数据交换技术和监控组态软件应用举例。

7.1　人机接口技术

7.1.1　HMI/SCADA 的含义

HMI（human machine interface）广义的解释就是"使用者与机器间沟通、传达及接收信息的一个接口"。利用计算机数据处理的强大功能，向用户提供诸如工艺流程图显示、动态数据画面显示、参数修改与设置、报表编制、趋势图生成、报警画面、打印参数以及生产管理等多种功能，为系统提供良好的人机界面。一般而言，HMI 系统必须有如下基本能力。

- 实时数据趋势显示：把获取的数据立即显示在屏幕上。
- 历史数据趋势显示：把数据库中的数据作可视化的呈现。
- 自动记录数据：自动将数据存储至数据库中，以便日后查看。
- 警报的产生与记录：使用者可以定义一些警报产生的条件，比方说温度或压力超过临界值时系统会产生警报，通知作业员处理。
- 报表的产生与打印：能把数据转换成报表的格式，并打印出来。
- 图形接口控制：操作者能够透过图形接口直接控制机台等装置。

凡是具有系统监控和数据采集功能的软件，都可称为 SCADA（supervisor control and data acquisition）软件。它是建立在 PC 基础之上的自动化监控系统，具有以下的基本特征：图形界面、系统状态动态模拟、实时数据和历史趋势、报警处理系统、数据采集和记录、数据分析和报表输出。

SCADA 软件和硬件设备的连接方式主要可归纳为 3 种：

（1）标准通信协议。工业领域常用的标准协议有 ARCNET、CAN Bus、Device Net、Lon Works、Modbus、Profibus。SCADA 软件和硬件设备，只要使用相同的通信协议，就可以直接通信,无须再安装其他驱动程序。

(2) 标准数据交换接口。常用的有 DDE(dynamic data exchange)与 OPC(OLE for process control)。使用标准的数据交换接口,SCADA 软件以间接方式通过 DDE 或 OPC 内部数据交换中心(data exchange center)和硬件设备通信。这种方式的优点在于,不管硬件设备是否使用标准的通信协议,制造商只需提供一套 DDE 或 OPC 的驱动,即可支持大部分 SCADA 软件。

(3) 绑定驱动(native driver)。绑定驱动程序是指针对特定硬件和目标设计的驱动。这种方式的优点是执行效率比使用其他驱动方式高,但缺点是兼容性差。制造商必须针对每一种 SCADA 软件提供特定的驱动程序。

控制系统的监控软件设计有两种方法:组态软件与用户自行编制的监控软件。

用组态软件实现监控,可以利用组态软件提供的硬件驱动功能直接与硬件进行通信,无须编写通信程序,且功能强大、灵活性好、可靠性高,但软件价格较高,对硬件的依赖较大,当组态软件不支持相关的硬件时就会受到限制。在复杂控制系统中可以采用此方法。

用户利用面向对象的可视化编程语言如 Visual Basic 或 VC 等,编制监控软件实现系统监控,其中包括数据通信、界面实现、数据处理和实时数据库功能等内容,灵活性好,系统投资低,能适用于各种系统。但系统开发工作量大,特别是要实现工业生产中复杂的流程和工艺的逼真显示需要花费大量的时间,可靠性难保证,对设计人员的经验和技术水平的要求较高,这种方法需要自己编写通信程序。

7.1.2　基于 VB/VC++ 语言设计人机交互界面

1. Visual Basic

1991 年,Microsoft 公司推出了 Visual Basic(VB),它的诞生标志着软件设计和开发的一个新时代的开始。Visual Basic 为开发 Windows 应用程序提供了强有力的工具。它极大地改变了人们对 Windows 的看法以及编写 Windows 应用程序的方式。Visual Basic 极大地简化了界面的设计,它使程序员可以直观地设计应用程序的用户界面。通过事件驱动机制,用户在界面上的任何操作都自动被映射到相应的处理代码上。这样,程序员可以将精力集中在程序功能的实现上,无须像以前那样需要耗费大量的精力为界面编写代码。Visual Basic 还提供了 OLE(object linking and embedding,对象的链接与嵌入)功能,也就是在应用程序里,可以通过控制其他应用程序中的对象借用它们的某些功能。

2. VC++

VC++ 是 Microsoft 公司推出的一款优秀的计算机开发语言,基于该编译程序,编程人员能够设计出良好的具有 Windows 界面特性的应用程序。Visual C++ (VC++) 6.0 是到目前为止使用最普遍的 VC++ 编译程序版本。它包含着 Microsoft 基本类(foundation class)和可以用来设计复杂的对话框、菜单、工具条、图像、应用程序所需的很多其他组件,可以简化和加速 Windows 应用程序的开发。基于 VC++ ,能够开发出各式各样的适应用户要求的监控界面。

工控产品公司都会提供 ActiveDAQ 控件,这是一套高效数据采集开发组件,可以方便地应用于 Visual C++ 、Visual Basic 以及支持 Active 控件的组态软件中,通过控件的属性、事件、方法可以很方便地对控件进行编程,用来开发数据采集的各种功能,包括模拟量输入输出(软件/中断/DMA)、数字量输入输出、脉冲量输入输出等。

7.2 监控组态软件概述

在工程领域,自动化系统集成通常采用组态即模块化结构方式实现。组态最早来自英文 configuration,含义是使用软件工具对计算机及软件的各种资源进行配置,达到使计算机或软件按照预先设置自动完成特定任务,满足使用者要求的目的。过去,自动化系统的软件功能(如实时数据库、历史数据库、图形画面生成、报表功能实现、控制回路与控制算法实现、事件与报警处理等)都是由软件人员通过编程实现的,工作量大,而且通用性和可靠性差。

监控组态软件是数据采集与过程控制的专用软件,是面向 SCADA 的软件平台工具,具有丰富的设置项目,使用方式灵活,功能强大。监控组态软件最早出现时,HMI 或 MMI(man machine interface)是其主要内涵,即主要解决人机图形界面问题。随着它的快速发展,实时数据库、实时控制、SCADA、通信及联网、开放数据接口、对 I/O 设备的广泛支持已经成为它的主要内容。

7.2.1 监控组态软件的体系结构及功能

监控组态软件主要体系结构包括:
(1) 图形画面组态生成。
(2) 实时数据库与历史数据库。
(3) 动画连接。
(4) 历史趋势曲线和实时趋势曲线。
(5) 报表系统、创建报表、报表组态。
(6) 报警和事件系统。
(7) 脚本程序、脚本程序语言句法、脚本程序语言函数。
(8) I/O 设备管理与驱动程序。
(9) 数据共享技术。
(10) 自动化组态软件的网络与冗余功能。
(11) 其他功能如控件、配方管理、系统安全管理。
从功能上分析,目前组态软件都具有以下共同点。
(1) 强大的图形组态功能:组态软件大都以 Microsoft Windows 平台作为操作平台,充分利用了 Windows 图形功能完备,界面一致性好、易学易用的特点。设计人员可高效快捷地绘制出各种工艺画面,并可方便进行编辑,使采用 PC 比以往使用专用机开发的工业控制系统更有通用性,减少了工控软件开发者的重复工作。丰富的动画连接如"闪烁"、"旋转"、"填充"、"移动"等,使画面生动直观。

(2) 脚本语言:从使用脚本语言方面,组态软件均使用脚本语言提供二次开发。脚本语言也称命令语言、控制语言。用户可根据自己需要编写程序。组态软件在脚本语言功能及提供的脚本函数数量上不断提高。

(3) 开放式结构:组态软件能与多种通信协议互联,支持多种硬件设备。既能与低层数据采集设备通信,也能与管理层通信。在 SCADA 应用与通用数据库及用户程序间传送实时、历史数据。

(4) 提供多种数据驱动程序:组态软件用于和 I/O 设备通信,互相交换数据。DDE 和 OPC Client 是两个通用的标准 I/O 驱动程序,用来支持 DDE 标准和 OPC 标准的 I/O 设备通信。

(5) 强大的数据库:组态软件均有一个实时数据库作为整个系统数据处理、数据组织和管理的核心。负责整个应用系统的实时数据处理、历史数据存储、报警处理,完成与过程的双向数据通信。

(6) 丰富的功能模块:组态软件以模块形式挂接在基本模块上,互相独立提高了系统可靠性和可扩展性。利用各种功能模块,完成实时监控、报表生成、实时曲线、历史曲线、提供报警等功能。

7.2.2　几种典型的自动化组态软件

1. InTouch

美国 Wonderware 公司的 InTouch 堪称组态软件的"鼻祖",率先推出的 16 位 Windows 环境下的组态软件,在国际上曾得到较高的市场占有率。InTouch 软件的图形功能比较丰富,使用较方便,但控制功能较弱。其 I/O 硬件驱动丰富,但只是使用 DDE 连接方式,实时性较差而且驱动程序需单独购买。它的 5.6 版(16 位)很稳定,在中国市场也普遍受到好评;7.0 版(32 位)在网络和数据管理方面有所加强,并实现了实时关系数据库,但其实只是在 SQL Server 上增加了数据传输插件。在 32 位 Windows 环境下,InTouch 已受到其他产品的猛烈冲击。

2. Fix

美国 Intellution 公司的 Fix 产品系列较全,包括 DOS 版、16 位 Windows 版、32 位 Windows 版、OS/2 版和其他版本,功能较强,但实时性仍欠缺。其 I/O 硬件驱动丰富,只是驱动程序也需单独购买。最新推出的 iFix 是全新模式的组态软件,思想和体系结构都比较新,提供的功能也较为完整。但也许过于"庞大"和"臃肿",对系统资源耗费巨大,用户最为明显的感受就是"缓慢",提供的许多"大而全"的功能对于中国用户也并不适用。

3. WinCC

德国西门子公司的 WinCC 新版软件有了很大进步,但体系结构还是比较老的思想,在网络结构和数据管理方面比 iFix 差,也属于比较先进的产品之一,西门子似乎仅是想把这个产品当作其硬件的陪衬,对第三方硬件的支持也不热衷,若选用西门子硬件,能免费得到 WinCC,所以对于使用其他硬件的用户,不是个好的选择。

4. KingView(组态王)

北京亚控科技发展有限公司的组态王是国内组态软件产品的典型代表,该公司主要产品包括 KingView 7.5、软逻辑控制 KingAct 2.0、组态王电力版 6.0。另外,国内其他组态软件产品如 MCGS、Force Control、SYNALL、ControX2000 等也有许多应用。

7.3 基于监控组态软件设计人机交互界面

目前,越来越多的控制工程师已不再采用从芯片→电路设计→模块制作→系统组装调试→……的传统模式设计计算机控制系统,而是采用组态模式。计算机控制系统的组态功能可分为两个主要方面,即硬件组态和软件组态。

硬件组态常以总线式(ISA 总线或 PCI 总线)工业控制机为主进行选择和配置。总线式工业控制机具有小型化、模块化、标准化、组合化、结构开放的特点,因此在硬件上可以根据不同的控制对象,选择相应的功能模板,组成各种不同的应用系统,使硬件工作量几乎接近于 0,只需按要求对各种功能模板安装与接线即可。

软件组态以监控组态软件为主实现。监控组态软件作为标准化、规模化、商品化的通用过程控制软件,使得控制工程师在不必了解计算机的硬件和程序的情况下,在 CRT屏幕上采用菜单方式,用填表的办法,对输入输出信号用"仪表组态"方法进行软连接。这种通用树形填空语言有简单明了、使用方便等特点,十分适合控制工程师掌握应用,极大地减少了重复性、低层次、低水平应用软件的开发,提高了软件的使用效率、价值和控制的可靠性,缩短了应用软件的开发周期。

控制系统的软件组态是生成整个系统的重要技术,对每一个控制回路分别依照其控制回路图进行。组态工作是在组态软件支持下进行的,组态软件主要包括控制组态、图形生成系统、显示组态、I/O 通道登记、单位名称登记、趋势曲线登记、报警系统登记和报表生成系统 8 个方面的内容。有些系统可根据特殊要求而进行一些特殊的组态工作。控制工程师利用工程师键盘,以人机会话方式完成组态操作,系统组态结果存入磁盘存储器中,以作为运行时使用。

1. 控制组态

在工业控制组态软件中,一般有 PID 等几十种基本算法。控制算法的组态生成在软件上可以分为两种实现方式:一种方式是采用模块宏,即一个控制规律模块(如 PID 运算)对应一个宏命令(子程序),在组态生成时,每用到一个控制模块,则组态生成控制算法,产生的执行文件中就将该宏所对应的算法换入执行文件。另一种常用的方式是将各控制算法编成各个独立的可以反复调用的功能模块,对应每一模块有一个数据结构,该数据结构定义了该控制算法所需要的各个参数。因此,只要这些参数定义了,控制规律就定了。有了这些算法模块,就可以生成绝大多数的控制功能。

2. 图形生成系统

计算机控制系统的人机界面越来越多地采用图形显示技术。图形画面主要是用来监视生产过程的状况,并可通过对画面上对象的操作,实现对生产过程的控制。图形画面一般有两种即静态画面(或背景画面)和动态画面。静态画面一般用来反映监视对象的环境和相互关系,它的显示是不随时间变化的。动态画面一般用以反映被监视对象和被控对象的状态和数值等,它在显示过程中是随现场被监控对象的变化而变化的。在生成图形画面时,不但要有静态画面,而且还要有"活"的部分即动态画面。

3. 显示组态

计算机控制系统的画面显示一般分为 3 级,即总貌画面、组貌画面、回路画面。若想构成这些画面,就要进行显示组态操作。显示组态操作包括选择模拟显示表、定义显示表及显示登记方法等操作。

1) 选择模拟显示表

由于计算机控制系统显示画面常采用各种模拟显示表来显示测量值、设定值和输出值,因此,显示组态一般可用 6 种模拟显示表,即调节控制表、报警显示表、阀位操作表、监视操作表、比率设定表和流量累计表。

2) 定义模拟显示表

选择了回路的模拟显示表后,尚须对显示表的每一个参数进行确定,并在画面上设定相应的值。

3) 显示登记法

显示登记法是进入系统显示登记画面。选择过程控制站站号及工作方式;登记控制组号、组名,该组员的回路号,进行分组登记操作;显示表登记(登记每一个控制回路所用的模拟显示表);将显示登记文件存入后备文件或打印。

4) I/O 通道登记

计算机控制系统能支持多种类型的信号输入和输出。从生产过程看,每一输入输出都有不同的名称和意义,因此需将输入输出定义成特定的含义,这就是 I/O 通道登记。I/O 通道主要是模拟量 I/O 和开关量 I/O 等通道。

5) 单位名称登记

对系统各种画面中需要显示的工程单位名称采用登记的方法,可使用中英文一切符号,登记生成自己特有的单位名称,主要登记编号和单位名。

6) 趋势曲线登记

趋势曲线显示在控制系统中很重要,为了完成这种功能需要对趋势曲线进行登记。系统的硬盘中保存有 3 种趋势曲线数据,即当天的、昨天的和历史的数据。当天的趋势曲线数据,系统以一定的周期将数据保存起来。到第二天就将当天的数据覆盖昨天的数据。历史数据是当你需要某天的数据时,从硬盘拷贝到软盘保存起来。

趋势曲线的规格主要有趋势曲线幅数、趋势曲线每幅条数、每条时间、显示精度。趋势曲线登记表的内容主要有幅号、幅名、编号、颜色、曲线名称、来源、工程量上限和下限。

7) 报警系统登记

报警显示画面分成三级即报警概况画面、报警信息画面、报警画面。报警概况画面是第一级,它显示系统中所有报警点的名称和报警次数;报警信息画面是第二级,它是第一级画面的展开与细化,可调出相应报警信息画面,即可观察到报警时间、消警时间、报警点名称和报警原因等;报警画面是第三级,可调出与报警点相应的各显示画面,包括总貌画面、组画面、回路画面、趋势曲线画面等。

为了完成报警登记,填写登记表。内容包括编号、名称、原因类型、原因参数、画面类型和画面参数。

8) 报表生成系统

报表生成系统用于系统的报表及打印输出。因而报表系统主要功能是定义各种报表的数据来源、运算方式以及报表打印格式和时间特性。

7.4　实时数据库

先进的监控组态软件都有一个实时数据库作为整个系统数据处理、数据组织和管理的核心。也有人称其为数据词典。实时数据库与基于传统数据库技术的数据库(如关系数据库),在原理、实现技术、功能和系统性能方面有很大的不同。集成了实时数据库功能的组态软件的应用范围更为广阔,尤其是在时间关键型应用中。

7.4.1　实时数据库简介

数据库理论与技术的发展极其迅速。以关系型为代表的三大经典(层次、网状、关系)型数据库在传统的应用领域,尤其是商务和管理的事务型应用中获得了极大成功,然而它们在现代的(非传统)工程和时间关键型应用面前却显得软弱无力,面临着新的严峻的挑战,由此而导致了实时数据库的产生和发展。

1. 实时数据库的发展背景

传统的数据库技术已发展成为一种比较成熟的技术,其应用几乎遍及各个领域。同时,数据库的应用也正从传统领域向新的领域扩展,如过程控制、自动化、交通控制、雷达跟踪、武器制导、实时仿真等。这些应用有着与传统应用不同的特征,一方面,要维护大量共享数据和控制数据;另一方面,其应用活动(任务或事务)有很强的时间性,要求在规定的时刻和(或)一定的时间内完成其处理;同时,所处理的数据也往往是"短暂"的,即有一定的时效性。过时则有新的数据产生,而当前的决策或推导变成无效。所以,这种应用对数据库和实时处理两者的功能及特性均有需求,既需要数据库支持大量数据的共享,维护其数据的一致性,又需要实时处理支持其任务(事务)与数据的定时限制。

但是,传统的数据库系统旨在处理永久、稳定的数据,强调维护数据的完整性、一致性,其性能目标是高的系统吞吐量和低的代价,并不考虑有关数据及其处理的定时限制,所以传统的数据库管理系统(DBMS)不能满足这种实时应用的需要。而传统的实时系统(RTS)虽然支持任务的定时限制,但它针对的是结构与关系很简单、稳定不变和可预报的数据,不涉及维护大量共享数据及它们的完整性和一致性,尤其是时间一致性。因此,只有将两者的概念、技术、方法与机制"无缝集成"(seamless integration)的实时数据库才能同时支持定时性和一致性。

正是这类与时间密切相关的实时应用要求的不断提出,传统的数据库技术有些无能为力,因而产生了实时数据库技术。概括地讲,实时数据库就是其数据和事务都有显式定时限制的数据库,系统的正确性不仅依赖于事务的逻辑结果,而且依赖于该逻辑结果所产生的时间。但实时数据库并不是数据库技术和实时系统两者的简单结合,它在概念、理论、技术、方法和机制方面具备自身特点,如数据库的结构与组织;数据处理的优先级控制、调度和并发控制协议与算法;数据和事务特性的语义及其与一致性、正确性的关系;数据查询/事务处理算法与优化;I/O调度、恢复、通信的协议与算法等,这些问题之间彼此高度相关。

2. 实时数据库的特征

实时数据库的一个基本特征就是与时间的相关性。实时数据库在如下两方面与时间相关。

1) 数据与时间相关

按照与之相关的时间的性质不同又可分为两类。

(1) 时间本身就是数据,即从"时间域"中取值,如"数据采集时间"。它属于"用户定义的时间",也就是用户自己知道,而系统并不知道它是时间,系统将毫无区别地把它像其他数据一样处理。

(2) 数据的值随时间而变化。数据库中的数据是对其所面向的"客观世界"中对象状态的描述,对象状态发生变化则引起数据库中相应数据值的变化,因而与数据值变化相连的时间可以是现实对象状态的实际时间,称为"真实"或"事件"时间(现实对象状态变化的事件发生时间);也可以是将现实对象变化的状态记录到数据库,即数据库中相应数据值变化的时间,称为"事务时间"(任何对数据库的操作都必须通过一个事务进行)。实时数据的导出数据也是实时数据,与之相联的时间自然是事务时间。

2) 实时事务有定时限制

典型的定时限制就是其"截止时间"。对于实时数据库,其结果产生的时间与结果本身一样重要,一般只允许事务存取"当前有效"的数据,事务必须维护数据库中数据的"事件一致性"。另外,外部环境(现实世界)的反应时间要求也给事务施以定时限制。所以,实时数据库系统要提供维护有效性和事务及时性的限制。

3. 监控组态软件的实时数据库及其使用技术

对于很多工程技术人员，在最早接触 DCS 时也就开始接触实时数据库了。DCS 将实时数据保存在一个"内存数据库"里，将历史数据保存在磁盘中。实时数据库可以存储每个工艺点的多年数据，用户既可浏览工厂当前的生产情况，又可查询过去的生产情况。监控组态软件使用实时数据库是技术发展的必然。一开始出现的监控组态软件主要解决的是"人机界面"问题，也就是如何实现人机交互。随着实际应用的不断扩展和复杂化，人们更加强调对数据的处理功能、支持分布式网络的功能、并发处理功能等，这为引入实时数据库技术提出了技术要求；另一方面随着 PC 处理能力的不断提高和普及，流行操作系统 Windows 性能的不断改进（包括实时性的提高、支持多任务、多线程等），也为监控组态软件采用实时数据库提供了客观条件。

从数据库技术和原理角度看，组态软件还涉及一些实时数据库特有的技术和原理。

1）实时数据模型

到目前为止，实时数据库还缺少较为成熟的实时数据模型。大多的实时数据库都使用传统的数据模型。它包括数据结构、数据操作和完整性约束 3 部分。

（1）数据结构。数据结构是所研究的对象类型的集合。这些对象是数据库结构的基本组成都分，一般可分为两类，一类是与实体类型有关的对象；一类是与实体间联系有关的对象。因此数据结构就是描述这类对象类型。一个模型的数据结构应该是简单的、基本的、易于被用户理解的，而且还要有足够强的表达能力。

（2）数据操作。数据操作是指对数据库中各种对象类型的实例（值）允许操作的集合，其中包括各种操作的规则。对实时数据库的操作主要包括数据更新和查询两大类。数据模型要定义这些操作的确切含义、操作规则以及实现的方法。

数据结构是对系统静态特性的描述，数据操作是对系统动态特性的描述。

（3）数据的完整性约束。约束的定义进一步给出了关于数据模型动态特性的描述和限定。如果仅仅限定对特定的数据结构执行特定的操作，那么仍有可能破坏数据的正确性。为此，常常把那些具有普遍性的问题归纳起来，形成一组通用的约束规则，只允许在满足规则的条件下对数据库进行更新、保存历史数据，这就排除了破坏数据正确性操作的可能性。

在上述 3 个方面内容中，数据结构是表达实时数据库模型的最重要方面。

2）实时事务的模型与特性

传统的事务模型对于实时数据已不适用，必须使用复杂事务模型，即嵌套、分裂/合并、合作、通信等事务模型。因此，实时事务的结构复杂，事务之间有多种交互行动和同步，存在结构、数据、行为、时间上的相关性以及在执行方面的相互依赖性。

3）实时事务的处理

实时数据库中的事务有多种定时限制，其中最典型的是事务截止期。系统必须能让截止期更早或更紧急的事务较早地执行，换句话说，就是能控制事务的执行顺序。所以，又需要根据截止期和紧迫度来标明事务的优先级，然后按优先级进行事务调度。

另一方面，对于实时数据库事务，传统的可串行化并发控制过严，且也不一定必要，它们"宁愿要部分正确而及时的数据,也不愿要绝对正确但过时的数据",故应允许"放松的可串行化"或"暂缓可串行化"并发控制。

　　4) 数据存储与缓冲区管理

　　传统的磁盘数据库的操作是受 I/O 限制的,其 I/O 的时间延迟及其不确定性对实时事务是难以接受的。因此,实时数据库中数据存储的一个主要问题就是如何消除这种延迟及其不确定性。这需要底层的"内存数据库"支持,因而内存缓冲区的管理就显得更为重要。这里所说的内存缓冲区除"内存数据库"外,还包括事务的执行代码及其工作数据等所需的内存空间。

7.4.2　实时数据库的结构

1. 实时数据库的体系结构

实时数据库的体系结构如图 7-1 所示。

图 7-1　实时数据库的体系结构

　　从系统的体系结构来看,实时数据库与传统数据库的区别并不很大。同样,可以把数据库分成 3 级:内部级、概念级和外部级。这 3 级组成了数据库系统的数据体系结构。外部级最接近用户,这里所说的用户可以是图形界面系统、第三方应用程序等。概念级涉及所有用户的数据定义。内部级最接近于物理设备(如内存或磁盘),涉及实际数据存储方式。

　　数据库的 3 级结构是数据的 3 个抽象级别,它把数据的具体组织留给数据库系统管理,使用户能逻辑抽象地处理数据,而不必关心数据在计算机中的表示和存储。实时数据库系统是一个复杂的系统,它是采用了实时数据库技术的计算机系统。它的含义已经不仅仅是一组对数据进行处理的软件,也不只是一个数据库。一个实时数据库系统是一个实际可运行的,按照数据方式存储、维护和向应用程序提供数据或信息支持的系统。它是存储介质、处理对象和管理系统的集合体,由数据库、硬件和软件 3 部分组成。

2. 实时数据库的数据结构

实时数据库与其他一般数据库一样,包含一组对象及其结构。由于目前对实时数据库还未能提出统一的数据模型,所以不同厂家开发的数据库的数据结构都有很大差别。下面以一个典型的实时数据库为实例,说明实时数据库的数据结构。

在实时数据库中,一个基本的数据对象为"点"(tag)。一个点由若干参数组成,系统以点参数为单位存放各种信息。点参数相当于关系数据库中的字段(field),一个点参数对应一个客观世界中的可被测量或控制的对象。点存放在实时数据库的点名称字典中。实时数据库根据点名称字典决定数据库的结构,分配数据库的存储空间。用户在组态实时数据库时总是以点名称为主索引(主关键字)进行编辑。点对象存在多个属性,以参数的形式出现,所以又称点的属性为点参数。

在点名称字典中。每个点都包含若干参数。一个点可以包含一些系统预定义标准点参数.还可包含若干个用户自定义参数。用户引用点与参数的形式为"点名.参数名"。如 Tag1. DESC 表示点 Tag1 的点描述,Tag1. PV 表示点 Tag1 的过程值。点参数有 3 种数据类型:实型、整型和字符型。系统预定义了一些常用的点参数。这些系统预定义点参数都能完成特定的功能,而且一个参数与另一个参数之间可能存在制约或导出关系。这就是实时数据库的完整性。系统预定义参数是数据库提供的一种重要功能,它为用户提供了一整套预定义的数据处理功能和对数据库的访问方法。同时该数据库也允许用户自定义参数。自定义参数的名称和数据类型由用户指定(名称不能与已有的系统参数相同)。数据库对自定义参数也提供实时数据访问和历史数据保存的功能。因为点的结构是由参数组成的,所以不同参数的组合就形成了不同类型的点。一个点可以包含任意数量用户自定义参数,或者只包含标准点参数但没有用户自定义参数,也可以既包含标准点参数又包含自定义参数。

7.4.3 实时数据库应用的新领域——数据仓库

数据仓库(data warehouse,DW)是计算机应用领域里的一个崭新方向,它是一种信息管理技术,其研究的主要宗旨是通过畅通、合理、全面的信息管理来达到对管理决策的支持。数据仓库是数据库技术一种新的应用,不是对数据库的替代。数据仓库和操作型数据库在企业信息环境中承担不同的任务(高层决策分析和日常操作性处理),并发挥着不同的作用。数据仓库与实时数据库存在着密切的联系,数据仓库需要实时数据库提供大量的历史数据。

按照 DW 的创始人 W. H. Inmon 的观点,数据仓库是面向主题的、集成的、稳定的、不同时间的数据集合,用于支持经营管理中的决策制定过程。

数据仓库的主要功能是提供企业决策支持系统(DSS)或行政信息系统(EIS)所需要的信息,它把企业日常营运中分散不一致的数据经归纳整理之后转换为集中统一的、可随时取用的深层信息。这种信息虽然也是按关系数据库的存储结构存储起来的,但在数据仓库中的一条记录,有可能是基础数据中若干个表、若干条记录的归纳和汇总。实际上数据仓库是一个立体的、多层面的历史数据的有机集合,它必须依赖于丰富的历史数据,为所需要的各类主题(或专题)提供答案、分析及预测结果。

数据仓库具有以下基本特点:

(1) 数据仓库存储的信息是面向主题来组织的。它根据所需要的信息,分不同类、不同角度等主题把数据整理之后存储起来(按横向对数据进行分类存储)。主题是一个在较高的层次将数据归类的标准。每一个主题基本上对应一个宏观的分析领域。

(2) 数据仓库中要有一处专门用来存储 5~10 年或更久的历史数据,以满足比较、预测之用的数据需求(按纵向对数据进行分类存储)。

(3) 不论数据来源于何处,进入数据仓库之后都具有统一的数据结构和编码规则。数据仓库中数据具有一致性的特点。

(4) 数据仓库是一个信息源,它只是为在其上开发的 DSS 或 E15 等提供数据服务。因此它就是只读数据库,一般不轻易做改动,只能定期刷新。数据仓库是随时间变化的。保存数据的时限远远超过操作型数据的时限。

(5) 数据仓库是集成的。原始数据与 DSS 数据差别很大,因而在数据进入数据仓库之前,必须进行加工与集成。

(6) 数据仓库是稳定的。它反映的是历史数据,而不是处理联机数据。

数据仓库中的信息存储,是根据对数据的不同深度处理分成不同层次的。

数据仓库技术的应用要建立在实时数据库的基础之上,并需要大量、长期的历史数据支撑。面对日益增长的数据仓库技术的需求,实时数据库也应该及时、尽快增加一些面向主题的组态工具和创建数据仓库的接口工具,使实时数据库能够完成一些简单的数据仓库功能,同时为复杂的数据仓库应用创造便利的条件。数据仓库技术和实时数据库技术将互相促进地发展,数据仓库将从需求上对实时数据库的发展起到推动作用。

7.5　监控组态软件的 I/O 设备驱动

设备驱动程序(I/O Server)是组态软件与 PLC、智能仪表、ISA/PCI 总线板卡等设备交互通信的桥梁,由于组态软件面向的是开放式测控设备,建立 PC 与设备间的通信链路不存在理论上的障碍。各种测控设备也越来越多地采用标准通信接口,使设备与 PC 间及设备间的互联通信越来越简便。

1. 从 I/O 设备采集所需数据进行链路维护

I/O Server 要将来自设备的数据转换成实时数据库需要的数据类型(实数、整型数、字符或字符串型等),同时要对越界数据作合理解释,以避免操作人员得到错误的数据。例如,有的设备以 0XFFFF(十六进制)表示回路断开,有的设备以——(ASCII)表示数据超过上限等。

为提高数据的采集效率和数据安全,要将所有数据连接项划分成只读、只写、可读写 3 种类型,以防止误写、误读的发生。

一个 I/O Server 可以同时处理多个同类设备,如果其中某个设备出现故障不能响应通信,则 I/O Server 要花费多余的时间等待其响应,从而减慢了整个系统的响应周期。

因此对于故障设备,I/O Server 要减少访问频次,以免影响整个系统的数据刷新周期,当故障设备恢复正常后再将设备的采集周期恢复原值。

2. 执行来自操作员的 I/O 命令管理输出队列

界面系统要对送给 I/O 设备的命令数据进行第一步检查,检查数据类型是否正确,数据是否越界。实时数据库对数据进行第二阶段检查,主要检查越界情况。I/O Server 对来自操作员的 I/O 命令要针对设备的特殊要求逐级进行合法性检查,也是最严格的检查,如首先检查是否只读数据,再检查数值是否越界(如串级回路的回路方式中 0 表示自动,1 表示手动,2 表示串级,其他数据则为非法的越界数据)等。

3. 与实时数据库系统进行无缝连接

I/O Server 与实时数据库间应采用进程间通信、直接内存映射、OLE 方式或其他更为有效的内部通信方式,较采用第三方的 DDE 设备驱动程序或 OPC Server 具有更高的通信效率,同时可以迅速报告设备的故障信息,产生系统报警。

I/O Server 对来自设备的数据可以进行初步预处理,在一段时间内数值没有发生变化的数据可以不向实时数据库传送或减少传送次数,以进一步提高数据通信的效率。

4. 与设备驱动程序能够连接的设备种类

与设备驱动程序能够连接的设备有以下 4 类。

(1) DCS、PLC 等控制设备。

(2) 带数字通信接口(RS232/RS422/RS485、以太网、现场总线等)的智能仪表,如流量计等计量设备、报警器等安全防爆设备、遥测传感设备。

(3) ISA/PCI 总线工业控制机及系列板卡。

(4) 带开放接口的基于 PC 的数据处理系统。

5. 设备驱动程序的技术指标

(1) 采样/刷新周期。采样周期取决于 I/O Server 调度效率,但实时数据库的数据刷新速度则不只是由 I/O Server 决定的,还与设备的响应速度、挂接的设备数量等因素有关。一般的串行设备当波特率为 9600b/s 时,数据通信速度可以保证不低于 900b/s。

(2) 回写数据速度。经常需要由操作员向设备下发控制指令,如修改回路状态、运算系数及对控制过程实施人为干预等。

6. 使用设备驱动程序的注意事项

使用设备驱动程序时应注意以下 4 点。

(1) 及时处理来自 I/O Server 的系统报警。I/O Server 发出的报警都是重要的系统报警,如设备掉电、物理链路损坏、通信适配器故障等,必须及时处理,否则会引起更为严重的后果。

(2) 正确设置 I/O Server 的采样周期。这是因为对于有些设备,如果采样周期太快,会引起设备死机或工作不正常；如果采样周期设置太慢，又会影响数据刷新速度。

（3）I/O Server 必须设置安全密码，以防止非法退出。

（4）界面系统的回写数据频率不要大于采样周期的 3 倍。因为 I/O Server 都是写优先的，当实时数据库有回写数据的任务时，I/O Server 会优先处理，而将采集任务作为次要任务拖后处理。当实时数据库频繁不断地将大量回写数据送给 I/O Server 时，I/O Server 将无暇进行数据采集，只能疲于应付数据回写任务。

7.6　监控组态软件的网络通信功能

组态软件允许建立独立式或分布式应用程序。独立式应用程序的系统一般只用一个操作站，配置简单，没有网络。而分布式应用程序可以复杂得多，常常有好几层网络。一种典型的分布式应用的情况是：一台 PC 作为主服务器；其他几台工作站作为客户机，同时访问主服务器中数据库的数据；此外还可以建立基于 Web Server/Browser 的浏览器风格的分布式应用。

1. 独立式结构

独立式应用程序定义为对每个监控过程只有单个操作界面的应用系统。一种典型的情况是：一台没联网的 PC 充当主要操作界面，这台计算机通过直接连接，如串行电缆与工业处理过程相连。

监控组态软件的独立结构如图 7-2 所示。对于这种结构，PC 上安装的是单独的监控组态软件。由于不存在网络，独立式结构本身就是一个完整的系统，其优点是容易维护，不足是访问能力仅局限于单个节点。

I/O连接

监控组态软件　　　　I/O设备

图 7-2　监控组态软件的独立式结构

独立式应用程序的系统配置较简单，应用程序运行时一般需要配置图形界面系统、实时数据库和 I/O 驱动程序。

2. 客户/服务器结构

客户/服务器结构是一种基于网络的、从独立式结构扩展来的结构。其结构图如图 7-3 所示。在这种系统中，网络上一台节点机作为服务器端，其他多个节点机作为其客户端，客户端通过网络服务程序可访问服务器端的过程数据，客户端本身没有数据库，过程 I/O 数据全都集中连接在服务器端。

图 7-3　监控组态软件的客户/服务器结构

对于客户/服务器结构,与过程 I/O 相连的服务器端只能有一个,客户端可以有一个或多个。无论是服务器端或是客户端的应用程序,都可以有完整的数据处理功能。谁是服务器端谁是客户端对操作人员来说是透明的。

在客户/服务器结构中,服务器端节点机的处理能力往往影响整个系统的性能。服务器端节点机的工作状态也直接关系整个系统的安全性。各个客户端节点机的大部分数据处理均在本地进行,相对负荷较轻,而且某一台客户端节点机出现故障也不会对整个系统产生很大影响。

3. 对等结构

对等结构是一种更为复杂的网络结构,是从客户/服务器结构发展而来的。其结构图如图 7-4 所示。在这种结构中,每个网络节点既是服务器端,为其他节点提供数据,同时又是客户端,从其他节点上获取过程数据。也就是说,在对等结构中,节点之间可以互相访问对方的过程数据。在这种情况下,每个节点都与过程 I/O 相连。

图 7-4　监控组态软件的对等结构

当过程 I/O 点数较多,生产装置的地域位置较分散时,适于采用这种结构。应用程序安装到对等结构中的每个节点机上,各个应用程序都不相同。每个节点机都要启动实

时数据库 DB 和采集程序 I/O Server,以获取此节点相连的过程 I/O 数据。每个节点机
也都可以访问其他节点机数据库中的数据。

4. 混合结构

当应用规模较大时,可以采用混合结构。混合结构可以包括从班组到车间、到全厂
在内的多层网络。数据流也是多样的,有生产过程数据、管理信息数据以及统计决策数
据等。混合结构由客户/服务器结构、对等结构等基本系统结构混合组成。图 7-5 描述了
某种混合结构的情况。

图 7-5 监控组态软件的混合结构

7.7 监控组态软件的控制功能

7.7.1 监控组态软件的控制功能概述

在监控系统中,监控硬件设备是必不可少的,这些设备可以是 PLC、DCS、智能仪表
或基于 PC 的工业计算机(以下简称 PC-based 设备)。在传统的控制系统中这些设备是
参与控制的主角,监控组态软件的控制功能,固然也不会离开这些设备,过程信号的输入
和输出必须经由这些硬件设备与现场设备相连。组态软件的控制功能表现在弥补传统
设备控制能力的不足、扩大 PC-based 设备在控制系统中所占比例等方面。

PLC、DCS、智能仪表的内部都具有现成的控制算法,通过组态就可以实现预定的控

制方案和策略。但它们还有不足之处,首先,这些控制设备内部的控制策略修改起来很不方便,有些控制策略在系统运行期间甚至是不允许修改的。其次,这些控制设备的控制能力十分有限,它们只能完成一些简单的常规控制,例如 DCS 的逻辑操作速度不高,而 PLC 的控制算法种类则偏少。这些缺陷严重制约着设备性能的发挥。

这些控制设备与 PC 间都提供了便利的通信手段,借助 PC 上组态软件提供的策略控制器的丰富算法,就可以弥补这些设备在运算、控制能力上的不足,充分发挥其作用。

另外,PC-based 设备已经实现了标准化、模块化,例如工业 PC 具有完整的 AI、AO、DI、DO、计数器等 I/O 板卡,这些 PC-based 设备在电气性能指标上完全符合工业界的要求,在可靠性、稳定性、甚至冗余设计等方面都能够满足工厂的控制要求,而且因系统在成本、开放性、灵活性、界面等方面的优势而日益受到用户的青睐,将给工业控制系统带来巨变。

PC-based 系统是监控组态软件发挥作用的重要舞台,这是因为:

(1) PC-based 控制系统的出现将改变计算机控制系统的格局。PC 和现场总线技术是目前影响工业控制领域发展的最重要因素,而 PC 和现场总线又是紧密地结合在一起的,PC 和现场总线促进了控制系统走向开放,也使 PC 走进了工业控制领域。开放使应用规模可以自由伸缩,扩展应用变得极为方便,同时降低了安装维护费用,最终使用户受益。PC-based 控制系统既可以单独存在,又可以与其他系统混合使用。

目前 PC-based 控制系统正在向各个领域渗透,由于它具有多种优越性,必将取代传统的控制系统。

(2) 在组态软件上可以直接组态 PC-based 控制系统的控制策略,经编译后下装到每个控制器后即可进入运行。这种 PC-based 控制系统采用工业 PC 的 CPU,与普通商用 PC 的处理能力相当,因此处理能力强、运算速度快,与传统的控制系统相比具有很大的优越性,在控制能力上已超过了传统的 PLC 等控制系统。

(3) PC-based 控制系统可以运行嵌入式操作系统,在这种情况下,若干个这种控制系统可以联成大规模的控制网络,每个独立系统的显示器、键盘等设备都可以卸掉,硬盘改用电子盘。在这种情况下,每个独立系统在形式上无异于一套 PLC 或 DCS,而处理和控制能力又极大地强过它们。PC-based 控制系统在系统联网能力、联网成本方面比传统控制系统具有更为明显的优势。

(4) PC-based 控制系统编程工具采用图形化编程语言,只需用鼠标"点击、拖动"就可以建立一个可重复使用的控制方案,极大地减少工程时间和人力。

7.7.2 监控组态软件控制功能模块

目前成熟的 PC-based 控制功能软件模块还很少,有的组态软件将控制功能模块称为"软 PLC 或 Soft PLC",也有的称"软逻辑",但这些叫法都不能准确地反映监控组态软件基于 PC 的控制功能模块的含义。在此引入"策略(strategy)"的概念来描述组态软件的控制功能。策略相当于计算机语言中的函数,是在编译后可以解释执行的功能体。

控制策略由一些基本功能块组成,一个功能块代表一种操作、算法或变量。功能块是策略的基本执行元素,类似一个集成电路块,有若干输入和输出,每个输入和输出管脚都有唯一的名称。不同种类的功能块其每个管脚的意义、取值范围也不相同。

一般控制策略是在控制策略生成器中编辑生成的,在控制策略存盘时自动对策略进行编译,同时检查语法错误,编译也可以随时手动进行。

一个应用程序中可以有很多控制策略,但是有且只有一个主策略。主策略被首先运行,主策略可以调用或间接调用其他策略。策略嵌套一般不超过 4 级(不包括主策略),即 0~3 级,否则容易造成混乱。在这 4 级中,0 级最高,3 级最低。高级策略可以调用低级策略,而低级策略不可以调用高级策略。如果策略 A 被策略 B 调用,则称 A 是 B 的子策略。0 级策略是主策略的子策略,0 级策略的子策略是 1 级策略,依此类推。

7.7.3　监控组态软件的策略生成器

监控组态软件在控制策略生成器中经过编辑生成控制策略,各种组态软件的策略生成器有着不同的设计,但最基本的思想还是相近的。

1. 编辑控制策略时的基本准则

策略只能调用其子策略,不能跨级调用,如不允许主策略调用 2 级策略。一个功能块的输出可以输出到多个基本功能块的输入上。一个功能块的输入只能来自一个输出。功能块的输出不能来自另一个块的输出。

2. 使用策略编辑器生成控制策略的基本步骤

使用策略编辑器生成控制策略的基本步骤如下。

(1) 根据生产控制要求编写控制逻辑图。

(2) 根据生产过程的控制要求配置 I/O 设备。

(3) 根据逻辑图创建策略及子策略,建立 I/O 通道与基本功能块的连接。

(4) 对创建的控制策略进行编译和排错。

(5) 利用控制策略编辑器的各种调试工具对编辑的策略首先进行分段离线调试,再进行总调试,最后进行在线调试。

(6) 如果控制策略在本地运行,则将经过调试的策略投入运行;如果策略在目标设备上运行,则将策略下装到目标机中投入运行。

3. 策略生成器的基本功能块

基本功能块可以被反复调用,每次调用被赋予一个名字。功能块的执行顺序与它在屏幕上的位置相关,位置靠左上方的功能块优先执行,按照先左后右、先上后下的顺序执行。基本功能块分为 5 类:变量功能块、数学运算功能块、程序控制功能块、逻辑功能块和控制算法功能块。一个基本功能块由下面 5 部分组成:

(1) 功能块名称,描述功能块的计算类别。

(2) 功能块输入,功能块输入是功能块的输入参数,即参加计算的操作数。

(3) 功能块输出,功能块输出是功能块的计算输出。

(4) 功能块参数,功能块参数指定功能块中参与运算的必要参数。在组态期间设置这些参数的值,参数的值也可以与其他功能块的输入输出进行连接,接受来自其他功能块的参数设定或将参数的值送给其他功能块。参数的名称不显示在功能块的输入和输出管脚上。

(5) 功能块使能端,当它的数值为 True 时,才允许功能块对输入变量进行计算,否则功能块不执行计算。计算输出保持上一次的值,可以用另一个功能块的输出连接到功能块的使能端,达到控制是否允许其计算的目的。

7.8 计算机控制系统中的数据交换技术

在多用户、多任务的计算机系统中实现程序间的数据交换比较方便,操作系统对这种操作是支持的,而在个人计算机上实现程序间的数据交换就比较麻烦。在微机版多任务操作系统出现以前,例如在 MS-DOS 下是通过直接读写内存地址或磁盘文件来实现程序间共享数据的;自从 Windows 及微机版 UNIX、Linux 操作系统面世后,出现了程序之间交换数据的技术、协议或标准,实现程序间的数据交换才比较容易。目前,Windows 提供有 DDE、OLE(包括 OPC)、ODBC 等标准,支持程序之间的数据交换。

7.8.1 DDE 技术与应用

1. DDE 的含义

DDE 即动态数据交换。它最早是随着 Windows 3.1 由美国微软公司提出的。目前 Windows 98/Windows NT 仍支持 DDE 技术,但近 10 年间微软公司已经停止发展 DDE 技术,只保持对 DDE 技术给予兼容和支持。

两个同时运行的程序之间通过 DDE 方式交换数据时是 Client/Server 关系。一旦 Client 和 Server 建立起了连接关系,则当 Server 中的数据发生变化后就会马上通知 Client。通过 DDE 方式建立的数据连接通道是双向的,即 Client 不但能够读取 Server 中的数据,而且可以对其进行修改。

Windows 操作系统中有一个专门协调 DDE 通信的程序 DDEML(DDE 管理库),实际上 Client 和 Server 之间的多数会话并不是直达对方的,而是经由 DDEML 中转。程序可以同时是 Client 和 Server。

DDE 的方式有冷连接(cool link)、温连接(warm link)、热连接(hot link)。在冷连接方式下,当 Server 中的数据发生变化后不通知 Client,但 Client 可以随时从 Server 读写数据。在温连接方式下,当 Server 中的数据发生变化后马上通知 Client,Client 得到通知后将数据取回。在热连接方式下,当 Server 中的数据发生变化后马上通知 Client,同时将变化后的数据直接送给 Client。

2. DDE 通信的数据交换过程及原理

DDE Client 程序向 DDE Server 程序请求数据时,它必须首先知道 DDE Server 程序的名称(即 DDE Service 名)、DDE 主题名称(Topic 名),还要知道请求哪一个数据项

(Item 名)。DDE Service 名应该具有唯一性,否则容易产生混乱。通常 DDE Service 名就是 DDE Server 的程序名称,但不绝对,它是由程序设计人员在程序内部设定好的,并不是通过修改程序名称就可以改变的。Topic 名和 Item 名也是由 DDE Service 在其内部设定好的。所有 DDE Server 程序的 Service 名、Topic 名都注册在系统中。当一个 DDE Client 向一个 DDE Server 请求数据时,DDE Client 必须向系统报告 DDE Server 的 Service 名和 Topic 名。只有当 Service 名、Topic 名与 DDE Server 内部设定的名称一致时,系统才将 DDE Client 的请求传达给 DDE Server。当 Service 名和 Topic 名相符时,DDE Server 马上判断 Item 名是否合法。如果请求的 Item 名是 DDE Server 中的合法数据项,DDE Server 即建立此项连接。建立了连接的数据发生数值改变后,DDE Server 会随时通知 DDE Client。一个 DDE Server 可以有多个 Topic 名,Item 名的数量也不受限制。

3. DDE 方式的优缺点

DDE 是最早的 Windows 操作系统面向非编程程序用户的程序间通信标准。很多早期 Windows 程序均支持 DDE,当前的绝大多数软件仍旧支持 DDE。但 DDE 的缺点也很明显,那就是通信效率低下,当通信数据量大时,数据刷新速度慢。在数据量较少时 DDE 比较实用。

7.8.2　OPC 技术与应用

1. OPC 产生的背景

随着计算机技术的发展,计算机在工业控制领域发挥着越来越重要的作用。各种仪表、PLC 等工业监控设备都提供了与计算机通信的协议。但是,不同厂家产品的协议互不相同,即使同一厂家的不同设备与计算机之间通信的协议也不同。在计算机上,不同的语言对驱动程序的接口有不同的要求。这样又产生了新的问题:应用软件需要为不同的设备编写大量的驱动程序,而计算机硬件厂家要为不同的应用软件编写不同的驱动程序。这种程序可复用程度低,不符合软件工程的发展趋势,在这种背景下,产生了 OPC 技术。

OPC 是 OLE for process control 的缩写,即把 OLE 应用于工业控制领域。

OLE 原意是对象连接和嵌入,随着 OLE 2 的发行,其范围已远远超出了这个概念。现在的 OLE 包含了许多新的特征,如统一数据传输、结构化存储和自动化,已经成为独立于计算机语言、操作系统甚至硬件平台的一种规范,是面向对象程序设计概念的进一步推广。OPC 建立于 OLE 规范之上,它为工业控制领域提供了一种标准的数据访问机制。

工业控制领域用到大量的现场设备,在 OPC 出现以前,软件开发商需要开发大量的驱动程序来连接这些设备。即使硬件供应商在硬件上做了一些小小改动,应用程序也可能需要重写。同时,由于不同设备甚至同一设备不同单元的驱动程序也有可能不同,软件开发商很难同时对这些设备进行访问以优化操作。硬件供应商也在尝试解决这个问题,然而由于不同客户有着不同的需要,同时也存在着不同的数据传输协议,因此也一直没有完整的解决方案。自 OPC 提出以后,这个问题终于得到解决。OPC 规范包括 OPC 服务器和 OPC 客户两部分。其实质是在硬件供应商和软件开发商之间建立一套完整的"规则"。只要遵循这套规则,数据交互对两者来说都是透明的,硬件供应商就无须考虑应用程序的多种需求和传输协议,软件开发商也就无须了解硬件的实质和操作过程。

2. OPC 的特点

OPC 是为了解决应用软件与各种设备驱动程序的通信而产生的一项工业技术规范和标准。它采用客户/服务器体系,基于 Microsoft 的 OLE/COM 技术,为硬件厂商和应用软件开发者提供了一套标准的接口。

综合起来说,OPC 有以下 3 个特点。

(1) 计算机硬件厂商只需要编写一套驱动程序就可以满足不同用户的需要。硬件供应商只需提供一套符合 OPC Server 规范的程序组,无须考虑工程人员需求。

(2) 应用程序开发者只需编写一个接口便可以连接不同的设备。软件开发商无须重写大量的设备驱动程序。

(3) 工程人员在设备选型上有了更多的选择。对于最终用户而言,选择面更宽了一些,可以根据实际情况的不同,选择切合实际的设备。OPC 扩展了设备的概念。只要符合 OPC 服务器的规范,OPC 客户都可与之进行数据交互,而无须了解设备究竟是 PLC 还是仪表,甚至只要在数据库系统上建立了 OPC 规范,OPC 客户就可与之方便地实现数据交互。OPC 把硬件厂商和应用软件开发者分离开来,使得双方的工作效率都有了很大的提高,因此 OPC 在短时间内取得了飞速的发展。现在,国内外的工业控制软件都在做这方面的开发工作。

3. OPC 的适用范围

OPC 设计者们的最终目标是在工业领域建立一套数据传输规范,并为之制定了一系列的发展计划,现有的 OPC 规范涉及如下 5 个领域。

(1) 在线数据监测。OPC 实现了应用程序和工业控制设备之间高效、灵活的数据读写。

(2) 报警和事件处理。OPC 提供了 OPC 服务器发生异常时,以及 OPC 服务器设定事件到来时向 OPC 客户发送通知的一种机制。

(3) 历史数据访问。OPC 实现了对历史数据库的读取、操作、编辑。

(4) 远程数据访问。借助 Microsoft 的 DCOM(distributed component object model) 技术,OPC 实现了高性能的远程数据访问能力。

(5) OPC 的功能还包括安全性、批处理、历史报警事件数据访问等。

4. OPC 服务器的组成

OPC 服务器由 3 类对象组成,相当于 3 种层次上的接口:服务器(server)、组 (group)和数据项(item)。

(1) 服务器对象包含服务器的所有信息,同时也是组对象的容器。一个服务器对应于一个 OPC Server,即一种设备的驱动程序。在一个 Server 中,可以有若干个组。

(2) 组对象包含本组的所有信息,同时包含并管理 OPC 数据项。OPC 组对象为客户提供了组织数据的一种方法。组是应用程序组织数据的一个单位。客户可对其进行读写,还可设置客户端的数据更新速率。当服务器缓冲区内数据发生改变时,OPC Server 将向客户发出通知,客户得到通知后再进行必要的处理,而无须浪费大量的时间进行查询。OPC 规范定义了两种组对象:公共组(或称全局组,Public)和局部组(或称局域组、私有组,Local)。公共组由多个客户共有,局部组只隶属于一个 OPC 客户。全局组对所有连接在服务器上的应用程序都有效,而局域组只能对建立它的 Client 有效。一般说来,客户和服务器的一对连接只需要定义一个组对象。在一个组中,可以有若干个数据项。

(3) 数据项是读写数据的最小逻辑单位,一个数据项与一个具体的位号相连。数据项不能独立于组存在,必须隶属于某一个组。组与项的关系如图 7-6 所示。图 7-6 中,组与数据项的关系在每个组对象中,客户可以加入多个 OPC 数据项(item)。OPC 数据项是服务器端定义的对象,通常指向设备的一个寄存器单元。OPC 客户对设备寄存器的操作都是通过其数据项来完成的。通过定义数据项,OPC 规范尽可能地隐藏了设备的特殊信息,也使 OPC 服务器的通用性极大地增强。OPC 数据项并不提供对外接口,客户不能直接对其进行操作,所有操作都是通过组对象进行的。

应用程序作为 OPC 接口中的 Client 方,硬件驱动程序作为 OPC 接口中的 Server 方。每一个 OPC Client 应用程序都可以连接若干个 OPC Server,每一个硬件驱动程序可以为若干个应用程序提供数据,其结构如图 7-7 所示。

图 7-6　组与数据项的关系　　　　图 7-7　OPC 的访问关系

5. 读写 OPC 数据项的一般步骤

(1) 通过服务器对象接口枚举服务器端定义的所有数据项。如果客户对服务器所定义的数据项非常熟悉,此步可以忽略。

(2) 将要读写的数据项加入客户定义的组对象中。

(3) 通过组对象对数据项进行读写等操作。

每个数据项的数据结构包括 3 个成员变量:数据值、数据质量和时间戳。数据值是以 Variant 形式表示的。应当注意,数据项表示同数据源的连接而不等同于数据源。无论客户是否定义数据项,数据源都是客观存在的。可以把数据项看作数据源的地址,即数据源的引用,而不应看作数据源本身。

6. OPC 的报警(alarm)和事件(event)

报警和事件处理机制增强了 OPC 客户处理异常的能力。服务器在工作过程中可能出现异常,此时,OPC 客户可通过报警和事件处理接口得到通知,并能通过该接口获得服务器的当前状态。在很多场合,报警和事件的含义并不加以区分,两者也经常互换使用。从严格意义上讲,两者含义略有差别。依据 OPC 规范,报警是一种异常状态,是 OPC 服务器或服务器的一个对象可能出现的所有状态中的一种特殊情况。例如,服务器上标记为 FC101 的一个单元可能有如下状态:高出警戒、严重高出警戒、正常、低于警戒、严重低于警戒。除了正常状态外,其他状态都视为报警状态。

事件则是一种可以检测到的出现的情况,这种情况或来自 OPC 客户,或来自 OPC 服务器,也可能来自 OPC 服务器所代表的设备,通常都有一定的物理意义。事件可能与服务器或服务器的一个对象的状态有关,也可能毫无关系,如高出警戒和正常状态的转换事件和服务器的某个对象的状态有关,而操作设备、改变系统配置以及出现系统错误等事件和对象状态就无任何关系。

7. OPC 的接口方式

OPC 规范提供了两套接口方案,即 COM 接口和自动化接口。COM 接口效率高,通过该接口,客户能够发挥 OPC 服务器的最佳性能,采用 C++ 语言的客户一般采用 COM 接口方案;自动化接口使解释性语言和宏语言访问 OPC 服务器成为可能,采用 VB 语言的客户一般采用自动化接口。自动化接口使解释性语言和宏语言编写客户应用程序变得简单,然而自动化客户运行时需进行类型检查,这一点则极大地牺牲了程序的运行速度。OPC 服务器必须实现 COM 接口,是否实现自动化接口则取决于供应商的主观意愿。

8. OPC 的数据访问方式

(1) 服务器缓冲区数据和设备数据。OPC 服务器本身就是一个可执行程序,该程序以设定的速率不断地同物理设备进行数据交互。服务器内有一个数据缓冲区,其中存有最新的数据值:数据质量戳和时间戳。时间戳表明服务器最近一次从设备读取数据的时间。服务器对设备寄存器的读取是不断进行的,时间戳也在不断更新。即使数据值和质量戳都没有发生变化,时间戳也会进行更新。客户既可从服务器缓冲区读取数据,又可直接从设备读取数据,从设备直接读取数据速度会慢一些。一般只有在故障诊断或极特殊的情况下才会采用。

(2) 同步和异步。OPC 客户和 OPC 服务器进行数据交互可以有两种不同方式,即同步方式和异步方式。同步方式实现较为简单,当客户数目较少而且同服务器交互的数据量也比较少的时候可以采用这种方式;异步方式实现较为复杂,需要在客户程序中实现服务器回调函数。然而当有大量客户和大量数据交互时,异步方式的效率更高,能够避免客户数据请求的阻塞,并可以最大限度地节省 CPU 和网络资源。

7.9　监控组态软件应用举例

在一个自动监控系统中,监控组态软件是系统的数据采集处理中心、远程监视中心和数据转发中心,组态软件与各种检测、控制设备(如智能仪表、PLC 等)共同构成快速响应/控制中心。控制方案和算法一般在控制设备上编程或组态执行,也可以在计算机(PC)上组态执行,应根据方案和设备的具体要求而定。下面介绍基于组态王的计算机监控系统的设计。

7.9.1　应用组态软件设计监控系统的步骤

(1) 分析应用系统的工艺过程,了解相关控制要求。

(2) 分析控制系统设备组成,明确系统所采用 I/O 设备的生产商、种类、型号,确定设备支持的通信接口类型和采用的通信协议,以便在定义 I/O 设备时做出准确选择。

(3) 根据工艺过程与监控系统设计要求,初步构建监控系统人机界面的结构和画面草图。

(4) 组态建立变量数据词典,正确组态各种变量属性,即在实时数据库中建立变量与设备 I/O 点的一一对应关系。

(5) 根据监控系统人机界面结构和画面草图,利用相应组态工具绘制具体的人机界面画面。

(6) 建立画面的动态连接,动画效果应尽量与实际工艺一致。

(7) 对组态画面内容进行部分的功能测试和系统集成调试。

(8) 系统投入运行。

7.9.2　组态王软件应用工程分析

在组态王应用过程中,应用工程设计的一般过程包括建立新工程、图形界面设计(定义画面)、I/O 设备定义(管理)、数据变量定义(构造数据库)、建立动画连接、运行和调试等。需要说明的是,设计监控系统过程中,上述步骤并不是完全独立的,常常是交错进行的,并以图形界面设计、I/O 设备定义、数据变量定义等为应用的基本环节。

在构造应用程序之前,需要仔细规划设计项目,主要应考虑以下 3 个方面问题。

(1) 图形方面:用怎样的图形画面来模拟实际的工业现场的相应的工控设备?用组态王系统开发的应用程序是以"画面"为程序单位的,每一个"画面"对应于程序实际运行时的一个 Windows 窗口。

(2) 数据方面:怎样用数据描述工控对象的各种属性?也就是创建一个实时数据库,用此数据库中的变量来反映工控对象的各种属性,比如"电源开关"。规划中可能还要为临时变量预留空间。

(3) 动画方面:数据和图形画面中的图素的连接关系是什么?也就是画面上的图素以怎样的动画来模拟现场设备的运行,以及怎样让操作者输入控制设备的指令。

应用组态王进行工程设计的具体操作步骤如下所述。

1. 建立组态王新工程

建立新的组态王工程，应先为工程指定工作目录（或称"工程路径"）。组态王用工作目录标识工程，不同的工程应置于不同的目录。工作目录下的文件由组态王系统软件自动管理。

2. 创建组态画面

进入组态王开发系统后，就可以为每个工程建立数目不限的画面，在每个画面上生成互相关联的静态或动态图形（图素）对象。这些画面都是由组态王提供的类型丰富的图形对象组成的。系统为用户提供了矩形（圆角矩形）、直线、椭圆（圆）、扇形（圆弧）、点位图、多边形（多边线）、文本等基本图形对象；以及按钮、趋势曲线窗口、报警窗口、报表等复杂的图形对象。提供了对图形对象在窗口内任意移动、缩放、改变形状、复制、删除、对齐等编辑操作，全面支持键盘、鼠标绘图，并可提供对图形对象的颜色、线型、填充属性进行改变的操作工具。

组态王采用面向对象的编程技术，使用户可以方便地建立画面的图形界面。用户组态界面图形时可以像搭积木那样利用系统提供的图形对象完成画面的生成。同时支持画面之间的图形对象复制，可重复使用以前的开发结果。

3. I/O 设备设置

组态王把那些需要与之交换数据的设备或程序都作为外部设备。外部设备一般包括可编程序控制器、智能仪表、智能模块、变频器、计算机数据采集板卡等，它们通常采用串行口或并行总线的方式与组态王交换数据；外部设备还包括通过 DDE 设备交换数据的其他 Windows 应用程序以及网络上的其他计算机。只有在定义了外部设备之后，组态王才能通过 I/O 变量和它们交换数据。为方便组态配置外部设备，组态王提供了"设备配置向导"，通过"设备配置向导"，用户可以便捷地完成设备的连接。

4. 数据变量定义（组态变量数据库）

数据变量是现场设备运行状态与计算机监控界面之间的媒介。而数据库是承载变量的场所，是组态王的最核心部分，是应用系统的数据处理中心，系统各个部分均以实时数据库为公用区交换数据，实现各个部分协调动作。工业现场的生产状况要以动画的形式反映在屏幕上，操作者在计算机前发布的指令也要迅速送达生产现场，所有这一切都是以实时数据库为中介环节，所以说数据库是联系上位机和下位机的桥梁。在 Touch View 运行时，它含有全部数据变量的当前值。变量在组态王画面开发系统中定义，定义时要指定变量名和变量类型，某些类型的变量还需要一些附加信息。数据库中变量的集合形象地称为"数据词典"，数据词典记录了所有用户可使用的数据变量的详细信息。变量包括内存变量和 I/O 变量。内存变量是指只在"组态王"内部需要的变量，比如计算过程的中间变量,内存变量不需要和其他应用程序交换数据,也不需要从下位机得到数据。"I/O 变量"指的是需要"组态王"和下位机设备或其他应用程序(包括 I/O 服务程序)交换数据的变量。这种数据交换是双向的、动态的,就是说,在"组态王"系统运行过程中,每当 I/O 变量的值改变时,该值就会自动写入远程应用程序;每当远程应用程序中的值改变时,"组态王"系统中的变量值也会自动更新。

5．建立动画连接

定义动画连接是指在画面的图形对象与数据库的数据变量之间建立一种关系,当变量的值改变时,在画面上以图形对象的动画效果表示出来;或者由软件使用者通过图形对象改变数据变量的值。

组态王提供了多种动画连接方式,如属性变化(线属性变化、填充属性变化、文本色变化)、位置与大小变化(填充、缩放、旋转、水平移动、垂直移动)、值输出(模拟值输出、离散值输出、字符串输出)、值输入(模拟值输入、离散值输入、字符串输入)、特殊(闪烁、隐含)、滑动杆输入(水平、垂直)、命令语言(按下时、弹起时、按住时)等。一个图形对象可以同时定义多个动画连接,组合成复杂的动态效果,以满足实际系统中任意的动画显示需要。下面以"矩形填充效果"和"文本显示"的动画设置为例,说明动画连接的基本过程。

6．运行和调试

在组态王开发系统中,选择菜单栏中"文件/切换到 View"命令,进入组态王运行系统。

7.9.3　基于组态王软件的串联双容水箱液位监控系统设计

通过本设计示例,可以学习组态王如何与日本理化 RKC 智能仪表通信,如何进行工艺过程监控界面的设计等问题,完成串联双容水箱液位监控系统的设计,进一步掌握组态王与其他厂家智能仪表构造上、下位机的能力;并能拓展掌握其他通用组态软件产品与智能仪表通信设置的一般方法。

1．工艺与控制要求分析

过程控制系统实验装置是进行温度、液位、压力、流量等四大热工参数检测与控制的实验与研究对象设备,实验系统完全可模拟工业生产过程中过程装置的液位、流量等工艺参数的自动控制。其上、下水箱串联液位控制流程图如图 7-8 所示。储水箱里的水用泵输送,经过电动调节阀 VT 注入上水箱,再通过手动阀送入下水箱,最后流回到储水箱,如此循环。液位变送器(由压力传感器与变送器构成)LT1、LT2 分别检测下、上水箱的液位,电动调节阀用于调节进水量,在整个工作过程中,要求下水箱的液位保持在一定高度,并对上水箱的液位进行监视。

(a) 控制流程图

(b) 系统方框图

图 7-8 串联双容水箱液位单回路控制系统

2. 系统组成

　　根据工艺与设备控制要求,系统控制方案采用上、下位机控制方式。上位机采用工业控制计算机,以组态王为平台进行设计开发监控界面,完成上、下水箱液位信号的监视、调节器参数的设置与数据曲线、报表及报警等整个系统的监控和管理工作;下位机采用日本理化 REX-D900 型智能调节器对下水箱液位过程变量进行控制与显示,使下水箱的液位保持在一定的高度。系统总体结构如图 7-9 所示。

　　其中,LT1 的信号送给智能调节器;智能调节器 LC1 接收液位反馈信号,与给定液位值进行比较、运算处理,将结果输出给电动调节阀,其输出控制电动调节阀的开度,控制进水流量,从而控制水

图 7-9 双容水箱液位控制系统结构

箱的液位,实现对液位变量的自动控制与显示,并将有关数据信息送给上位机进行监控;智能调节器带有 RS-485 通信接口,经过通信转换器转换为 RS-232 接口,与上位机连接;工业控制计算机完成数据采集与系统工艺过程的组态监控、报警及管理。

经综合分析,系统需要采集与控制的变量参数为:液位检测变量 2 个、智能调节器输出变量 1 个。具体数据变量分配如表 7-1 所示。

表 7-1　数据采集变量表

序号	名称(符号)	说　明	信号类型	量程上限	量程下限	报警上限	报警下限	I/O 类型
1	过程变量 PV1	下水箱液位检测值	4~20mA (0~10kPa)	100	0	38	2	输入
2	过程变量 PV2	上水箱液位检测值	4~20mA (0~10kPa)	100	0	38	2	输入
3	控制变量 MV	智能调节器输出	4~20mA	100	0			输出

为了保证智能调节器能正常工作,完成液位过程变量的采集与控制任务,必须对调节器的内部参数按控制要求进行正确配置,其相关参数设置如表 7-2 所示。

表 7-2　REX-D900 智能调节器参数表

参数名	参数值	说　明	备　注
Inp	36	输入类型设置(1~5V)	智能调节器 1、2 的设置相同
SCH	100	测量值量程上限设置	
SCL	0	测量值量程下限设置	
PGDP	1	小数点位置(一位小数)	
Add	1	设备地址设置	智能调节器 2 的地址为 2
UnIo	2	输出类型设置(4~20mA)	智能调节器 2 无须设置
其余各项参数采用出厂默认值			

3. 设备定义与数据变量定义

在组态王 I/O 设备管理的相应对话框中,可分别完成 REX-D900 的设备定义和数据变量定义等工作。设备定义过程具体步骤包括新建智能仪表选择对话框、选择智能仪表生产商对话框、选择日本理化公司智能仪表具体型号对话框、设备名称定义对话框、选择与设备连接的串行口对话框、设备地址定义对话框等环节。定义完毕后,在设备浏览器中生成所定义的设备。

4. 数据变量定义

在组态王中新建相关变量,在本例中,采用表 7-2 中的"符号"作为组态王的变量名称,这里的符号就是智能调节器内部的寄存器名称;连接设备选择日本理化 REX-D900,变量的连接通道要与智能调节器内部的寄存器对应一致,这样系统运行时,组态王数据库中相应变量状态变化直接反映工艺过程中各个实际物理量的变化,根据这些变量的状态,可以构造相应的动态效果或实时曲线等,实现工艺过程相关模拟量的可视化的监测。

5. 人机界面设计

根据工艺分析,可以通过绘制工艺流程、数据显示和曲线的方式来直观、动态地显示了控制系统各参数的变化及报警信息,进行数据的接收、处理和发送,实现人机对话,完成对水箱液位的控制,主要的功能包括:工艺流程画面,动态的显示工艺过程;实时曲线,以曲线的形式动态显示被测量的变化;历史曲线,可以进行历史数据的查询;报表,以报表形式实时显示各种参数值;棒图控件,以棒状图形式动画显示被测量的变化;参数设置,可以进行液位、PID 等参数的设置。

图 7-10 和图 7-11 分别为系统的工艺流程画面和参数设定画面。

图 7-10   工艺流程

6. 动画连接与测试

通过变量连接,将静态画面中的相关图素与智能调节器中的相关变量连接起来,实现上、下位机的通信,即实现工艺过程的动态显示。

图 7-11　参数设定画面

习　　题

1. HMI/SCADA 的含义是什么？监控软件设计有哪两种方法？
2. 简述监控组态软件的体系结构及功能。
3. 简述实时数据库的体系结构。
4. 监控组态软件的 I/O 设备驱动有哪几部分内容？
5. 监控组态软件的网络结构体系划分为几种？各自的特点如何？
6. 编辑控制策略的基本准则是什么？
7. 简单解释 OPC、DDE、OLE、ODBC 的含义。

分布式测控网络技术

数据通信是工业测控网络和分散型测控系统的关键技术。在一个规模较大的工业测控系统中,常常会有几十个、几百个甚至更多的测量和控制对象,即使速度很高的系统也难以满足要求,因此必须将任务分给多个计算机系统并行工作,不同地理位置和不同功能的计算机之间需要交换信息,如果把它们按照统一的协议连接起来就构成了计算机分布式测控网络系统。

本章主要介绍工业网络和通信技术、基于串行总线的测控网络技术、分布式控制系统、现场总线技术、综合自动化技术和分布式测控网络设计举例。

8.1　工业网络技术

近年来,工业网络技术获得了迅速发展,它不同于以传递信息为目的的邮电通信网络,也不同于以共享资源和处理信息为主要目的的局域网络,它传输信息的最终目的是导致物质或能量的运动。它不仅要在工业环境中可靠运行,而且要控制现场的各类生产过程,使工业自动化系统发挥最佳性能。工业网络的能力有限,拓扑结构封闭,而且其承载的协议和数据是专用的。不过,这些解决方案正在被应用更广泛的标准(例如以太网)所取代,这些标准运行 TCP/IP 甚至 Web 协议,而不是专用的接口。工业网络开始走向标准化。

8.1.1　工业网络概述

1. 网络拓扑结构

网络中互连的点称为节点或站,节点间的物理连接结构称为拓扑,采用拓扑学研究节点和节点间连线(称链路)的几何排列。局部网络通常有 4 种拓扑结构:星状、环状、总线和树状。

1) 星状结构

图 8-1(a)是星状结构。星状的中心节点是主节点,它接收各分散节点的信息再转发给相应节点,具有中继交换和数据处理功能。当某一节点想传输数据时,它首先向中心节点发送一个请求,以便同另一个目标节点建立连接。一旦两节点建立了连接,则在这

两点间就像是有一条专用线路连接起来一样,进行数据通信。可见,中心节点的转接技术是星状结构传输信息的核心,其故障会危及全网,故要求工作必须绝对可靠。中心节点负担重,成本高,可靠性差是星状结构的最大弱点。

(a) 星状　　　(b) 环状　　　(c) 总线状　　　(d) 树状

图 8-1　局域网的拓扑结构

归纳星状结构网络的特点如下:

(1) 网络结构简单,便于控制和管理,建网容易。

(2) 网络延迟时间短,传输错误率较低。

(3) 网络可靠性较低,一旦中心节点出现故障将导致全网瘫痪。

(4) 网络资源大部分在外围点上,相互之间必须经过中心节点中转才能传送信息,资源共享能力较差。

(5) 通信电路都是专用线路,利用率不高,故网络成本较高。

2) 环状结构

环状网络结构如图 8-1(b) 所示。其各节点通过环接口连于一条首尾相连的闭合环状通信线路中,环网中的数据按事先规定好的方向从一个节点单向传送到另一个节点。任何一个节点发送的信息都必须经过环路中的全部环接口。只有当传送信息的目标地址与环上某节点的地址相等时,信息才被该节点的环接口接收;否则,信息传至下一节点的环接口,直到发送到该信息发送的节点环接口为止。由于信息从源节点到目标节点都要经过环路中的每个节点,故任何节点的故障均会导致环路不能正常工作,可靠性差。

环状结构网络具有以下特点:

(1) 信息流在网络中是沿固定的方向流动,故两节点之间仅有唯一的通路,简化了路径选择控制。

(2) 环路中每个节点的收发信息均由环接口自举控制,因此控制软件较简单。

(3) 环状结构其节点数的增加将影响信息的传输效率,故扩展受到一定的限制。

环状网络结构较适合于信息处理和自动化系统中使用,是微机局部网络中常用的结构之一。特别是 IBM 公司推出令牌环网之后,环状网络结构就被越来越多的人所采用。

3) 总线状结构

总线结构中(见图 8-1(c)),各节点经其接口,通过一条或几条通信线路与公共总线连接。其任何节点的信息都可以沿总线传输,并且能被总线中的任何一节点所接收。由于它的传输方向是从发送节点向两端扩散,类同于广播电台发射的电磁波向四周扩散,因此,总线结构网络又称为广播式网络。

总线网络的接口内具有发送器和接收器。接收器接收总线上的串行信息,并将其转换为并行信息送到节点;发送器则将并行信息转换成串行信息广播发送到总线上。当在总线上发送的信息目标地址与某一节点的接口地址相符时,传送的信息就被该节点接收。由于一条公共总线具有一定的负载能力,因此总线长度有限,其所能连接的节点数也有限。总线网络具有如下特点:

(1) 结构简单灵活,扩展方便。

(2) 可靠性高,网络响应速度快。

(3) 共享资源能力强,便于广播式工作。

(4) 设备少,价格低,安装和使用方便。

(5) 由于所有节点共用一条总线,因此总线上传送的信息容易发生冲突和碰撞,故不易用在实时性要求高的场合。解决总线信息冲突(通常称之为瓶颈)是总线状结构的重要问题。

4) 树状结构

树状结构是分层结构,适用于分级管理和控制系统。与星状结构相比,由于通信线路总长度较短,故它联网成本低,易于维护和扩展,但结构较星状结构复杂。网络中除叶节点(见图 8-1(d))中标有数字 1、2、3、4 的各点及其连线外,任一节点或连线的故障均影响其所在支路网络的正常工作。

上述 4 种网络结构中,总线状结构是目前使用最广泛的结构,也是最传统的主流网络结构。该种结构最适于信息管理系统、办公室自动化系统、教学系统等领域的应用。

实际组建网时,其网络的拓扑结构不一定仅限于其中的某一种,通常是几种拓扑结构的综合。

2. 介质访问控制技术

在微机局部网络中,由于各节点通过公共传输通路(也称之为信道)传输信息,因此任何一个物理信道在某一时间段内只能为一个节点服务,即被某节点占用来传输信息,这就产生了如何合理使用信道,合理分配信道的问题,也就是各节点既充分利用信道的空间时间传送信息,也不至于发生各信息间的互相冲突。传输访问控制方式的功能就是合理解决信道的分配。目前微机局部网络常用的传输访问控制方式有 3 种,即冲突检测的载波侦听多路访问(CSMA/CD);令牌环(token ring);令牌总线(token bus)。3 种方式都得到 IEEE 802 委员会的认可,成为国际标准,下面分别说明。

1) 冲突检测的载波侦听多路访问

CSMA/CD 是由 Xerox 公司提出,又称随机访问技术或争用技术,主要用于总线状和树状网络结构。该控制方式的工作原理是:当某一节点要发送信息时,首先要侦听网络中有无其他节点正发送信息,若没有则立即发送;否则,即网络中已有某节点发送信息(信道被占用),该节点就需等待一段时间,再侦听,直至信道空闲,开始发送。载波侦听多路访问是指多个节点共同使用同一条线路,任何节点发送信息前都必须先检查网络的线路是否有信息传输。

CSMA 技术中,需解决信道被占用时等待时间的确定和信息冲突两个问题。

确定等待时间的方法是:

(1) 当某节点检测到信道被占用后,继续检测下去,待发现信道空闲时,立即发送。

（2）当某点检测到信道被占用后就延迟一个随机的时间，然后再检测。重复这一过程，直到信道空闲，开始发送。

解决冲突的问题可有多种办法，这里只说明冲突检测的解决办法。当某节点开始占用网络信道发送信息时，该点再继续对网络检测一段时间，也就是说该点一边发送一边接收，且把收到的信息和自己发送的信息进行比较，若比较结果相同，说明发送正常进行，可以继续发送；若比较结果不同，说明网络上还有其他节点发送信息，引起数据混乱，发生冲突，此时应立即停止发送，等待一个随机时间后，再重复以上过程。

CSMA/CD 方式原理较简单，且技术上较易实现。网络中各节点处于同等地位，无须集中控制，但不能提供优先级控制，所有节点都有平等竞争的能力，在网络负载不重情况下，有较高的效率，但当网络负载增大时，发送信息的等待时间加长，效率显著降低。

2）令牌环

令牌环（token ring）全称是令牌通行环（token passing ring），仅适用于环状网络结构。在这种方式中，令牌是控制标志，网中只设一张令牌，只有获得令牌的节点才能发送信息，发送完后，令牌又传给相邻的另一节点。令牌传递的方法是：令牌依次沿每个节点传送，使每个节点都有平等发送信息的机会。令牌有"空"和"忙"两个状态。"空"表示令牌没有被占用，即令牌正在携带信息发送。当"空"的令牌传送至正待发送信息的节点时，该节点立即发送信息并置令牌为"忙"状态。在一个节点占令牌期间；其他节点只能处于接收状态。当所发信息绕环一周，并由发送节点清除，"忙"令牌又被置为"空"状态，绕环传送令牌。当下一节点要发送信息时，则下一节点便得到这一令牌，并可发送信息。

令牌环的优点是能提供可调整的访问控制方式，能提供优先权服务，有较强的实时性。缺点是需要对令牌进行维护，且空闲令牌的丢失将会降低环路的利用率；控制电路复杂。

3）令牌总线

令牌总线（token bus）方式主要用于总线形式或树状网络结构中。受令牌环的影响，它把总线或树状传输介质上的各个节点形成一个逻辑环，即人为地给各节点规定一个顺序（例如，可按各节点号的大小排列）。逻辑环中的控制方式类同于令牌环。不同的是令牌总线中，信息可以双向传送、任何节点都能"听到"其他节点发出的信息。为此，节点发送的信息中要有指出下一个要控制的节点的地址。由于只有获得令牌的节点才可发送信息（此时其他节点只收不发），因此该方式不用检测冲突就可以避免冲突。

令牌总线具有如下优点：

（1）吞吐能力大，吞吐量随数据传输速率的提高而增加。

（2）控制功能不随电缆线长度的增加而减弱。

（3）无须冲突检测，故信号电压可以有较大的动态范围。

（4）具有一定的实时性。

可见，采用令牌总线方式网络的联网距离较 CSMA/CD 及 Token Ring 方式的网络远。

令牌总线的主要缺点是节点获得令牌的时间开销较大，一般一个节点都需要等待多次无效的令牌传送后才能获得令牌。表 8-1 对 3 种访问控制方式进行了比较。

表 8-1　3 种访问控制方式比较

性能 \ 控制方式	CSMA/CD	Token Bus	Token Ring
低负载	好	差	中
高负载	差	好	好
短包	差	中	中
长包	中	差	好

3. 信息交换技术

为了提高计算机通信网的通信设备和线路的利用率，有必要研究通信网络上信息交换技术。如图 8-2 所示的复杂网，两站之间交换信息存在路径选择问题，即如何控制信息传输，才能提高通信效率。

通常使用 3 种信息交换技术：线路交换、报文交换和分组交换。

1）线路交换

所谓线路交换（circuit switching），是指通过网络中的节点在两个站之间建立一条专用的物理线路进行数据传送，传送结束再"拆除"线路。例如图 8-2 中 S_1 要把报文 M_1 传送给站 S_3，可以有多条路径，比如路径 $N_1 \rightarrow N_2 \rightarrow N_3$ 或 $N_1 \rightarrow N_7 \rightarrow N_3$ 等。首先站 S_1 向节点 N_1 申请与站 S_3 通信，

图 8-2　复杂网络的信息交换

按照路径算法（如路径短，等待时间短等），节点 N_1 选择 N_7 为下一个节点，节点 N_7 再选 N_3 为下一个节点，这样站 S_1 经节点 $N_1 \rightarrow N_7 \rightarrow N_3$ 与站 S_3 建立了一条专用的物理线路。然后站 S_1 向 S_3 传送报文，报文传送周期结束，立即"拆除"专用线路 $N_1 \rightarrow N_7 \rightarrow N_3$，并释放占用资源。线路交换方式的通信分 3 步：建立线路，传送数据，拆除线路。由于建立了一条专用线路，所以报文传送的实时性好，各节点延时小。但是，一旦两站连接起来，即使没有数据传送，别的站也不能用线路上的节点，因而线路的利用率低。为了提高利用率，可采用报文交换。

2）报文交换

报文交换（message switching）不需要在两个站之间建立一条专用线路。如果某站想发送一个报文，它把目标站名附加在报文上，然后把报文交给某一节点传送。传送过程中，该节点接收整个报文，并暂存这个报文，然后发送到下一个节点，直到目标站。

仍然以图 8-2 中站 S_1 要发报文 M_1 给站 S_3 为例。首先站 S_1 把目标 S_3 的名字附加在报文上，再把报文交给节点 N_1。节点 N_1 存储这个报文，并且决定下一个节点为 N_7，但是要在节点 $N_1 \rightarrow N_7$ 的线路上传输这个报文，还要进行排队等待。当这段线路可用时，就把报文发送到节点 N_7。节点 N_7 继续仿照上述过程，把报文发送到节点 N_3，最后到达站 S_3。

报文交换的优点是线路的利用率高,这是因为许多报文可以分时共享一条节点到节点的线路。并且能把一个报文发送到多个目标站,只需把这些目标站名附加在报文上。由于报文要在节点排队等待,延长了报文到达目标站的时间。

3) 分组交换

分组交换(packet switching)综合了线路交换和报文交换的优点。

首先将前面所说的报文分成若干个报文段,并在每个报文段上附加传送时必须的控制信息,如图 8-3 所示。这些报文段经不同的路径分别传送到目标站后,再拼装成一个完整的报文。对于这些报文段,称为报文分组,它是分组交换中的基本单位。

P$_1$~P$_n$: 报文分组号，P$_\Sigma$报文分组总组数

图 8-3　报文分组示例

分组交换与报文交换的形式差别在于不是以报文为单位,而是以报文分组为单位进行传送。问题是网络如何管理这些报文分组流,一般有两种方法,即数据报方法和虚电路方法。

(1) 数据报(datagram)方法

类似于报文交换中传送报文那样,独立地传送报文分组,仍然要选路径,报文分组在节点排队等待。而且同一报文的不同报文分组,可经不同路径传送到目标站。仍然以图 8-2 中站 S$_1$ 要发报文 M$_1$ 给 站 S$_3$ 为例,假设 M$_1$ 分成两个报文分组 P$_1$ 和 P$_2$(见图 8-3),并已存入节点 N$_1$。经过路径选择,N$_1$ 把 P$_1$ 传给 N$_2$,而把 P$_2$ 传给 N$_7$,P$_1$ 和 P$_2$ 分别在 N$_2$ 和 N$_7$ 排队等待。

当 N$_7$ 发现 N$_3$ 可用时,立即将 P$_2$ 传给 N$_3$,N$_3$ 再传给 S$_3$,也就是 P$_2$ 抢在 P$_1$ 之前到达 S$_3$。过一段时间,N$_2$ 发现 N$_3$ 可用时,再把 P$_1$ 传给 N$_3$,N$_3$ 再传给 S$_3$。最后在目标站 S$_3$ 重新把 P$_1$ 和 P$_2$ 拼装成报文 M$_1$。至此,报文 M$_1$ 的传输过程结束。

(2) 虚电路(virtual circuit)方法

在发送报文分组之前,需要在源站和目标站之间建立一条逻辑线路,它不同于线路交换中的专用物理线路,报文分组仍然要在节点排队等待,它具有"虚"的性质,所以称为

虚电路。仍然以图 8-2 中站 S_1 要发报文 M_1 给站 S_3 为例。首先 S_1 向 N_1 申请与 S_3 通信,按照路径算法,N_1 找到下一个节点 N_7,N_7 再找到下一个节点 N_3,N_3 再通知 S_3。如果 S_3 准备接收,就发一个应答信息经 $N_3 \rightarrow N_7 \rightarrow N_1$ 给 S_1,这样就在 S_1 与 S_3 之间建立了一条逻辑线路 $N_1 \rightarrow N_7 \rightarrow N_3$。为了提供虚电路服务,每个节点都有一张虚电路转换表,以便记录下一个节点。假设报文 M_1 分成两个报文分组 P_1 和 P_2,并附加虚电路标识符。S_1 将 P_1 和 P_2 交给 N_1 后,经 $N_1 \rightarrow N_7 \rightarrow N_3$ 传送给 S_3。传送完毕,拆除逻辑线路 $N_1 \rightarrow N_7 \rightarrow N_3$。在传送过程中经过各节点时,$P_1$ 和 P_2 仍然要在节点 N_1、N_7、N_3 排队等待,不能像线路交换中专用物理线路那样,畅行无阻地直接传送。它与数据报文方法的区别在于,各节点不需要为每个报文分组选择下一个节点,只要在传送之前做一次路径选择。

虚电路方法适用于两个站希望在一段连续的时间内交换数据,而数据报方法适用于发送一个或几个报文分组(如状态信息、控制信息)等。一般地说,分组交换网最好是这两种方法都有,这样可进一步提高通信效率。

4. 差错控制技术

在通信线路上传输信息时,往往由于各种干扰,使接收端收到信息出现错误。提高传输质量的方法有两种:第一种方法是改善信道的电性能,使误码率降低;第二种方法是接收端检验出错误后,自动纠正错误,或让发送端重新发送,直至接收到正确的信息为止。通常把第一种方法称为差错控制技术。

差错控制技术包括检验错误和纠正错误,下面两种检验方法(奇偶校验和循环冗余校验)和 3 种纠错方式(重发纠错、自动纠错和混合纠错)。

1) 奇偶校验

奇偶校验(parity check)是一个字符校验一次,在每个字符的最高位之后附加一个奇偶校验位。通常用一个字节($b_0 \sim b_7$)表示,其中,$b_0 \sim b_6$ 为字符码位,而最高位 b_7 为校验位。这个校验位可为 1 或 0,以便保证整个字节($b_0 \sim b_7$)为 1 的位数是奇数(称奇校验)或偶数(称偶校验)。

发送端按照奇或偶校验的原则编码后,以字节为单位发送,接收端则也按照同样的原则检查收到的每个字节中 1 的位数。如果为奇校验,发送端发出的每个字节中 1 的位数也为奇数。若接收端收到的字节中 1 的位数也为奇数,则传输正确;否则传输错。偶校验方法类似,不再赘述。

奇偶校验通常用于每帧只传送一个字节数据的异步通信方式(见图 8-4),而同步通信方式每帧传送由多个字节组成的数据块(见图 8-5),一般采用循环冗余校验。

图 8-4　异步通信信息帧

图 8-5　同步通信信息帧

2）循环冗余校验

循环冗余校验（cyclic redundancy check，CRC）的原理是，发送端发出的信息由基本的信息位和 CRC 校验位两部分组成的，如图 8-6 所示。

图 8-6　CRC 示意图

发送端首先发送基本的信息位，与此同时，CRC 校验位生成器用基本的信息位除以多项式 $G(x)$。一旦基本的信息位发送完，CRC 校验位也就生成，并紧接其后面再发送 CRC 校验位。

接收端在接收基本信息位的同时，CRC 校验器用接收的基本信息位除以同一个生成多项式 $G(x)$。当基本信息位接收完之后，接着接收 CRC 校验位也继续进行这一计算。当两个字节的 CRC 校验位接收完，如果这种除法的余数为 0 即能被生成多项式 $G(x)$ 除尽，则认为传输正确；否则，传输错误。循环冗余校验（CRC）的原理及其实现比较复杂，很多资料都有论述，这里不再介绍。

现已生产出循环冗余校验（CRC）的集成电路芯片，下面给出常用的两种生成多项式。

- SDLC 生成多项式：$G(x) = x^{16} + x^{12} + x^5 + 1$。
- CRC-16 生成多项式：$G(x) = x^{16} + x^{15} + x^2 + 1$。

3）纠错方式

常用的纠错方式有 3 种，即重发纠错、自动纠错和混合纠错。

（1）重发纠错方式：发送端发送能够检错的信息码（如奇偶校验码），接收端根据该码的编码规则，判断传输中有无错误，并把判断结果反馈给发送端。如果传输错，则再次发送，直到接收端认为正确为止。

（2）自动纠错方式：发送端发送能够纠错的信息码，而不仅仅是检错的信息码。接收端收到该码后，通过译码不仅能自动地发现错误，而且能自动地纠正传输中的错误。但是，纠错位数有限，如果为了纠正比较多的错误，则要求附加的冗余码将比基本信息码多，因而传输效率低，译码设备也比较复杂。

（3）混合纠错方式：这是上述两种方式的综合，发送端发送的信息码不仅能发现错误，而且还具有一定的纠错能力。接收端收到该码后，如果错误位数在纠错能力以内，则自动地进行纠错；如果错误多，超过了纠错能力，则接收端要求发送端重发，直到正确为止。

8.1.2   数据通信编码技术

不同系统或不同计算机之间的通信主要采用并行通信或串行通信两种方式。并行数据通信是指数据的各位同时传送，可以用字并行传送，也可以用字节并行传送，显然，并行传送的速度高，但传送的距离很短，通常小于 10m；串行数据通信是数据一位一位地顺序传送，因此不同系统或计算机之间只用很少的几条信号即可完成数据交换。显然，串行传送的速度低，但传送的距离很长，通常可达几十至几千米，甚至更远。

发展串行通信的目的是在长距离间有效地传送数据，并尽可能减少通信线的条数。串行通信可分为异步和同步传送两种。

在数据传输中，数字信号是以串行方式传送的，即一条传输线上所传输的数字状态 1或 0 是以单位时间内高电平和低电平表示的，一段时间内传输线上高低电平变换，在逻辑上即能表示所传输的一串数据，而在物理上则是一串不同宽度的脉冲，其传输速率是每秒内表示数字状态所用单位时间的数目，在通信中称为波特率。

对于传输数字信号来说，最普遍而最简单的方法是用两个不同的电压表示数字位的两个状态(1 或 0)。例如，零电压表示 0，而恒定的正电压表示 1；或者用恒定的负电压表示 0，而恒定的正电压表示 1，如图 8-7 所示。该图用 4 种不同的脉冲代码来传输数字信号 10110010。图 8-7(a)属于不归零码 NRZ，在码元之间没有间隔，所以难以判定一位的结束和另一位的开始，需要有某种方法来使发送端和接收端同步。

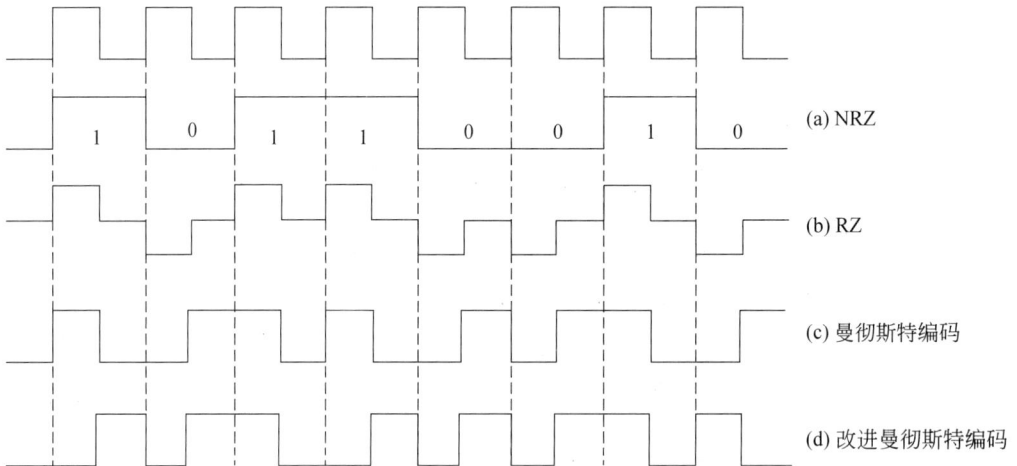

图 8-7   数据编码

图 8-7(b)、(c)属于归零码 RZ,它们的共同点是每一位的中间有一个跳变,位中间的跳变既作为同步时钟,也作为数据:从高到低的跳变表示 1,从低到高的跳变表示 0。接收端利用位中间跳变很容易分离出同步时钟脉冲。因此,这两种传输编码得到广泛应用。由于时钟数据包含于信号数据流中,所以这两种编码被人们称为自同步编码。

通常把图 8-7(c)称为曼彻斯特(Manchester)编码,它的改进形式如图 8-7(d)所示。用每位开始有无跳变表示 0 或 1,即只要有电压变化(不管其变化方向如何)就表示 0,因无电压变化就表示 1。人们把这种编码称为差动曼彻斯特编码。在使用双纹线作传输介质的网络中,这种编码是非常方便的。由于变化的极性无关紧要,因此当把设备接到通信网上时,完全可以不考虑哪条线应该接哪个端子。

8.1.3　网络协议及其层次结构

在计算机网络中各终端用户之间,用户与资源之间或资源与资源之间的对话与合作必须按照预先规定的协议进行。

分层设计方法对计算机和通信的未来同样重要。某一层的修改不会破坏整个设计或影响其他层的工作,甚至不影响相邻层的工作。相邻层之间通过接口联系。接口是包含在信息处理系统中的同一节点内部的不同功能层次之间有关的一组规则。

由于每层完成不同的功能,故接口是必不可少的。同一层中的某实体借助于该层协议与该层中另一实体通信。一个单独实体必须既是发送者又是接收者,它使得整个交互过程规范化。这种交互过程借助于刻画该单独实体的动作而构成该层协议。

利用分层方法,可以容易地实现网际联网、网络配置间的连接。利用对应于某分层结构的协议,在系统的逻辑成分间建立有效的联系而不影响其他层。例如,网络的传输方式可从并行改为串行而不影响除最低层外的其他层。

为了实现计算机系统之间的互连,1977 年国际标准化组织(International Standard Organization,ISO)提出了开放系统互连参考模型(Open System Interconnection/Reference Model,OSI/RM)。这个网络层次结构模型规定了 7 个功能层,每层都使用它自己的协议。"开放"一词是指一个系统若符合这些国际标准的话,将对世界上遵守同样标准的所有系统开放。OSI 层次结构如图 8-8 所示。下面简单介绍 7 层的内容。

| 应用层 |
| 表示层 |
| 会话层 |
| 传输层 |
| 网络层 |
| 数据链路层 |
| 物理层 |

图 8-8　OSI 模型

1. 物理层

物理层(physical layer)在信道上传输未经处理的信息。该层协议涉及通信双方的机械、电气和连接规程。如接插件的型号,每根线的作用,表示 1 用多少伏,0 用多少伏,一位占多宽,传输能否在两个方向同时进行,如何进行初始的连接,如何拆除连接等。RS-232C、RS-422A、RS-423A、RS-485 等均为物理层协议。该层协议已有国际标准,即国际电报电话咨询委员会(CCITT)1976 年提出的 X.25 建议的第一级。

2. 数据链路层

数据链路层(data link layer)的任务是将可能有差错的物理链路改造成对于网络层来说是无差错的传输线路。它把输入数据组成数据帧,并在接收端检验传输的正确性。若正确则回送确认信息,若不正确则抛弃该帧,等待发送端超时重发。同步数据链路控制(SDLC)、高级数据链路控制(HDLC)以及异步串行数据链协议都属于此范围。

3. 网络层

网络层(network layer)也称分组层,它的任务是使网络中传输分组。网络层规定了分组(第3层的信息单位)在网络中是如何传输的。

网络层控制网络上信息的切换和路由选择。因此,本层须为数据从源点到终点建立物理和逻辑连接。

该层的国际标准化协议是 X.25 的第三级。

4. 传输层

传输层(transport layer)的基本功能是从会话层接收数据,把它们传到网络层并保证这些数据全部正确地到达另一端。

传输层是一真正的源-目标或端-端层。即在源计算机上的程序与目标机上的类似程序使报头和控制报文进行对话。它负责确保高质量的网络服务。它的一个重要功能是控制端到端数据的完整性。其总目的是作为网络层和会话层的一个接口,确保网络层为会话层和网络的高级功能提供高质量的服务。

5. 会话层

会话层(session layer)控制建立或结束一个通信会话的进程。这一层检查并决定一个正常的通信是否正在发生。如果没有发生,这一层必须在不丢失数据的情况下恢复会话,或根据规定,在会话不能正常发生的情况下终止会话。

用户(即两个表示层进程)之间的连接称为会话。为了建立会话,用户必须提供希望连接的远程地址(会话地址),会话双方首先需要彼此确认,以证明它有权从事会话和接收数据,然后两端必须同意在该会话中的各种选择项(例如半双工或全双工)的确定,在这以后开始数据传输。

6. 表示层

表示层(presentation layer)实现不同信息格式和编码之间的转换。常用的转换有:正文压缩,例如将常用的词用缩写字母或特殊数字编码,消去重复的字符和空白等;加密、解密;不同计算机间不相容文件格式的转换(文件传输协议),不相容终端输入输出格式的转换(虚拟终端协议)。

7. 应用层

应用层(application layer)的内容视对系统的要求而定。它规定在不同应用情况下所允许的报文集合和对每个报文所采取的动作。

这一层负责与其他高级功能的通信,如分布式数据库和文件传输。这一层解决了数据传输完整性的问题或与发送/接收设备的速度不匹配的问题。

8.1.4　IEEE 802 标准

电气与电子工程师协会(IEEE)是世界上最大的专业学会。成立于 1980 年 2 月的 IEEE 802 课题组(IEEE Standards Project 802)于 1981 年底提出了 IEEE 802 局域网标准,重要的是对数据链路层又划分出两个子层,其与 OSI 的对应关系如图 8-9 所示。

图 8-9　OSI 模型与 IEEE 802 标准的关系

IEEE 802 标准将数据链路层分为逻辑链路控制子层(logical link control,LLC)和介质访问(存取)控制子层(medium access control,MAC)。逻辑链路控制子层主要提供寻址、排序、差错控制等功能。MAC 主要提供传输介质和访问控制方式。IEEE 802 为局部网络制定的标准,包括以下内容:

IEEE 802.1　系统结构和网络互联。

IEEE 802.2　逻辑链路控制。

IEEE 802.3　CSMA/CD 总线访问方法和物理层技术规范。

IEEE 802.4　Token Passing Bus 访问方法和物理层技术规范。

IEEE 802.5　Token Passing Ring 访问方法和物理层技术规范。

IEEE 802.6　城市网络访问方法和物理层技术规范。

IEEE 802.7　为宽带网络标准。

IEEE 802.8　为光纤网络标准。

IEEE 802.9　为集成声音数据网络。

物理信号层(PS):完成数据的封装/拆装、数据的发送/接收管理等功能,并通过介质存取部件(也称收发器)收发数据信号。

介质存取控制层(MAC):支持介质存取,并为逻辑链路控制层提供服务。它支持的介质存取法包括载波检测多路存取/冲突检测(CSMA/CD)、令牌总线(token bus)和令牌环(token ring)。

逻辑链路控制层(LLC):支持数据链路功能、数据流控制、命令解释及产生响应等,并规定局部网络逻辑链路控制协议(LNLLC)。

此外,网络层也有变化。在 IEEE 802 标准中,定义了 3 种主要的局域网络技术,它们的介质访问控制分别是 CSMA/CD(IEEE 802.3)、令牌总线(IEEE 802.4)和令牌环(IEEE 802.5)。

8.1.5 工业网络的性能评价和选型

工业网络和计算机局部网络虽然没有本质的不同,但仍有一些差别,因为 IEEE 802 标准并没有充分考虑工厂环境。现结合工业测控环境简要讨论工业网络的选型。

1. 工业网络的性能评价

从拓扑结构和介质访问控制方式的角度,对工业网络的性能进行评价,其评价准则可归纳为吞吐能力、稳定性、确定性、可靠性和灵活性 5 个方面。目前,工业网络主要采用星状、环状、总线状拓扑结构,星状结构在办公自动化领域和邮电系统中得到了广泛应用,但在工业自动化领域里,由于其固有的缺陷而较少使用。总线状和环状结构成为工业网络的主流拓扑结构,总线状和环状结构最容易实现令牌控制方式。因为它们是静态互连拓扑中最简单的两种,并且完全对称,也不经过中间节点。对令牌方式来说,总线状和环状的适应性又有不同。环状是点对点连接,非相邻节点的信息传输必须经过其他节点,只是它可以实现检查转发,不但提高了传输速率,还节省了大量的缓存空间。而总线状是多点连接,真正的广播介质访问方式,令牌传递不像环状那样在结构上简单一致,它在物理总线上形成了一个逻辑环路,由于这个逻辑环不固定,因此令牌传递和维护的算法要比环状复杂一些。

令牌环数据吞吐能力高于令牌总线,主要原因在于它们控制结构上的差异,其中主要是介质访问方式的差异。令牌总线是广播式的,无论数据或令牌,或回答信息,都要独占介质,使传送数据的有效时间减少。而令牌环是顺序循环访问,类似于流水作业,一定条件下有并行工作的特性,其数据、令牌、回答信息可同时传递,增强了数据吞吐能力。由于同一原因,在负载变化的环境中,令牌环的稳定性能较令牌总线好。另外在小负载时,令牌空转时间多,而总线在处理令牌时,延迟比环状大。由于令牌总线和令牌环在控制结构的通信方式上一样,因此确定性相同。因为总线是无源连接,信息传输又无须转发,所以特别可靠,它增减节点都无须断开原系统,有硬连接的节点进退网的操作也比较简单,因此令牌总线可靠性和灵活性强于令牌环。

2. 工业网络的选型

1) 大型系统的工业网络选型

大型系统常采用分散型控制的模式,系统主要分为 3 级,并采用纵向层次结构,其网络选型可按以下考虑。

(1) 分散过程控制级:主要完成自动调节和程序控制,可靠性、实时性要求较高。系统一般按调节回路或设备分布,呈典型递阶控制特性,横向联系少。该级数据量不大,数据包较短,地理分布区域也较小。采用令牌总线、主从总线或星状结构比较合适,从性能价格比考虑,主从总线结构最佳。

(2)集中操作监控级:该级数据处理量较大,数据包较长且规整,实时性、可靠性、灵活性也较高。系统一般按设备和功能混合分布,横向联系较多。因此,该级采用令牌总线较好。

(3)综合信息管理级:该级数据多且传输量大,系统按功能横向分布,地域范围广,灵活性要求较低,工作站容量大。因此,本级宜采用令牌环结构。

2)中小型系统的工业网络选型

主从总线和星状结构兼有简单、易实现、技术成熟、经济等优点。其主要缺陷是由于分布性不良引起的可靠性问题,从根本上影响了它作为主流结构的资格。但在系统的分散过程控制级,控制系统大多呈递阶特性,其特征就是上下级关系的主从性,此缺陷即被覆盖。加之该级分散度越来越高,数据少,距离近,环状结构明显不适用。如果节点不多,令牌总线大材小用,因此可选择主从式总线和星状结构。

令牌环是一种很有前途的网络结构。它是有源的点对点传输,可覆盖面积大,适用于大数据量、大范围通信。也由于这点,其可靠性略差。它在增减节点时,要断开原系统,这些性能均不如总线。令牌环和令牌总线的这些特点,正好符合管理级和监控级各自的要求。

对只有集中操作监控级和分散过程控制级的中小型系统,考虑到结构上的一致性,便于设计和维护,两级同时使用令牌总线也不错。在数据传输量大,节点较少且分散的场合,监控级直接选用令牌环也是较好的结构形式。另外,星状结构目前具有比较厚实的基础和技术上的继承性。因此这种结构在短时期内也是适用和有效的,尤其是在老企业的技术改造中。

8.2　分布式控制系统

分布式控制系统(distributed control system,DCS)也称集散控制系统。DCS 综合了计算机(computer)技术、控制(control)技术、CRT 显示技术、通信(communication)技术即 4C 技术,集中了连续控制、批量控制、逻辑顺序控制、数据采集等功能。先进的分散型控制系统将以计算机集成制造/过程系统(CIMS/CIPS)为目标,以新的控制方法、现场总线智能化仪表、专家系统、局域网等新技术,为用户实现过程控制自动化与信息管理自动化相结合的管控一体化的综合集成系统。

DCS 采用分散控制、集中操作、综合管理和分而自治的设计原则。系统安全可靠、通用灵活性、最优控制性能和综合管理能力,为工业过程的计算机控制开创了新方法。本章首先概述分散型控制系统、DCS 的特点、DCS 的体系结构、典型的 DCS,然后分别介绍DCS 的分散过程控制级、集中操作监控级、综合信息管理级。

8.2.1　DCS 概述

自从美国 HoneyWell 公司于 1975 年成功地推出了世界上第一套 DCS 以来,经历了二十多年的时间,世界上已有几十家自动化公司推出了上百种 DCS,虽然这些系统各不相同,但在体系结构方面却大同小异,所不同的只是采用了不同的计算机、不同的网络和设备。由于 DCS 已经走向成熟并获得了广泛应用。DCS 的发展历程也是不断地由小到大规模的过程,从最初的小规模控制系统发展到综合控制管理系统,从而使工业控制系统进入了信息管理与综合控制的时代。本节主要介绍 DCS 的体系结构、特点和典型形式。

1. DCS 的体系结构

随着计算机技术、网络技术和企业管理科学的发展,人们对企业综合自动化的层次也趋于简洁和明朗。根据整个企业集团的综合自动化与管理功能,DCS 的体系结构可划分为 4 级,即现场设备级(device)、分散控制级(control)、集中监控级(MES)和综合管理级(ERP)。DCS 各级的功能如图 8-10 所示,其体系结构可用图 8-11 表示。

图 8-10   DCS 各级的功能示意图

1) 现场设备级

现场设备级,主要包括现场仪表(传感器、变送器)和执行器,主要工作是把现场的各种物理信号(如温度、压力、流量、位移等)转变成电信号或数字信号,并进行一些必要的处理(滤波、简单诊断等)或者把各种控制输出信号转变成物理变量(如阀位、位移等)。到目前为止,该层的主要功能没有根本的变化。该层与分散控制级的主要接口仍然是 4～20mA(模拟量)或电平信号(开关量)。不过,随着现场总线技术的普及和现场总线智能仪器仪表的成熟和成本的大幅度降低,将来应用现场总线通信的各种智能仪表和执行机构会越来越流行。随着全厂综合自动化的发展,各种控制电机特别是集成控制和驱动于一体的电机设备也归为这一类。

2) 分散控制级

分散控制级是直接面向生产过程的,是 DCS 的控制基础,它直接完成数据采集、调节控制、顺序控制等控制功能,其输入是现场仪表(传感器、变送器)和电气开关的测量信号,其输出是用来驱动执行机构。构成这一级的主要装置有:

图 8-11　DCS 的体系结构图

(1) 现场控制站(工业控制机)。

(2) 可编程序控制器(PLC)。

(3) 智能调节器。

(4) 其他测控装置。

3) 集中监控级

这一级以操作监视为主要任务,兼有部分管理功能。这一级是面向操作员和控制系统工程师的,因而这一级配备有技术手段齐备,功能强的计算机系统及各类外部装置,特别是 CRT 显示器和键盘,以及需要较大存储容量的硬盘或软盘支持,另外还需要功能强的软件支持,确保工程师和操作员对系统进行组态、监视和操作,对生产过程实行高级控制策略、调度优化、故障诊断、质量评估。其具体组成包括:

(1) 监控计算机。

(2) 工程师显示操作站。

(3) 操作员显示操作站。

4) 综合管理级

这一级由管理计算机、办公自动化系统、工厂自动化服务系统构成,从而实现整个企业的综合信息管理。综合管理主要包括生产管理和经营管理,主要有企业资源计划(ERP)、供应链管理(SCM)和客户关系管理(CRM)。

另外,DCS 各级之间的信息传输主要依靠通信网络系统来支持。根据各级的不同要求,通信网也分成低速、中速、高速通信网络。低速网络面向分散过程控制级;中速网络面向集中操作监控级;高速网络面向管理级。

2. DCS 的特点

对一个规模庞大、结构复杂、功能全面的现代化生产过程控制系统,首先按系统结构进行垂直方向分解成现场设备级、分散控制级、集中监控级、综合管理级,各级相互独立又相互联系;然后对每一级按功能进行水平方向分成若干个子块。与一般的计算机控制系统相比,DCS 具有以下几个特点。

1）硬件积木化

DCS 采用积木化硬件组装式结构。由于硬件采用这种积木化组装结构,使得系统配置灵活,可以方便地构成多级控制系统。如果要扩大或缩小系统的规模,只需按要求在系统中增加或拆除部分单元,而系统不会受到任何影响。这样的组合方式,有利于企业分批投资,逐步形成一个在功能和结构上从简单到复杂、从低级到高级的现代化管理系统。

2）软件模块化

DCS 为用户提供了丰富的功能软件,用户只需按要求选用即可,极大地减少了用户的开发工作量。功能软件主要包括控制软件包、操作显示软件包和报表打印软件包等,并提供至少一种过程控制语言,供用户开发高级的应用软件。

控制软件包为用户提供各种过程控制的功能,主要包括数据采集和处理、控制算法、常用运算式和控制输出等功能模块。这些功能固化在现场控制站、PLC、智能调节器等装置中。用户可以通过组态方式自由选用这些功能模块,以便构成控制系统。

操作显示软件包括为用户提供了丰富的人机接口联系功能,在 CRT 和键盘组成的操作站上进行集中操作和监视。可以选择多种 CRT 显示画面,如总貌显示、分组显示、回路显示、趋势显示、流程显示、报警显示和操作指导等画面,并可以在 CRT 画面上进行各种操作,所以它可以完全取代常规模拟仪表盘。

报表打印软件包可以向用户提供每小时、班、日、月工作报表,打印瞬时值、累计值、平均值、打印事件报警等。

过程控制语言可供用户开发高级应用程序,如最优控制、自适应控制、生产和经营管理等。如 Honeywell 公司的 TDC 3000 提供了一种源于 PASCAL 语言结构、面向过程控制的高级控制语言 CL;YOKOGAWA 公司的系列产品中提供了嵌入式控制语言实时 BASIC;Wonderware 公司的 InTouch 提供了一种正文编辑程序。国内一些比较出色的 DCS 系统中也提供了控制语言,北京和利时公司的 HS2000 系统提供了功能块图、梯形图、计算公式等几种程序设计的方式;浙大中控的 SUPON JX-300 集散控制系统提供了梯形图语言和一种高级程序设计语言 SC。

3）控制系统组态

DCS 设计了使用方便的面向问题的语言(problem oriented language,POL),为用户提供了数十种常用的运算和控制模块,控制工程师只需按照系统的控制方案,从中任意选择模块,并以填表的方式定义这些软功能模块,进行控制系统的组态。系统的控制组态一般是在操作站上进行的。填表组态方式极大地提高了系统设计的效率,解除了用户使用计算机必须编程序的困扰,这也是 DCS 能够得到广泛应用的原因之一。

4）通信网络的应用

通信网络是分散型控制系统的神经中枢,它将物理上分散配置的多台计算机有机地连接起来,实现了相互协调、资源共享的集中管理。通过高速数据通信线,将现场控制站、局部操作站、监控计算机、中央操作站、管理计算机连接起来,构成多级控制系统。

DCS 一般采用同轴电缆或光纤作为通信线,也使用双绞线,通信距离可按用户要求从十几米到十几公里,通信速率为 1～10Mb/s,而光纤高达 100Mb/s。由于通信距离长和速度快,可满足大型企业的数据通信,实现实时控制和管理的需要。

5）可靠性高

DCS 的可靠性高体现在系统结构、冗余技术、自诊断功能、抗干扰措施和高性能的元件。

3. 典型的 DCS

CENTUM-XL 是日本横河电机推出的分散型控制系统,如图 8-12 所示。CENTUM采用 HF 通信总线,基本长度为 2km,使用中继器可延长到 10km,通信速度为 1Mb/s。另外备有光导纤维通信系统 YEWLINK32,环状结构,节点间长度为 5km,环状线总长为20km,通信速度为 32Mb/s。同时采用两根同轴电缆,实现冗余化通信。HF 通信总线上可以连接 32 台设备,图 8-12 中,YEWCOM-9000 为管理计算机,AIWS 为人工智能站,ECMP 为计算机站,ENGS 为工程师站,EOPS 为中央操作站,PRIN 为打印机,COPY 为

图 8-12　CENTUM-XL 控制系统结构

拷贝机,COPSV 为局部操作站,CFCS2/EFCS 为现场控制站,CFCD2/EFCD 为双重化控制站,CFMS2/EFMS 为现场监视站,CFBS2 为高分散控制站。

现场控制站(CFCS2)和双重化现场控制站(CFCD2)内部有 255 个软功能模块(亦称内部仪表)和 40 张命令表,使用填表语言构成 40 个回路的控制系统。高分散现场控制站(CFBS2)内安装 6 个独立的现场控制单元(CFCU2),每个 CFCU2 具有 63 个软功能模块和 4 张顺序命令表,可以组成 8 个控制回路。现场监视站(CFMS2)可以输入 255 点模拟信号,如热电偶、热电阻和 mVDC 等。

为了提高系统的可靠性,控制站采用两种冗余方式,一种是 1 对 1 备用(如 CFCD2),另一种是 N 对 1(N 最大为 12)备用(如 CFBS2)。CFCD2 内有两套完全相同的 CPU、输入输出、电源和内部总线,其中一套处于工作状态,另一套处于热备状态。一旦发生故障,进入无扰动切换。CFBS2 是高分散型现场控制站,其内部有 6 个独立的现场控制单元 CFCU2,当某一个单元发生故障时,备用单元 BCU 便立即投入运行。CENTUM 从 1975 年问世以来,不断加以改进,1988 年又推出 CENTUM-XL 分散控制系统,如图 8-12 所示。该系统将控制、操作、管理、专家系统、开发和维护等功能融为一体,并且有计算机辅助设计(CAD)功能。它所采用的 SV-NET 通信总线按国际标准(manufacture automation protocol,MAP)设计,通信速度为 10Mb/s,传送距离标准为 500m,加光适配器可达 5500m,最多可连接 100 台设备。

CENTUM-XL 保留了原有的 HF 通信总线,并增加了现场控制站的功能。例如,现场控制站(EFCS)的 255 个内部仪表 80 个为控制单元,100 个为指示单元,75 个为运算单元;另外还有 200 张顺序命令表,一般控制周期为 1s,并且有 0.2s 周期的高速控制。双重化现场控制站(EFCD)采用 1 对 1 备用。现场监视站(EFMS)可以输入 255 点模拟信号,如热电偶、热电阻和 mVDC 信号等;不仅有信号处理功能,而且有控制功能,比如补偿积算 127 个、内部仪表有 255 个、内部开关 255 个,关系式和运算式 147 个等。

CENTUM-XL 具有了 3 个操作站(EOPS),EOPS 采用 32 位 CPU(MC 68020),内存 4MB/8MB,硬磁盘 40MB/80MB,彩色 CRT 显示器;一台 EOPS 可连接 3 个操作台(EOPC)、4 台打印机和一台彩色拷贝机;具有各种图形画面,语音信息和音响信息,监视 16000 点、300 幅画面和 2300 点趋势记录。计算机站(ECMP)采用 UNIX 操作系统,支持实时多任务 BASIC 语言、FORTRAN 语言和 C 语言,进行高级控制、生产管理和经营管理等。人工智能站(AIWS)是一台具有人工智能的专家系统,进行最优化控制与决策。工程师站(ENGS)进行计算机辅助设计(CAD)、系统生成和控制系统组态等。

8.2.2　DCS 的分散控制级

DCS 的分散控制级,直接与生产过程现场的传感器(热电偶、热电阻)、变送器(温度、压力、液位、流量变送器等)、执行机构(调节阀、电磁阀等)、电气开关(输入输出触点)相连接,完成生产过程控制,并能与集中操作监控级进行数据通信,接收显示操作站下传加载的参数和作业命令,以及将现场工作情况信息整理后向显示操作站报告。

分散控制级有许多类型的测控装置,但最常用的类型有 3 种,即现场控制站、可编程序控制器(PLC)、智能调节器。下面分别讨论。

1. 现场控制站

现场控制站是 DCS 的核心,系统主要的控制功能由它完成。系统的性能、可靠性等重要指标也都要依靠现场控制站保证,因此对它的设计、生产及安装都有很高的要求。本书主要以 PCI 总线工业控制机作为现场控制站介绍。

1) 现场控制站的构成

现场控制站是由以下 5 部分构成,下面分别给出。

(1) 机箱(柜)

现场控制站的机箱(柜)内部均装有多层机架,以供安装电源及各种部件之用。其外壳均采用金属材料,活动部分之间有良好的电气连接,使其为内部的电子设备提供电磁屏蔽。为保证电磁屏蔽效果,也为了操作人员的安全,机柜要求可靠接地,接地电阻应小于 4Ω。

为保证机箱(柜)电子设备的散热降温,一般均装有风扇,以提供强制风冷气流。为防止灰尘侵入,在与箱(柜)内进行空气交换时,最好采用正压送风将箱(柜)外低温空气经过过滤网过滤后压入箱(柜)内。

(2) 电源

高效、无干扰、稳定的供电系统是现场控制站工作的重要保证。现场控制站内各功能模板所需直流电源一般有 $+5V$、$\pm 15V$(或 $\pm 12V$)、$+24V$ 等。而对主机供电的电源一般均要求与对现场检测仪表或执行机构供电的电源在电气上互相隔离,以减少相互干扰。

(3) PCI 总线工业控制机

PCI 总线工业控制机主要由主机、外部设备和过程输入输出通道组成,主要进行信号的采集、控制计算和控制输出。

(4) 通信控制单元

通信控制单元实现分散过程控制级与集中操作监控级的数据通信。

(5) 手动/自动显示操作单元

手动/自动显示操作单元是作为后备安全措施,它可以显示测量值 PV、给定值 SP、自动阀位输出值、手动阀位输出值,并具有硬手动操作功能,可直接调整输出阈值。

2) 现场控制站的功能

现场控制站的功能主要有 6 种,即数据采集功能、DDC 控制功能、顺序控制功能、信号报警功能、打印报表功能和数据通信功能。

(1) 数据采集功能

对过程参数,包括各类热电偶信号、热电阻信号、压力、液位、流量等信号进行数据采集、变换、处理、显示、存储、趋势曲线显示、事故报警等。

(2) DDC 控制功能

DDC 控制包括接受现场的测量信号,进而求出设定值与测量值的偏差,并对偏差进行 PID 控制运算,最后求出新的控制量,并将此控制量转换成相应的电流送至执行机构。

（3）顺序控制功能

它通过来自过程状态输入输出信号和反馈控制功能等状态信号，按预先设定的顺序和条件，对控制的各阶段进行逐次控制。

（4）信号报警功能

对过程参量设置上限值和下限值，若超过上限和下限分别进行上限和下限报警；对非法的开关量状态进行报警；对出现的事故进行报警。信号报警是以声音、光或 CRT 屏幕显示颜色变化表示。

（5）打印报表功能

定时打印报表；随机打印过程参数；事故报表自动记录打印。

（6）数据通信功能

完成分散过程控制级与集中操作监控级之间的信息交换。

3）现场控制站的工作方式

（1）控制模式

① 自动：是指处于自动工作状态，给定值由本地给定，由给定值减去测量值作为偏差，由控制算法运算后输出控制量。

② 软手动：用软件实现手动操作，利用键盘，进行输出值的增加或减少操作去直接控制阈值，在 CRT 上可显示出输出阈值。

③ 串级：主回路的输出值，送到副回路作为它的给定值。

④ 硬手动：将现场控制站切换到模拟显示操作单元，由操作者操作该单元直接控制输出阈值。

⑤ 上位机：由上位机设定给定值，然后传送给现场控制站；上位机也可以由高级控制算法的运算结果自动修改给定值，再传送给现场控制站，从而完成优化控制。

控制模式的优先级是：硬手动＞软手动＞自动＞串级＞上位机。

（2）无扰动切换操作

在控制系统中，由于工作模式的切换，可能会引起输出阈值的突然变化，产生扰动，因此需要采取以下措施实现无扰切换。

① PV 跟踪（PV 是测量值）。

在各种手动模式下，把 PV 送给给定值，即使 PV＝SP，从而保证偏差为 0，输出值不受影响。

② 阈值跟踪。

采用阈值反馈的办法，将手动输出阈值自动反馈输入到现场控制站的输入通道，作为一个检测点信号输入，经过转换及变换后送到模拟量输出通道，此时输出的值正好跟踪手动输出的阈值。

③ 工作模式判定。

自动、手动、串级、上位机等工作模式均有相应的标志状态，以供判断。

有了以上 3 种措施就可完成手动自动方式的无扰切换。

但是，从自动到手动切换时如何保证无扰切换呢？首先要求模拟显示操作单元应能显示自动模式的输出阈值，同时也能显示手动输出阈值，当切换之前，将手动输出阈值与自动阈值调到相同,然后再换到手动模式,就保证了无扰切换。

2. 智能调节器

以微处理器技术为基础的智能调节器(如单回路、多回路智能调节器)使用日益广泛。近年来,由于它们具有数据通信功能,因此在 DCS 的分散过程控制级也得到了广泛的应用。

智能调节器是一种数字化的过程控制仪表,其外表类似于一般的盘装仪表,而其内部由微处理器(如单片机 8051 系列、8098 系列)、RAM、ROM、模拟量和数字量 I/O 通道、电源等部分构成的一个微型计算机系统。一般有单回路、2 回路、4 回路或 8 回路的调节器,至于控制方式除一般 PID 之外,还可组成串级控制、前馈控制等。

智能调节器不仅可接受 4~20mA 电流信号输入的设定值,还具有异步通信接口 RS-422/485、RS-232 等,可与上位机连成主从式通信网络,接受上位机下传的控制参数,并上报各种过程参数。

3. 可编程序控制器(**PLC**)

PLC 与智能调节器最大的不同点是:它主要配制的是开关量输入输出通道,用于执行顺序控制功能。PLC 主要用于生产过程中按时间顺序控制或逻辑控制的场合,以取代复杂的继电器控制装置。

在较新型的 PLC 中,也提供了模拟量控制模块,其输入输出的模拟量标准与智能调节器相同。同时也提供了 PID 等控制算法,PLC 的高可靠性和它的不断增强的功能,使它在 DCS 中得到了广泛的应用。

PLC 一般均带有通信接口,可与上位机连成主从式总线状网络,从而构成 DCS。

8.2.3 DCS 的集中监控级

DCS 的集中监控级主要是显示操作站,它完成显示、操作、记录、报警等功能。它把过程参量的信息集中化,把各个现场配置的控制站的数据进行收集,并通过简单的操作,进行过程量的显示、各种工艺流程图的显示、趋势曲线的显示以及改变过程参数,如设定值、控制参数、报警状态等信息,这就是它的显示操作功能。

显示操作站的另一功能是系统组态,因此可进行控制系统的生成、组态。

1. 显示操作站的构成

显示操作站主要由监控计算机、键盘、CRT 显示器、打印机等几部分构成。

1)监控计算机

当今 DCS 的显示操作站功能强、速度快、记录数据量大,因此对显示操作站的监控计算机提出了很高的要求。一般 DCS 的显示操作站的监控计算机都采用 32 位的微机,内存一般在 512MB 以上,硬盘 40GB 以上。

2)键盘

在显示操作站中,有两种类型的键盘,一种为操作员键盘;另一种为工程师键盘。工程师键盘通常利用标准 ASCII 代码 101 键盘;操作员键盘则是面向操作工操作键盘,力求操作简单、直观、易掌握。

(1)操作员键盘

操作员键盘多采用有防水、防尘能力、有明确图案标志的薄膜键盘。这种键盘从键的分布上充分考虑了操作直观、方便。在键体内装有电子蜂鸣器,以提示报警信息和操作响应。

随着显示技术的发展,许多 DCS 厂家引入了触摸屏显示输入技术,这样可省略操作员键盘,而是直接在屏上设有敏感区,操作员只要用手指触一下该点就可以达到输入操作的目的。

(2)工程师键盘

DCS 的工程师键盘是系统控制工程师用来编程和组态用的键盘。该键盘一般采用大家较熟悉的标准键盘。

3)CRT 显示器

作为显示操作站的 CRT 显示器均为彩色显示器,且分辨率较高,尺寸为 17 英寸、19英寸或 21 英寸。显示分辨率为 1280×1024 或更高。

4)打印机

打印机是 DCS 显示操作站不可缺少的外设。一般的 DCS 配备两台打印机,一台用于生产记录报表和报警列表打印;另一台用来复制流程画面,常采用彩色打印机。

2. 显示操作站的功能

显示操作站为用户提供仪表化的操作环境,通过 CRT 操作实现整个分散型控制系统的高效率运转。它是信息集中分配中心,也是显示操作的中心。具有控制系统的生成、组态、集中监视操作、报警、显示、报表、通信等功能;显示操作站主要提供与操作员以及工程师有关的系统功能,即操作员在运转整个系统时必要的操作功能,以及工程师为了进行系统的生成和维护时必要的工程师功能。

1)操作员功能

操作员功能主要是指正常运行时的工艺监视和运行操作,主要由画面指示构成。

(1)DDC 标准三画面

总貌画面:用来监视分散型控制系统的运行状态,可指示出仪表的位号,测量的光柱图形。在本画面中可指示出一些运行状态发生异常时,相应的仪表位号指示变成红色,在闪光的同时,发出报警声音。

组貌画面:将 DDC 控制回路分成小组,通常每组 8 个回路,在操作时操作对应的键,就可选择出相应的组貌画面。DDC 组貌画面每幅显示 8 个 DDC 回路。

回路画面:也称调整画面。回路画面显示单个 DDC 回路的各参数,利用此画面可进行控制参数的修改、设定,完成单个回路的控制作用。在回路处于串级状态下,在回路画面上可同时显示出相关回路的状态及参数。

(2)图形显示功能

可进行工艺流程图的显示,一幅工艺流程图由两部分组成,一个是不随工况变化的基本图形,称为静态图;另一个是随工况的变化而变化的数据、曲线、图形等,称为动态图,并且定时刷新其变化部分。工艺流程图可利用彩色 CRT 显示器的多种颜色予以组合,从而做到显示美观,醒目。

（3）趋势曲线画面

趋势曲线画面具有趋势曲线显示功能。对过程参数的变化趋势进行记录、显示、存储,同时,在一幅画面显示多条曲线,以不同的颜色加以区分。当一个系统趋势曲线数目多时,也同样进行分组登记、分组显示。

趋势曲线可被存储起来,以便具有历史趋势曲线的显示功能,一般可达到一天或一个月,必要时还可以将趋势曲线存储起来在软盘中加以保存。操作员可通过趋势曲线的变化及时掌握过程变化情况。也可以通过历史趋势曲线分析控制系统运行状态,分析事故原因,产品质量好坏的原因,有助于分析和管理。

（4）操作指导画面

为了指导操作员准确及时地操作,帮助操作员记忆众多的操作项目,而设计了操作指导画面。如果按画面要求操作正确,则能正常进展;否则,非但不接受错误操作,而且工序无法前进,从而保证了安全生产。

（5）报警画面

报警画面按时间顺序记录过程数据发生上、下限报警和设备异常等,并且颜色变化、闪光文字和声响来区分报警级别,以引起操作员注意,立即采取相应措施。

2）工程师功能

工程师功能主要包括系统的组态功能、系统的控制功能、系统的维护功能、系统的管理功能等。

① 系统的组态功能:构成一个应用系统,需进行系统的组态工作,系统工程师可依照给定的运算功能模块进行选择、连接、组态和设定参数,用户无须编制程序。组态工作是在系统运行之前进行的,或者用术语说是离线进行的,一旦组态完成,系统就具备了运行能力。

② 系统的控制功能:执行由系统组态功能所生成的系统控制。包括反馈控制功能,即依据组态执行相应的控制功能,直到信号输出;顺序控制功能,执行顺序语言编写的功能,完成预定的开关量输入输出顺序控制功能。

③ 系统的维护功能:用于定期检验各个作业,且在系统的建立、修改时,把内容保存在盘中。

④ 系统的管理功能:对系统进行管理,包括监视功能和控制功能的管理、制表、事故报警、打印等管理。

8.2.4　DCS 的综合管理级

综合管理级在 DCS 中用来实现整个企业(或工厂)的综合信息管理,主要执行生产管理和经营管理功能。DCS 的综合信息管理级实际上是一个管理信息系统(management information system,MIS),MIS 是借助于自动化数据处理手段进行管理的系统。MIS 由计算机硬件、软件、数据库、各种规程和人共同组成。

1. MIS 的基本概念

MIS 一词是 J. D. Gallagher 在 1961 年首先提出的,他认为可以开发一个以计算机为主体、信息处理为中心的综合性系统,即管理信息系统(MIS)。早期所提出的 MIS,设想它是单个的、高度集中的系统,认为它能够处理所有的组织功能,实践证明这是非常复杂而又不现实的。现在,MIS 的概念是一些子系统的联合,这些子系统是通过信息而发生联系的。这意味着在一个企业中,可以组建有若干个相关的信息系统,分别为不同的管理需要服务。从总体来说,MIS 应向用户提供信息,以便改进决策能力和提高效率,这意味着信息是 MIS 最主要的资源。

1) 管理

管理是指运用组织、计划、指导、控制、协调等基本行动,来有效地利用人力、材料、资金、设备和方法等各种资源,发挥最高的效率,以实现一个组织机构所预定的目标和任务。

管理的过程是从计划开始,然后予以实施,在实施过程中以加以控制,这三步活动构成循环过程,通过反馈再修改计划。管理作为一个过程,它由 3 部分组成:第一,对组织机构所有的活动和一切资源加以有效地安排和调配;第二,通过计划、组织、领导、控制、协调来实行对组织机构的管理;第三,建立目标,有了目标就有了发展方向,因此管理是一个为一定目标服务的过程。

管理工作的 6 个要素是:目标、信息、人员、资金、设备和物资,它们构成物流、人流和信息流。管理信息有两类:一类是变动信息,另一类是固定信息。管理的基本职能是:计划、组织、领导、控制、激励、协调、通信。这些管理职能对于不同层次的管理,其重要性也不相同。对企业内的上层管理部门,计划(也称规划),是最主要的职能,组织是第二位的职能,而领导和控制职能相对前两项职能来说并不是主要的;对企业的中下层管理部门的职能,领导和控制是主要的职能,除了制定短期计划和日常调度是中下层管理部门的职能以外,战略规划和战术规划以及组织职能不是其主要职能。一般来说,激励和协调属于领导这一基本职能范围,通信可以属于组织职能范围。

所谓通信职能是指信息从一个人那里传递到另一个那里,使信息、思想、知识等得到传播。一个企业的存在,依赖于一个良好的通信网络系统。据统计,一个管理人员从事的日常管理工作(如发布命令、领导和协调等活动)所花的时间有 85% 以上是用于通信,当通信系统失灵时,企业的活动将陷入混乱。

2) 信息

按照国际标准化组织(International Standard Organization,ISO)的定义,信息是对人有用的、能够影响人们行为的数据。数据是对事实、概念或指令的一种特殊表达形式,它可以用人工或自动化装置进行通信、翻译或处理。按照 ISO 的定义,我们日常所说的数字、文字、图形、图像、声音等都可以看作是数据。

信息有 6 个特征:可存储性,也就是可以保存在某种介质中;再使用性,即可多次使用;可传输性,也就是通过某种方式从甲地传送到乙在;可销售性,也就是可作为商品出售;可压缩性,也就是能够根据要求提取部分信息;增值性,这是指信息积累到一定程度后能产生质的变化。

3）系统

按 ISO 的定义，系统是指由人、机器和各种方法构成的，用于完成一组特定功能的集合体。系统具有递归的含义，一个系统可以从属于一个比它更大的系统。

2. MIS 的组成

1）MIS 的硬件组成

根据图 8-11 可知，在 DCS 当中主要由管理计算机、办公自动化服务系统、工厂自动化服务系统构成综合信息管理级，这些部分也就是 MIS 的硬件组成，主要用来支持 MIS 的软件实现和运行。

2）MIS 的软件组成

企业 MIS 是一个以数据为中心的计算机信息系统。企业中的信息有两类：管理活动信息（包括日常管理、制定计划、战略性总体规划等信息）和职能部门活动的信息（包括生产制造、市场经营、财务、人事等信息）。企业 MIS 可粗略地分为市场经营管理、生产管理、财务管理和人事管理 4 个子系统。子系统从功能上说应尽可能地独立，子系统之间通过信息而相互联系。

（1）市场经营管理子系统

市场经营管理的主要功能是为决策人提供有关市场各种信息。该子系统的主要数据来源是顾客，他们向企业提出订货产品的质量和性能等方面的要求，以及使用产品后的反馈意见。另一个主要数据来源是企业的市场调查人员，他们收集有关市场的情报资料。市场经营管理信息子系统一般由计划与市场研究、分配、销售 3 部分组成。

（2）生产管理子系统

生产管理就是按照预先确定的产品数量、质量和完成期限，运用科学的方法，经过周密的计划与安排，按照特定制造过程，生产出合乎标准的产品。生产管理的职能包括预测、计划、控制 3 部分。

预测：预测是生产管理的第一步，它是计划的必要前提。

计划：计划是生产管理的第二步，在生产管理中有两种计划，即工厂计划和生产计划。工厂计划是指对工厂的布置以及生产设备和厂内运输路线做出合理的安排和计划。生产计划是根据预测的利润、市场需要、生产能力这 3 个因素，合理地安排计划期间企业生产的产品品种、数量和完成期限，有效地使用资金、人力、材料、设备等资源。生产计划要解决 4 个问题：制造什么？如何制造？在何处制造？在什么时候完成？生产计划首先要对产品进行分析，根据工艺流程，安排制作程序；其次是安排材料计划；最后安排劳动计划。

控制：控制是生产管理的第三步，控制就是监督生产计划的具体实施。当实际情况与生产计划发生偏差时，要分析原因并及时纠正，以确保生产计划的顺利完成。生产管理中的控制包括生产控制、质量控制和库存控制。

（3）财务管理子系统

财务管理的重点是为了完成企业的总体目标，有效地组织和运用现有的资源，也就是科学地组织和运用企业的流动资金和固定资产。

（4）人事管理子系统

人事管理信息子系统的数据来源是有关作业的数据和人事变动的数据。一般说来，人事管理信息子系统由人事档案、人事计划、劳动管理组成。

3. DCS 中 MIS 的功能

DCS 的综合信息管理级主要由 MIS 来实现生产管理和经营管理。这一级进行市场预测、经济信息分析，针对原材料库存情况、生产进度、工艺流程及工艺参数的生产统计和报表，进行长期性的趋势分析，作出生产和经营决策，确保最佳化的经济效益。DCS 的综合信息管理级实际上是由 MIS 的市场经营管理和生产管理子系统来完成的。

8.3 现场总线控制系统

现场总线控制系统(fieldbus control system，FCS)是随着控制、计算机、网络、通信和信息集成技术的发展而产生的。现场总线是连接工业过程现场仪表和控制系统之间的全数字化、双向、多站点的串行通信网络，与控制系统和现场仪表联用，组成现场总线控制系统。现场总线不单单是一种通信技术，也不仅仅是用数字仪表代替模拟仪表，它是用新一代的现场总线控制系统 FCS 代替传统的分散型控制系统 DCS，实现现场总线通信网络与控制系统的集成。

8.3.1 现场总线概述

1. 现场总线及其体系结构

根据国际电工委员会(International Electrotechnical Commission，IEC)标准和现场总线基金会(Fieldbus Foundation，FF)的定义：现场总线是连接智能现场设备和自动化系统的数字式、双向传输、多分支结构的通信网络。现场总线是用于过程自动化和制造自动化最底层的现场仪表或现场设备互连的通信网络。它把通信线一直延伸到生产现场或生产设备，在生产现场直接构成现场通信网络，是现场通信网络与控制系统的集成。现场总线的体系结构主要表现在以下 6 个方面。

1）现场通信网络

现场总线把通信一直延伸到生产现场或生产设备，用于过程自动化和制造自动化的现场设备或现场仪表互连的现场通信网络，如图 8-13 所示，该图代表了 FF 现场总线控制系统的网络结构。

2）现场设备互连

现场设备或现场仪表是指变送器、执行器、服务器和网桥、辅助设备、监控设备等，这些设备通过一对传输线互连(见图 8-13)，传输线可使用双绞线、同轴电缆、光纤和电源线等，并可根据需要因地制宜地选择不同类型的传输介质。

图 8-13　FF 现场总线控制系统网络结构

（1）变送器

常用的变送器有温度、压力、流量、物位和分析 5 大类,每类又有多个品种。变送器既有检测、变换和补偿功能,又有 PID 控制和运算功能。

（2）执行器

常用的执行器有电动和气动两大类,每类又有多个品种。执行器的基本功能是控制信号的驱动和执行,还内含调节阀输出特性补偿、PID 控制和运算功能,另外有阀门特性自动校验和自诊断功能。

（3）服务器和网桥

服务器下接 H_1 和 H_2,上接局域网(local area network,LAN);网桥上接 H_2,下接 H_1(见图 8-13)。

（4）辅助设备

辅助设备有 H_1/气压转换器、H_1/电流转换器、电流/H_1 转换器、安全栅、总线电源、便携式编程器等。

（5）监控设备

监控设备主要有工程师站、操作员站和计算机站,工程师站提供现场总线控制系统组态,操作员站供工艺操作与监视,计算机站用于优化控制和建模。

3）互操作性

现场设备或现场仪表种类繁多,没有任何一家制造商可以提供一个工厂所需的全部现场设备,所以,不同厂商产品的交互操作与互换是不可避免的。用户不希望为选用不同的产品而在硬件或软件上花很大力气,而希望选用各厂商性能价格比最优的产品集成在一起,实现"即接即用",用户希望对不同品牌的现场设备统一组态,构成自己所需要的控制回路,这就是现场总线设备互操作性的含义。现场设备互连是基本要求,只有实现互操作性,用户才能自由地集成 FCS。

4) 分散功能块

FCS 废弃了 DCS 的输入输出单元和控制站,把 DCS 控制站的功能块分散地分配给现场仪表,从而构成虚拟控制站。由于功能分散在多台现场仪表中,并可统一组态,供用户灵活选用各种功能块,构成所需控制系统实现彻底的分散控制,如图 8-14 所示。其中差压变送器含有模拟量输入功能块(AI110),调节阀含有 PID 控制功能块(PID110)及模拟量输出功能块(AO110),这 3 个功能块构成流量控制回路。

图 8-14　FCS 中的分散功能块

5) 通信线供电

通信线供电方式允许现场仪表直接从通信线上摄取能量,这种方式提供用于本质安全环境的低功耗现场仪表,与其配套的还有安全栅。众所周知,许多生产现场有可燃性物质,所有现场设备必须严格遵守安全防爆标准,现场总线设备也不例外。

6) 开放式互联网络

现场总线为开放式互联网络,既可与同层网络互联,也可与不同层网络互联。开放式互联网络还体现在网络数据库共享,通过网络对现场设备和功能块统一组态,使不同厂商的网络及设备融为一体,构成统一的 FCS,如图 8-13 所示。

2. 现场总线和 FCS 的变革

1) 现场总线对自动化领域的变革

现场总线对当今的自动化领域带来以下 7 个方面的变革:用一对通信线连接多台数字仪表代替一对信号线只能连接一台仪表;用多变量、双向、数字通信方式代替单变量、单向、模拟传输方式;用多功能的现场数字仪表代替单功能的现场模拟仪表;用分散式的虚拟控制站代替集中式的控制站;用现场总线控制系统 FCS 代替传统的分散控制系统 DCS;变革传统的信号标准、通信标准和系统标准;变革传统的自动化系统体系结构、设计方法和安装调试方法。

自动化领域这场变革的深度和广度都将超过历史上任何一次,必将开创自动化控制的新纪元。

2）FCS 对 DCS 的变革

① FCS 的信号传输实现了全数字化，从最底层的传感器和执行器就采用现场总线网络，逐层向上直至最高层均为通信网络互联。

② 图 8-13 所示的 FCS 的系统结构是全分散式，它废弃了图 8-15 所示的 DCS 的输入输出单元和控制站，由现场设备或现场仪表取而代之，即把 DCS 控制站的功能化整为零，分散地分配给现场仪表，从而构成虚拟控制站，实现彻底的分散控制。

图 8-15　传统 DCS 控制层

③ FCS 的现场设备具有互操作性，不同厂商的现场设备既可互联也可互换，并可以统一组态，彻底改变传统 DCS 控制层的封闭性和专用性。

④ FCS 的通信网络为开放式互联网络，既可同层网络互联，也可与不同层网络互联，用户可极方便地共享网络数据库。

⑤ FCS 的技术和标准实现了全开放，无专利许可要求，可供任何人使用。

以上变革必将导致一个全数字化、全分散式、全开放、可互操作和开放式互联网络的新一代 FCS 的出现。

3. 现场总线产生的原因

现场总线变革传统的模拟仪表和 DCS，有人表示不理解，认为模拟仪表和 DCS 技术相当成熟，几十年形成的标准和系列已被世界公认，一旦变革可能吃力不讨好。为此有必要分析模拟仪表的缺点和现场总线的优点，两者比较促使了现场总线的产生。

1）模拟仪表的缺点

① 一对一结构。一台仪表，一对传输线，单向传输一个信号，如图 8-15 所示。这种一对一结构造成接线庞杂、工程周期长、安装费用高、维护困难。

② 可靠性差。模拟信号传输不仅精度低而且易受干扰。为此采用各种抗干扰措施和提高精度措施，其结果增加了成本。

③ 失控状态。操作员在控制室既不了解模拟仪表工作状态，也不能对其进行参数调整，更不能预测故障，导致操作员对其处于"失控"状态。由于操作员不能及时发现现场仪表的故障而发生的事故已屡见不鲜。

④ 互换性差。尽管模拟仪表统一了信号标准 4～20mA DC，可是大部分技术参数仍

由制造厂商自定,致使不同厂商的仪表无法互换。

2)现场总线的优点

① 一对 N 结构。一对传输线,N 台仪表,双向传输多个信号,如图 8-13 所示。这种一对 N 结构使得接线简单、工程周期短、安装费用低、维护容易。如果增加现场设备或现场仪表,只需并行挂接到电缆上,无须架设新的电缆。

② 可靠性高。数字信号传输抗干扰强、精度高,无须采用抗干扰措施和提高精度的措施,从而减少了成本。

③ 可控状态。操作员在控制室既可了解现场设备或现场仪表的工作状况,也能对其进行参数调整,还可预测或寻找故障,始终处于操作员的远程监视与可控状态,提高了系统的可靠性、可控性和可维护性。

④ 互换性。用户可自由选择不同制造厂商的现场设备或仪表进行互连互换,实现"即接即用"。

⑤ 互操作性。用户可把不同厂商的仪表集成在一起,进行统一组态。

⑥ 综合功能。现场仪表既有检测、变换和补偿功能,又有控制和运算功能,实现一表多用,节省了成本。

⑦ 分散控制。控制站分散在现场仪表中,通过现场仪表就可构成控制回路,实现彻底的分散控制,提高了系统的可靠性、自治性和灵活性,如图 8-13 所示。

⑧ 统一组态。由于引入功能块的概念,所有制造厂商都使用相同的功能块,并统一组态方法。这样组态变得非常简单,用户不需要因为现场设备或现场仪表种类不同带来组态方法的不同,而进行培训或学习组态方法及编程语言。

⑨ 开放式系统。现场总线为开放式互联网络,所有技术和标准是公开的,用户可自由集成不同厂商的通信网络,既可与同层网络互联,也可与不同层网络互联;另外,用户可极方便地共享网络数据库。

由于模拟仪表的诸多缺点,传统 DCS 无法摆脱模拟仪表的束缚,这就使现场总线和新一代 FCS 的产生。FF 以现场总线示范工程与传统 DCS 相比,各项费用节省率为:导线 82%,螺钉 63%,接口板 50%,安全栅 50%,另外还节省材料费、工时费等。

每台现场设备就是一台微处理器,既有 CPU、内存、接口和通信等数字信号处理,还有非电量信号检测、变换和放大等模拟信号处理。现场总线的出现得益于微处理器技术、通信技术、集成电路技术的发展。

4. 现场总线的发展过程

早在 20 世纪 80 年代中期,国外就提出现场总线,但研究工作进展缓慢,而且无国际标准要遵守。下面列举部分国际组织研究现场总线经过,以便了解现场总线标准的产生历程。

1)ISA/SP50

1984 年,美国仪表学会(Instrument Society of America,ISA)下属的标准实施(standard and practice,SP)第 50 组,简称 ISA/SP50 开始制定现场总线标准。1992 年,国际电工委员会 IEC 批准了 SP50 物理层标准。

2) PROFIBUS

1986 年,德国开始制定过程现场总线(process field bus)标准,简称 PROFIBUS。1990 年,完成了 PROFIBUS 标准制定工作,在德国标准 DIN19245 中对其进行了论述。1994 年,PROFIBUS 组织又推出了用于过程自动化的现场总线 PROFIBUS-PA(process automation),通过总线供电,提供本质安全。

3) ISP 和 ISPF

1992 年,由 Siemens、Foxboro、Rosemount、Fisher、Yokogawa(横河)、ABB 等公司成立 ISP 组织,以德国标准 PROFIBUS 为基础制定总线标准。1993 年成立了 ISP 基金会 ISPF(ISP Foundation)。

4) World FIP

1993 年,由 Honeywell、Bailey 等公司牵头,成立了 World FIP,约有 120 多个公司加盟,以法国标准 FIP 为基础制定现场总线标准。

5) HART 和 HCF

1986 年,由 Rosemount 提出 HART(highway addressable remote transducer)协议即可寻址远程传感器数据通路通信协议,它是在 4~20mA DC 模拟信号上叠加 FSK 数字信号,既可用作 4~20mA DC 模拟仪表,也可用数字通信仪表。显然,这是现场总线的过渡性协议。1993 年,成立了 HART 通信信息基金会 HCF,约有 70 多个公司加盟,如 Siemens、Yokogawa(横河)、E+H、Fisher、Rosemount 等。

6) FF(现场总线基金会)

国际标准的制定过程,首先是企业标准,然后过渡到企业集团标准,最后提交给具有世界性影响的权威学术组织批准。由于各大公司或企业集团,极力维护自身的利益,互不相让,致使现场总线标准化工作进展缓慢。但广大用户要求革新模拟仪表和 DCS,尽快使用现场总线,而且当今的技术已经能满足现场总线的硬件环境和软件环境,各大仪表和 DCS 制造商又想早点有利可图,不想维持僵局。在这种情况下,1994 年 ISPF 和 World FIP 握手言和,成立了 FF,总部设在美国德克萨斯州(Texas)的奥斯汀(Austin)。该基金会聚集了世界著名仪表、DCS 和自动化设备制造商、研究机构和最终用户。

FF 成立以来的工作进展比较快,推动了现场总线的研究和产品开发。FF 是一个非商业的公正的国际标准化组织,其宗旨是制定统一的国际现场总线标准,为世界上任何一个制造商或用户提供现场总线标准。

8.3.2 5 种典型的现场总线

目前,世界上出现多种现场总线的企业、集团或国家标准。这使人们十分困惑,既然现场总线有如此多的优点,为什么统一标准却十分困难? 这里存在两个方面的原因:第一是技术原因,第二是商业利益。目前较流行的现场总线主要有 CAN、Lonworks、ProfiBUS、HART 和 FF 5 种。

1. CAN(控制器局域网络)

控制器局域网络(controller area network,CAN)是由德国 Bosch 公司为汽车的监测和控制而设计的,逐步发展到用于其他工业领域的控制。CAN 已成为国际标准化组织 ISO11898 标准。CAN 具有如下特性:

(1) CAN 通信速率为 5Kb/s/10km、1Mb/s/40m,节点数 110 个,传输介质为双绞线或光纤等。

(2) CAN 采用点对点、一点对多点及全局广播几种方式发送接收数据。

(3) CAN 可实现全分布式多机系统且无主从机之分,每个节点均主动发送报文,用此特点可方便地构成多机备份系统。

(4) CAN 采用非破坏性总线优先级仲裁技术,当两个节点同时向网络上发送信息时,优先级低的节点主动停止发送数据,而优先级高的节点可不受影响地继续发送信息;按节点类型分成不同的优先级,可以满足不同的实时要求。

(5) CAN 支持 4 类报文帧:数据帧、远程帧、出错帧和超载帧。采用短帧结构,每帧有效字节数为 8 个。这样传输时间短,受干扰的概率低,且具有较好的检错效果。

(6) CAN 采用循环冗余校验(cyclic redundancy check,CRC)及其他检错措施,保证了极低的信息出错率。

(7) CAN 节点具有自动关闭功能,当节点错误严重的情况下,则自动切断与总线的联系,这样不影响总线正常工作。

(8) CAN 单片机:Motorola 公司生产带 CAN 模块的 MC68HC05x4,Philips 公司生产 82C200,Intel 公司生产带 CAN 模块的 P8XC592。

(9) CAN 控制器:Philips 公司生产的 82C200,Intel 公司生产的 82527。

(10) CAN I/O 器件:Philips 公司生产 82C150,具有数字和模拟 I/O 接口。

2. LONWORKS(局部操作网络)

局部操作网(local operating network)LONWORKS 是美国 Echelon 公司研制,主要有如下特性:

(1) LONWORKS 通信速率为 78Kb/s/2700m、1.25Mb/s/130m,节点数 32 000 个,传输介质为双绞线、同轴电缆、光纤、电源线等。

(2) LONWORKS 采用 Lon Talk 通信协议,该协议遵循国际标准化组织 ISO 定义的开放系统互连(open system interconnection,OSI)全部 7 层模型。

(3) LONWORKS 的核心是 Neuron(神经元)芯片,内含了 3 个 8 位的 CPU:第 1 个 CPU 为介质访问控制处理器,实现 Lon Tank 协议的第 1 层和第 2 层;第 2 个 CPU 为网络处理器,实现 Lon Talk 协议的第 3 层至第 6 层;第 3 个 CPU 为应用处理器,实现 Lon Talk 协议的第 7 层,执行用户编写的代码及用户代码所调用的操作系统服务。

(4) Neuron 芯片的编程语言为 Neuron C,它是从 ANSI C 派生出来的。LONWORKS 提供了一套开发工具 LonBuilder 与 NodeBuilder。

(5) Lon Tank 协议提供了 5 种基本类型的报文服务:确认(acknowledged)、非确认(unacknowledged)、请求/响应(request/response)、重复(repeated)和非确认重复(unacknowledged repeted)。

(6) Lon Tank 协议的介质访问控制子层(MAC)对 CSMA 做了改进,采用一种新的称作 Predictive P-Persistent CSMA,根据总线负载随机调整时间槽 $n(1\sim63)$,从而在负载较轻时使介质访问延迟最小化,而在负载较重时使冲突的可能最小化。

3. PROFIBUS(过程现场总线)

过程现场总线 PROFIBUS(process field bus)是德国标准,1991 年在 DIN 19245 中公布了标准,PROFIBUS 有几种改进型,分别用于不同的场合,例如:

(1) PROFIBUS-PA(process automation)用于过程自动化,通过总线供电,提供本质安全型,可用于危险防爆区域。

(2) PROFIBUS-FMS(fieldbus message specification)用于一般自动化。

(3) PROFIBUS-DP 用于加工自动化,适用于分散的外围设备。

PROFIBUS 引入功能模块的概念,不同的应用需要使用不同的模块。在一个确定的应用中,按照 PROFIBUS 规范来定义模块,写明其硬件和软件的性能,规范设备功能与 PROFIBUS 通信功能的一致性。

PROFIBUS 为开放系统协议,为了保证产品质量,在德国建立了 FZI 信息研究中心,对制造厂和用户开放,对其产品进行一致性检测和实验性检测。

4. HART(可寻址远程传感器数据通路)

可寻址远程传感数据通路 HART 是美国 Rosemount 研制,HART 协议参照 ISO/OSI 模型的第 1、2、7 层,即物理层、数据链路层和应用层,主要有如下特性。

(1) 物理层:采用基于 Bell 202 通信标准的 FSK 技术,即在 4~20mA DC 模拟信号上叠加 FSK 数字信号,逻辑 1 为 1200Hz,逻辑 0 为 2200Hz,波特率为 1200b/s,调制信号为 ±0.5mA 或 $0.25V_{p-p}$(250Ω 负载)。用屏蔽双绞线单台设备距离 3000m,而多台设备互连距离 1500m。

(2) 数据链路层:数据帧长度不固定,最长 25 字节。可寻地址为 0~15,当地址为 0 时,处于 4~20mA DC 与数字通信兼容状态;当地址为 1~15 时,则处于全数字通信状态。通信模式为"问答式"或"广播式"。

(3) 应用层:规定了 3 类命令,第 1 类是通用命令,适用于遵守 HART 协议的所有产品;第 2 类是普通命令,适用于遵守 HART 协议的大部分产品;第 3 类是特殊命令,适用于遵守 HART 协议的特殊产品。另外,为用户提供了设备描述语言(device description language,DDL)。

5. FF(现场总线基金会)现场总线

FF 是国际公认的唯一不附属于某企业的公正非商业化的国际标准化组织,其宗旨是制定统一的现场总线国际标准,无专利许可要求,可供任何人使用。现场总线标准参照 ISO/OSI 模型的第 1、2、7 层,即物理层、数据链路层和应用层,另外增加了用户层。FF 推行的现场总线标准以 IEC/ISA SP-50 标准为蓝本。

8.3.3　FF 现场总线技术

　　FF 现场总线标准共有 4 层协议,即物理层、数据链路层、应用层和用户层。下面简单介绍该标准各层协议的主要技术内容。对用户而言,物理层和用户层比较重要,因为前者有关于系统安装的若干规定,后者有关于组态的内容。

1. 物理层

　　物理层(physical layer)标准已通过多年。标准号是 IEC1158-2。目前已有 6 家公司生产出低速总线 H1 标准的专用芯片(ASIC),并可出售,它们是 Smar、YOKOGAWA、Shipstar、Borst、Automation、Fuji、VSLI。物理层的任务是接收来自数据链路层数据经再加工变为电信号进行传输,或接收到信号后进行相反的处理并将数据送交数据链路层。

　　物理层定义了传送数据帧的结构,信号波形的幅度限制,以及传输介质、波特率、功耗和网拓扑结构。

　　(1) 传输介质可以采用有线电缆、光纤和无线通信。目前采用有线电缆作为传输介质已给出标准见 ISA-SP50.02 Port2。例如,使用屏蔽双绞线:H1 标准(31.25Kb/s)为 ♯18AWG;H2 标准(1Mb/s)为 ♯22AWG;H2 标准(2.5Mb/s)为 ♯22AWG。

　　(2) 通过有线电缆传送信号的波特率定义了两种速率标准。

　　① H1:31.25Kb/s 低速率网络。采用 H1 标准,可以利用现有的有线电缆,能满足本质安全要求和利用同一电缆向现场装置供电。采用 H1 标准在同一电缆上连接 2～6 台现场装置,可以满足本质安全要求。采用 H1 标准在同一电缆线上连接 2～12 台现场装置,但不满足本质安全要求。如果单独用电缆线供电,那么,在同一传输信号的电缆线上,可以连接 2～32 台的现场装置,但不满足本质安全要求。

　　② H2:1Mb/s/2.5Mb/s 高速网络。H2 标准极大地提高了传输波特率,但不能用信号线供电。

　　(3) H1 标准最大传输距离为 1900m(无须中继器),最多串接 4 台中继器。H2 标准在 1Mb/s 波特率下,最大传送距离 750m;在 2.5Mb/s 波特率下,最大传送距离 500m。

　　(4) 现场总线协议支持总线状、树状和点对点状 3 种拓扑结构。其中,树状结构仅支持低速 H1 版本。

　　(5) 编码方式和报文结构。

　　控制设备的数据交换采用同步串行半双工方式,设备可在同一媒体中发送和接收数据,但发送和接收过程不能同时进行。现场总线数据信号采用自时钟 Manchester 编码方式。由于数据传输过程是同步的,因此每帧数据无须使用起始位和停止位。在 Manchester 码中,编码时钟和数据结合在一起,所以上升沿代表逻辑 0,下降沿代表逻辑 1。

　　每帧报文的格式由前同步符(preamble)、首定界符(start delimiter)、数据段和尾定界符(end delimiter)4 部分组成(见图 8-16)。前同步符相当于电话信号中的振铃信号,用于唤醒接收设备,并使之与发送设备保持同步。每段报文中数据段的开头和结尾部分由定界符标出。请注意,定界符不同 Manchester 码,它用非数据正 N+ 和非数据负 N− 表示,这样可以有效地标明数据段的范围。前同步符和定界符由发送设备中的物理层自动加到报文中,并在接收设备的物理层中被自动去掉。

图 8-16　现场总线报文结构

2. 数据链路层(data link layer)

这一层由上下两部分组成:下层部分功能是对传输介质传送的信号进行发送、接收控制;上层部分功能是对数据链路进行控制,保证数据传送到指定的装置。

在现场总线网络中的装置可以是主站,也可以是从站。主站有控制发送、接收数据的权力,从站仅有响应主站访问的权力。

现场总线为实现对传送的信号进行发送、接收控制,采用了融令牌和查询通信方式为一体的技术。在一个网络中可以有几个主站。初始化时,仅允许一个站处于讲工作状态。讲工作状态传来后,主站查询从站,并用特殊的帧结构把讲工作状态送给另一主站。

在网络中的装置均要有不冲突的站地址。所有的帧中包含目标地址和源地址。

为了满足系统的可靠性,传送的数据必须可靠,所以在发送站的每一帧中加了两个字节的帧检查序列码(FCS)。在接收站进行解码,可以判断是否有错。

在现场总线系统有两类信息,即工作信息、背景信息。工作信息是指在装置之间传送的数据,如过程变量。

背景信息是指在某装置与操作台之间传送的数据,如组态和诊断。

总之,数据链路层的任务是保证数据的完整性和决定何时与谁进行对话,数据链路帧格式如下:

格式控制	目标地址	源地址	参数	数据	校验

3. 应用层(application layer)

现场总线访问子层 FAS 和现场总线报文规范 FMS 两部分构成了应用层。

现场总线访问子层(fieldbus access sublayer,FAS)提供 3 类服务:发布/索取 (publisher/subscriber),客户机/服务器(client/server),报告分发(report distribution), 这 3 类服务被称为虚拟通信关系(virtual communication relationships,VCR)。

现场总线报文规范(fieldbus messaging specification,FMS)。FMS 规定了访问应用进程(application process,AP)的报文格式及服务。FMS 与对象字典(object dictionary, OD)配合,为现场设备规定了功能接口。FMS 通过调用 VCR,在现场设备之间传递报文。

4. 用户层

用户层规定了标准的"功能块"供用户组态成为系统。利用功能块数据结构执行数据采集、控制和输出功能。每一个功能块包含一种对数据进行处理的算法。用户为每一个功能块定义一个名称,称为块标记。在同一网络中名称必须唯一。数据被分解成输入、输出和内部变量。

利用句法、标记、参数名称在整个现场总线网络中寻找功能块。现场装置对用户在功能块中读写的数据按预先的算法进行处理。并具有将改变了的特性下装到整个现场总线网络的应用层的能力。

FF 规定了以下基本功能块:模入 AI,控制选择 CS,模出 AO,开入 DI,P、PD 控制, 开出 DO,手动 ML,PID、PI、I 控制,偏置/增益 BG,比率 RA。它还规定了以下先进功能模块:脉冲输入、步进输出 PID、输入选择、复杂模出、装置控制、信号特征、复杂开关出、设定值程序发生、定时、分离器、运算、模拟接口、超前滞后补偿、积算、开关量接口、死区、模拟报警、算术运算、开关量报警等。

8.4 工业以太网测控系统

8.4.1 工业以太网测控系统概述

1. 以太网概述

以太网是当今现有局域网采用的最通用的通信协议标准,组建于 20 世纪 70 年代早期。Ethernet(以太网)是一种传输速率为 10Mb/s 的常用局域网(LAN)标准。在以太网中,所有计算机被连接一条同轴电缆上,采用具有冲突检测的载波监听多路访问(carrier sense multiple access/collision detection,CSMA/CD)技术,采用竞争机制和总线拓扑结构。以太网由共享传输媒体,如双绞线电缆或同轴电缆和多端口集线器、网桥或交换机构成。在星状或总线状配置结构中,集线器/交换机/网桥通过电缆使得计算机、打印机和工作站彼此之间相互连接。

2. 工业以太网

所谓工业以太网(industrial ethernet),就是应用于工业自动化领域的以太网技术。近几年来,随着互联网技术的普及与推广,以太网也得到了飞速发展,特别是以太网通信速率的提高、交换技术的发展,给解决以太网的非确定性问题带来了新的契机:首先,以太网的通信速率从 10Mb/s 发展到 10Gb/s,在相同通信量的条件下,通信速率的提高意味着网络负荷的减轻和碰撞的减少,也就意味着提高确定性;其次,以太网交换机为连接在其端口上的每个网络节点提供了独立的带宽,连接在同一个交换机上面的不同设备不存在资源争夺,这就相当于每个设备独占一个网段;再次,全双工通信技术又为每一个设备与交换机端口之间提供了发送与接收的专用通道,使不同以太网设备之间的冲突大幅降低(半双工交换式以太网)或完全避免(全双工交换式以太网)。因此,以太网成为"确定性"网络,从而为它应用于工业自动化控制消除了主要障碍。

3. 原理及体系结构

工业以太网协议有多种,如 HSE、ProfiNet、Ethernet/IP、Modbus TCP 等,它们在本质上仍基于以太网技术(即 IEEE 802.3 标准)。对应于 ISO/OSI 通信参考模型,工业以太网协议在物理层和数据链路层均采用了 IEEE 802.3 标准,在网络层和传输层则采用被称为以太网"事实上"标准的 TCP/IP 协议簇(包括 UDP、TCP、IP、ARP、ICMP、IGMP 等协议),它们构成了工业以太网的低 4 层。在高层协议上,工业以太网协议通常都省略了会话层、表示层,而定义了应用层,有的工业以太网协议还定义了用户层(如HSE),如图 8-17 所示。

以太网根据不同系统规模和具体情况,灵活采用星状、环状(包括冗余双环)、线状(或类总线状)结构等网络拓扑结构。工业以太网中使用的通信线缆包括同轴电缆、双绞线和光缆,遵循电气和电子工程师协会(IEEE)指定的相关标准。根据工业环境的状况,工业以太网对环境的适应性要比传统的商业以太网更强,包括设备、通信缆、连接件在内的防爆性、抗腐蚀性、机械强度、电磁兼容性等等。

图 8-17　工业以太网通信模型

工业以太网的关键技术包括工业以太网通信的实时性、工业以太网的网络生存性和可用性、工业以太网的网络安全、工业以太网的传输距离、工业以太网的互可操作性与应用性协议。

4. 工业以太网的应用

工业以太网在技术上与商用以太网(即 IEEE 802.3 标准)兼容,但在产品设计时,在材质的选用、产品的强度和适用性方面能满足工业现场的需要,具有环境适应性强、可靠性和安全性高、安装方便的特点。因此,与其他现场总线或工业通信网络相比,以太网具有应用广泛、成本低廉、通信速率高、软硬件资源丰富、易于 Internet 连接、可持续发展潜力大的优点,因此不仅垄断了工厂综合自动化的信息管理层网络,而且在过程监控层网络也得到了广泛应用,并且有直接向下延伸,应用于工业现场设备层网络的趋势。

8.4.2　工业以太网测控系统

根据控制网络系统功能和规模的需求,建立工业控制平台,能够实现不同类型的信号采集和控制。完成采集和控制功能的途径有很多种,通常最常用的网络结构有基于 PLC 的分布式测控网络、基于 IPC 的测控网络(RS-485 总线架构、现场总线架构、工业以太网架构,以及以上方式的组合架构等)。以太网类产品因其远距离的数据传输能力,高速的数据通信能力正在成为工业应用的主导。以太网 I/O 模块向上提供一路 10/100M 以太网接口,利用其提供的 I/O 转以太网功能,能够将分散分布在工业现场的各种 I/O 数据通过工业以太网集中采集至服务器,系统的相应指令也可以通过工业以太网下发至工业现场设备用于控制现场设备的运行。

1. 基于 ADAM-6000 模块的工业以太网结构

ADAM-6000 系列产品是基于 Ethernet 的数据采集和控制模块,它们集数据采集和网络传输能力于一身。使用这些模块可以轻而易举地建立低成本、适应于各个行业的基于 Ethernet 的数据采集和控制系统。通过标准的以太网,ADAM-6000 模块可以实时地将来自传感器的数据发送到局域网/以太网节点上。

1) ADAM-6000 模块的主要特征

ADAM-6000 模块具有 10M/100M 自适应网络能力,支持工业通用的 Modbus/TCP 协议、UDP 协议。通过 UDP/IP 协议,可以同时向 8 个以太网节点发送数据。研华还为 ADAM-6000 提供了 OPC 服务器,在支持 OPC 的 HMI/SCADA 软件中可以方便地使用。

ADMA-6000 模块预置了智能数学函数,提升了系统的性能。其中,数字量输入模块提供了计数,总和函数;数字量输出模块提供了脉冲输出,继电器输出函数;模拟量输入模块提供了最大/最小/平均数据计算;模拟量输出模块提供了 PID 回路控制函数。

ADAM-6000 模块在同一个模块上集成多种类型的数据采集 I/O。ADAM-6000 模块提供了一个预置的 Web 页面,可以通过网络来实时显示端口数据,报警信号和模块状态,可通过网络浏览器实时的监控端口数据。ADAM-6000 模块支持通用的 Modbus/TCP 协议,可以便捷地同网络控制器或内置了 Modbus/TCP 协议的 HMI/SCADA 软件连接使用。研华还为 Mobus/TCP 提供了 OPC 服务器来和支持客户 OPC 的软件连接 ADAM-6000 模块实时数据,用户无须担心是否需要额外的驱动。以 Modbus/TCP 标准为基础,ADAM-6000 固件灌入了 Modbus/TCP 服务器。同时,研华还提供了 DLL 驱动程序,OPC 服务器,以及 Windows 配置工具。用户可以使用 Windows 配置工具,通过 Modbus/TCP 驱动程序或 Modbus/TCP OPC 服务器与 HMI 软件结合,配置 DA&C 系统,也可以使用 DLL 驱动程序或 ActiveX 控件开发应用系统。

2) 基于 ADAM-6000 模块的硬件架构

工业以太网系统由研华 ADAM-6000 系列模块组成,如图 8-18 所示,包括热电阻输入模块 DAM-6015,差分模拟量输入模块 ADAM-6017,热电偶输入模块 ADAM-6018,具有以太网 10/100Base-T 接口的数字量输入输出模块 ADAM-6050、ADAM-6051,以及具有以太网 10/100Base-T 接口的继电器输出模块 ADAM-6060、32 位计数器模块 ADAM-6051、模拟量输出模块 ADAM-6024。TL-WA200 和 EDS-16 通过 RJ45 接头进行连接。

图 8-18　基于工业以太网的测控系统结构图

3) 常用的 ADAM-6000 系列远程 I/O 模块

(1) 模拟量输入输出模块

模拟量输入模块通过为 A/D 提供的光电隔离和 3000V 变压器隔离防止对地环路/浪涌电压对设备造成损坏。

ADAM-6015 是 16 位,6 通道热电阻输入模块,各通道输入范围可调。可以连接 Pt100、Pt1000、Balco 500 或者 Ni50、Ni508 热电阻。以工程单位形式向主机发送数据。

ADAM-6017 是 16 位 8 通道差分模拟量输入模块,通道输入范围均可程控。

ADAM-6018 是 16 位 8 通道热电偶输入模块,所有通道的输入范围均可程控。

ADAM-6024 是 3 个模拟量输入 1 个模拟量输出。

(2) 数字量输入输出模块

ADAM-6050 具有 12 个数字量输入,6 个输出通道,并且为以太网的无缝连接提供了 10/100 Base-T 接口。

ADAM-6051 提供 12 路数字量输入,2 路数字量输出和 2 个计数器(10MHz 时基)并且为以太网的无缝连接提供了 10/100 Base-T 接口。

(3) 继电器输出模块

ADAM-6060 提供 6 路继电器输出,6 路模拟量输入,并且为以太网的无缝连接提供了 10/100 Base-T 接口。除了以太网口,内置网页,ADAM-6050 还提供了 6 路继电器输出和 6 路模拟量输入。

2. ADAM 以太网模块的应用软件

ADAM-6000 系列模块使用集成的专用应用软件工具进行系统配置,应用软件名称为 ADAM-5000TCP/6000 Utility Program,该工具同时支持 ADAM-5000/TCP 和 ADAM-6000 模块,提供了图形化的界面来方便用户的配置工作,同时也可以方便地用来监控远端的 DA&C 系统。

3. 基于研华 ADAM-6000 模块构成工业以太网测控系统举例

下面以研华 ADAM-6050 开关量输入输出模块为例,介绍其在工业以太网测控系统中的应用。研华 ADAM-6050 是一款基于以太网的数据采集模块,支持 ASCII 码、Modbus/TCP、TCP/IP、UDP 协议。该模块不仅可以实现通用的开关量输入输出,也可以实现计频计数和脉冲输出及延时输出,同时,该模块支持 P2P 和 GCL 功能。P2P 和 GCL 功能实现了在无控制器的情况下,ADAM-6050 和其他同类模块之间的数据通信与逻辑处理能力。P2P 和 GCL 编程采用简单易学的图形化编程,既可以实现单个模块的逻辑处理,也可以实现多个模块的逻辑处理。当 ADAM-6050 运行控制逻辑时,用户可在计算机中通过 ADAM. NET utility 观察当前的逻辑执行情况。除此之外,任何一台计算机都可通过 HMI/SCADA 软件或网页浏览器(如 IE)等访问逻辑过程输入输出变化,因此整个系统是开放的,任何人不论何时何地都可方便进行监控。

1) 系统模块选用

- 5 个 12 路输入/6 路输出开关量模块 ADAM-6050。
- 8 个工业 10/100TX 单模光纤媒体转换器 EKI-2541S。
- 1 个工业级 8 端口非网管型以太网交换机 EKI-2528。

2) 系统架构图

从图 8-19 可以看出,整个系统架构简单,仅需 5 个 ADAM-6050 模块就可以实现多个分布在不同地域的工厂主要报警状态的监控,无须另外的计算机。如果原有 Ethernet 网络架构,则可将 ADAM-6050 模块直接接入网络中,更可节省布线。

图 8-19 基于研华 ADAM-6000 模块构成工业以太网测控系统架构图

8.5　系统集成与集成自动化系统

8.5.1　系统集成的含义与框架

1. 系统集成的含义

系统(system)是由多个元素有机结合在一起,并执行特定功能以达到特定目标的集合体,系统应有整体性、层次性、相关性、目的性以及环境适应性等特性。集成自动化系统是比较复杂的系统,企业网络也是一个系统,也可能是集成自动化系统中的一个子系统。

集成(integration)又可称为综合,可理解为:一个整体的各部分之间能彼此自动地、协调地工作,以发挥整体效益,达到整体优化的目的。集成不仅仅是各种元素的简单拼接,而且要产生集成的效果。集成(integration)的思想存在于人们生活的方方面面。

系统集成(system integration)可理解为:按系统整体性原理,将原来没有联系或联系不紧密的元素组成为具有一定功能的、满足一定目标、相互联系、彼此协调工作的新系统的过程、技术与科学,由而引出系统集成工程、系统集成技术、系统集成方法或理论、系统集成体系结构或框架以及系统集成商(者)等。

系统集成以及集成自动化系统引起复杂性和多样性而难以从一个角度或用一个视图来分析综合。需要采用递阶(分层)的或多维的体系结构描述,而网络系统集成是各类系统集成的重要基础或支撑环境,在集成自动化系统的体系结构中,计算机网络系统是一个重要的组成部分。

2. 网络系统集成框架

1) 控制网络与企业网络的集成框架

在现场总线控制系统(FCS)的层次结构中,出于基础的现场控制层和操作监控层是FCS 必须具有的基本结构,属于控制网络;上面的生产管理层和决策管理层是企业信息网络必须具有的基本结构,属于信息网络或数据网络。这两类网络的集成可以看作是FCS 和企业网络的集成。FCS 和企业网络的集成技术可以有以下两种框架。

(1) 网间连接技术

FCS 网络和企业网络之间通过网桥、路由器或网关等网间连接器互联,如图 8-20 所示。从协议的层次看,网桥(或交换器)是在链路层将数据帧存储转发,路由器是在网络层转发数据,一般把用于网络层以上的网络连接器通称为网关。

(2) OPC 技术

对象链接嵌入(object linking and embedding,OLE)技术已广泛应用,OPC 是用于过程控制的对象链接嵌入(OLE for process control)技术。OPC 采用客户/服务层(client/server)结构,OPC 服务器对下层设备提供接口,使得现场控制层的各种过程信息能够进入 OPC 服务器,从而实现向下互联;另外,OPC 服务器还对上层设备提供标准的接口,使得上层企业网络设备能够取得 OPC 服务器中的数据,从而实现向上互联。而且这两种

图 8-20　FCS 和企业网络的集成

互联都是双向的,也就是说,OPC 是 FCS 和企业网络之间连接的桥梁,如图 8-20 所示。

FCS 和企业网络的集成以及 FCS 和互联网的集成还涉及一些关键技术,包括以下一些。

① OPC:用于过程控制的对象链接嵌入技术。

② ODBC:开放数据库连接(open data base connectivity)技术。

③ ASP:动态服务器主页(active server page)技术。

④ ActiveX:用于客户端和服务器端的 ActiveX,包含 3 种对象,即 ActiveX control、ActiveX scripting 和 ActiveX document。

⑤ ADO:ActiveX 数据对象(activeX data object)用于 Web 服务器中数据库编程。

FCS 和网络的集成可构成远程监控系统(remote supervisory system,RSS),实现 Infranet、Intranet 和 Internet 的互联。人们通过网络对远方生产过程进行监控和控制,对现场设备进行诊断和维护,对生产企业进行管理和指导。

2) 控制网络系统集成框架

控制网络的集成主要考虑目前几种控制系统,即分布式控制系统(DCS)、现场总线控制系统(FCS)和以工业计算机为基础的开放式控制系统等的网络集成问题。

控制网络集成面临的问题包括:多种现场总线协议的转换,FCS 与 DCS 的网络集成,FCS 与 DCS 的系统集成以及网络环境下控制系统的集成平台等。

(1) 现场总线与分布控制系统(DCS)输入输出总线的集成

DCS 的控制站主要由控制单元(control unit,CU)和输入输出单元(input output unit,IOU)组成,这两个单元之间通过 I/O 总线连接。控制单元的功能主要有 3 条,一是通过 I/O 总线与输入输出单元通信,建立 I/O 数据库;二是实现运算和控制功能,完成用户组态的控制策略;三是和 DCS 网络通信,与工程师站、操作员站、监控计算机站等构成 DCS 系统。输入输出单元的 I/O 总线上挂接了各类 I/O 模板,包括模拟量输入、模拟量输出、数字量输入和数字量输出等。

在 I/O 总线上挂接现场总线接口板或现场总线接口单元(fieldbus interface unit,FIU),如图 8-21 所示,现场设备或现场仪表通过现场总线与 FIU 通信,FIU 再通过 I/O 总线与 DCS 的控制单元通信。这样便实现了现场总线和 DCS 输入输出总线的集成,即现场总线和 DCS 控制站的集成。

图 8-21　现场总线和 DCS 输入输出总线的集成

（2）现场总线与分布式控制系统网络的集成

将现场总线服务器挂接在 DCS 网络上，参见图 8-22。将现场总线控制系统当成

图 8-22　现场总线和 DCS 网络的集成

DCS 网络上的一个节点，这种做法保留了 DCS 的资源和功能，而现场总线上可以独立构成控制回路。

（3）现场总线与分布式控制系统的集成

现场总线和分布式控制系统各自成独立的系统，在两个系统间设网关互相联系。两个系统分别保持其独立性，而又相互联系，参见图 8-23。

图 8-23 FCS 和 DCS 系统的集成

8.5.2 集成自动化系统的体系结构

被集成的系统应具有一定的体系结构，如对于生产企业而言，需集成底层设备、过程控制、自动加工机械、计算机、操作员、经理人员和通信系统等各个部分。随着工业设备、计算机、通信技术都越来越开放和标准化，按照一定的标准将不同供货商的产品和服务进行组合，构成集成的开放系统，由服务供应商承担责任和风险，对用户提供"交钥匙"（turn-key）工程，成为系统集成的主要任务。系统集成不是一套单一的系统，也不是一套计算机硬件（包括计算机系统和网络），更不是一套软件（如 ERP）；系统集成不仅仅是开放系统和标准化，而是一种融合了应用系统行业特征、计算机知识、通信技术和系统工程方法的综合技术，它包含了许多思想、哲理和观念，是指导应用系统建设的总体规划、分步实施的方法和策略，是向用户提供符合需求的一体化解决方案。根据系统的应用特征，可以有控制系统集成、计算机系统集成、制造系统集成、金融信息系统集成、卫生保健信息系统集成、智能楼宇集成以及家电系统集成等多种集成行业。从事系统集成的企业也因各自具有对专门的行业系统集成的经验而被划分成相应行业的系统集成者或相应行业的信息系统集成者。

虽然对于各个不同的行业，系统集成的主要任务和所参考的技术有所不同，但从广义上来看，所有系统集成都包括系统体系结构、物理集成、信息集成、功能集成、经营集成和人机集成等方面的内容，因此都必须按照一定的系统化方法来进行。

1. 集成系统的体系结构

每一种特定的集成系统都是在信息科学与计算机技术的推动下,对系统原有业务流程进行有序改革和整合而发展起来的新型高效多能系统。这种新型高效多能系统具有明确的体系结构。集成系统是个别开发的非现卖品,它不可以直接从某处购得;在集成系统的设计过程中,遇到的技术、人员、社会和经济因素繁多,它们对系统的影响巨大,所需的知识分散在许多不同人的头脑之中。考虑系统体系结构,以系统的手段定义系统结构、参考模型,提出形式化建模方法、系统化分析与设计方法及综合指标评价方法,可以降低集成风险,提高集成效益,有效延展集成系统的生命周期。

集成系统的体系结构,目的在于为特定的系统集成提供一整套结构(structure)、模型(model)、基础设施(infrastructure)和实施方法(implementation)。也可以从视角(或观点)、时间尺度和参考模型这 3 个方面来理解集成系统的体系结构。从时间角度来看待系统集成,它应该包括系统概念形成、可行性论证、需求分析、设计和实施以及运行等阶段。系统总是有生有灭的,而且系统的生灭是不断循环的。每个阶段所面临的任务不同,采用的技术手段和方法各异,核心问题呈现各自特有的重点。集成的基础设施是集成自动化企业中另一项重要内容。因为在实践中,各种应用系统的集成往往是在多厂商提供的各种异构的软件、硬件的基础上,把各项单元技术的应用综合为一个整体,这就需要有一个能把不同层次的异构系统联系在一起的超级操作系统以及集成的基础设施。一般认为,应用系统的集成基础设施至少包括:实现全系统范围的信息交换和通信管理的通信服务,实现全系统范围的数据及数据管理的信息服务,包括应用程序前端、机器前端和人的前端的前端服务,以及实现经营过程控制服务、活动控制服务和资源管理服务的经营过程服务。这些服务的基本作用是完成异构的同化作用,使得用户可以通过集成的基础设施而方便地使用异构系统。

实施方法也属于集成自动化系统体系结构的一部分。在探讨集成自动化系统时,应将系统工程的思想和方法贯彻于始终,明确提出每个阶段的任务、重点、方法、可使用的模型和技术,确立各阶段的文档要求,分清各人的责任,使得每项工作都紧密围绕核心的集成问题,每个人的每项活动都可以检查。

2. 系统集成的各个方面

1) 系统集成的核心——信息集成

狭义的系统集成就是信息集成,即利用计算机、通信、数据库等信息处理技术和设备,采用一定的系统结构和设施对组织内外的业务数据流进行操作、传输和重组。信息集成所涉及的关键技术是数据分析、处理与操作,即通常所谓数据库技术。表 8-2 归纳了数据库技术的进展情况。

数据库的设计有许多现成的方法和成功的经验可供参考,如 DD(数据字典)、DFD(数据流图)、E-R(实体-关系)、IDEF1x 以及面向对象的设计方法等。

表 8-2　数据库技术的进展

年代	20 世纪 60、70 年代	20 世纪 80 年代	20 世纪 90 年代初～中	2000 年前后
特征	大型数据文件	集中式 DBMS 界面处理与业务逻辑集中在服务器端	分布式 DBMS 界面处理与业务逻辑分离的 C/S 结构	分布式 DBMS 浏览器/WWW 服务器/DB 服务器三层结构
硬件	主机-终端	LAN	LAN 连接而成的 WAN	Internet
数据库	无	非开放式关系型	开放式关系型	开放式面向对象型

2) 系统集成的基础——物理集成

将系统所覆盖的各种通信、计算、控制和处理资源(包括计算机、机械处理设备与操作管理人员)实际连接起来,形成一个相互通信的整体(或称为系统的基础设施,infrastructure),这是物理集成的主要内容。

物理集成的关键技术是计算机及通信网络技术。一般而言,集成系统的网络可以分成 Infranet(企业控制网)、Intranet(企业内部网)和 Extranet(企业外部网)3 个部分。值得注意的是,网络技术的发展对系统的组织管理模式不断提出新的挑战,如今的制造业已经出现了"扁平化结构"、"动态企业联盟"以及"虚拟企业"等趋势。好的系统集成者不仅仅为应用系统搭建一个可用网络,而是要深入分析应用系统业务流需求,找到它们与网络技术的关联,进而设计出更完整有效的应用系统基础设施。

3) 系统集成的目标——功能集成

毋庸讳言,系统集成的任务是利用先进技术重组应用系统经营流程,从而实现既定功能,并为企业获得进一步发展空间。因此,系统集成者必须从系统功能的角度入手解剖应用系统业务流,分析数据关系;而不是反其道而行之。

进行系统功能分析和设计的常用方法有 U/C(使用/创建)矩阵、HIPO(递阶输入-处理-输出)、IDEF0 等。

4) 系统集成的关键——人机集成

系统集成中容易被忽视的是对人的考虑。集成系统不是完全自动化的系统,这是因为:有时因为成本或技术原因必须采用人力取代可能的自动化设备;人是系统的创建者、指挥者,人必须闭环在应用系统中。有数据表明,制造业中 70% 的系统故障源于人的错误判断或操作,金融系统中人的决策错误会造成重大经济损失。我们认为,集成的系统应是一个人机系统,即人机合理分工合作的人、机、环境和谐的系统。

人机集成可以从 3 个角度来考虑:从实施的角度确定自动化与人的创新劳动的分界;从生命周期的角度确定人、机在各阶段中的作用;从系统结构的角度确定不同人机交互的层次。

5) 系统集成的灵魂——经营集成

任何企业都有一定的经营目标。制造企业是以最优质的产品最大程度地满足客户要求以获得最大利润;证券服务要以最快捷、准确全面的信息和分析帮助投资者迅速做出正确判断和行动;政府机关以服务大众、稳定社会为目标。系统集成最终必须为经营目标服务,为经营者提供更好的经营环境。

虚拟企业是经营集成的一个良好实例。所谓虚拟企业,指原来独立经营的企业因为共同的利益彼此合作,形成地理上分布、经营上协调的虚拟实体。系统集成者在进行新的应用系统集成时,要充分考虑给予经营者更多的经营优势,如引入 GDSS(群决策支持系统)、CSCW(计算机支持协同工作)、动态企业联盟、Extranet 等。

6) 系统集成的约束——价值集成

系统集成者面临的集成任务常常是对原有分散的信息资源进行重新整合,而不是建立一个全新的系统。因此,如何使原有系统价值得以保留,是价值集成要解决的问题。原有系统的价值可能体现在客户数据等信息资源上,也可能体现在各种档次的计算机、操作设备等软硬件资源上,还可能体现在管理、操作人员的经验上。

7) 系统集成的保证——技术集成

系统集成者必须密切关注技术的发展进程,主动将最新的技术思想和成熟的产品引入系统设计中,以确保设计的系统在若干年内仍具有生命力。

在具体的系统集成实践中,集成需要妥善处理先进性与实用性、通用性与专用性、长远与当前、开放性和安全性的技术协调。

8.6　综合自动化技术

在现代工业生产中,综合自动化系统不仅包括各种简单和复杂的自动调节系统、顺序逻辑控制系统、自动批处理控制系统、连锁保护系统等,也包括各生产装置先进控制、企业实时生产数据集成、生产过程流程模拟与优化、生产设备故障诊断和维护、根据市场和生产设备状态进行生产计划和排产调度系统、以产品质量和成本为中心的生产管理系统、营销管理系统和财务管理系统等,涉及产品物流增值链和产品生命周期的所有过程,为企业提供全面的解决方案。

8.6.1　5 层 Purdue 模型

在图 8-24 所示的 Purdue 模型中,流程工业综合自动化系统自下而上从功能上分为过程控制、过程优化、生产调度、企业管理和经营决策 5 个层次,将生产过程和管理过程明显分开。

流程工业的生产过程是连续进行的,不能中断。各层之间的联系如图 8-25 所示。各个层次的作用分别如下。

(1) 经营决策系统:依据企业内部和外部信息对企业产品策略、中长远目标、发展规划和企业经营提出决策支持。

(2) 企业管理系统:对厂级、车间、各科室的生产和业务信息实现集成管理,并依据经营决策指令制定年、季、月综合计划。

(3) 生产调度系统:完成生产计划分解,将年、月生产计划分解成旬、周、五日、三日或日作业调度计划,以形成调度指令,及时指挥生产。

(4) 过程优化系统:根据调度指令完成过程优化操作、先进控制、故障诊断、过程仿

图 8-24 Purdue 模型

图 8-25 流程工业综合自动化系统的功能层次

真等功能。

（5）过程控制系统：完成对生产过程的监测和常规控制。

虽然这种体系框架在流程工业综合自动化系统的发展过程中起过很大的推动作用，但随着研究与开发的深入，它在综合自动化系统的设计和应用实践中遇到了较大问题。在流程工业企业的生产经营活动中，除了底层的过程控制与顶层的企业管理和经营决策外，在中间层次是很难将生产行为与管理行为截然分开的。因此，在牵涉到大量既有生产性质又有管理性质的信息时,根据五层结构模型就很难明确划分应该属于综合自动化系统的哪一层次,这就造成了流程工业综合自动化系统研究与开发过程中概念的混乱和标准的难以统一。

8.6.2　ERP/MES/PCS 三层结构

1. ERP-MES-PCS 三层结构模型

为较好地解决上述问题,人们希望从企业经营管理、生产管理和过程控制 3 个方面,实现企业的综合自动化,如图 8-26 所示,即建立企业资源管理系统(enterprise resources planning,ERP)、生产执行系统(manufacturing execution system,MES)和生产过程控制系统(process control system,PCS)。三层结构的优势在于:

1) 更适合于扁平化的现代企业结构

相比于传统的五层 CIM 体系结构,PCS-MES-
ERP/SCM 构成的三层结构更符合现代企业生产管理结构"扁平化"思想,促使管理以职能功能为中心向以过程为中心转变,更易于集成和实现,进而解决了当前软件生产经营总经营层和生产层之间脱节的现状。

图 8-26　流程工业综合自动化系统

2) 生产成本较低

目前,许多软件开发商支持开发的 MES 软件,
MES 广泛采用分布式技术和重构技术,容易建立和被操作人员迅速掌握,开发费用较低。同时,由于当前许多企业已经购买和实现了企业的生产层和管理层的软件,可以在这些系统的基础上实现企业的集成,成本较低。

3) 适用范围广

MES 较好地解决了流程工业中存在的过程、设备、原料费用高,不可控因素多,计划于实际生产脱节等问题。

这一结构将流程工业综合自动化系统分为单纯考虑生产过程问题的过程控制系统 PCS,单纯考虑企业经营管理问题的企业资源规划 ERP,以及考虑生产与管理结合问题的中间层制造执行系统 MES,使流程工艺综合自动化系统中原本难以处理的具有生产与管理双重性质的信息问题得到解决。

过程控制系统(PCS)是针对生产过程的需求和特点,运用控制理论对控制系统进行分析和综合,并采用适当的技术手段加以实现,以满足生产过程的安全性、经济性和稳定性等经济技术指标,其目标是使某一生产过程处于最佳运行状态。由于流程工业生产规模大,工艺流程复杂,若由人力直接参与操作与控制,劳动强度大,容易出事故,因此,流程工业企业生产过程自动化程度比其他企业要高,大多数都采用仪表控制,特别是采用分布式控制系统(DCS)或可编程程序控制器(PLC)来控制底层的工业生产过程。有些企业已采用先进控制技术,以保证生产单元和装置的平稳优化控制。

企业经营管理决策层利用 ERP 给出企业产品策略,其中包括产品品种、数量、上市

时间等指标，并制订出优化生产计划。生产执行系统 MES 根据企业的设备、原材料等情况，由生产调度系统编制生产调度指令，对各生产装置（或单元）进行优化计算，给出优化配方或生产方案（设定值），从而使控制层按照优化的配方或生产方案对底层工业生产过程进行实时操作与控制。

流程工业综合自动化在获取生产流程所需全部信息的基础上，将分散的控制系统、生产调度系统和管理决策系统有机地集成起来，综合运用自动化技术、信息技术、计算机技术、生产加工技术和现代管理科学，从生产过程的全局出发，通过对生产活动所需的各种信息的集成，集控制、监测、优化、调度、管理、经营、决策于一体，形成一个能适应各种生产环境和市场需求的、总体最优的、高质量、高效益、高柔性的现代化企业综合自动化系统，以达到提高企业经济效益、适应能力和竞争能力的目的。

2. 流程工业企业资源计划系统的功能和特点

在流程工业自动化系统中，流程工业企业资源计划（ERP）系统是重要组成部分，它负责生产计划制定、库存控制和财务管理，侧重于企业生产组织、生产管理、经营决策等方面的优化。软件功能组成上，流程工业 ERP 系统包含了主生产计划、生产作业计划、物料需求计划、销售管理、采购管理、成本管理、库存管理、财务管理及生产数据管理；同时，流程工业 ERP 系统还增加了体现流程工业特点的配方管理、计量单位的转换、关联产品、副产品流程作业管理、维护管理等功能。例如，流程工业存在着周期性全局停车检修程序，ERP 系统可以通过收集和处理企业生产全过程的日常信息，制定经济和科学的大修决策计划。

除了以上的功能扩展，流程工业自动化系统中的 ERP 系统区别于离散工业自动化系统中 ERP 系统的特点主要体现在生产计划与控制方面。

（1）流程生产的关键是保证流程安全、稳定、长期、满负荷、优质地生产，主生产计划的制定应以此为目标，进行有限能力计划。

（2）流程生产的连续性特点决定了它对包括主生产计划等在内的 ERP 系统功能的实时性有更高的要求。

（3）流程生产需要进行主产品、副产品、废品、回流物管理，离散工业中没有主产品、副产品和回流物。

总之，由于 ERP 系统具备了专门应用于流程行业的功能，并符合现代企业管理思想，在流程工业中不断得到推广应用，在管理信息系统层次上成为流程工业 CIMS 中的重要组成部分。

3. 流程工业制造执行系统的功能和特点

制造执行系统（MES）是处于计划层和控制层之间的执行层，主要负责生产管理和调度执行。它通过控制包括物料、设备、人员、流程指令和设施在内的所有工厂资源来提高制造竞争力，提供了一个统一平台，系统地集成诸如质量控制、文档管理、生产调度等功能。MES 首先在半导体和电子制造领域取得了成功地应用。流程工业地生产方式受全球竞争和市场经济地影响，正经历着一些变革，对于多品种小批量的生产过程，生产方式逐渐由面向库存生产转为面向订单生产。企业资源计划（ERP）系统需要实时的生产信息辅助进行经营和订单管理。但是来自生产现场的状态信息和生产数据并不能直接反映经营者所关心的产品进度和质量变化等信息。因此，需要 MES 在企业资源计划和过程控制之间提供信息的转换。MES 执行由 ERP 制定的计划，并根据实时生产信息调整生产，做出调度，并将有关资源利用和库存情况的准确信息实时地提供给 ERP 系统。MES 还能将生产目标及生产规范自动转化为过程设定值，并对应到阀门、泵等控制设备的参数设置。同时，MES 将从 DCS 采集来的生产数据与质量指标进行对比和分析，可以提供闭环的质量控制。可见，MES 是 ERP 和 DCS 之间的信息纽带，是流程工业 CIMS 实施的核心。

流程 CIMS 中，MES 软件系统的功能主要包括物料管理、资源管理、作业/订单管理、质量管理、操作管理及行业法规管理等。它在以下 3 方面具有区别于离散制造系统中 MES 的特点。

（1）流程工业生产环境苛刻，生产过程包含复杂的物理、化学过程，及各种突变和不确定因素。特别是起动、停机和应急处理等暂态过程的各项操作，不仅影响生产效率，而且存在着安全隐患。因此，操作管理是流程 MES 的一项重要任务。它负责监督在所执行的每一项操作中遵守操作步骤和规范，在连续、混合及间歇生产环境下为操作员提供流程起动、平稳运行及停机等过程的标准操作指令。

（2）流程工业不仅要集成信息流和物料流，还包括能源供应流。因此，流程 MES 的调度决策功能需要对物料和能量提供最佳控制策略，同时决策不仅以提高生产效率和降低生产成本为目标，还应将节省能源、减少污染等目标考虑在内。

（3）流程工业中 MES 的决策具有混杂性，不仅包括连续过程变量，而且包含离散过程变量。为了对生产过程及产品质量进行控制，必须建立反映连续过程主要物理、化学变化过程的过程模型，并将过程模型与优化模型结合起来。

以往 MES 通常是一个很大的整体软件系统，其定制和维护的成本很高。随着计算机支撑技术的发展，开发更具模块化、更具柔性的 MES 系统成为可能，实施和维护 MES 的成本大幅降低。

流程工业自动化技术中 MES 的特有的应用软件和集成技术有以下一些。

（1）实时监控软件平台：以实时数据库为核心，为用户提供实时监控与管理的平台，支持 PCS 先进控制软件 MES 过程优化软件的集成。其关键技术包括事实数据库技术，可靠性、冗余容错技术，数据获得技术和人机截面技术等。实时监控软件平台应具有高可靠性、高安全性、硬件互联能力、支持过程控制软件的标准借口 OPC 技术、实时数据库和大数据量分散处理功能、丰富易用的人机交互界面、以 Internet/Intranet 为目标的网络能力。

（2）流程模拟软件：通过建立流程工业数学模型，进行生产流程仿真和多媒体"虚拟工厂"信息展示，模拟开工、停工和故障异常处理，验证生产过程中的物料、能量平衡，培训操作人员，改进生产方案和设计方案。

（3）数据校正软件：用于消除 MES 数据测量和数据继承的误差，实现物流数据/能量数据的平衡计算和计量统计，为生产计划调度、流程模拟和仪表计量等提供准确、一致的现场数据。

（4）质量监控软件：及时、准确地获取产品质量的现场数据,建立质量数据历史数据库,运用统计计算工具分析评价系统运行的情况,发现质量变化的原因。并针对质量分析、跟踪的评价结果作出质量控制的决策,提供改进质量的建议。

（5）优化调度的计划排产软件：利用最优化方法对流程企业生产装置的每个生产方案进行详细分析计算,如产品产量、库存量、主要性质指标、生产流程、产品调和及企业的成本、费用情况等,以指导原材料购买、生产操作等,并提供企业的年度、季度、月度乃至每周、每天生产计划,使之成为企业利润最大的生产方案。

（6）故障诊断及安全管理软件：用于生产过程及生产设备的故障检测、诊断和处理。安全管理软件实现故障预测,装置安全运行约束条件判定和具有容错性的过程安全保护。

（7）静态实时优化软件：在过程控制层 PCS 保证生产过程平稳运行的基础上,根据生产过程的静态工艺模型,进行以能耗、收益为目的的静态优化计算,从而给出装置优化操作条件。

MES 作为流程工业自动化技术的核心,在石油、化工、制药及制浆造纸等流程工业的综合自动化进程中已经有许多成功应用的实例。

8.6.3　综合自动化系统的实现

1. CIMS

CIM 是英文 computer integrated manufacturing 的缩写,译为计算机集成制造。这一概念最早由美国的约瑟夫·哈林顿(J. Harrington)博士于 1973 年提出。

CIMS(computer integrated manufacture system)是未来工厂自动化的一种模式。借助于计算机的硬件、软件技术,综合运用现代管理技术、制造技术、信息技术、自动化技术、系统工程技术,将企业生产全部过程中有关人、技术、经营管理三要素及其信息流、物流有机地集成并优化运行,以使产品上市快、质量好、成本低、服务优,达到提高企业市场竞争能力的目的。

2. CIPS

CIMS 应用到流程工业又称 CIPS(computer integrated process system,计算机集成过程系统),也称为流程工业综合自动化系统,在石油、化工、能源、食品、制药、炼钢和造纸等行业得到了广泛的实施和应用。CIPS 充分利用企业内、外部的各种信息量,将经营管理与生产控制有机地结合起来,可以为流程工业带来更大的经济效益。

3. CPS

信息物理系统(cyber-physical systems,CPS)是一个综合计算、网络和物理环境的多维复杂系统,通过 3C(computing、communication、control)技术的有机融合与深度协作,实现大型工程系统的实时感知、动态控制和信息服务。CPS 实现计算、通信与物理系统的一体化设计,可使系统更加可靠、高效、实时协同,具有重要而广泛的应用前景。

CPS 的意义在于将物理设备连网,是连接到互联网上,让物理设备具有计算、通信、精确控制、远程协调和自治等 5 大功能。CPS 本质上是一个具有控制属性的网络,但它又有别于现有的控制系统。CPS 则把通信放在与计算和控制同等地位上,因为 CPS 强调的分布式应用系统中物理设备之间的协调是离不开通信的。CPS 对网络内部设备的远程协调能力、自治能力、控制对象的种类和数量,特别是网络规模上远远超过现有的工控网络。

实现德国工业 4.0 或中国制造 2025 的前提之一是构建智能工厂,其核心要素包括了信息物理系统(CPS)、物联网(internet of things,IOT)、智能认知、社交媒体、云计算、移动互联网以及 M2M(machine to machine)。智能工厂构成了工业 4.0 的一个关键特征。智能工厂将从现在通过中央控制中的模式转向通过自行优化和控制其制造流程来实现。

1) 德国工业 4.0

为了在新一轮工业革命中占领先机,在德国工程院、弗劳恩霍夫协会、西门子公司等德国学术界和产业界的建议和推动下,"工业 4.0"项目在 2013 年 4 月的汉诺威工业博览会上被正式推出。这一研究项目是 2010 年 7 月德国政府《高技术战略 2020》确定的十大未来项目之一,旨在支持工业领域新一代革命性技术的研发与创新。

"工业 4.0"已经成为制造业的一个流行概念。这个词起源于几年前的德国汉诺威工业博览会(Hannover Messe),它被定义为制造业的电子计算机化,包括更高层次的互联性、更智能的设备和机器与设备之间的通信。第一次工业革命是水和蒸汽动力带来的机械化。第二次工业革命是电力的使用使大规模生产成为可能。第三次工业革命是电子工程和 IT 技术的采用,以及它们带来的生产自动化。工业 4.0 是第四次工业革命。相对来说,这一次变革仍然处于起步阶段。依靠高级的软件和能够通信的机器设备,工业 4.0 将使工业生产进一步优化。

工业 4.0 的关键是智能工厂。智能工厂是一种高能效的工厂,它基于高科技的、适应性强的、符合人体工程学的生产线。智能工厂的目标是整合客户和业务合作伙伴,同时也能够制造和组装定制产品。而且,未来的智能工厂将很可能在生产效率和安全性方面具有更大的自主决策能力。工业 4.0 更多的是依靠机器进行工作并解释数据,而不是依靠人类的智慧。当然,人的因素仍然制造工艺是核心,但人更多地是起到控制、编程和维护的作用,而不是在车间进行作业。位于德国安贝格(Amberg)的西门子电子工厂(Siemens Electronic Works)是新一代智能工厂的一个很好例子。这个高科技电子工厂面积为 10.8 万平方英尺,其内部是一组智能机器,它们能够协调从生产线到产品配送等一切要素。西门子电子工厂拥有超过 16 亿个机器组件,其产品种类多达 950 种。这意味着该工厂的生产系统所处理的数据真正是海量的。尽管如此,Gartner 在 2010 年进行的一项产业研究发现,西门子电子工厂的可靠率超过 99%,每百万件产品中只有 15 件缺陷产品。在工业 4.0 时代,机器设备具有强大数据处理能力,它们提供的信息、统计数据和动态分析能够使生产变得更精益、更节能。

2）中国制造2025

针对第四次工业革命，我国提出了《中国制造2025》。随着新型工业化、信息化、城镇化、农业现代化同步推进，我国载人航天、载人深潜、大型飞机、北斗卫星导航、超级计算机、高铁装备、百万千瓦级发电装备、万米深海石油钻探设备等一批重大技术装备取得突破，形成了若干具有国际竞争力的优势产业和骨干企业，具备了建设工业强国的基础和条件。

数字工厂：数字工厂是在计算机虚拟环境中，对整个生产过程进行仿真、评估和优化，并进一步扩展到整个产品生命周期的新型生成组织方式，是现代数字制造技术与计算机仿真技术相结合的产物，主要作为沟通产品设计和产品制造之间的桥梁，其本质是信息的集成。

智能工厂：智能工厂是在数字化工厂的基础上，利用物联网技术和监控技术加强信息管理和服务，提高生产过程可控性、减少生产线人工干预，以及合理计划排程。同时集智能手段和智能系统等新兴技术于一体，构建高效、节能、绿色、环保、舒适的人性化工厂，其本质是人机有效交互。

智能制造：智能制造系统在制造过程中能进行智能活动，诸如分析、推理、判断、构思和决策等。通过人与智能机器的合作，部分取代专家脑力劳动。智能制造系统不只是人工智能，在突出人核心地位的同时，使智能机器和人能真正地结合在一起，其本质是人机一体化。

今后需要在以下重点领域进行突破：

（1）新一代信息技术产业

集成电路及专用装备。着力提升集成电路设计水平，不断丰富知识产权（IP）和设计工具，突破关系国家信息与网络安全及电子整机产业发展的核心通用芯片，提升国产芯片的应用适配能力。掌握高密度封装及三维（3D）微组装技术，提升封装产业和测试的自主发展能力。形成关键制造装备供货能力。信息通信设备。掌握新型计算、高速互联、先进存储、体系化安全保障等核心技术，全面突破第五代移动通信（5G）技术、核心路由交换技术、超高速大容量智能光传输技术、"未来网络"核心技术和体系架构，积极推动量子计算、神经网络等发展。研发高端服务器、大容量存储、新型路由交换、新型智能终端、新一代基站、网络安全等设备，推动核心信息通信设备体系化发展与规模化应用。操作系统及工业软件。开发安全领域操作系统等工业基础软件。突破智能设计与仿真及其工具、制造物联与服务、工业大数据处理等高端工业软件核心技术，开发自主可控的高端工业平台软件和重点领域应用软件，建立完善工业软件集成标准与安全测评体系。推进自主工业软件体系化发展和产业化应用。

（2）高档数控机床和机器人

高档数控机床。开发一批精密、高速、高效、柔性数控机床与基础制造装备及集成制造系统。加快高档数控机床、增材制造等前沿技术和装备的研发。以提升可靠性、精度保持性为重点，开发高档数控系统、伺服电机、轴承、光栅等主要功能部件及关键应用软件，加快实现产业化。加强用户工艺验证能力建设。机器人。围绕汽车、机械、电子、危险品制造、国防军工、化工、轻工等工业机器人、特种机器人，以及医疗健康、家庭服务、教育娱乐等服务机器人应用需求,积极研发新产品,促进机器人标准化、模块化发展,扩大市场应用。突破机器人本体、减速器、伺服电机、控制器、传感器与驱动器等关键零部件及系统集成设计制造等技术瓶颈。

（3）航空航天装备

航天装备。发展新一代运载火箭、重型运载器,提升进入空间能力。加快推进国家民用空间基础设施建设,发展新型卫星等空间平台与有效载荷、空天地宽带互联网系统,形成长期持续稳定的卫星遥感、通信、导航等空间信息服务能力。推动载人航天、月球探测工程,适度发展深空探测。推进航天技术转化与空间技术应用。

（4）海洋工程装备及高技术船舶

大力发展深海探测、资源开发利用、海上作业保障装备及其关键系统和专用设备。推动深海空间站、大型浮式结构物的开发和工程化。形成海洋工程装备综合试验、检测与鉴定能力,提高海洋开发利用水平。突破豪华邮轮设计建造技术,全面提升液化天然气船等高技术船舶国际竞争力,掌握重点配套设备集成化、智能化、模块化设计制造核心技术。

（5）先进轨道交通装备

加快新材料、新技术和新工艺的应用,重点突破体系化安全保障、节能环保、数字化智能化网络化技术,研制先进可靠适用的产品和轻量化、模块化、谱系化产品。研发新一代绿色智能、高速重载轨道交通装备系统,围绕系统全寿命周期,向用户提供整体解决方案,建立世界领先的现代轨道交通产业体系。

（6）节能与新能源汽车

继续支持电动汽车、燃料电池汽车发展,掌握汽车低碳化、信息化、智能化核心技术,提升动力电池、驱动电机、高效内燃机、先进变速器、轻量化材料、智能控制等核心技术的工程化和产业化能力,形成从关键零部件到整车的完整工业体系和创新体系,推动自主品牌节能与新能源汽车同国际先进水平接轨。

（7）电力装备

推动大型高效超净排放煤电机组产业化和示范应用,进一步提高超大容量水电机组、核电机组、重型燃气轮机制造水平。推进新能源和可再生能源装备、先进储能装置、智能电网用输变电及用户端设备发展。突破大功率电力电子器件、高温超导材料等关键元器件和材料的制造及应用技术,形成产业化能力。

（8）农机装备

重点发展粮、棉、油、糖等大宗粮食和战略性经济作物育、耕、种、管、收、运、储等主要生产过程使用的先进农机装备,加快发展大型拖拉机及其复式作业机具、大型高效联合收割机等高端农业装备及关键核心零部件。提高农机装备信息收集、智能决策和精准作业能力,推进形成面向农业生产的信息化整体解决方案。

（9）新材料

以特种金属功能材料、高性能结构材料、功能性高分子材料、特种无机非金属材料和先进复合材料为发展重点,加快研发先进熔炼、凝固成型、气相沉积、型材加工、高效合成等新材料制备关键技术和装备,加强基础研究和体系建设,突破产业化制备瓶颈。积极发展军民共用特种新材料,加快技术双向转移转化,促进新材料产业军民融合发展。高度关注颠覆性新材料对传统材料的影响,做好超导材料、纳米材料、石墨烯、生物基材料等战略前沿材料提前布局和研制。加快基础材料升级换代。

(10)生物医药及高性能医疗器械

发展针对重大疾病的化学药、中药、生物技术药物新产品,重点包括新机制和新靶点化学药、抗体药物、抗体偶联药物、全新结构蛋白及多肽药物、新型疫苗、临床优势突出的创新中药及个性化治疗药物。提高医疗器械的创新能力和产业化水平,重点发展影像设备、医用机器人等高性能诊疗设备,全降解血管支架等高值医用耗材,可穿戴、远程诊疗等移动医疗产品。实现生物 3D 打印、诱导多能干细胞等新技术的突破和应用。

习　　题

1. 工业局部网络通常有哪 4 种拓扑结构?各有什么特点?

2. 工业局部网络常用的传输访问控制方式有哪 3 种?各有什么优缺点?

3. 国际标准化组织(ISO)提出的开放系统互连参考模型即 OSI 模型是怎样的?

4. IEEE 802 标准包括哪些主要内容?

5. 什么是现场总线?有哪几种典型的现场总线?它们的特点各是怎样的?

6. 举例说明基于工业以太网的测控系统结构形式是怎样的。

7. 什么是系统集成?有哪几种系统框架?它们的特点是怎样的?

8. 什么是 CIMS、CIPS 和 CPS?ERP-MES-PCS 三层结构模型各层的结构和特点是怎样的?

第9章

chapter 9

计算机控制系统设计与实现

计算机控制系统设计,既是一个理论问题,又是一个工程问题。计算机控制系统的理论设计包括:建立被控对象的数学模型;确定满足一定技术经济指标的系统目标函数,寻求满足该目标函数的控制规律;选择适宜的计算方法和程序设计语言;进行系统功能的软硬件界面划分,并对硬件提出具体要求。计算机控制系统的工程设计,不仅要掌握生产过程的工艺要求,以及被控对象的动态和静态特性,而且要通晓自动检测技术、计算机技术、通信技术、自动控制技术、微电子技术等。

本章主要介绍计算机控制系统设计的原则与步骤、计算机控制系统的工程设计与实现、计算机控制系统的设计举例。

9.1 系统设计的原则与步骤

尽管计算机控制的生产过程多种多样,系统的设计方案和具体的技术指标也是千变万化,但在计算机控制系统的设计与实现过程中,应遵守共同的设计原则与步骤。

9.1.1 系统设计的原则

1. 安全可靠

工业控制计算机不同于一般的用于科学计算或管理的计算机,它的工作环境比较恶劣,周围的各种干扰随时地威胁着它的正常运行,而且它所担当的控制重任又不允许它发生异常现象。这是因为,一旦控制系统出现故障,轻者影响生产,重者造成事故,产生不良后果。因此,在设计过程中,要把安全可靠放在首位。

首先要选用高性能的工业控制计算机,保证在恶劣的工业环境下,仍能正常运行。其次是设计可靠的控制方案,并具有各种安全保护措施,比如报警、事故预测、事故处理、不间断电源等。

为了预防计算机故障,还常设计后备装置,对于一般的控制回路,选用手动操作为后备;对于重要的控制回路,选用常规控制仪表作为后备。这样,一旦计算机出现故障,就把后备装置切换到控制回路中去,维护生产过程的正常运行。对于特殊的控制对象,设计两台计算机,互为备用地执行任务,称为双机系统。双机系统的工作方式一般分为备份工作方式和双工工作方式两种。在备份工作方式中，一台作为主机投入系统运行，另一台作为备份机也处于通电工作状态，作为系统的热备份机，当主机出现故障时，专用程序切换装置便自动地把备份机切入系统运行，承担起主机的任务，而故障排除后的原主机则转为备份机，处于待命状态。在双工工作方式中，两台主机并行工作，同步执行同一个任务，并比较两机执行结果，如果比较相同，则表明正常工作，否则再重复执行，再校验两机结果，以排除随机故障干扰，若经过几次重复执行与校对，两机结果仍然不相同，则启动故障诊断程序，将其中一台故障机切离系统，让另一台主机继续执行。

2. 操作维护方便

操作方便表现在操作简单、直观形象、便于掌握，并不强求操作工要掌握计算机知识才能操作。既要体现操作的先进性，又要兼顾原有的操作习惯。例如，操作工已习惯了PID调节器的面板操作，而就设计成回路操作显示面板，或在CRT画面上设计成回路操作显示画面。

维修方便体现在易于查找故障，易于排除故障。采用标准的功能模板式结构，便于更换故障模板。并在功能模板上安装工作状态指示灯和监测点，便于维修人员检查。另外配置诊断程序，用来查找故障。

3. 实时性强

工业控制机的实时性，表现在对内部和外部事件能及时地响应，并做出相应的处理，不丢失信息，不延误操作。计算机处理的事件一般分为两类，一类是定时事件，如数据的定时采集、运算控制等；另一类是随机事件，如事故、报警等。对于定时事件，系统设置时钟，保证定时处理。对于随机事件，系统设置中断，并根据故障的轻重缓急，预先分配中断级别，一旦事故发生，保证优先处理紧急故障。

4. 通用性好

计算机控制的对象千变万化，工业控制计算机的研制开发需要有一定的投资和周期。一般来说，不可能为一台装置或一个生产过程研制一台专用计算机。尽管对象多种多样，但从控制功能来分析归类，仍然有共性。比如，过程控制对象的输入输出信号统一为0～10mA DC或4～20mA DC，可以采用单回路、串级、前馈等常规PID控制。因比，系统设计时应考虑能适应各种不同设备和各种不同控制对象，并采用积木式结构，按照控制要求灵活构成系统。这就要求系统的通用性要好，并能灵活地进行扩充。

工业控制机的通用灵活性体现在两方面，一是硬件模板设计采用标准总线结构(如PC总线)，配置各种通用的功能模板，以便在扩充功能时，只需增加功能模板就能实现；二是软件模块或控制算法采用标准模块结构，用户使用时不需要二次开发，只需按要求选择各种功能模块，灵活地进行控制系统组态。

5. 经济效益高

计算机控制应该带来高的经济效益,系统设计时要考虑性能价格比,要有市场竞争意识。经济效益表现在两个方面,一是系统设计的性能价格比要尽可能的高;二是投入产出比要尽可能的低。

9.1.2 系统设计的步骤

计算机控制系统的设计虽然随被控对象、控制方式、系统规模的变化而有所差异,但系统设计的基本内容和主要步骤大致相同,系统工程项目的研制可分为 4 个阶段:工程项目与控制任务的确定阶段,工程项目的设计阶段,离线仿真和调试阶段,在线调试和运行阶段。下面对这 4 个阶段作必要的说明。

1. 工程项目与控制任务的确定阶段

工程项目与控制任务的确定一般按图 9-1 所示的流程进行。该流程既适合于甲方,也适合于乙方。所谓甲方,就是任务的委托方,甲方有时是直接用户,有时是本单位的上级主管部门,有时也可能是中介单位。乙方是系统工程项目的承接方。国际上习惯称甲方为"买方",称乙方为"卖方"。在一个计算机控制系统工程的研制和实施中,总是存在着甲乙双方关系。因此,能够对整个工程任务的研制过程中甲乙双方的关系及工作的内容有所了解是有益的。

1) 甲方提出任务委托书

在委托乙方承接系统工程项目前,甲方一定要提供正式的书面任务委托书。该委托书一定要有明确的系统技术性能指标要求,还要包含经费、计划进度、合作方式等内容。

2) 乙方研究任务委托书

乙方在接到任务委托书后要认真阅读,并逐条进行研究。对含混不清、认识上有分歧和需补充或删节的地方逐条标出,并拟订出要进一步弄清的问题及修改意见。

3) 双方对委托书进行确认性修改

在乙方对委托书进行了认真研究之后,双方应就委托书的确认或修改事宜进行协商和讨论。为避免因行业和专业不同所带来的局限性,在讨论时应有各方面有经验的人员参加。经过确认或修改过的委托书中不应有含义不清的词汇和条款,而且双方的任务和技术界面必须划分清楚。

4) 乙方初步进行系统总体方案设计

由于任务和经费没有落实,所以这时总体方案的设计只能是粗线条的。在条件允许的情况下,应多做几个方案

图 9-1 确定控制任务的流程

以便比较。这些方案应在"粗线条"的前提下,尽量详细,其把握的尺度是能清楚地反映出三大关键问题:技术难点、经费概算、工期。

5)乙方进行方案可行性论证

方案可行性论证的目的是要估计承接该项任务的把握性,并为签订合同后的设计工作打下基础。论证的主要内容是技术可行性、经费可行性、进度可行性。特别要指出,对控制项目尤其是对可测性和可控性应给予充分重视。

如果论证的结果可行,接着就应做好签订合同前的准备工作;如果不可行,则应与甲方进一步协商任务委托书的有关内容或对条款进行修改。若不能修改,则合同不能签订。

6)签订合同书

合同书是双方达成一致意见的结果,也是以后双方合作的唯一依据和凭证。合同书(或协议书)应包含如下内容:经过双方修改和认可的甲方"任务委托书"的全部内容;双方的任务划分和各自应承担的责任;合作方式;付款方式;进度和计划安排;验收方式及条件;成果归属及违约的解决办法。

2. 工程项目的设计阶段

工程项目的设计阶段的流程如图 9-2 所示。主要包括组建项目研制小组、系统总体方案的设计、方案论证与评审、硬件和软件的分别细化设计、硬件和软件的分别调试、系统的组装。

1)组建项目研制小组

在签订了合同或协议后,系统的研制进入设计阶段。为了完成系统设计,应首先把项目组成员确定下来。这个项目组应由懂得计算机硬件、软件和有控制经验的技术人员组成。还要明确分工和相互的协调合作关系。

2)系统总体方案

系统总体方案包括硬件总体方案和软件总体方案。硬件和软件的设计是互相有机联系的。因此,在设计时要经过多次的协调和反复,最后才能形成合理的统一在一起的总体设计方案。总体方案要形成硬件和软件的方块图,并建立说明文档,包括控制策略和控制算法的确定等。

3)方案论证与评审

方案论证与评审是对系统设计方案的把关和最终裁定。评审后确定的方案是进行具体设计和工程实施的依据,因此应邀请有关专家、主管领导及甲方代表参加。评审后应重新修改总体方案,评审过的方案设计应该作为正式文件存档,原则

图 9-2 工程项目的设计阶段流程

上不应再作大的改动。

4）硬件和软件的分别细化设计

此步骤只能在总体方案评审后进行，如果进行太早会造成资源的浪费和返工。所谓细化设计就是将方块图中的方块划到最底层，然后进行底层块内的结构细化设计。对于硬件设计来说，就是选购模板以及设计制作专用模板；对软件设计来说，就是将一个个模块编成一条条的程序。

5）硬件和软件的分别调试

实际上，硬件、软件的设计中都需边设计边调试边修改。往往要经过几个反复过程才能完成。

6）系统的组装

硬件细化设计和软件细化设计后，分别进行调试。之后就可进行系统的组装，组装是离线仿真和调试阶段的前提和必要条件。

3．离线仿真和调试阶段

离线仿真和调试阶段的流程如图 9-3 所示。所谓离线仿真和调试是指在实验室而不是在工业现场进行的仿真和调试。离线仿真和调试试验后，还要进行考机运行。考机的目的是要在连续不停机的运行中暴露问题和解决问题。

4．在线调试和运行阶段

系统离线仿真和调试后便可进行在线调试和运行。所谓在线调试和运行就是将系统和生产过程连接在一起，进行现场调试和运行。尽管上述离线仿真和调试工作非常认真、仔细，现场调试和运行仍可能出现问题，因此必须认真分析加以解决。系统运行正常后，再试运行一段时间，即可组织验收。验收是系统项目最终完成的标志，应由甲方主持乙方参加，双方协同办理。验收完毕应形成验收文件存档。整个过程可用图 9-4 来形象地说明。

图 9-3　离线仿真和调试流程　　　　**图 9-4　在线调试和运行流程**

9.2　系统的工程设计与实现

作为一个计算机控制系统工程项目,在研制过程中应该经过哪些步骤,应该怎样有条不紊地保证研制工作顺利进行,这是需要认真考虑的。如果步骤不清,或者每一步需要做什么不明确,就有可能引起研制过程中的混乱甚至返工。9.1.2节详细地介绍了计算机控制系统工程项目的设计步骤,实际系统工程项目的设计与实现应按此步骤进行。本节就系统的工程设计与实现的具体问题作进一步的讨论,这些具体问题对实际工作有重要的指导意义。

9.2.1　系统总体方案设计

设计一个性能优良的计算机控制系统,要注重对实际问题的调查。通过对生产过程的深入了解、分析以及对工作过程和环境的熟悉,才能确定系统的控制任务,提出切实可行的系统总体设计方案来。

1. 硬件总体方案设计

依据合同书(或协议书)的技术要求和已作过的初步方案,开展系统的硬件总体设计。总体设计的方法是“黑箱”设计法。所谓“黑箱”设计,就是画方块图的方法。用这种方法做出的系统结构设计,只需明确各方块之间的信号输入输出关系和功能要求,而无须知道“黑箱”内具体结构。硬件总体方案设计主要包含以下几个方面的内容。

1) 确定系统的结构和类型

根据系统要求,确定采用开环还是闭环控制。闭环控制还需进一步确定是单闭环还是多闭环控制。实际可供选择的控制系统类型有操作指导控制系统、直接数字控制(DDC)系统、监督计算机控制(SCC)系统、分级控制系统、分散型控制系统(DCS)和工业测控网络系统等。

2) 确定系统的构成方式

系统的构成方式应优先选择采用工业控制机来构成系统的方式。工业控制机具有系列化、模块化、标准化和开放结构,有利于系统设计者在系统设计时根据要求任意选择,像搭积木般地组建系统。这种方式可提高研制和开发速度,提高系统的技术水平和性能,增加可靠性。

当然,也可以采用通用的可编程序控制器(PLC)或智能调节器来构成计算机控制系统(如分散型控制系统、分级控制系统、工业网络)的前端机(或下位机)。

3) 现场设备选择

主要包含传感器、变送器和执行机构的选择,这些装置的选择要正确,它是影响系统控制精度的重要因素之一。

4) 其他方面的考虑

总体方案中还应考虑人机联系方式、系统的机柜或机箱的结构设计、抗干扰等方面的问题。

2. 软件总体方案设计

依据合同书(或协议书)的技术要求和已作过的初步方案,进行软件的总体设计。软件总体设计和硬件总体设计一样,也是采用结构化的"黑箱"设计法。先画出较高一级的方框图,然后再将大的方框分解成小的方框,直到能表达清楚为止。软件总体方案还应考虑确定系统的数学模型、控制策略、控制算法等。

3. 系统总体方案

将上面的硬件总体方案和软件总体方案合在一起构成系统的总体方案。总体方案论证可行后,要形成文件,建立总体方案文档。系统总体文件的内容包括:

(1) 系统的主要功能、技术指标、原理性方框图及文字说明。

(2) 控制策略和控制算法,例如 PID 控制、达林算法、Smith 补偿控制、最少拍控制、串级控制、前馈控制、解耦控制、模糊控制、最优控制等。

(3) 系统的硬件结构及配置,主要的软件功能、结构及框图。

(4) 方案比较和选择。

(5) 保证性能指标要求的技术措施。

(6) 抗干扰和可靠性设计。

(7) 机柜或机箱的结构设计。

(8) 经费和进度计划的安排。

对所提出的总体设计方案要进行合理性、经济性、可靠性及可行性论证。论证通过后,便可形成作为系统设计依据的系统总体方案图和设计任务书,以指导具体的系统设计过程。

9.2.2　硬件的工程设计与实现

采用总线式工业控制机进行系统的硬件设计,可以解决工业控制中的众多问题。由于总线式工业控制机的高度模块化和插板结构,因此,可以采用组合方式来简化计算机控制系统的设计。采用总线式工业控制机,只需要简单地更换几块模板,就可以很方便地变成另外一种功能的控制系统。在计算机控制系统中,一些控制功能既能由硬件实现,亦能用软件实现,故系统设计时,硬件、软件功能的划分要综合考虑。

1. 选择系统的总线和主机机型

1) 选择系统的总线

系统采用总线结构,具有很多优点。采用总线,可以简化硬件设计,用户可根据需要直接选用符合总线标准的功能模板,而不必考虑模板插件之间的匹配问题,使系统硬件设计大大简化;系统可扩性好,仅需将按总线标准研制的新的功能模板插在总线槽中即可;系统更新性好,一旦出现新的微处理器、存储器芯片和接口电路,只要将这些新的芯片按总线标准研制成各类插件,即可取代原来的模板而升级更新系统。

（1）内总线选择

常用的工业控制机内总线有两种,即 ISA 总线和 PCI 总线,根据板卡类型需要选择其中一种。

（2）外总线选择

根据计算机控制系统的基本类型,如果采用分级控制系统 DCS 等,必然有通信的问题。外总线就是计算机与计算机之间、计算机与智能仪器或智能外设之间进行通信的总线,它包括通用串行总线(USB)和串行通信总线(RS-232C)。另外还有可用来进行远距离通信、多站点互联的通信总线 RS-422 和 RS-485。具体选择哪一种,要根据通信的速率、距离、系统拓扑结构、通信协议等要求来综合分析才能确定。但需要说明的是 RS-422 和 RS-485 总线在工业控制机的主机中没有现成的接口装置,必须另外选择相应的通信接口板。

2）选择主机机型

在总线式工业控制机中,有许多机型,即因采用的 CPU 不同而不同。以 ISA 总线工业控制机为例,其 CPU 有 Intel PentiumⅢ、Intel Pentium4、Intel Pentium D、AMD AM2 Sempron、AMD AM2 Athlon64 等多种品牌和型号,内存、硬盘、主频、显示卡、CRT 显示器也有多种规格。设计人员可根据要求合理地进行选型。

2. 选择输入输出通道模板

一个典型的计算机控制系统,除了工业控制机的主机以外,还必须有各种输入输出通道模板,其中包括数字量 I/O(即 DI/DO)、模拟量 I/O(AI/AO)等模板。

1）数字量（开关量）输入输出（DI/DO）模板

PC 总线的并行 I/O 接口模板多种多样,通常可分为 TTL 电平的 DI/DO 和带光电隔离的 DI/DO。通常和工业控制机共地装置的接口可以采用 TTL 电平,而其他装置与工业控制机之间则采用光电隔离。对于大容量的 DI/DO 系统,往往选用大容量的 TTL 电平 DI/DO 板,而将光电隔离及驱动功能安排在工业控制机总线之外的非总线模板上,如继电器板(包括固体继电器板)等。

2）模拟量输入输出（AI/AO）模板

AI/AO 模板包括 A/D、D/A 板及信号调理电路等。AI 模板输入可能是 $0\sim\pm5V$、$1\sim5V$、$0\sim10mA$、$4\sim20mA$ 以及热电偶、热电阻和各种变送器的信号。AO 模板输出可能是 $0\sim5V$、$1\sim5V$、$0\sim10mA$、$4\sim20mA$ 等信号。选择 AI/AO 模板时必须注意分辨率、转换速度、量程范围等技术指标。

系统中的输入输出模板,可按需要进行组合,不管哪种类型的系统,其模板的选择与组合均由生产过程的输入参数和输出控制通道的种类和数量来确定。

3. 选择变送器和执行机构

1）选择变送器

变送器是将被测变量(如温度、压力、物位、流量、电压、电流等)转换为可远传的统一标准信号($0\sim10mA$、$4\sim20mA$ 等)的仪表,且输出信号与被测变量有一定的连续关系。

在控制系统中其输出信号被送至工业控制机进行处理,实现数据采集。

DDZ-Ⅲ型变送器输出的是 4～20mA 信号,供电电源为 24VDC 且采用二线制,DDZ-Ⅲ型比 DDZ-Ⅱ型变送器性能好,使用方便。DDZ-S 系列变送器是在总结 DDZ-Ⅱ型和 DDZ-Ⅲ型变送器的基础上,吸取了国外同类变送器的先进技术,采用模拟技术与数字技术相结合,开发出的新一代变送器。现场总线仪表也将被推广应用。

常用的变送器有温度变送器、压力变送器、液位变送器、差压变送器、流量变送器、各种电量变送器等。系统设计人员可根据被测参数的种类、量程、被测对象的介质类型和环境来选择变送器的具体型号。

2) 选择执行机构

执行机构是控制系统中必不可少的组成部分,它的作用是接受计算机发出的控制信号,并把它转换成调整机构的动作,使生产过程按预先规定的要求正常运行。

执行机构分为气动、电动、液压 3 种类型。气动执行机构的特点是结构简单、价格低、防火防爆;电动执行机构的特点是体积小、种类多、使用方便;液压执行机构的特点是推力大、精度高。常用的执行机构为气动和电动的。

在计算机控制系统当中,将 0～10mA 或 4～20mA 电信号经电气转换器转换成标准的 0.02～0.1MPa 气压信号之后,即可与气动执行机构(气动调节阀)配套使用。电动执行机构(电动调节阀)直接接受来自工业控制机的输出信号 4～20mA 或 0～10mA,实现控制作用。

另外,还有各种有触点和无触点开关,也是执行机构,实现开关动作。电磁阀作为一种开关阀在工业中也得到了广泛的应用。

在系统中,选择气动调节阀、电动调节阀、电磁阀、有触点和无触点开关之中的哪一种,要根据系统的要求来确定。但要连续且精确地控制目标,必须选用气动或电动调节阀,而对要求不高的控制系统可选用电磁阀。

9.2.3　软件的工程设计与实现

用工业控制机来组建计算机控制系统不仅能减小系统硬件设计工作量,而且还能减小系统软件设计工作量。一般工业控制机都配有实时操作系统或实时监控程序,各种控制、运算软件、组态软件等,可使系统设计者在最短的周期内,开发出目标系统软件。

一般工业控制机把工业控制所需的各种功能以模块形式提供给用户。其中包括控制算法模块(多为 PID)、运算模块(四则运算、开方、最大值/最小值选择、一阶惯性、超前滞后、工程量变换、上下限报警等数 10 种)、计数/计时模块、逻辑运算模块、输入模块、输出模块、打印模块和 CRT 显示模块等。系统设计者根据控制要求,选择所需的模块就能生成系统控制软件,因而软件设计工作量大为减小。为了便于系统组态(即选择模块组成系统)、工业控制机提供了组态语言。

当然并不是所有的工业控制机都能给系统设计带来上述的方便,有些工业控制机只能提供硬件设计的方便,而应用软件需自行开发;若从选择单片机入手来研制控制系统,系统的全部硬件、软件均需自行开发研制。自行开发控制软件时,应先画出程序总体流程图和各功能模块流程图,再选择程序设计语言,然后编制程序。程序编制应先模块后整体。具体程序设计内容为以下几个方面。

1. 数据类型和数据结构规划

在系统总体方案设计中,系统的各个模块之间有着各种因果关系,互相之间要进行各种信息传递。如数据处理模块和数据采集模块之间的关系,数据采集模块的输出信息就是数据处理模块的输入信息,同样,数据处理模块和显示模块、打印模块之间也有这种产销关系。各模块之间的关系体现在它们的接口条件上,即输入条件和输出结果上。为了避免产销脱节现象,就必须严格规定好各个接口条件,即各接口参数的数据结构和数据类型。这一步工作可以这样来做:将每一个执行模块要用到的参数、要输出的结果列出来,对于与不同模块都有关的参数,只取一个名称,以保证同一个参数只有一种格式。然后为每一参数规划一个数据类型和数据结构。

从数据类型上来分类,可分为逻辑型和数值型,但通常将逻辑型数据归到软件标志中去考虑。数值型可分为定点数和浮点数。定点数有直观、编程简单、运算速度快的优点,其缺点是表示的数值动态范围小,容易溢出。浮点数则相反,数值动态范围大、相对精度稳定、不易溢出,但编程复杂,运算速度低。

如果某参数是一系列有序数据的集合,如采样信号序列,则不只有数据类型问题,还有一个数据存放格式问题,即数据结构问题。这部分内容在前面章节做了介绍,这里不再讨论。

2. 资源分配

完成数据类型和数据结构的规划后,便可开始分配系统的资源了。系统资源包括ROM、RAM、定时器/计数器、中断源、I/O地址等。ROM资源用来存放程序和表格,这也是明显的。I/O地址、定时器/计数器、中断源在任务分析时已经分配好了。因此,资源分配的主要工作是RAM资源的分配。RAM资源规划好后,应列出一张RAM资源的详细分配清单,作为编程依据。

3. 实时控制软件设计

1) 数据采集及数据处理程序

数据采集程序主要包括多路信号的采样、输入变换、存储等。模拟输入信号为$0\sim10$mA DC 或 $4\sim20$mA DC,mVDC和电阻等。前两种可以直接作为A/D转换模板的输入(电流经I/V变换变为$0\sim5$VDC电压输入),后两种经放大器放大到$0\sim5$VDC后再作为A/D转换模板的输入。开关触点状态通过数字量输入(DI)模板输入。

输入信号的点数可根据需要选取,每个信号的量程和工业单位用户必须规定清楚。

数据处理程序主要包括数字滤波程序、线性化处理和非线性补偿、标度变换程序、越限报警程序等。

2) 控制算法程序

控制算法程序主要实现控制规律的计算,产生控制量。其中包括数字PID控制算法、达林算法、Smith补偿控制算法、最少拍控制算法、串级控制算法、前馈控制算法、解耦控制算法、模糊控制算法、最优控制算法等。实际实现时,可选择合适的一种或几种控制算法,来实现控制。

3) 控制量输出程序

控制量输出程序实现对控制量的处理(上下限和变化率处理)、控制量的变换及输出,驱动执行机构或各种电气开关。控制量也包括模拟量和开关量输出两种。模拟控制量由 D/A 转换模板输出,一般为标准的 0~10mA DC 或 4~20mA DC 信号,该信号驱动执行机构如各种调节阀。开关量控制信号驱动各种电气开关。

4) 实时时钟和中断处理程序

实时时钟是计算机控制系统一切与时间有关过程的运行基础。时钟有两种,即绝对时钟和相对时钟。绝对时钟与当地的时间同步,有年、月、日、时、分、秒等功能。相对时钟与当地时间无关,一般只要时、分、秒就可以,在某些场合要精确到 0.1 秒甚至毫秒。

计算机控制系统中有很多任务是按时间来安排的,即有固定的作息时间。这些任务的触发和撤销由系统时钟来控制,不用操作者直接干预,这在很多无人值班的场合尤其必要。实时任务有两类:第一类是周期性的,如每天固定时间启动,固定时间撤销的任务,它的重复周期是一天。第二类是临时性任务,操作者预定好启动和撤销时间后由系统时钟来执行,但仅一次有效。作为一般情况,假设系统中有几个实时任务,每个任务都有自己的启动和撤销时刻。在系统中建立两个表格,一个是任务启动时刻表,一个是任务撤销时刻表,表格按作业顺序编号安排。为使任务启动和撤销及时准确,这一过程应安排在时钟中断子程序中来完成。定时中断服务程序在完成时钟调整后,就开始扫描启动时刻表和撤销时刻表,当表中某项和当前时刻完全相同时,通过查表位置指针就可以决定对应作业的编号,通过编号就可以启动或撤销相应的任务。

计算机控制系统中,有很多控制过程虽与时间(相对时钟)有关,但与当地时间(绝对时钟)无关。例如啤酒发酵微机控制系统,要求从 10℃降温 4 小时到 5℃,保温 30 小时后,再降温 2 小时到 3℃,再保温。以上工艺过程与时间关系密切,但与上午、下午没有关系,只与开始投料时间有关,这一类的时间控制需要相对时钟信号。相对时钟的运行速度与绝对时钟一致,但数值完全独立。这就要求相对时钟必须另外开辟存放单元。在使用上,相对时钟要先初始化,再开始计时,计时到后便可唤醒指定任务。

许多实时任务如采样周期、定时显示打印、定时数据处理等都必须利用实时时钟来实现。并由定时中断服务程序去执行相应的动作或处理动作状态标志等。

另外,事故报警、掉电检测及处理、重要的事件处理等功能的实现也常常使用中断技术,以便计算机能对事件做出及时处理。事件处理用中断服务程序和相应的硬件电路来完成。

5) 数据管理程序

这部分程序用于生产管理,主要包括画面显示、变化趋势分析、报警记录、统计报表打印输出等。

6) 数据通信程序

数据通信程序主要完成计算机与计算机之间、计算机与智能设备之间的信息传递和交换。这个功能主要在分散型控制系统、分级计算机控制系统、工业网络等系统中实现。

9.2.4　系统的调试与运行

　　系统的调试与运行分为离线仿真与调试阶段和在线调试与运行阶段。离线仿真与调试阶段一般在实验室或非工业现场进行,在线调试与运行阶段是在生产过程工业现场进行。其中离线仿真与调试阶段是基础,是检查硬件和软件的整体性能,为现场投运做准备,现场投运是对全系统的实际考验与检查。系统调试的内容很丰富,碰到的问题是千变万化,解决的方法也是多种多样,并没有统一的模式。

1. 离线仿真和调试

1) 硬件调试

　　对于各种标准功能模板,按照说明书检查主要功能。比如主机板(CPU 板)上 RAM 区的读写功能、ROM 区的读出功能、复位电路、时钟电路等的正确性。

　　在调试 A/D 和 D/A 模板之前,必须准备好信号源、数字电压表、电流表等。对这两种模板首先检查信号的零点和满量程,然后再分档检查。比如满量程的 25%、50%、75%、100%,并且上行和下行来回调试,以便检查线性度是否合乎要求,如有多路开关板,应测试各通路是否正确切换。

　　利用开关量输入和输出程序来检查开关量输入(DI)和开关量输出(DO)模板。测试时可在输入端加开关量信号,检查读入状态的正确性;可在输出端检查(用万用表)输出状态的正确性。

　　硬件调试还包括现场仪表和执行机构。如压力变送器、差压变送器、流量变送器、温度变送器以及电动或气动调节阀等。这些仪表必须在安装之前按说明书要求校验完毕。

　　如是分级计算机控制系统和分散型控制系统,还要调试通信功能,验证数据传输的正确性。

2) 软件调试

　　软件调试的顺序是子程序、功能模块和主程序。有些程序的调试比较简单,利用开发装置(或仿真器)以及计算机提供的调试程序就可以进行调试。程序设计一般采用汇编语言和高级语言混合编程。对处理速度和实时性要求高的部分用汇编语言编程(如数据采集、时钟、中断、控制输出等),对速度和实时性要求不高的部分用高级语言来编程(如数据处理、变换、图形、显示、打印、统计报表等)。

　　一般与过程输入输出通道无关的程序,都可用开发机(仿真器)的调试程序进行调试,不过有时为了能调试某些程序,可能要编写临时性的辅助程序。

　　系统控制模块的调试应分为开环和闭环两种情况进行。开环调试是检查它的阶跃响应特性,闭环调试是检查它的反馈控制功能。图 9-5 是 PID 控制模块的开环特性调试原理框图。首先可以通过 A/D 转换器输入一个阶跃电压。然后使 PID 控制模块程序按预定的控制周期 T 循环执行,控制量 u 经 D/A 转换器输出模拟电压(0~5V DC)给记录仪记下它的阶跃响应曲线。开环阶跃响应实验可以包括以下几项:

　　① 不同比例带 $\delta(\delta=1/K_p)$、不同阶跃输入幅度和不同控制周期下正、反两种作用方向的纯比例控制的响应。

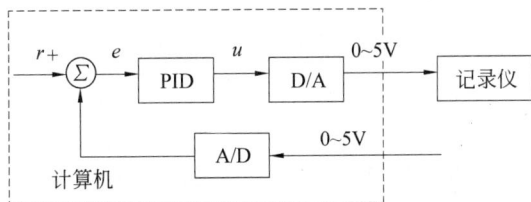

图 9-5 PID 控制模块的开环调试框图

② 不同比例带、不同积分时间、不同阶跃输入幅度和不同控制周期下正、反两种作用方向的比例积分控制的响应。

③ 不同比例带、不同积分时间、不同微分时间、不同阶跃输入幅度和不同控制周期下正、反两种作用方向的比例积分微分控制的响应。

上述几项内容的实验过程中,应该分析所记录的阶跃响应曲线,不仅要定性而且要定量地检查 P、I、D 参数是否准确,并且要满足一定的精度。这一点与模拟仪表调节器有所不同,由于仪表中电容、电阻参数的分散性,以及电位器旋钮刻度盘分度不可能太细,因此不得不允许其 P、I、D 参数的刻度值有较大的误差。但是对计算机来说,完全有条件进行准确的数字计算,保证 P、I、D 参数误差很小。

在完成 PID 控制模块开环特性调试的基础上,还必须进行闭环特性调试。所谓闭环调试就是按图 9-6 的形式构成单回路 PID 反馈控制系统。该图中的被控对象可以使用实验室物理模拟装置,也可以使用电子式模拟实验室设备。实验方法与模拟仪表调节器组成的控制系统类似,即分别做给定值 $r(k)$ 和外部扰动 $f(t)$ 的阶跃响应实验,改变 P、I、D 参数以及阶跃输入的幅度,分析被控制量 $y(t)$ 的阶跃响应曲线和 PID 控制器输出控制量 u 的记录曲线,判断闭环工作是否正确。主要分析判断以下几项内容:纯比例作用下残差与比例带的值是否吻合;积分作用下是否消除残差;微分作用对闭环特性是否有影响;正向和反向扰动下过渡过程曲线是否对称等。否则,必须根据发生的现象仔细分析,重新检查程序,必须指出,由于数字 PID 控制器比模拟 PID 调节器增加了一些特殊功能。例如,积分分离、测量值微分(或微分先行)、死区 PID(或非线性 PID)、给定值和控制量的变化率限制、输入输出补偿、控制量限幅和保持等。应先暂时去掉这些特殊功能,首先试验纯 PID 控制闭环响应,这样便于发现问题。在纯 PID 控制闭环实验通过的基础上,再逐项加入上述特殊功能,并逐项检查是否正确。

图 9-6 PID 控制模块的闭环调试框图

运算模块是构成控制系统不可缺少的一部分。对于简单的运算模块可以用开发机(或仿真器)提供的调试程序检查其输入与输出关系。而对于具有输入与输出曲线关系复杂的运算模块,例如纯滞后补偿模块,可采用类似图 9-5 所示的方法进行调试,只要用运算模块来替换 PID 控制模块,通过分析记录曲线来检查程序是否存在问题。

一旦所有的子程序和功能模块调试完毕,就可以用主程序将它们连接在一起,进行整体调试。当然有人会问,既然所有模块都能单独地工作,为什么还要检查它们连接在一起能否正常工作呢?这是因为把它们连接在一起可能会产生不同软件层之间的交叉错误,一个模块的隐含错误对自身可能无影响,却会妨碍另一个模块的正常工作;单个模块允许的误差,多个模块连起来可能放大到不可容忍的程度等,所以有必要进行整体调试。

整体调试的方法是自底向上逐步扩大。首先按分支将模块组合起来,以形成模块子集,调试完各模块子集,再将部分模块子集连接起来进行局部调试,最后进行全局调试。这样经过子集、局部和全局三步调试,完成了整体调试工作。整体调试是对模块之间连接关系的检查,有时为了配合整体调试,在调试的各阶段编制了必要的临时性辅助程序,调试完结应删去。通过整体调试能够把设计中存在的问题和隐含的缺陷暴露出来,从而基本上消除了编程上的错误,为以后的仿真调试和在线调试及运行打下良好的基础。

3)系统仿真

在硬件和软件分别联调后,并不意味着系统的设计和离线调试已经结束,为此,必须再进行全系统的硬件、软件统调。这次的统调试验,就是通常所说的"系统仿真"(也称为模拟调试)。所谓系统仿真,就是应用相似原理和类比关系来研究事物,也就是用模型来代替实际生产过程(即被控对象)进行实验和研究。系统仿真有以下 3 种类型:全物理仿真(或称在模拟环境条件下的全实物仿真)、半物理仿真(或称硬件闭路动态试验)和数字仿真(或称计算机仿真)。

系统仿真尽量采用全物理或半物理仿真。试验条件或工作状态越接近真实,其效果也就越好。对于纯数据采集系统,一般可做到全物理仿真;而对于控制系统,要做到全物理仿真几乎是不可能的。这是因为,我们不可能将实际生产过程(被控对象)搬到自己的实验室或研究室中,因此,控制系统只能做离线半物理仿真。被控对象可用实验模型代替。不经过系统仿真和各种试验,试图在生产现场调试中一举成功的想法是不实际的,往往会被现场联调工作的现实所否定。

在系统仿真的基础上,进行长时间的运行考验(称为考机),并根据实际运行环境的要求,进行特殊运行条件的考验。例如,高温和低温剧变运行试验,振动和抗电磁干扰试验,电源电压剧变和掉电试验等。

2. 在线调试和运行

在上述调试过程中,尽管工作很仔细,检查很严格,但仍然没有经受实践的考验。因此,在现场进行在线调试和运行过程中,设计人员与用户要密切配合,在实际运行前制定一系列调试计划、实施方案、安全措施、分工合作细则等。现场调试与运行过程是从小到大,从易到难,从手动到自动,从简单回路到复杂回路逐步过渡。为了做到有把握,现场安装及在线调试前先要进行下列检查:

(1)检测元件、变送器、显示仪表、调节阀等必须通过校验,保证精确度要求。作为检查,可进行一些现场校验。

(2) 各种接线和导管必须经过检查,保证连接正确。例如,孔板的上下游接压导管要与差压变送器的正负压输入端极性一致;热电偶的正负端与相应的补偿导线相连接,并与温度变送器的正负输入端极性一致等。除了极性不得接反以外,对号位置都不应接错。引压导管和气动导管必须畅通,不能中间堵塞。

(3) 对在流量中采用隔离液的系统,要在清洗好引压导管以后,灌入隔离液(封液)。

(4) 检查调节阀能否正确工作。旁路阀及上下游截断阀关闭或打开,要搞正确。

(5) 检查系统的干扰情况和接地情况,如果不符合要求,应采取措施。

(6) 对安全防护措施也要检查。

经过检查并已安装正确后。即可进行系统的投运和参数的整定。投运时应先切入手动,等系统运行接近于给定值时再切入自动。参数的整定,应按第 4 章和第 5 章介绍的方法进行。

在现场调试的过程中,往往会出现错综复杂、时隐时现的奇怪现象,一时难以找到问题的根源。此时此刻,计算机控制系统设计者们要认真地共同分析,每个人自己不要轻易地怀疑别人所做的工作,以免掩盖问题的根源所在。

9.3　设计举例——啤酒发酵过程计算机控制系统

麦汁发酵过程是啤酒生产的重要环节。过去,啤酒发酵过程采用传统的手工操作控制,生产效率低,劳动强度大,不易于管理;啤酒质量差,产量低,酒损多。有些啤酒生产厂家采用常规的仪表调节系统,虽然给企业带来一些益处,但也不利于现代化管理和机动灵活地修 改工艺参数。采用计算机对啤酒发酵过程进行自动控制和现代化管理,很好地解决了以上问题,获得了巨大的经济效益和社会效益。

9.3.1　啤酒发酵工艺及控制要求

1. 啤酒发酵工艺简介

啤酒发酵是一个复杂的生物化学过程,通常在锥型发酵罐中进行。在二十多天的发酵期间,根据酵母的活动能力,生长繁殖快慢,确定发酵给定温度曲线,如图 9-7 所示。要使酵母的繁殖和衰减、麦汁中糖度的消耗和双乙酰等杂质含量达到最佳状态,必须严格控制发酵各阶段的温度,使其在给定温度的 ±0.5℃ 范围内。

某啤酒厂要求控制 10 个 $200m^3$ 的锥形啤酒发酵罐,这种发酵罐的内层是用不锈钢板焊接而成的,外层用白铁皮包制而成的,内层与外层中间是保温材料和上、中、下 3 段冷却带,罐体由上下两部分组成,上部分是圆柱体,下部分是圆锥体,故称为锥型发酵罐。在啤酒发酵期间,当罐内温度低于给定的温度时,则要求关

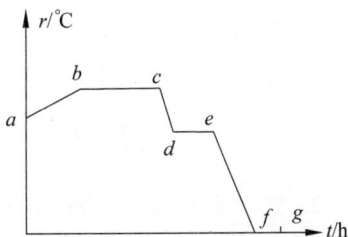

图 9-7　发酵过程温度工艺曲线

闭冷却带的阀门,使之自然发酵升温;当罐内温度高于给定温度时,则要求接通冷却带的阀门,自动地将冷酒精打入冷却带循环使之降温,直至满足工艺要求为止。另外,在发酵过程中,还需在各段工艺中实行保压,即要求发酵罐顶部气体压力恒定,以保证发酵过程的正确进行。

2. 系统的控制要求

(1) 系统共有 10 个发酵罐,每个罐测量 5 个参数,即发酵罐的上、中、下 3 段温度、罐内上部气体的压力和罐内发酵液(麦汁)的高度,共有 30 个温度测量点、10 个压力测量点、10 个液位测量点。因此共需检测 50 个参数。

(2) 自动控制各个发酵罐中的上、中、下 3 段温度使其按图 9-7 所示的工艺曲线运行,温度控制误差不大于±0.5℃。共有 30 个控制点。

(3) 系统具有自动控制、现场手动控制、控制室遥控 3 种工作方式。

(4) 系统具有掉电保护、报警、参数设置和工艺曲线修改设置功能。

(5) 系统具有表格、图形、曲线等显示和打印功能。

9.3.2　系统总体方案的设计

1. 发酵罐测控点的分布及管线结构

本系统有 10 个发酵罐,每个发酵罐上有 5 个检测点和 3 个控制点,其中包括上段温度 TTa、中段温度 TTb、下段温度 TTc、罐内上部气体压力 PT、液位 LT、上段冷带调节阀 TVa、中段冷带调节阀 TVb、下段冷带调节阀 TVc。检测点与控制点的分布如图 9-8 所示。

图 9-8　发酵罐的测控点分布及管线图

2. 检测装置和执行机构

检测装置中,温度检测采用 WZP-231 铂热电阻(Pt100)和 RTTB—EKT 温度变送器,其输入量程为 $-20℃\sim+50℃$,输出 $4\sim20\text{mA}$;压力检测采用 CECY—150G 电容式压力变送器,输入量程为 $0\sim0.25\text{MPa}$,输出 $4\sim20\text{mA}$;液位检测采用 CECU—341G 电容式液位变送器,输入量程(差压)为 $0\sim0.2\text{MPa}$,输出为 $4\sim20\text{mA}$。

执行机构采用 ZDLP—6B 电动调节阀,通径为 Dg50,流通能力为 Cg32,等百分比特性,并配有操作器 DFQ—2100。

3. 控制规律

啤酒发酵过程中,输入量为冷却液流量,输出量为发酵液温度,由操作经验和离线辨识可知,被控对象具有大惯性和纯滞后特性,而且在不同发酵阶段特性参数变化很大,这是确定控制规律的依据。

为适应温度给定值为折线的情况,在恒温段采用增量型 PI 控制算法,在升温、降温段采用 PID 控制算法,考虑到被控对象大惯性和纯滞后的特点,在控制软件设计中提供了施密斯(Smith)预估控制算法。

4. 控制系统主机及过程通道模板

本系统的控制主机选用康拓 IPC—8500 工业控制机,并配有 A/D 和 D/A 模板来实现过程通道中的信号变换。

1) IPC—8500 工业控制机

康拓 IPC—8500 工业控制机,机箱采用全钢加固型结构,内装 14 槽 PC 总线无源母板,配有 250W 高效开关电源,带有双制冷风扇,前面板安装引风扇,开关电源内安装排风扇,引风量大于排风量,机箱内部形成微正压环境。

IPC—8500 工业控制机,选用 All-In-One CPU 板,CPU 为 Intel 80486 DX2—66,板上有二级 Watchdog(看门狗),当应用软件不能控制系统时,可触发 NMI 和 RESET。

另外,IPC—8500 工业控制机与标准键盘、CRT 显示器、EPSON 1600K 打印机相连。

2) 过程通道模板

本系统选择康拓 IPC—5488 32 路 12 位光电隔离 A/D 板,并配有 CMB5419—1B32 路 I/V 变换板,作为系统的模拟量输入通道。另外,选 IPC—5486 8 路 12 位光电隔离 D/A 转换板,作为模拟量输出通道。

5. 控制系统的软件

控制系统的软件主要包括采样、滤波、标度变换、控制计算、控制输出、中断、计时、打印、显示、报警、调节参数修改、温度给定曲线设定及修改、报表、图形、曲线显示等功能。

9.3.3　系统硬件和软件的设计

1. 系统硬件的设计

根据 9.3.2 节中的总体方案,可以画出控制系统的组成框图,如图 9-9 所示。

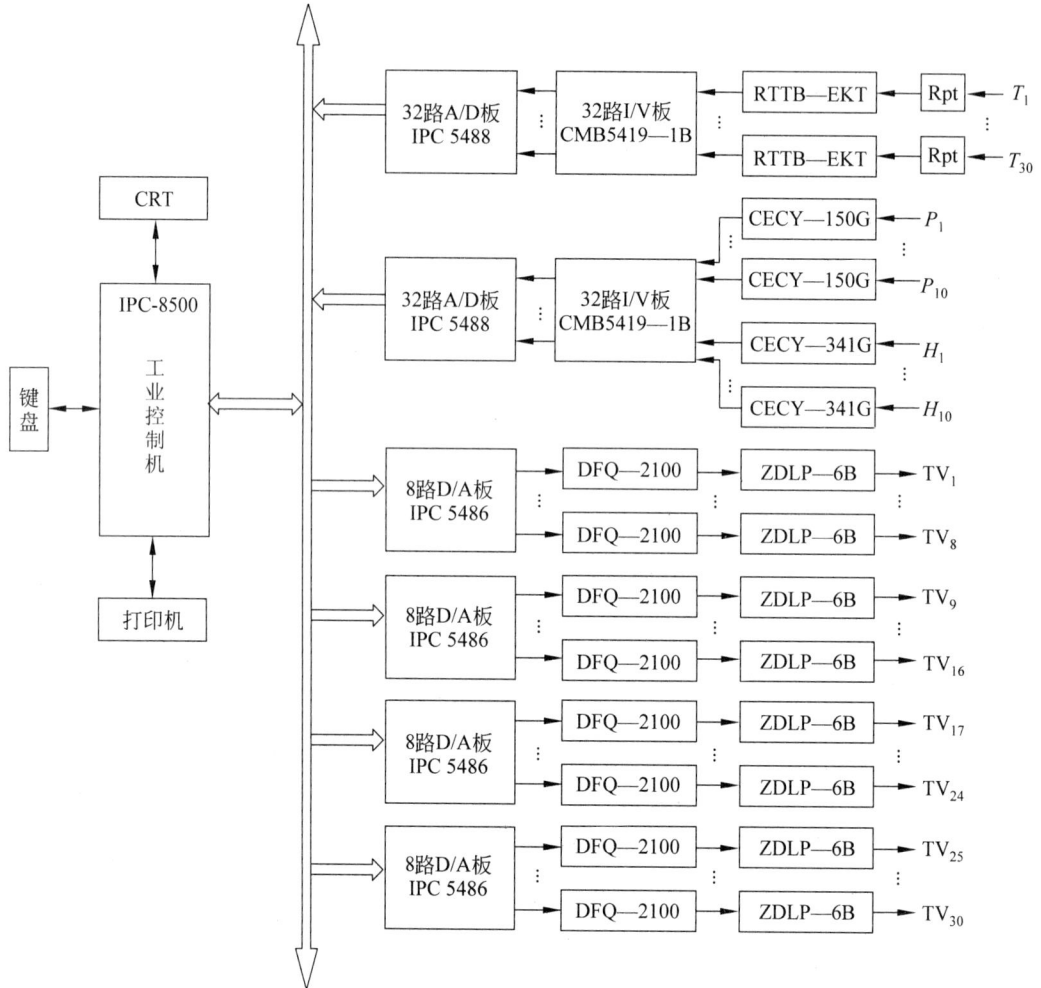

图 9-9　啤酒发酵过程计算机控制系统硬件框图

1）模拟量输入通道设计

本系统检测 30 个温度($T_1 \sim T_{30}$)、10 个压力($P_1 \sim P_{10}$)、10 个液位($H_1 \sim H_{10}$)。对于温度,我们选用 WZP—231 铂热电阻 30 支和 RTTB—EKT 温度变送器 30 只进行温度测量和变送,即将 $-20\,^{\circ}\mathrm{C} \sim +50\,^{\circ}\mathrm{C}$ 变换成 $4 \sim 20\mathrm{mA}$ DC 信号,送至 32 路 I/V 变换板 CMB5419—1B,把 $4 \sim 20\mathrm{mA}$ DC 信号变换成 $1 \sim 5\mathrm{V}$ DC 信号,最后把 $1 \sim 5\mathrm{V}$ DC 信号送至 32 路 12 位光电隔离 A/D 板 IPC5488,从而实现温度的数据采集。对于压力,选用 10 台电容式压力变送器 CECY-150G,进行压力测量变送,即将 $0 \sim 0.25\mathrm{MPa}$ 压力变换成 $4 \sim 20\mathrm{mA}$ DC 信号,同样经过 I/V 板送至 A/D 板。对于液位,选用 10 台电容式液位变送器 CECU—341G(实际上是单法兰差压变送器),进行液位测量和变送,即将 $0 \sim 0.2\mathrm{MPa}$ 的差压转换成 $4 \sim 20\mathrm{mA}$ DC 信号,同样经 I/V 变换送至 A/D 板。

2）模拟量输出通道设计

本系统自动控制 30 个温度,即使用 30 个电动调节阀 ZDLP—6B,通过调节阀自动调节阀门开度,从而调节冷却液(淡酒精)流量,达到控制发酵温度的目的。

在模拟输出通道中,采用 8 路 12 位光电隔离 D/A 转换板 IPC5486,将计算机输出的控制量转换成 4～20mA DC 信号,该信号送至操作器 DFQ—2100,DFQ—2100 具有自动和手动切换功能,DFQ—2100 输出 4～20mA DC 信号送至电动调节阀,从而实现控制 30 个调节阀,达到控制温度的目的。

另外,系统还配有＋24V DC 电源给变送器、操作器供电。因采用光电隔离技术,故 A/D 板和 D/A 板都采用了 DC/DC 电源变换模块,提供光电隔离所需的工作电源。

2. 系统软件的设计

1) 数据采集程序

首先按顺序采集 30 个温度信号,然后再采集 10 个压力信号,最后采集 10 个液位信号,这些信号共采集 5 遍并存储起来,采样周期 $T=2$s。

2) 数字滤波程序

将每个信号的 5 次测量值排序,去掉一个最大值和一个最小值,剩余 3 个求平均值即为该信号的测量结果,即采用中位值滤波法与平均值滤波法相结合来实现数字滤波。

3) 标度变换程序

变送器输出的 4～20mA DC 信号,经 I/V 变换后产生 1～5V DC 信号,进行 12 位 A/D 转换后,即得 12 位二进制 x,其对应的实际物理量要按下面方法求得(对于 12 位 A/D 转换器,0～5V DC 时输出为 000～FFFH)。

(1) 温度的标度变换

温度的量程范围为 $-20℃～+50℃$,其标度变换计算公式为

$$y = \frac{50-(-20)}{4095-819}(x-819)+(-20) = (0.021368x - 37.5)(℃) \quad (9.3.1)$$

(2) 压力的标度变换

压力的量程范围为 0～0.25MPa,其标度变换计算公式为

$$
\begin{aligned}
P &= \frac{0.25-0}{4095-819}(x-819)+0 \\
&= (7.63126 \times 10^{-5}x - 0.0625)(\text{MPa}) \\
&= (7.63126 \times 10^{-2}x - 62.5)(\text{kPa})
\end{aligned}
\quad (9.3.2)
$$

(3) 液位的标度变换

液位的量程范围(差压)为 0～0.2MPa,其标度变换公式为

$$H = \frac{0.2 \times 10^6 - 0}{D.g.(4095-819)}(x-819)+0 = \frac{61.05x - 50000}{D.g} \quad (9.3.3)$$

式中,D 为啤酒(麦汁)的密度,单位为 kg/m³;g 为重力加速度,单位为 m/s²;H 的单位为 m。

4) 给定工艺曲线的实时插补计算

给定工艺曲线由多段折线组成,每一段都是直线(如图 9-7 所示),故采用直线插补算法来计算各个采样周期的给定值 $r(k)$:

$$r(k) = r_{n-1} + \frac{r_n - r_{n-1}}{t_n - t_{n-1}}(t_K - t_{n-1}) \tag{9.3.4}$$

其中，$t_{n-1} \leqslant t_K < t_n$，$(t_{n-1}, r_{n-1})$ 和 (t_n, r_n) 分别是第 n 段折线的两个端点坐标。

5) 控制算法

针对被控对象的特性，本系统采用两种控制算式。

(1) PID 算式加特殊处理

采用增量型 PID 控制算式

$$\Delta u(k) = q_0 e(k) + q_1 e(k-1) + q_2 e(k-2) \tag{9.3.5}$$

式中

$$\left. \begin{aligned} q_0 &= K_P\left(1 + \frac{T}{T_I} + \frac{T_D}{T}\right) \\ q_1 &= -K_P\left(1 + \frac{2T_D}{T}\right) \\ q_2 &= K_P \frac{T_D}{T} \\ e(k) &= r(k) - y(k) \end{aligned} \right\} \tag{9.3.6}$$

其中：$r(k)$ 为第 K 个采样周期的给定温度值，它由式(8.3.4)确定；

$y(k)$ 为第 K 个采样周期的实测温度值，它由式(8.3.1)确定；

T 为采样周期($T = 2\text{s}$)。

根据被控对象的特点，在 PID 算式的基础上，进行以下特殊处理：

在保温段，$r(k)$ 不变，采用 PI 控制算式；降温段采用 PID 控制算式；为了减小被控对象纯滞后的影响，在给定温度曲线转折处作特殊处理，即由保温段转至降温段时提前开大调节阀，而在降温段转至保温段时提前关小调节阀，其目的是使温度转折时平滑过渡。

另外，需对控制量 $\Delta u(k)$ 和阀位输出进行限幅。实际操作时，必须对 $\Delta u(k)$ 加以限制，即满足：$\Delta u_{\min} \leqslant \Delta u(k) \leqslant \Delta u_{\max}$。当 $\Delta u(k) < \Delta u_{\min}$ 时，取 $\Delta u(k) = \Delta u_{\min}$；当 $\Delta u(k) > \Delta u_{\max}$ 时，取 $\Delta u(k) = \Delta u_{\max}$。因采用的调节阀控制信号为 $4 \sim 20\text{mA DC}$，且 D/A 转换器为 12 位，因此取

$$\Delta u_{\min} = 819, \quad \Delta u_{\max} = 4095$$

(2) 施密斯(Smith)预估控制算式

根据 4.4.1 节的施密斯预估控制算法，如果被控对象视为纯滞后的一阶惯性环节，即

$$G_C(s) = \frac{K_f}{T_f s + 1} \mathrm{e}^{-\tau s} \tag{9.3.7}$$

其相应的差分方程为

$$y_\tau(k) = a y_\tau(k-1) + b[u(k) - u(k-N)] \tag{9.3.8}$$

式中，$a = \dfrac{T_f}{T_f + T}$，$b = K_f \dfrac{T}{T_f + T}$，$N = \dfrac{\tau}{T}$。

最后利用 4.4.1 节中给出的算法步骤，即可求出控制量。

6) 其他应用程序

除以上测控程序外,还有计时、打印、显示、报警、调节参数修改、报表、图形、曲线显示等功能程序,这里不再讨论。

9.3.4　系统的安装调试运行及控制效果

现场进行安装时,首先在现场安装温度、压力变送器、液位变送器、调节阀等,然后从现场敷设屏蔽信号电缆到控制室,最后将这些线缆接到工业控制计算机外面的接线端子板上。调试工作主要是对变送器进行满度和零点校准,A/D 板和 D/A 板满度和零点校准;另外就是利用试凑法确定 PID 控制器的控制参数。系统经过安装调试后,投入运行,并满足系统的控制要求。

该系统操作简单,使用维护方便,性能可靠;采用微机控制,提高了啤酒质量;改善了劳动条件,不用人工手动操作,消除了人为因素;易于现代化管理和产品质量分析;采用表格、图形、曲线显示直观,并有打印输出功能。

9.4　设计举例——机器人计算机控制系统

PUMA560 机器人是一种计算机控制的机械手,它由 6 个关节连接的刚性杆件组成,杆件链的一端固定在基座上,另一端则可以安装工具完成一定的操作,如焊接、喷涂和零件装配作业。关节的运动产生杆件的相应运动。从机器人的机械本体来看,机器人由手臂、手腕和工具组成并将它设计成能伸展到工作范围内的工件上,手臂部件运动的合成使手腕部件在工件处定位,以便进行适当的操作。

9.4.1　PUMA560 机器人的结构原理

对于一台如图 9-10 所示的 PUMA560 六关节机器人来说,手臂部件的运动是由腰、肩和肘关节的运动合成的,是机器人的定位机构,而手腕部件的运动则由俯仰、偏转和侧倾关节的运动合成,是机器人的定向机构。

随着电力电子技术、矢量控制技术和计算机控制技术的发展,机器人关节的运动中,越来越多地采用交流电机作为驱动部件,因此,机器人每个关节都可以当作为一个交流伺服机构。在工业机器人控制系统中,除了这种在低层的,实时性强的关节运动控制外,还有在系统的上层,计算的实时性要求不高的部分,如与用户的交互,子任务间的调度,运动状态的显示和关节运动控制子系统间的通信等。因此,工业机器人关节伺服控制系统的体系结构的合理性将很大程度上决定工业机器人的操作性能。

图 9-10   PUMA560 六关节机器人

9.4.2   机器人运动学方程

1. 机器人正运动学

机器人正运动学问题是已知机器人各关节、各连杆参数及各关节变量,求机械手末端在基础坐标系中的位置和姿态。

若已知 q 为系统 6 个关节的角位移向量,X 为机械手末端工具在基础坐标系中的位置和姿态向量,则

$$X = X(q) \tag{9.4.1}$$

其中: $X = [x \quad y \quad z \quad \phi \quad \theta \quad \psi]^{\mathrm{T}}$,$q = [q_1 \quad q_2 \quad q_3 \quad q_4 \quad q_5 \quad q_6]^{\mathrm{T}}$

2. 机器人逆运动学

机器人工作时,总是在基础坐标系中指定机械手末端工具的位置和姿态。为了使机械手末端工具到达期望的位置和姿态,必须驱动机器人各关节由当前角位移到达与末端工具位置和姿态相应的角位移。获得各关节的期望角位置须进行机器人逆运动学求解,即

$$q_d = X_d^{-1}(q) \tag{9.4.2}$$

有关机器人正、逆运动学求解的知识可参阅有关文献,这里不作重点介绍。

9.4.3   机器人动力学方程

机器人动力学可通过 Euler-Lagrange 方程

$$\frac{\mathrm{d}}{\mathrm{d}t}\left(\frac{\partial L(q,\dot{q})}{\partial \dot{q}}\right) - \frac{\partial L(q,\dot{q})}{\partial q} = \tau \tag{9.4.3}$$

来描述。q 和 $\dot{q}$ 分别为系统的 6 个关节的角位移和角速度向量，τ 为作用于 6 个关节的外力矩向量。Lagrange 函数 $L(q,\dot{q})$ 为动能 $K(q,\dot{q})$ 和势能 $P(q)$ 之差，即

$$L(q,\dot{q}) = K(q,\dot{q}) - P(q) \tag{9.4.4}$$

动能可表示为

$$K(q,\dot{q}) = \frac{1}{2}\dot{q}^{\mathrm{T}}D(q)\dot{q} \tag{9.4.5}$$

式中 $D(q)$ 为广义的惯性矩阵，且 $D(q)=D^{\mathrm{T}}(q)>0$（对称）。利用式（9.4.5）可将式（9.4.4）写成

$$L(q,\dot{q}) = K(q,\dot{q}) - P(q) = \frac{1}{2}\sum_{i,j} d_{ij}(q)\dot{q}_i\dot{q}_j - P(q) \tag{9.4.6}$$

$d_{ij}(q)$ 为矩阵 $D(q)$ 的第 (i,j) 个元素。定义

$$c_{ijk}(q) = \frac{1}{2}\left(\frac{\partial d_{kj}(q)}{\partial q_i} + \frac{\partial d_{ki}(q)}{\partial q_j} - \frac{\partial d_{ij}(q)}{\partial q_k}\right) \tag{9.4.7}$$

可将 EL 方程写成紧凑形式

$$D(q)\ddot{q} + C(q,\dot{q})\dot{q} + G(q) = \tau \tag{9.4.8}$$

其中，$C(q,\dot{q})\dot{q}$ 定义为离心力和哥氏（Coriolis）力，$G(q)$ 为重力。矩阵 $C(q,\dot{q})$ 的第 (k,j) 个元素和重力分别定义为

$$c_{kj}(q) = \sum_{i=1}^{n} c_{ijk}(q)\dot{q}_i \tag{9.4.9}$$

$$G(q) = \frac{\partial P(q)}{\partial q} \tag{9.4.10}$$

9.4.4　机器人手臂的独立关节位置伺服控制

1. 位置控制的基本结构

机器人的位置控制是机器人最基本的控制任务。机器人的位置控制结构主要有两种形式，即关节空间控制结构和直角坐标空间控制结构，分别如图 9-11(a) 和图 9-11(b) 所示。

在图 9-11(a) 中，$q_d = [q_{d_1}, q_{d_2}, \cdots, q_{d_n}]^{\mathrm{T}}$ 是期望的关节位置矢量，$\dot{q}_d$ 和 $\ddot{q}_d$ 是期望的关节速度矢量和加速度矢量，q_d 和 $\dot{q}_d$ 是实际的关节位置矢量和速度矢量，$\tau = [\tau_1, \tau_2, \cdots, \tau_n]^{\mathrm{T}}$ 是关节驱动力矩矢量，U_1 和 U_2 是相应的控制矢量。

在图 9-11(b) 中，$X_d = [p_d^{\mathrm{T}}, \psi_d^{\mathrm{T}}]^{\mathrm{T}}$ 是期望的工具位姿，其中 $p_d = [x_d, y_d, z_d]$ 表示期望的工具位置，ψ_d 表示期望的工具姿态。$\dot{X}_d = [v_d^{\mathrm{T}}, w_d^{\mathrm{T}}]^{\mathrm{T}}$，其中 $v_d = [v_{d_x}, v_{d_y}, v_{d_z}]^{\mathrm{T}}$ 是期望的工具线速度，$w_d = [w_{d_x}, w_{d_y}, w_{d_z}]^{\mathrm{T}}$ 是期望的工具角速度，$\dot{w}_d$ 是期望的工具加速度，X 和 $\dot{X}$ 表示实际的工具位姿和工具速度。运行中的工业机器人一般采用图 9-11(a) 所示控制结构。该控制结构的期望轨迹是关节的角位置、角速度和角加速度，因而易于实现关节的位置伺服控制。这种控制结构的主要问题是：由于往往要求的是在直角坐标空间的机械手末端运动轨迹，因而为了实现轨迹跟踪，需将机械手末端的期望轨迹 X_d 经逆运动

(a) 关节空间控制结构

(b) 直角坐标空间控制结构

图 9-11 机器人位置控制基本结构

学计算变换为在关节空间表示的期望轨迹q_d。

2. PUMA560 机器人的关节位置伺服控制

若定义关节角位置误差为$\tilde{q}=q-q_d$,并采用 PD 反馈控制,则关节驱动力矩为

$$\boldsymbol{\tau}=-K_P\tilde{\boldsymbol{q}}-K_D\dot{\tilde{\boldsymbol{q}}} \tag{9.4.11}$$

PUMA560 机器人关节位置伺服控制系统结构如图 9-12 所示,其控制器由 1 个 DEC LSI-11/02 计算机和 6 个 Rockwell 6503 微处理器组成,每个微处理器都配有关节编码器、DAC 和电流放大器。这种控制结构是分级安排的。其上层是 LSI-11/02 微型计算机,它的作用相当于一个监控计算机。低层是 6 个 6503 微处理器,每个关节各有一个。

处于系统上层的 LSI-11/02 计算机主要有两个作用,首先,系统与用户的在线交互作用和机器人操作的任务协调;其次,与 6503 微处理器进行子任务协调。而处于系统低层的是关节控制器,每个关节有一个控制器,由数字伺服板、模拟伺服板和功率放大器组成。6503 微处理器是机器人关节运动控制的核心,其伺服控制算法都在 6503 微处理器中执行。每一个 6503 微处理器与其 EPROM 和 DAC 位于数字伺服板上,它与 LSI-11/02 计

图 9-12　PUMA 机器人关节伺服控制体系结构

算机间的通信是通过一个接口板进行的。接口板再和一个 16 位的并行接口板（DRV-11）相连，后者向（或从）LSI-11/02 的总线发送（或接收）数据。

6503 微处理器计算出关节误差信号，并把它传送给模拟伺服板。模拟伺服板上有为每个关节电机设计的电流反馈。每个关节的运动控制都有两个伺服环。内环由模拟器件和补偿器组成。外环提供位置误差信息，并由 6503 微处理器每 0.875ms 更新一次。

参 考 文 献

[1] 于海生,等.微型计算机控制技术[M].2版.北京:清华大学出版社,2009.

[2] 于海生,等.微型计算机控制技术[M].北京:清华大学出版社,1999.

[3] 于海生,等.计算机控制技术[M].北京:机械工业出版社,2007.

[4] 孙增圻.计算机控制理论与应用[M].2版.北京:清华大学出版社,2008.

[5] 孙增圻,邓志东,张再兴.智能控制理论与技术[M].2版.北京:清华大学出版社,2011.

[6] 谢剑英,贾青.微型计算机控制技术[M].3版.北京:国防工业出版社,2006.

[7] 王锦标.计算机控制系统[M].北京:清华大学出版社,2004.

[8] K J Åström,B Wittenmark. Computer controlled systems theory and design[M]. 3rd ed. Prentice Hall,1998.

[9] G F Franklin,J D Powell,M Workman. Digital control of dynamic systems[M]. 3rd ed. Addison Wesley Longman,Inc.,1998.

[10] 叶蓓华.数字控制技术[M].北京:清华大学出版社,2002.

[11] 孙冠群,于少娟.控制电机与特种电机及其控制系统[M].北京:北京大学出版社,2011.

[12] 薛安克,周亚军.运动控制系统[M].北京:高等教育出版社,2012.

[13] 马宏伟.数控技术[M].2版.北京:电子工业出版社,2014.

[14] 王明红.数控技术[M].北京:清华大学出版社,2009.

[15] 敖荣庆,袁坤.伺服系统[M].北京:航空工业出版社,2007.

[16] 于海生.自动化专业计算机控制系统课程的改革与实践[J].电气电子教学学报,2000,22(3): 15-17.

[17] 袁南儿,等.计算机新型控制策略及其应用[M].北京:清华大学出版社,1998.

[18] 蔡自兴.智能控制[M].北京:电子工业出版社,2004.

[19] 李少远,王景成.智能控制[M].北京:机械工业出版社,2004.

[20] 诸静.模糊控制原理与应用[M].北京:机械工业出版社,1995.

[21] 孙增圻.机器人智能控制[M].北京:北京教育出版社,1995.

[22] 蔡自兴.机器人学[M].北京:清华大学出版社,2000.

[23] 魏庆福.STD总线工业控制机的设计与应用[M].北京:科学出版社,1992.

[24] 白英彩,等.计算机集成制造系统—CIMS概论[M].北京:清华大学出版社,1997.

[25] 张海藩.软件工程导论(第四版)[M].北京:清华大学出版社,2003.

[26] 疏松桂.计算机控制系统理论与应用[M].北京:科学出版社,1988.

[27] 金以慧.过程控制[M].北京:清华大学出版社,1993.

[28] 吴秋峰.自动化系统计算机网络[M].北京:机械工业出版社,2001.

[29] 尤一鸣,等.单片机总线扩展技术[M].北京:北京航空航天大学出版社,1993.

[30] 李华.MCS-51系列单片机实用接口技术[M].北京:北京航空航天大学出版社,1993.

[31] 孙廷才.分散型控制系统[M].北京:海洋出版社,1992.

[32] 王常力,罗安.分布式控制系统(DCS)设计与应用实例[M].北京:电子工业出版社,2004.

[33] 俞金寿,何衍庆.集散控制系统原理及应用[M].北京:化学工业出版社,1995.

[34] 王永贤,蒋富瑞.实用计算机控制技术手册[M].济南:山东科学技术出版社,1994.

[35] 谢希仁,陈鸣,张兴元.计算机网络[M].北京:电子工业出版社,1994.

[36]　张旭东,廖先芳.IBM 微机实用接口技术[M].北京:科学技术文献出版社,1993.

[37]　涂时亮,张友德,陈章龙.单片微机软件设计技术[M].重庆:科学技术文献出版社重庆分社,1988.

[38]　甘永梅,等.现场总线技术及其应用[M].北京:机械工业出版社,2004.

[39]　杨天怡,黄勤.微型计算机控制技术[M].重庆:重庆大学出版社,1996.

[40]　刘乐善,欧阳星明等.微型计算机接口技术及应用[M].武汉:华中科技大学出版社,2004.

[41]　胡文金,等.计算机测控应用技术[M].重庆:重庆大学出版社,2003.

[42]　诸静,等.智能预测控制及其应用[M].杭州:浙江大学出版社,2002.

[43]　于海生,潘松峰,刘征.智能电平衡分析测试仪[J].仪器仪表学报,1995,16(4):381-386.

[44]　于海生.CAN 总线工业测控网络系统的设计与实现[J].仪器仪表学报,2001,22(1):17-21.

[45]　于海生,等.基于端口受控哈密顿方法的 PMSM 最大转矩/电流控制[J].中国电机工程学报,2006,26(8):82-87.

[46]　于海生等.基于负载观测器的永磁同步电机能量成形控制[J].系统工程与电子技术,2006,28(11):1740-1742.

[47]　卢涛,于海生,于金鹏.永磁同步电机伺服系统的自适应滑模最大转矩/电流控制[J].控制理论与应用,2015,32(2):251-255.

[48]　于海生,王海亮,赵克友.永磁同步电机的哈密顿系统建模与控制[J].青岛大学学报(工程技术版),2005,20(3):1-6.

[49]　于海生,王海亮,赵克友.负载恒定未知时永磁同步电机的哈密顿控制方法[J].中南大学学报,2005,36(专辑):194-198.

[50]　于海生,魏庆伟,赵克友.双馈感应电动机的哈密顿系统建模与控制[J].山东大学学报(工学版),2006,36(2):46-51.

[51]　于海生,王海亮,赵克友.永磁同步电机的哈密顿建模与 IDA 无源性控制[J].电机与控制学报,2006,10(3):29-33.

[52]　于海生.大型地下商场空调系统的计算机控制[J].电气自动化,1999,21(6):33-35.

[53]　于海生,潘松峰,吴柏林.啤酒发酵过程计算机控制系统[J].山东纺织工学院学报,1993,8(2):36-41.

[54]　于海生,潘松峰,吴贺荣.基于复序列 FFT 和锁相原理的电参数测量[J].电网技术,2000,24(3):59-61.

[55]　于海生.锁相同步采样谐波测量方法及其实现[J].电测与仪表,1999,36(2):12-14.

[56]　于海生,潘松峰,吴贺荣.CAN 总线电参数网络化监测原理及其实现[J].电工技术杂志,2001,(11):16-18.

[57]　于海生.啤酒糖化过程 Bitbus 计算机控制系统[J].工业仪表与自动化装置,1999(2):38-41.

[58]　于海生.分布式参数显示及远程通信系统的研制[J].测控技术,1999,18(6):61-62.

[59]　于海生,潘松峰,吴贺荣.纺织印染机械电气传动同步控制器的研制[J].纺织学报,1999,20(4):249-251.

[60]　于海生,潘松峰.羊毛细度参数自动分析仪的研制[J].纺织学报,1997,18(1):46-48.

[61]　Yu H,Yu J,Wu H,et al. Energy-shaping and integral control of the three-tank liquid level system [J]. Nonlinear Dynamics,2013,73(4):2149-2156.

[62]　Yu H,Yu J,Liu J,et al. Nonlinear control of induction motors based on state error PCH and energy-shaping principle[J]. Nonlinear Dynamics,2013,72(1):49-59.

[63]　Yu H,Yu J,Liu J,et al. Energy-shaping and L2 gain disturbance attenuation control of induction

motor[J]. International Journal of Innovative Computing, Information and Control, 2012, 8(7B): 5011-5024.

[64] Ji Z, Lin H, Yu H. Leaders in multi-agent controllability under consensus algorithm and tree topology[J]. Systems & Control Letters, 2012, 61(9): 918-925.

[65] Ji Z, Lin H, Yu H. Protocols design and uncontrollable topologies construction for multi-agent networks[J]. IEEE Transactions on Automatic Control, 2015, 60(3): 781-786.

[66] Yu J, Shi P, Dong W, et al. Observer and command-filter-based adaptive fuzzy output feedback control of uncertain nonlinear systems[J]. IEEE Transactions on Industrial Electronics, 2015, 62 (9): 5962-5970.

[67] Yu J, Shi P, Yu H, et al. Approximation-based discrete-time adaptive position tracking control for interior permanent magnet synchronous motors[J]. IEEE Transactions on Cybernetics, 2015, 45 (7): 1363-1371.

平台功能介绍

➡ 如果您是教师，您可以　　　➡ 如果您是学生，您可以

建立课程　管理课程　　　　发表话题　提出问题

管理题库　加入课程　　　　　下载课程资料

发布试卷

布置作业　　　　使用优惠码和　编辑笔记

管理问答与　　　　　　　　　激活序列号
话题

➡ **如何加入课程**

1 找到教材封底"数字课程入口"

范例
数字课程入口
刮开涂层
获取二维码

刮
开
涂
层

2 刮开涂层获取二维码，扫码进入课程

范例

获取帮助

扫一扫直接进入
平台使用指南

获取更多详尽平台使用指导可输入网址
http://www.wqketang.com/course/550
如有疑问，可联系微信客服：DESTUP

文泉课堂
WWW.WQKETANG.COM

清华大学出版社
出品的在线学习平台